中国典型湖盆细粒沉积

袁选俊　张志杰　林森虎　王　岚　邱　振　潘树新　等著

石油工业出版社

内 容 提 要

本书立足鄂尔多斯盆地延长组、松辽盆地青山口组、准噶尔盆地玛湖凹陷风城组芦草沟组三个典型解剖区，展开湖盆细粒沉积探索性研究。通过国内外研究现状系统调研，建立完善了细粒沉积学的研究方法，揭示了淡水、微咸水、咸水三种类型湖盆的细粒沉积特征，探讨了湖盆富有机质页岩成因机制与主控因素。

本书可供从事油气地质勘探、开发的科研人员和大专院校相关专业师生参考阅读。

图书在版编目（CIP）数据

中国典型湖盆细粒沉积 / 袁选俊等著 .—北京：

石油工业出版社，2022.4

ISBN 978–7–5183–5165–7

Ⅰ . ① 中… Ⅱ . ① 袁… Ⅲ . ① 石油天然气地质 – 湖泊沉积作用 – 研究 – 中国 Ⅳ . ① P618.130.2

中国版本图书馆 CIP 数据核字（2021）第 271501 号

出版发行：石油工业出版社

（北京安定门外安华里 2 区 1 号　　100011）

网　　址：www.petropub.com

编辑部：（010）64222261　　图书营销中心：（010）64523633

经　　销：全国新华书店

印　　刷：北京中石油彩色印刷有限责任公司

2022 年 4 月第 1 版　　2022 年 4 月第 1 次印刷

787×1092 毫米　开本：1/16　印张：19.75

字数：480 千字

定价：200.00 元

（如出现印装质量问题，我社图书营销中心负责调换）

《中国典型湖盆细粒沉积》
撰写人员

袁选俊　张志杰　林森虎　王　岚

邱　振　潘树新　周红英　张恩楼

刘　群　成大伟　汪梦诗　周川闽

陈彬滔　陈　嵘　郭　浩　刘银河

序 /FOREWORD

中国陆上油气勘探已经历从构造油气藏到岩性地层油气藏、从常规油气到非常规油气的两次重大转变。勘探实践认为，中国以页岩油气为主的非常规资源丰富，勘探潜力大，是未来增储上产的现实接替领域。虽然我国非常规油气勘探开发已进入快速发展阶段，但在地质理论创新、勘探开发配套技术等方面上仍存在诸多认识瓶颈和技术难点。其中，细粒沉积学作为重要的基础地质理论，亟需突破针对常规油气勘探开发的传统沉积学理论框架，重新构建细粒沉积学体系，以指导非常规油气资源潜力预测与选区评价。

细粒沉积岩是指粒级小于 62.5μm、颗粒含量大于 50% 的沉积岩，主要由黏土、粉砂碎屑颗粒、有机质和湖相碳酸盐岩等组成，其在地壳中的分布约占全部沉积岩的 70%。细粒沉积岩作为含油气盆地的主要烃源岩与非常规储层，不但控制了常规油气藏的形成与分布，而且是页岩油气等形成与分布的主体。因此以泥页岩为主的海相、陆相细粒沉积岩研究正引起广泛重视，已成为目前的学科前沿。

2010 年以来，立足生产与科研需求，袁选俊教授组织研究团队，依托国家油气重大专项与中国石油相关科技攻关项目，相继在鄂尔多斯盆地延长组、松辽盆地青山口组、准噶尔盆地玛湖凹陷风城组等地区，开展了湖盆细粒沉积特征解剖与分布模式研究，取得了重要进展：一是针对传统粗粒沉积学的研究内容与方法，已不能完全满足细粒沉积学的需求，初步建立了细粒沉积学的研究方法体系；二是立足鄂尔多斯、松辽、准噶尔等典型盆地，揭示了淡水、微咸水、咸水三类湖盆的细粒沉积特征，探讨了富有机质页岩成因机制与主控因素；三是立足湖盆细粒沉积与粗粒沉积的整体研究，揭示了相互控制作用与机理，建立了不同类型湖盆细粒沉积体系分布模式，为区带评价优选提供地质依据；四是通过研究攻关，一批青年研究骨干快速成长，为沉积学科的创新发展储备了人才。

由袁选俊、张志杰、林森虎等撰写的《中国典型湖盆细粒沉积》，主要内容可概括为三个部分。第一部分对中国湖盆沉积学发展历程与阶段进展进行了简要回顾与总结，并重点介绍了团队在湖盆浅水三角洲、深水砂质碎屑流的最新研究成果；第二部分通过对国内外细粒沉积和中国现代湖泊研究现状调研，系统梳理了细粒沉积实验分析技术与测井岩性识别方法，总结了富有机质页岩的富集规律与主控因素；第三部分立足鄂尔多斯盆地、松辽盆地、准噶尔盆地主力烃源岩层系细粒沉积特征的解剖成果，较为详细地介绍了三大典型湖盆的岩石学特征、古环境恢复、富有机质页岩沉积模式等研究进展与成果认识。该专著的出版，不仅对湖盆细粒沉积学的创新发展起到重要推动作用，也将对我国非常规油气跨越发展具有指导意义，并对地质科研工作者和院校师生具有一定的参考价值。

中国科学院院士　郭才辉

前言 /PREFACE

中国石油工业以陆相沉积盆地产油气而著称，并因此形成了领先于世界的陆相石油地质理论和勘探开发配套技术。如果说陆相生油是该理论的核心，那么陆相沉积储层则是该理论的物质基础。中国沉积学家经过半个多世纪的努力，创建了以中—新生代岩相古地理格局、三大类湖盆沉积—层序充填结构、六大类环境沉积相模式、碎屑岩成岩演化序列等为核心的陆相沉积储层地质理论。该项理论在中国陆相含油气盆地勘探开发过程中一直发挥着重要指导作用。

21世纪以来，随着中国油气勘探开发从构造油气藏进入到岩性—地层油气藏，从常规油气进入到非常规油气的新时代，对湖盆沉积学的创新发展与生产应用提出了更高要求。细粒沉积岩在沉积岩中占有重要地位，但由于其看似"简单"而往往被忽略。随着非常规油气勘探开发的不断深入，细粒岩沉积学研究愈来愈受到重视，目前已成为国内外学者研究的前沿领域。

2010年以来，作者团队依托国家油气重大专项岩性—地层油气藏攻关项目、中国石油天然气集团有限公司科技攻关项目以及中国石油勘探开发研究院院级项目，立足鄂尔多斯盆地延长组、松辽盆地青山口组、准噶尔盆地玛湖凹陷风城组等解剖区，组织研究团队开展了湖盆细粒沉积探索性研究，建立完善了细粒沉积学的研究方法，解剖了淡水、微咸水、咸水共3种类型湖盆的细粒沉积特征，探讨并揭示了湖盆富有机质页岩成因机制与主控因素。

据统计，作者团队先后组织完成了《中—新生代湖盆沉积特征与沉积体系分布规律》（2011—2014年，院级项目）、《松辽盆地富有机质页岩沉积环境与成因模式研究》（2013—2015年，院级项目）、《湖盆细粒沉积体系与分布模式研究》（2014—2016年，公司课题）、《多类型湖盆沉积体系分布模式与岩相古地理分析》（2016—2020年，公司课题）、《湖盆细粒沉积作用过程水槽模拟与成因模式研究》（2017—2020年，国际合作项目）等研究任务，并指导5名研究生相继完成《鄂尔多斯盆地长7段细粒沉积物特征与致密油分布》（2009—2012年，硕士）、《鄂尔多斯盆地长

7段页岩相与成因模式》（2011—2014年，硕士）、《鄂尔多斯盆地长7细粒沉积体系与致密油储层分布研》（2013—2016年，硕士）、《玛湖凹陷风城组咸化湖沉积特征与成因模式》（2015—2018年，硕士）、《鄂尔多斯盆地南部长7段富有机质页岩成因研究》（2017—2020年，博士）等毕业论文。2011年以来，研究骨干相继在《石油勘探与开发》《沉积学报》《地质学报》等期刊发表"湖盆细粒沉积特征与富有机质页岩分布模式"（2015年）、"准噶尔盆地玛湖凹陷风城组碱湖沉积特征与演化模式"（2019年）等相关论文20余篇，并在中国沉积学大会、中国石油地质年会、世界沉积学大会等国内外学术会议上进行成果展示，本书即是在上述成果基础上撰写完成的。

全书共分为六章。第一章为中国湖盆沉积学发展历程与新进展，在对中国湖盆沉积学发展历程与阶段进展进行简要回顾的基础上，较为系统地介绍了湖盆浅水三角洲、深水砂质碎屑流方面的最新进展。第二章为细粒沉积研究现状与方法，在对细粒沉积的概念以及国内外研究进展调研基础上，重点对研究过程中取得的细粒沉积实验分析技术与测井岩性识别方法等进行论述。第三章为中国现代湖泊沉积，包括中国湖泊分布、现代湖泊沉积过程与规律、环境演化的沉积响应、现代湖泊沉积中有机质富集规律等。第四章至第六章为湖盆细粒沉积研究实例，分别以鄂尔多斯盆地长7段、松辽盆地青山口组、准噶尔盆地玛湖凹陷风城组的细粒沉积为例，介绍湖盆细粒沉积岩石特征、古环境恢复、富有机质页岩沉积模式等研究进展与成果认识。

本书撰写具体分工如下：第一章由袁选俊、张志杰、王岚、周红英、成大伟、郭浩等撰写，第二章由林森虎、袁选俊、刘群、成大伟、张志杰、周川闽等撰写，第三章由张志杰、张恩楼、陈嵘、袁选俊、周红英等撰写，第四章由林森虎、刘群、成大伟、袁选俊、张志杰等撰写，第五章由王岚、潘树新、陈彬滔、张志杰、袁选俊等撰写，第六章由张志杰、邱振、汪梦诗、周川闽、成大伟、刘银河等撰写。全书最后由袁选俊、张志杰、林森虎审查定稿。

在项目研究与本书撰写过程中得到了中国科学院邹才能院士的指导和帮助，以及中国石油勘探开发研究院薛叔浩、顾家裕、朱如凯、胡素云、张水昌、刘化清、侯连华；中国石油科技管理部钟太贤、李峰；长庆油田姚泾利、邓秀芹；新疆油田唐勇；吉林油田江涛等领导专家的长期支持与指导，在此表示衷心的感谢。书中还引用了国内外许多学者的有关成果和相关油田的部分资料，在此一并致谢。

本书难免有不足之处，恩请各位同行不吝赐教，容后改进。

目录 /CONTENTS

第一章 中国湖盆沉积学发展历程与新进展

中国湖盆沉积学是现代沉积学与陆相盆地油气、矿产勘探开发实践相结合的产物，是中国广大地质科技工作者半个多世纪的劳动结晶。油气、矿产勘探开发生产需求推动了湖盆沉积学理论的创新发展，不断完善的湖盆沉积学理论又直接或间接指导了油气、矿产勘探开发。21 世纪以来，随着中国油气勘探开发从构造油气藏进入到岩性—地层油气藏，从常规油气进入到非常规油气的新时代，湖盆沉积学的地位与作用更得到明显提升。本章在前人成果基础上，仅立足中国陆上含油气盆地勘探实践与应用的角度，对湖盆沉积学发展历程与进展进行初步总结，并对湖盆浅水三角洲、深水砂质碎屑流沉积研究方面取得的主要进展进行简要介绍。

第一节 中国湖盆沉积学发展历程与进展

中国沉积学发展历程与进展，叶连俊（1988）、裴怿楠（1992）、薛叔浩等（2002）、刘宝珺（2001，2006）、何起祥（2003）、顾家裕（2003）、孙枢（2005）等老一辈沉积学家，以及于兴河（2004，2009）、孙龙德（2010，2015）、朱筱敏（2016）等新一代沉积学家，均分别从不同角度进行了总结回顾与展望。2003 年，中国矿物岩石地球化学学会沉积学专业委员会、中国地质学会沉积地质专业委员会为庆祝《沉积学报》创刊二十周年，专门组织专家编写了《中国沉积学若干领域的回顾与展望》。上述相关研究成果对中国沉积学持续创新发展起到了重要的推动作用。

本书在前人成果基础上，结合近期研究进展，重点立足油气勘探与开发，对中国陆相含油气盆地沉积学发展历程与阶段进展进行了简要总结，为推动碎屑岩岩性—地层油气藏与陆相页岩油气的勘探开发提供学科支撑。中国陆相含油气盆地沉积学发展历程，大致经历了四个阶段：奠基与创业阶段（20 世纪 50 至 60 年代），蓬勃发展与建立阶段（20 世纪 70 至 80 年代），总结提升与完善阶段（20 世纪 80 至 90 年代），工业化应用与发展创新阶段（2000 年以后）。以下按发展历程简要叙述各阶段所取得的主要研究进展。

一、奠基与创业阶段（20 世纪 50—60 年代）

20 世纪 50 年代以前中国的沉积岩石学研究很薄弱，沉积岩石学还处于萌芽时期。中华人民共和国成立后，随着石油、天然气、铁、锰、铝、磷、煤等矿产地质勘探事业的迅速发展，有关沉积学的研究也大量开展起来。20 世纪 50 年代末至 60 年代中期，是中国沉积岩石学发展较快的时期之一，沉积学也逐渐从地层古生物学、岩石学分离出来而发展成一门独立的学科。该阶段与含油气盆地沉积学相关的重大进展主要体现在以下 3 个方面。

1. 建立岩矿实验室与编写沉积岩石学教材

20 世纪 50 年代中国的沉积岩石学及岩相古地理工作，主要借鉴欧美和苏联的观点和方法，其沉积岩石学的基本理论有 2 个，一是沉积分异作用，二是将今论古的原则。20 世纪 50 年代末和 60 年代初欧美沉积学在浊流理论、石灰岩成因分类等研究方面取得了重大成就，沉积学家引入了泥沙运动力学的理论和方法，解释了沉积构造（层理、波痕）的形成及水动力状态，由此对牵引流即牛顿流体所形成的沉积有了本质性的认识。20 世纪 60 年代又由于对石油储层性质研究的需要，促进了沉积成岩作用的研究，引进了物理化学的原理和方法。

中国通过引入国外沉积学概念、研究思路和工作方法，在玉门、西安、大庆等地和部分高校组建了岩石矿物实验室，重点开展了沉积岩矿物学和结构学等研究。通过开展室内岩石类型、成分结构、储层物性分析等工作，为沉积环境观察描述、沉积相分析等研究提供准确的基础资料。在石油地质类高校中开设了沉积岩石学课程，并自己编写教材，如原北京石油学院吴崇筠（1962）主编的《沉积岩石学》，原成都地质学院曾允孚（1962）、刘宝珺（1962）分别主编的《沉积相及古地理教程》《沉积岩研究方法》等高校统编教材。这些教材的出版，结束了由外国学者的著作占领中国高校课堂的局面，同时也成为各矿产部门有关技术人员的参考书，传播很广。

2. 重点陆相含油气盆地沉积环境与储集体分布研究

该时期，中国的油气勘探开发实践首先在几个大型含油气盆地迅速展开，包括鄂尔多斯盆地、准噶尔盆地和松辽盆地等。本阶段油气沉积学主要注重野外实地考察，观察沉积物的形态、纵横向分布、粒度变化和韵律旋回特征等，在油田勘探开发方面主要应用于比较粗略的沉积相划分和鉴定，这是生产应用的最初阶段。

1）鄂尔多斯盆地中生代沉积环境和岩相古地理研究

系统的岩相古地理研究以鄂尔多斯盆地开展最早。地质部西北石油地质局各直属地质队先后对盆地东部、西部、北部和南部上三叠统延长组和下侏罗统延安组的沉积环境作过研究，着重分析各层段沉积物的岩性、重矿物类型及含量变化，层理类型以及代表性斜层理、砾石产状的测量。探讨沉积物源区和碎屑物搬运方向，并应用岩性三角图法首次编制了岩相古地理图。

1958 年石油工业部石油科学研究院成立。为了适应鄂尔多斯盆地油气勘探工作的需要，于 1959 年组织鄂尔多斯岩相古地理队和银川石油勘探局直属 110 队合作，深化盆地岩相古地理研究，对三叠系延长组和侏罗系延安组分层段开展编图，编制了岩相横剖面图、生油储油评价图、含油气远景预测图和其他基础图件。该项研究成果对确定有利生储油相带，提供勘探方向发挥了重要作用。通过上述基础研究，首次在鄂尔多斯盆地中生代划分出山麓堆积、洪积、河湖、三角洲、沼泽、滨湖、浅湖、半深湖和深湖等沉积相（亚相）类型。

2）准噶尔盆地克拉玛依油田的发现和冲积扇储集体的初步研究

在这个阶段，准噶尔盆地沉积学和岩相古地理研究尚未系统展开。然而石油地质勘探专家、油田开发地质专家根据野外露头、地球物理和少量钻井资料，运用宏观沉积规律，在决策勘探方向做出了重要贡献。例如，新疆石油管理局所属各地质队和综合研究大队，通过盆地周缘的露头调查，以及在对大量的地质、钻井资料分析研究的基础上，认识到盆地的西北部是一个范围广阔的斜坡，呈超覆沉积的特点，是盆地内油气运移和聚集的主要指向，遂提出了横穿斜坡走向部署剖面探井的设计方案，并于克1井（1955年）获得工业油流，发现了克拉玛依大油田。进入20世纪60年代为了正确编制油田开发方案采用钻井大直径取心，查明该油田的储集岩为砾岩，加强了沉积相的研究工作，明确了克拉玛依油田是以冲积扇相为主的砾岩储层，储集砂体分布是多个粗碎屑冲积锥体在垂向上和平面上的叠合连片，形成了规模砾岩储层。

3）松辽盆地宏观与微观沉积学研究

松辽盆地松基3井于1959年喜喷工业油流，揭开了大庆特大型油田的勘探开发序幕。勘探家根据当时大庆长垣构造带上几口探井的对比，发现松基3井（葡萄花构造）以北的杏树岗、萨尔图和喇嘛甸构造带砂层和油层更厚，正确判断物源方向及储油砂体的主体部位，做出正确的勘探部署，迅速探明了大庆油田。1960年由石油工业部石油科学研究院、松辽石油勘探局和地质部松辽石油普查大队合作编制了松辽盆地第一张岩相古地理图——松辽盆地下白垩统姚家组岩相古地理图（1：100万）。图中划分出滨湖、浅水湖（再分湖底低洼浅水亚相、湖底隆起浅水亚相）、较深水湖和深水湖四个沉积相，并根据沉积相带展布特征，提出了河湖相的概念。同时为了油田开发和提高采收率，大庆油田的油田开发地质学家和沉积学家创造性地提出了以油砂体为研究对象的"微观沉积学"研究，包括油砂体形态、油砂体分布、油砂体内部特征和非均质性等研究，对查清影响油水运动规律的控制因素，提高油田开发效益起着关键性的指导作用。

3. 青海湖现代沉积考察

20世纪60年代初期，为了进一步证实"陆相生油"理论，国家科学技术委员会、中国科学院对中国内陆第一大湖——青海湖进行了综合考察，其考察主要目的是针对石油地质的有关问题，研究现代内陆湖盆的各种地质作用，探讨沉积物中有机质的堆积、保存和转化条件，为古代陆相沉积盆地的石油地质研究提供了一个十分宝贵的类比实例。青海湖是中国第一次有计划、有组织的现代湖盆科学考察实例，在青海湖形成、湖水性质、湖水动力、水生生物、湖底沉积物、沉积物的氧化还原环境和有机质分布、早成岩作用、有机质转化、微生物在有机质转化中的作用等方面均取得了突破性的研究成果，推动了中国湖盆沉积学科的发展，同时对目前的湖盆细粒沉积研究也具有十分重要的意义。

该阶段对青海湖的考察主要集中在湖泊内进行，与以后重点对河流——三角洲等砂体进行现代考察有所不同，因此对湖盆细粒沉积研究具有重要的现实指导作用。例如：（1）通过湖中32个采样点不同深度（2m、6m、13m、湖底）水体性质分析，以及108个点每隔0.5m的水温测定等数据，把湖水在纵向上划分为三个水动力层，即上层动水层、中层过渡层（温跃层）、下层相对静水层（湖下层）；（2）通过湖中 2m 水深的 65 个测点湖流分析，明确了青海湖湖水的运动规律，探讨了水动力对湖水矿化度、氧化还原性等物理化学性质分布的作用；（3）通过 111 个湖底 1m 左右淤泥采样点粒度、重矿物、黏土矿物、碳酸盐含量等分析，明确了青海湖底各种沉积物的分布与岩石地球化学特征；（4）通过对湖泊水生生物分布、沉积物有机质组成与沉积环境综合分析，揭示了湖流、水深、氧化还原环境等共同控制富有机质泥岩的分布。

二、蓬勃发展与建立阶段（20 世纪 70—80 年代）

20 世纪 70—80 年代，中国油气勘探开发事业迅速发展，1978 年原油年产量突破 1×10^8t 是最重要的标志。1979 年中国地质学会沉积专业委员会成立，召开了第一届全国沉积学大会；《沉积学报》《岩相古地理》等专业期刊于 20 世纪 80 年代初相继创刊。特别是改革开放以来，国外现代沉积学新理论和国际油公司在沉积相研究的新成果陆续被介绍到国内，大量的翻译文献和适合中国自己陆相沉积特点的自编教材和著作层出不穷。这些现代沉积学理论对中国湖盆沉积体系建立与指导油气勘探起着积极的借鉴作用，尤其在松辽盆地、渤海湾盆地更为明显。

20 世纪 70 年代后期至 80 年代中期，是中国沉积学大发展的时期，沉积岩石学已基本上摆脱了传统的以描述和直觉经验总结为主的研究方式，而步入有严格的科学逻辑推理和有完整而系统的理论为指导并有科学实验检验的沉积学。各高等院校有关沉积、岩相古地理、储层专业学科团队不断扩大，各油田基本都组建有沉积室，二者相互结合强有力地推动了中国陆相盆地沉积储层理论和技术在实践中逐渐发展和成熟。本阶段已基本建立包括各类沉积体的沉积特征、沉积模式、鉴别标志、分布规律等湖盆沉积学理论，在生产应用中对沉积相划分已比较细致，基本可达到微相级别。与此同时，随着测井和地震技术的不断进步和广泛应用，已开始逐渐地用测井和地震的方法解决沉积问题，显著提升了沉积学的预测评价精度。

该阶段的主要成果重点包括不同类型湖盆沉积体系解剖与鉴别、含油气盆地岩相古地理图编制与综合研究、陆相盆地储集体成岩特征等方面。另外"六五"期间中国科学院南京地理研究所等单位组织的云南断陷湖盆现代沉积考察，也为中国东部含油气盆地的沉积特征与油气地质研究提供了十分有价值的类比依据。

1. 不同类型湖盆沉积体系解剖与鉴别

1）松辽盆地大型河流—三角洲沉积体系系统研究

松辽盆地是一个面积达 26×10^4km² 的大型产油盆地，是中国 20 世纪 70 年代解剖较为深入的盆地，完成的主要研究工作包括 3 个方面。

（1）根据区域探井和开发井的大量钻井岩心、测井以及分析测试资料，大庆油田等单位在松辽盆地开展了系统的沉积相研究。将松辽盆地白垩纪坳陷期沉积划分为北部、齐齐哈尔、英台、保康、东部共 5 大河流—三角洲沉积体系，盆地中部为深湖区。其中青山口组—嫩江组沉积期是盆地坳陷发展的全盛时期，沉积范围大，沉降幅度大。由盆地边缘向中心依次发育冲积扇相、河流相、三角洲相、滨浅湖亚相和半深湖—深湖亚相。松辽盆地晚白垩世，具有盆底地形平缓、湖泊开阔、坡降小、沉降沉积中心基本统一、沉积速率较低、沉积层分布稳定且厚度较薄、发育继承性的大型河流—三角洲与湖泊沉积体系、沉积体系内部次级相带较宽等基本特征。

（2）油田勘探开发专家和沉积学家对湖盆大型河流三角洲体系的沉积特征、沉积演化、沉积模式及其对油水运动规律的控制作用深入研究。指出多物源、多沉积体系、相带呈环状展布是典型的坳陷湖盆沉积模式，且由于盆地宽缓，岸线和相带迁移明显，形成十分有利的生储配置；多物源的大型湖盆总是存在一个主要沉积体系，如北部轴向沉积体系规模最大，分布面积最大可达 44240km²，与大庆长垣二级构造带相配合，形成层系多、范围广泛的油气聚集区，盆地中大部分原油储集于其中，形成了世界著名的油田——大庆油田。

（3）研究者在主力油气层青山口组、姚家组和嫩江组建立了大型湖盆三角洲模式，在垂向上划分出 30～40 个三角洲旋回，包括 200 多个单个三角洲，每个三角洲的面积为 100～500km²，厚度为 15～30m，并称之为三角洲复合体。湖退时形成朵叶状三角洲，急剧湖退时形成鸟足状三角洲，湖进时形成席状三角洲。三角洲相可进一步分为分流平原与前缘亚相，前缘亚相还可进一步分为内前缘与外前缘亚相。储油砂体类型主要有分流河道砂体、三角洲前缘砂体、三角洲间席状砂等。油田开发地质学家通过对各类砂体的储层结构静态特征与油田开发动态变化相结合的研究手段掌握了油水运动规律，在提高油田采收率上发挥了十分重要的作用。

2）渤海湾盆地扇三角洲沉积、水下扇沉积体系研究

20 世纪 60 年代末以来，随着渤海湾盆地的油气大规模勘探，既发现与松辽盆地明显不同的盆地地质结构和油气分布规律，也发现在主要的沉积体系与类型上与松辽盆地有重大差异。断陷盆地的重要特征是切割岩石圈不同深度的断裂系统发育，由断裂分割的断块相对运动形成隆坳、凸凹相间的构造格局。渤海湾盆地面积为 20×10⁴km²，包括 6 个坳陷和 3 个隆起，54 个凹陷和 44 个凸起。在复杂的构造格局和各级生长断层的控制下，形成岛湖相间和多级地形错落的古地理面貌。在沉积环境上表现为湖中有岛、岛中有湖和山高水深的古地理面貌。实际上一个凹陷就是一个沉积单元，既有盆地外部物源也有盆地内部物源；因此，多物源、近物源和粗碎屑物质的广泛分布是其最重要的沉积特色，最具代表性的沉积体系是扇三角洲体系和水下扇体系。

与坳陷盆地相比，断陷盆地地形坡降大、沉积相带狭窄、砂体类型多。滨湖亚相和浅湖亚相界线不易划分，尤其是陡坡带。陡坡带断裂活动强烈，古地形陡峭，常形成冲积扇、扇三角洲、近岸水下扇砂体。缓坡带地形相对平缓，一般在湖盆边缘形成扇三角洲、辫状河三角洲、滩坝砂体。由于陆相断陷盆地单个凹陷面积较小，浅水期各种扇体的前缘带可延伸至凹陷中心的洼陷区或覆盖在中央凸起带之上，深水期洼陷区则普遍发育远岸水下扇。沿断裂带常有火山岩分布，并可成为油气储层。

该阶段的重大进展就是在渤海湾盆地发现广泛分布的深水重力流沉积。解剖发现，在断陷盆地中沉积物的分布并不是由外往里、由粗而细呈简单的环带状展开；而是在湖盆内

部的深水泥质沉积中夹有许多砾岩、砂砾岩和不同粒级砂岩透镜体，有杂乱堆积的块状层理、递变层理、平行层理、波纹层理和变形层理，其中的古生物化石既有代表原地的深水类型，也有代表浅水甚至是水上的类型，是洪水期被带入湖盆的重力流沉积，有的分布于陡坡带，有的分布于斜坡带，有的呈扇状，有的呈沟道状。从沉积成因机制上说，有的属于碎屑流，有的属于浊流，有的属于颗粒流和液化流。油区沉积学家用水下扇或湖底扇来概括这类储集体，它们多发育于裂谷湖盆的深陷期，水下扇与生油泥岩形成自生自储的岩性油藏或构造—岩性油气藏，占有相当的油气储量。

3）冲积扇、河流沉积体系的勘探开发和研究

克拉玛依油田是 20 世纪 50 年代发现的三叠系冲积扇油气藏，规模宏大，沿准噶尔盆地西北缘成冲积扇裙带，面积为 400km²。随着油气勘探开发的发展，对该冲积扇体系沉积特征的认识也不断深入。该冲积扇体系属于半干旱半潮湿气候类型，沉积相带发育完整，分扇根（扇顶）、扇中和扇缘三个亚相，其末端进入湖盆。扇根是冲积扇顶端限制性河道部分，扇中为向外扩散的辫状河道发育区，扇缘沉积向湖方向过渡为湖相深灰色砂质泥岩。油田沉积学家结合地面露头及现代沉积的观察，对该区冲积扇砂体进行微相划分，并建立了沉积模式。其中扇根亚相划分出主槽、槽滩、漫洪带和侧缘槽微相；扇中亚相有辫流线、辫流沙岛、漫流带微相；扇端有辫状细流和席状片流；扇间地带为扇间滩地和扇间凹地。

河流沉积体系中所含油气储量仅次于河流三角洲体系居第二位，辫状河、网状河和曲流河油气藏均有发现。辫状河沉积以渤海湾盆地新近系馆陶组和明化镇组分布最广，是黄骅坳陷、济阳坳陷的重要油气储集体。垂向上辫状河储层结构为多次砂砾岩频繁叠加，在横剖面上呈上平下凹的槽形砂体。在平面上心滩坝组合成连片的砂砾岩连通体，储层物性良好。与大型圈闭相配合，是形成大油田的有利条件。

另外，该时期还在渤海湾盆地、柴达木盆地、南襄盆地等开展了湖相碳酸盐岩沉积体系的勘探开发实践与研究。如黄骅坳陷中南部沙一段在水下低隆起广泛发育碳酸盐岩颗粒滩，在济阳坳陷沙四段凸起边缘缓坡带、凸起边缘断阶坪台和水下隆起广泛发育生物礁。王英华等（1993）出版了《中国湖相碳酸盐岩》专著，对该阶段的研究成果进行了系统总结。湖相碳酸盐岩及混积岩是湖盆细粒沉积的重要组成部分，值得进一步深入研究。

2. 含油气盆地岩相古地理图编制与综合研究

为了明确油气勘探开发的后备接替战场和勘探方向，提高勘探效益，在"六五"期间石油工业部将"全国油气资源评价"作为重点科技攻关项目，组织油气地质专业科技人员开展研究，取得了重要成果。其中在湖盆沉积学研究方面这个阶段主要有以下进展。

1）各油区勘探目的层沉积相研究

全国各油田在前期沉积相研究工作基础上，组织专业人员按照统一规范开展主要盆地分层系沉积相图编制，包括松辽盆地、陕甘宁盆地、准噶尔盆地、柴达木盆地、渤海湾盆地、苏北盆地、江汉盆地、珠江口盆地和北部湾盆地等。各盆地分层组的沉积相图是各油田油气资源评价的重要基础图件。

2）中国中—新生代沉积盆地沉积相图的研制

在各盆地沉积相图的基础上，由中国石油勘探开发研究院负责牵头组成，统一编制中国中—新生代沉积盆地沉积相图，包括早—中三叠世、晚三叠世、早侏罗世、中侏罗世、晚侏罗世、早白垩世、晚白垩世、古近纪和新近纪，共九个层位，比例尺1：400万。图中表现了沉积相和古气候分布。沉积相方面划分出海相、海陆交互相和陆相，重点突出各含油气盆地的沉积相分布，划分出冲积扇相及河流相、滨湖亚相、浅湖亚相、深湖亚相和沼泽亚相。在古气候带方面，根据各地质时代的古气候状况具体划分，在气候带分异明显时期，如早白垩世和古近纪划分出潮湿暖温带，半干旱、半潮湿亚热带，干旱亚热带和潮湿亚热带、热带。

3）陆相盆地沉积类型、沉积体系与生储组合研究

中国中—新生代含油气盆地多数具有多旋回的发展历史，形成多套生储盖组合。综合研究陆相沉积特征的成因，即古气候带、古地理环境、古构造环境和古地形及古水系等地质因素对陆相沉积特征的影响。陆相盆地沉积类型是上述诸因素的综合表现，这些因素也是决定陆相盆地油气生成的重要地质条件，不同沉积类型其油气生成潜力有重大差别。从气候带出发，划分出潮湿带沉积、干旱带沉积和潮湿干旱交替的过渡带沉积；从古地理环境出发，再划分出近海区和内陆区沉积；从盆地结构出发，更进一步划分为断陷型沉积和坳陷型沉积。根据这个原则将陆相盆地沉积划分为12种沉积类型。

首先，各种沉积类型其油气生成和储集条件不同，其含油气潜力也有差别。潮湿带近海坳陷型、潮湿带近海断陷型和过渡带近海断陷型和坳陷型，其沉积物的有机质丰度高、生油气烃源岩体积大，盆地周边水系发育，储集体广布，生储组合良好，具有最佳的含油气潜力。其次，潮湿带内陆坳陷型、潮湿带内陆断陷型、过渡带内陆断陷型和坳陷型，其沉积物的有机质丰度较高，生油气烃源岩体较大，盆地周边水系发育，储集体广布，生储组合较好，具有较好的油气潜力。位于干旱气候带的沉积类型也有油气生成条件。特别是受断裂控制的断陷型或坳陷型，持续保持深水—半深水环境，有利于形成油气富集区。一般有机质丰度偏低，而碱性水介质环境有利于有机质的保存。沉积盆地继承性的发育和沉积类型的转变是陆相沉积盆地具有多种勘探领域的地质基础。

3.陆相盆地储集体成岩特征研究

1）储层成岩阶段的划分及划分标志

系统整理和分析了中国松辽、渤海湾、南襄、二连、准噶尔、柴达木、酒西和北部湾等十多个主要含油气盆地几十口井几千块样品的薄片、X射线衍射、扫描电镜、阴极发光和有机质热成熟度等多项分析资料。根据自生矿物的分布及其形成顺序、黏土矿物组成及伊/蒙混层中的混层比变化、岩石的结构和构造特征、地球化学的有机质热成熟度指标共4个方面的标志将陆相盆地碎屑岩成岩阶段划分为成岩和后生两期，又把后生期划分为早、中、晚三个亚相。对处于不同成岩后生阶段（期）的储集岩特征、黏土矿物变化、有机质热成熟度指数、孔隙类型和物性参数作出具体的总结。将成岩作用研究由定性向定量发展。

2）探讨了次生孔隙的成因、分布及控制因素

对 10 多个盆地 30 多口井的泥岩进行系统的 X 射线衍射分析，研究伊/蒙混层黏土矿物的演变规律及泥岩脱水排烃与油气分布的关系，按混层比可划分出三个转化带，其中第一、第二转化带是层间水的主要脱出带，油气和次生孔隙的分布与第一、第二转化带的分布井段基本一致。伊/蒙混层中蒙皂石含量在第一、第二转化带分别为 35%～50%、约 20%。可以认为次生孔隙的发育与有机质产生的酸性孔隙水对碳酸盐胶结物的溶解有关，次生孔隙的纵向分布主要取决于泥岩的脱层间水和排烃时期，故次生孔隙主要集中分布在第一、第二转化带的井深附近。第一、第二转化带的深度分别代表有机质进入低成熟和成熟的门限值。由于各盆地地温梯度的差异及生储油层埋藏史的差异，故转化带出现的深度也不同。大庆油田、济阳坳陷、塔里木盆地其地温梯度分别为 4℃/100m、3.6℃/100m、2.2℃/100m，其第一转化带的深度分别为 1000m、2100m 和 3252m；第二转化带的深度分别为 1600～2000m、2700m 和 4000m 以深。因此，根据黏土矿物混层转化带可以预测不同盆地次生孔隙发育井段。

4. 云南断陷湖盆现代沉积研究

"六五"期间，中国科学院地学部组织有关专业人员对云南滇池、洱海和抚仙湖进行断陷湖盆现代沉积研究。包括地质构造、地貌及第四纪地质、气候、水文物理、水化学、水生生物和现代沉积等多学科的综合考察。云南"三湖"的研究成果深化了陆相湖盆认识，为中国东部盆地的油气地质研究提供了十分有价值的类比依据。

抚仙湖位于澄江盆地之中，是中国第二大深水湖，最大水深 155m，水质幽蓝清澈。抚仙湖目前处于断陷湖盆发育的早期裂陷阶段，属于沉积物补偿小于湖盆下沉速度的深水湖泊。现代考察认为，抚仙湖以浊积砂体沉积最为特色，在抚仙湖南北部都发育近岸浊积扇砂体。

洱海位于大理盆地中部，面积为 253km²，平均水深为 10.2m，目前处于断陷湖盆发育的中期深陷扩张阶段。现代考察认为，洱海以断陷盆地缓坡带冲积扇—扇三角洲沉积最为特色，其次为长轴三角洲沉积。洱海发育的砂体主要分布在盆地的西部缓坡带，砂体类型以冲积扇、扇三角洲、辫状三角洲为主；东部陡坡带湖水紧抵山麓，可能在水下有小规模的近岸浊积扇砂体发育。

滇池偏居昆明盆地普渡河—西山断层一侧，湖泊面积不足盆地的五分之一。湖水很浅，最深不超过 6m，一般为 4～5m。滇池目前处于断陷湖盆发育的晚期阶段，河流三角洲—浅湖沉积是该阶段湖盆充填的最主要方式。滇池东岸及南北两端都发育较大型三角洲沉积，其中以盘龙江复合三角洲规模最大，该三角洲的发育极大地改善着目前滇池的形态，使滇池北端逐渐向南压缩。

三、总结提升与完善阶段（20 世纪 80 年代中后期—90 年代）

中国石油工业经过前 30 多年的快速发展，取得举世瞩目的成就，使中国在 20 世纪 80 年代进入了世界石油生产大国行列。但随着油气勘探和油气田开发工作的深入，也对

含油气盆地沉积储层的创新发展，提出了愈来愈高的要求。因此，从"七五""八五"时期以来在全国范围全面、系统和有重点地开展了"全国油气储层评价"项目攻关，在陆相盆地沉积类型及其含油特征、湖盆沉积层序演化与充填模式、不同水介质湖盆储层成岩模式、储层敏感性及相关的实验测试技术等方面均取得重要进展。"九五"期间中国石油天然气总公司实施了东部深层、北方侏罗系等科技工程攻关项目，系统开展了松辽盆地、渤海湾盆地和北方侏罗系的沉积相编图与有利储集相带预测评价。

该阶段也是有计划、有组织地进行理论技术总结集成阶段，发展完善了中国陆相含油气盆地沉积学理论体系，推动了世界湖盆沉积学的发展。其代表性成果包括《含油气盆地沉积学》（1992）、《油气储层评价技术》（1994）、《中国油气储层研究图集》（1994）、《中国陆相油气储集层》（1997）、《湖盆沉积地质与油气勘探》（2002）等专著，下面仅对各专著的主要成果进行简要介绍。

1. 含油气盆地沉积地质综合研究

《含油气盆地沉积学》是以吴崇筠教授为首组织全国各油田沉积学工作者所完成的中国油气地质学领域的第一部沉积学专著，集中反映了中华人民共和国成立以来，各油气盆地沉积学研究成果，特别是20世纪70—80年代以来的新认识，全书共分总论、沉积盆地各论和沉积与油气三部分。总论部分论述了中国中—新生代陆相盆地的产生和发展，全面剖析了盆地中各种沉积相类型（冲积扇相、河流相、三角洲相、湖泊相和沼泽相）在盆地中的分布位置、沉积特征、相的共生组合规律和多种方法的综合鉴别技术。对湖泊亚相及湖泊砂体，如三角洲、扇三角洲、水下扇、滩坝和浊积砂体等提出了较详细的分类方案。沉积盆地各论部分阐述了松辽盆地、二连盆地、渤海湾盆地、南襄盆地、江汉盆地、苏北盆地、东南沿海大陆架、陕甘宁盆地、四川盆地、滇黔桂粤地区、酒西盆地、柴达木盆地、吐鲁番盆地、准噶尔盆地和塔里木盆地共15个含油气盆地的地质概况、沉积发育特征和生储盖组合与油气分布。是各盆地多年沉积工作的总结，是了解和进一步研究中国油区沉积学的宝贵成果。沉积与油气部分论证了中—新生代陆相盆地沉积类型、沉积体系及含油性评价。对比不同水介质湖盆和沼泽的生油潜力。该书成书于20世纪80年代末，于1992年出版中文版，1997年出版英文版，并在第十五届北京国际石油大会上展出。

2. 油气储层评价技术原理与方法总结

根据中国石油天然气总公司关于储层评价研究"要出理论、出技术、出方法，要有中国石油地质特色"的意见，在全国各油田、各研究院校多年来开展储层研究的基础上，组织有关研究人员进一步研究并编写了《油气储层评价技术》一书，于1994年出版，深受广大石油科技人员的欢迎并于1998年再版。该评价技术综合应用地层古生物学、岩石学、沉积学、储层地质学、测井地质学和地震地层学等多学科的原理和方法，系统总结和提出适应各个勘探开发阶段储层评价的要求、资料依据、评价内容、评价技术方法和评价成果，以统一和提高全行业油气储层评价研究水平，提高勘探开发效益。包括"碎屑岩单井储层评价技术""碳酸盐岩单井储层评价技术""区域储层评价技术""开发储层评价技术"

和"储层敏感性评价技术"五个方面。

《油气储层评价技术》的内容具有五个方面的特色：（1）规范性，已作为行业标准予以公布使用，如碎屑岩及碳酸盐岩成岩阶段划分规范；（2）标准性，尚未作为行业规范，但已作为行业系统普遍采用的标准，如各个开发阶段储层评价的具体内容；（3）可操作性，该评价技术包含了各学科有关储层描述的参数、分类、公式、典型模式和表格；（4）可参照性，如有关油气储层评价概念性和方法性的经验总结；（5）典型示范性，如单井沉积相分析剖面图及沉积剖面图、油层、砂层和单层对比图等。

3.《中国油气储层研究图集》的编制

1987年10月在石油工业部岩矿学科协调组第二次会议上，根据中国石油天然气总公司关于"急需编制一套我国油气区储层岩石学图版"的要求将《中国油气储层研究图集》正式列入重点研究计划。中国石油天然气总公司领导对全国油气储层评价研究和中国油气储层研究图集的编制提出了明确的要求。强调指出储层研究工作要勘探与开发结合、沉积与成岩结合、宏观与微观结合、特征描述与成因机理研究结合。储层研究的具体内容应包括储层类型、特征、成因、分布演化、测试技术、预测与评价方法共7个方面。对图集的编制要求以具中国特色的丰富内容、极好的图片质量以及精美的印刷水平打入国际市场。

经过反复论证，最终确定分五卷编制《中国油气储层研究图集》，即《碎屑岩》（卷一）、《碳酸盐岩》（卷二）、《岩浆岩、变质岩》（卷三）、《沉积构造》（卷四）和《自生矿物、显微荧光、阴极发光》（卷五）。该图集于1994年10月公开出版发行，其中《碎屑岩》于1997年出版英文版，在第十五届北京国际石油大会上展出。在国内外石油行业、沉积学领域产生重要影响。由于《中国油气储层研究图集》的学科基础性、科学性、先进性和实用性，它在油气储层研究和勘探开发应用中的作用和影响将是深远的。

4. 中国陆相油气储集层理论的形成

《中国陆相油气储集层》是基于中国众多陆相含油气盆地大量油气勘探开发实践，对丰富多彩的陆相沉积油气储层进行了系统的论述。分不同层次规模（包括盆地规模、沉积体系规模和砂体规模）对陆相油气储层的沉积成因、层序演化、空间展布、储层质量和非均质性等基本规律，以及不同地质背景下陆相碎屑岩储层成岩和孔隙演化过程作出系统总结。根据储层沉积学理论，建立了分层次的储层沉积模式。该书于1997年出版英文版，并在第十五届北京国际石油大会上展出。

《油气储层评价技术》《中国油气储层研究图集》和《中国陆相油气储集层》分别从技术方法、不同岩类储层特征和湖盆沉积理论三个方面对"七五""八五"油气储层评价研究作出总结。此外，不同沉积体系露头精细描述和储层建模、湖盆沉积模拟和数值模拟、地震储层预测和实验测试技术等都取得了重要的研究成果。

历经50年来油气勘探开发实践和研究，形成了具有中国特色的湖盆沉积学理论，其基本理论纲要包括：（1）中国湖盆沉积的发生与发展；（2）不同类型盆地的沉积特征和沉积格局；（3）陆相盆地沉积体系类型、湖泊内部环境与油气分布；（4）陆相盆地沉积类型及其含油气潜力；（5）陆相盆地沉积体系组合形式（沉积充填形式）及其含油性；（6）陆相盆地沉积旋回性与含油组合类型；（7）湖盆层序地层模式与生储组合；（8）湖盆碎屑岩储层非均质性；（9）湖盆碎屑岩成岩阶段及成岩相；（10）不同水介质类型湖盆地的储层成岩模式。

这些基本论点已为生产实践所揭示和反复验证。认识不断深化的湖盆沉积学理论不仅进一步为中国油气资源评价和油气勘探开发提供了科学依据，而且在中国石油天然气集团公司开拓国际石油市场中发挥着积极的作用。

为了进一步加强储层基础研究，促进科技成果向生产力转化，1996年遂成立中国石油天然气集团公司油气储层重点实验室，开展陆相层序地层学、盆地成岩系统、储层表征与建模、储层实验方法与技术、重点储层类型地质综合分析等项目的深入研究。

5. 湖盆沉积地质及其含油性特征研究

《湖盆沉积地质与油气勘探》是薛叔浩教授为首的专家团队对中国20世纪湖盆沉积学发展与应用进行的系统总结，2002年正式出版发行。该书从湖盆类型和沉积体系特征两个层面出发，系统分析其沉积规律和成藏因素，探讨油气勘探中的认识和经验，阐明了湖盆沉积地质研究的主要技术方法。该书分三篇共二十一章，第一篇为湖盆类型与含油气性，主要分析了陆内裂谷盆地、克拉通内坳陷盆地、前陆盆地、大陆边缘盆地和碰撞造山带内盆地的地质结构、沉积层序及沉积格局；剖析了淡水、微咸水、半咸水湖盆、含盐湖盆和湖泊与沼泽交替湖盆的油气生成与聚集环境，系统阐明其沉积环境、油气生成沉积特征、沉积体系组合形式及其含油性、沉积层序与生储组合特征、储集体类型及其圈闭类型的配置。第二篇为湖盆沉积体系与油气成藏，分别从冲积扇沉积体系、河流沉积体系、扇三角洲及辫状河三角洲沉积体系、三角洲沉积体系、水下扇沉积体系、堡坝沉积体系和湖泊碳酸盐岩沉积体系共7种类型，选择代表性的实例，分析其沉积背景、沉积体系内部结构和油气成藏因素特征，并探讨了相关沉积体系的勘探经验与技术方法。第三篇为湖盆沉积地质研究的技术方法，重点讨论了盆地规模、二级带规模、沉积体系规模沉积等时面的判别及生物组合和生物相分析的应用；阐明了沉积层序分析、成因地层层序分析和高分辨率层序分析的原理方法和代表性的应用实例；总结了三角洲、水下扇、河流等各种类型沉积体系的地球物理特征，系统介绍了沉积体的地震识别、储层地震反演、测井地质应用等技术方法和应用实例。

总之，中国沉积学家经过半个多世纪的努力，创建了独具特色的陆相沉积储层地质理论。1970年代以来，通过对不同类型储集体成因、分布与储层特征等解剖研究，建立了以中—新生代岩相古地理格局、3大类湖盆（断陷、坳陷、前陆）沉积—层序充填模式、6大类环境（冲积扇、河流、三角洲、水下扇、湖泊、沼泽）沉积相模式、碎屑岩成岩演化序列与成因模式等为核心的陆相沉积储层学地质理论。该项理论在中国陆相含油气盆地勘探开发过程中一直发挥着重要指导作用，而且也将指导和推动中国现在及未来的油气工业发展。

中国沉积学家通过对古代与现代湖盆的沉积特征解剖，揭示了陆相湖盆中主要发育冲积扇、河流、三角洲、水下扇、湖泊、沼泽共 6 种沉积相类型或沉积体系，明确了不同沉积相类型的沉积作用与成因机理，并根据沉积特征与分布规律等进行了相、亚相、微相划分，建立了陆相盆地沉积体系及相带划分方案（表 1-1）。该分类方案目前已被业界广泛接受和应用。

表 1-1　陆相盆地沉积体系及相带划分方案（据薛叔浩等，2002，修改）

沉积体系		沉积相	亚相	微相及骨架砂体	主要沉积作用
I	冲积扇体系	干旱扇 湿地扇	扇根 扇中 扇端	主槽、侧缘槽、槽滩、漫洪带、辫状河沟槽、漫流带（水道间）	泥石流、牵引流
II	河流体系	曲流河 辫状河 网状河	河道 河道间	河床滞留沉积、边滩、心滩、天然堤、决口扇泛滥平原、牛轭湖	牵引流为主
III	三角洲体系	曲流河三角洲 辫状河三角洲 扇三角洲	平原 前缘内带、外带 前三角洲	分流河道、分流河道间、水下分流河道（间）、河口坝、席状砂	牵引流为主，湖流、波浪、重力流次之
IV	水下扇体系	近岸水下扇 远岸水下扇 滑塌浊积体	供给水道 内扇 中扇 外扇	主水道、天然堤、辫状水道、水道间、无水道区席状砂、滑塌透镜体或砂质碎屑流	重力流为主，牵引流次之
V	湖泊体系	淡水湖 半咸水湖 盐湖或碱湖	滨湖 浅湖 （半）深湖 湖湾	碎屑岩滩坝、碳酸盐岩滩坝、生物礁	湖流、波浪、化学、生物
VI	沼泽体系	湖泊沼泽 河流冲积平原沼泽 三角洲平原沼泽			生物作用为主

四、工业化应用与发展创新阶段（2000 年至今）

21 世纪以来，随着中国陆上构造油气藏勘探程度和勘探难度的提高，岩性—地层油气藏和非常规油气逐渐成为新的接替勘探领域，因此对沉积学创新发展，特别是工业化推广应用提出了更高要求。同时，随着高分辨率地震技术、多参数测井技术以及计算机技术和先进的实验分析技术的广泛应用，沉积学的研究从定性和半定量向定量过渡，研究沉积学的方法体系发生了革命性的转变，从原来的描述性、推断性和不可检验性走向计算机物理模拟、三维可视化和定量计算，这为沉积学的工业化推广应用提供了强有力的技术支撑。

21 世纪以来，中国湖盆沉积学立足生产需求，在工业化推广应用与理论创新等方面均取得了重要进展。一是在消化吸收国内外沉积学最新研究成果基础上，进一步深化解剖冲积扇、河流、三角洲、水下扇等沉积模式、成因机理与储层特征，揭示了陆相断陷、坳陷、前陆 3 种类型湖盆的充填模式与分布规律等理论认识，继承发展了中国陆相含油气盆地沉积学理论体系。二是岩性—地层油气藏与非常规油气勘探的生产需求，以及高分辨率层序地层学、地震沉积学等的快速发展，促进了沉积学的工业化推广应用。大庆、长庆、新疆、大港等油田，立足新的钻、测井以及高分辨率地震资料，开展了松辽、鄂尔多斯、准噶尔、渤海湾等盆地沉积相工业化编图，强有力支撑了油气勘探部署。三是立足油气勘探开发最新进展及深入解剖，在浅水三角洲、滩坝、砂质碎屑流、细粒沉积等的成因认识与分布规律方面取得了创新性进展，推动了湖盆中心及其深湖亚相油气勘探。下面仅对近期取得的部分创新性进展进行简要介绍。

1. 层序地层学、地震沉积学工业化应用，推动了沉积体系刻画与勘探部署

20世纪沉积体系分布规律研究，主要是立足露头与钻、测井等资料开展沉积相编图，受钻、测井资料以及地震储层预测精度不够等限制，编制的沉积相图虽然能预测沉积体系的宏观分布，但还不能直接利用沉积相图进行勘探部署，特别是井位论证。21世纪以来，立足高分辨率地震资料的层序地层学、地震沉积学工业化应用，推动了沉积体系精细刻画与区带或目标优选评价。

层序地层学是从20世纪80年代以来在地震地层学基础上发展起来的一门新兴边缘学科，其重要突破在于建立了盆地、区域乃至全球的等时地层格架，并将沉积相和沉积体系的研究放在统一的等时地层格架中进行，因而能有效地揭示沉积体系的三维配置关系（刘宝珺，2001）。中国石油地质工作者及时把海相层序地层学理论方法创造性地应用于中国陆相地层中，并结合中国陆相盆地沉积和层序特征，建立了不同类型的层序地层模式和针对性研究方法，推动了层序地层学在中国的工业化推广应用。"十五"期间，中国石油勘探开发研究院加强了层序地层学工业化应用研究，提出了沉积背景分析、层序划分对比、层序界面追踪闭合、多学科沉积相编图、层序界面约束地震储层预测、成藏规律与目标评价等"六个步骤"的研究流程，并针对岩性地层油气藏勘探的技术需要，提出了每个步骤应完成的基本研究内容、存在问题与技术对策（贾承造等，2004）。层序地层学工业化应用"六个步骤"的研究流程，强化了地质理论认识与地球物理技术的充分融合，突出了层序地层学在解决油气勘探中实际问题的应用价值，通过近年来在各油田的推广应用，强有力的支撑了中国石油岩性—地层油气藏的大规模勘探。

地震沉积学是在地震地层学和层序地层学基础上发展起来的、沉积地质学与地球物理学相互交叉的新兴学科，在沉积体系分析、储集砂体刻画和岩性圈闭预测等方面发挥了重要作用。地震沉积学的提出使得沉积学家和油气勘探家的研究视角产生了革命性变化，从利用地震垂向分辨率开展常规地震相研究走向充分利用地震水平分辨率开展多种平面沉积体系研究（朱筱敏，2016）。从2000年前后该理论方法引入中国以来，地震沉积学得到了快速发展和推广应用，特别是在陆相含油气盆地沉积体系研究和薄层砂体预测等方面发挥了特有的作用。2010年以来，中国石油勘探开发研究院立足中国石油项目和国家油气重大专项，研发集成了地震沉积学分析软件系统。GeoSed3.0以薄储层地震沉积分析为特色，包含数据管理与显示、资料预处理、三维等时格架建立、薄储层分布预测、地震相/属性分析、配图工具共6个子系统，以及地震等时分析、三维层位自动解释、大区域非线性地

层切片扫描、等时属性提取与多属性融合、变时窗波形聚类、多信息动态沉积分析等 30 余个功能模块。目前该软件平台已在中国石油各油气田，以及石油院校和相关科研单位进行了大规模推广应用，有力支撑了岩性—地层油气藏区带优选与目标评价。

2. 浅水三角洲、砂质碎屑流、滩坝成因模式创新，拓展了湖盆中心勘探领域

以前的油气勘探实践主要围绕湖盆周缘储集体开展，并认为湖盆中央砂岩储层总体不发育。近年来，中国相继在松辽、鄂尔多斯、准噶尔、渤海湾等湖盆中心发现累计厚度大、分布面积广、物性好的砂岩储层，因而勘探范围不断拓展，储量规模不断增长。勘探实践与研究表明，湖盆中心区发育 2 类成因砂体，一类为滨—浅湖沉积环境的牵引流成因砂体，即河流—三角洲以及受湖流改造的滩坝砂体；另一类为半深湖—深湖沉积环境的重力流成因砂体，包括洪水浊积、滑塌重力流、砂质碎屑流沉积。这一认识改变了"湖盆中心以泥质岩为主，缺乏有效储层"的观点，开辟了油气勘探的新领域，推动了中国岩性—地层油气藏的规模勘探。浅水三角洲、砂质碎屑流成因模式与分布规律将在本章第二、第三节具体介绍。

浅水三角洲的概念是由美国学者 Fisk 在 1961 年研究密西西比河三角洲沉积时首次提出的。国内学者对浅水三角洲研究始于 20 世纪 80 年代。笔者 2001 年在松辽盆地南部开展保乾砂体解剖与沉积相工业化编图工作，发现青山口组一、二段与青山口组三段、姚家组沉积特征、砂体分布存在明显差异，因此提出了浅水型和深水型 2 种三角洲类型。以后浅水三角洲的概念逐渐在鄂尔多斯盆地延长组、四川盆地须家河组、准噶尔盆地玛湖凹陷三叠系百口泉组等湖盆或凹陷中心油气勘探中得到了广泛推广应用，取得了显著勘探成效。邹才能等（2008）、朱筱敏等（2012）对浅水三角洲形成的主控因素与发育特征开展了综合研究。近年，笔者团队基于鄱阳湖等现代湖盆考察和水槽模拟实验，结合遥感信息，建立了三角洲前缘"朵叶体"的动态生长模式，提出浅水三角洲骨架砂体呈"树枝状"—"结网状"生长，分流河道不断生长，成为供砂通道，砂体连续沉积，天然堤控制砂体的分布。此模式为松辽、鄂尔多斯等盆地浅水三角洲骨架砂体预测提供了理论指导。

近年来，以深水重力流砂体作为油气储层在世界各地陆续被发现，使重力流砂体成为继河流沉积、三角洲沉积之后又一个找油的重要领域。传统认为中国陆相湖盆深水重力流沉积主要发育在渤海湾盆地断陷发育的深陷期，是一种山区物源直接进入深湖区的"有根"重力流沉积，可分为近岸和远岸水下扇 2 种类型；而陆相坳陷盆地由于地形平缓，湖盆中心离物源区较远，因此山区物源难以直接进入深湖区形成规模砂体，即使三角洲前缘砂体由于快速堆积后在外界触发机制下发生滑动，所形成的"无根"重力流沉积规模一般也较小。直到长庆油田在鄂尔多斯盆地中部白豹地区，发现了延长组长 6 段厚层规模砂质碎屑流储集砂体，揭开了坳陷湖盆中心规模勘探的序幕，相继发现白豹、华庆等亿吨级大油田。随后长庆油田与院校开展广泛合作研究，共同就砂质碎屑流的成因机制、沉积储层特征、分布规律等进行精细解剖，推动了坳陷湖盆中心深水油气规模勘探。

笔者团队通过对白豹地区长 6 段含泥砾砂岩与无任何层理的块状砂岩沉积特征的综合研究认为，这是三角洲前缘砂体快速堆积后在外界触发机制下发生滑动而形成的，为典

型的砂质碎屑流沉积。在触发力作用下，松动的岩层发生滑动崩塌，然后发生滑塌，这时岩层可能由一个整体破碎成多个块体，同时伴随大量的软沉积物变形；随着水体的不断注入，岩层块体破碎搅浑，以碎屑流的形式呈层状流动，在三角洲前缘台缘带斜坡上及深湖平原上形成大面积的砂质碎屑流舌状体，碎屑流沉积物的前方或者顶部可能发育少量的浊流沉积。砂质碎屑流砂体是湖盆中心深水区重要的储集体类型，具有顺水流方向延伸不远的特点。砂质碎屑流是一种"无根"重力流成因，与渤海湾盆地"有根"重力流成因的水下扇砂体有很大不同。

滩坝砂体在中国以前的陆相沉积体系研究中相对薄弱。近年随着岩性—地层油气藏勘探的深入，位于湖盆浅水区的滩坝储集体日益受到重视。近期在渤海湾盆地东营凹陷、鄂尔多斯盆地延长组长 8 段、柴达木盆地新近系、塔里木盆地库车凹陷南斜坡等地区均发现了规模滩坝砂体，已经成为油气勘探的重要领域。姜在兴等（2010）通过典型滩坝解剖，建立了东营凹陷风动力砂体分布模型以及破浪带和碎浪带砂体定量预测模型，明确砂体位置、厚度与古风力强度有关，6～8 级风力最有利于滩坝的形成。

3. 湖盆细粒沉积研究，指导了致密油、页岩油等非常规油气勘探

随着油气工业进入常规与非常规油气并重的勘探阶段，以泥页岩为主的湖盆细粒沉积岩研究正引起广泛重视。细粒沉积岩是指由粒径小于 0.0625mm 的细粒沉积物组成的粒径较细、成分复杂的沉积岩，其成分主要包括长英质矿物、黏土矿物、碳酸盐矿物及其他自生矿物等，传统的泥岩、页岩、黏土岩和粉砂岩等概念都属于细粒沉积岩范畴。在充分吸收和借鉴国外细粒沉积岩研究经验的基础上，中国学者针对陆相盆地细粒沉积岩进行了大量的解剖工作，在细粒沉积岩的岩性—岩相、沉积体系和储层特征等方面均取得了一系列成果认识。贾承造等（2013）强调，在非常规油气地质学研究中，应建立细粒沉积体系分类方案，研究其源—储配置关系，明确细粒沉积体系与常规沉积体系的组合关系；姜在兴等（2013）阐述了细粒沉积岩的相关概念、术语及分类，研究了硅质与碳酸盐等细粒物质的沉积动力学特征，以东营凹陷为例，建立了细粒沉积岩的沉积模式，并以气候、相对湖平面及物源输入等作为层序主控因素，划分细粒沉积层序格架。袁选俊等（2015）总结了细粒沉积岩的研究进展与发展趋势，研究了鄂尔多斯盆地延长组细粒沉积岩沉积体系的分布规律，建立了以湖侵—水体分层为主的湖相富有机质页岩的沉积模式，提出"沉积相带、水体深度、缺氧环境与湖流"均是富有机质页岩分布的主控因素。邹才能等（2016）通过研究不同类型盆地黑色页岩，建立了 3 类湖相富有机质页岩的成因模式：坳陷湖盆为中央坳陷区大面积缺氧环境的水体分层模式，富有机质页岩横向分布相对稳定，且范围广；断陷湖盆为洼陷区缺氧环境的水体分层模式，富有机质页岩厚度大，横向变化大；前陆湖盆为坳陷区缺氧环境的水体分层模式，富有机质页岩厚度大，斜坡区发育煤系富有机质页岩。

2010 年以来，笔者团队依托国家油气重大专项以及中国石油勘探开发研究院院级项目，分别在鄂尔多斯盆地长 7 段、松辽盆地青山口组、准噶尔盆地风城组等开展了陆相细粒沉积解剖研究，在细粒沉积研究方法技术、泥页岩沉积特征与环境、富有机质页岩形成与分布模式等方面取得了一定的研究进展，这也是本书的主要内容。研究认为深湖—半深

湖页岩形成于水体相对安静的环境，以细粒物质垂直沉降为主，凝絮作用形成的有机质团粒加速了沉积物堆积，同时水体分层造成底水缺氧，有利于有机质保存；间歇性海水入侵带来的营养物质促使生物勃发，提供大量有机质；水体咸化加快黏土矿物的沉降，且有利于沉积物中有机质的保存和富集。

第二节　浅水三角洲沉积特征与生长模式

21世纪以来，随着中国陆上油气勘探从构造油气藏为主，向岩性—地层油气藏和致密油气或页岩油气为主的转变，在松辽、鄂尔多斯、准噶尔、四川等盆地斜坡及凹陷区发现了以浅水三角洲为规模储层的大油气田或大油气区。随着中国陆相盆地岩性—地层油气藏勘探的持续深入，需要进一步开展坳陷湖盆浅水三角洲沉积特征与分布规律，以指导油气勘探部署和规模储量发现。本书立足松辽盆地西南部上白垩统保乾三角洲沉积特征和分布规律解剖，以及鄱阳湖现代赣江三角洲遥感定量解析，重点探讨湖盆浅水三角洲形成的地质背景、沉积特征与生长模式。

一、浅水三角洲研究现状

浅水三角洲的概念是由美国学者Fisk（1961）研究密西西比河三角洲沉积时首次提出，并将河控三角洲分为深水型及浅水型三角洲。Donaldson（1974）通过美国阿巴拉契亚山脉晚石炭世海相浪控与河控三角洲演化序列研究，指出河控三角洲具有浅水三角洲沉积特征，进一步明确了浅水三角洲的概念。Postma（1990）认为浅水三角洲主要发育于湖盆浪基面以上，水深一般在数十米以内的滨湖—浅湖环境，并根据惯性、摩擦、浮力、蓄水体深浅、坡度的陡缓、河道稳定度、注水速度、负载类型等因素识别出了8种浅水三角洲端元。Cornel等（2006）通过对古代三角洲和全球典型的现代湖盆三角洲的对比分析，指出河控型浅水三角洲前缘常发育不同规模的末端分流河道砂体，砂体厚度一般为1～3m，延伸距离一般为100～300m。

中国学者对浅水三角洲的研究始于20世纪80年代，研究重点集中在三角洲分类、形成机制与主控因素、微相类型及砂体结构样式等方面。裴怿楠等（1997）根据松辽盆地上白垩统姚家组、青山口组三角洲优势相带发育特征与主控因素，建立了3种类型三角洲的沉积模式（图1-1），即分流河道占优势的三角洲、断续型水下分流河道三角洲、席状砂占优势的三角洲，这也是中国浅水三角洲分类研究的最早雏形。

楼章华等（2004）根据三角洲前缘砂体特征，将浅水三角洲分为席状、坨状、枝状，并指出浅水三角洲的形状与河流作用、气候、湖口升降等因素有关。王建功等（2007）根据盆地沉积动力学特征，提出了低位期、水进期、高位期共3种浅水三角洲沉积模式。邹才能等（2008）分别对陕北晚三叠世古三角洲和鄱阳湖赣江现代三角洲等进行了综合研究，建立了毯式及吉尔伯特式2种结构类型的陆相浅水湖盆三角洲沉积模式（图1-2），并根据其供源体系、倾斜的坡度（陡峭、平缓）、水深等因素划分了9种湖盆三角洲成因结构单元。

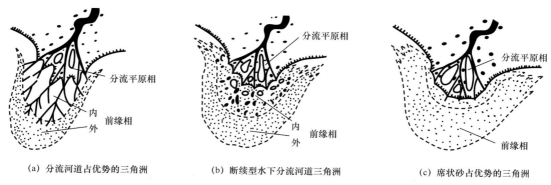

(a) 分流河道占优势的三角洲　　(b) 断续型水下分流河道三角洲　　(c) 席状砂占优势的三角洲

图 1-1　松辽盆地青山口组曲流河三角洲沉积模式（据裴怿楠等，1997）

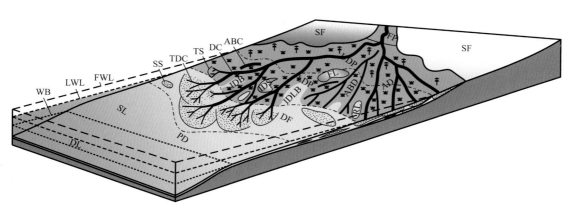

图 1-2　陆相湖盆浅水三角洲沉积模式示意图（据邹才能等，2008）

ABC—废弃河道；ABD—废弃三角洲朵叶体；AD—活动三角洲朵叶体；DC—分流河道；DF—三角洲前缘；DL—半深湖—深湖；FL—河漫湖；FP—洪泛平原；FWL—洪水面；IDB—分流间湾；IDLB—三角洲朵叶体间湾；IDS—分流间沼泽；LDP—下三角洲平原；LWL—枯水面；PD—前三角洲；RL—残余湖；SF—沉积底面；SL—浅湖；SS—席状砂；TS—末端决口扇；TDC—末端分流河道；UDP—上三角洲平原；WB—浪基面

　　朱筱敏等（2012）认为，浅水三角洲形成的地质条件包括盆地整体构造稳定沉降、盆广坡缓、干旱炎热古气候、湖平面频繁升降旋回变化、湖盆水浅动荡、河流能量强、物源充足供源远等。揭示了湖盆浅水三角洲沉积特征：砂岩发育交错层理和间断正韵律；河流作用明显，分流河道长距离延伸，可达数十千米；单砂体厚度较薄（数米），复合砂体厚度大、分布广（数千平方千米）；湖盆坡缓三角洲前缘相带宽广，骨架砂体为水下分流河道沉积，河口坝不太发育。顶积层、前积层和底积层共 3 层式结构特征不明显。浅水三角洲发育受多种地质因素控制，其中气候是控制浅水三角洲发育的重要因素，干旱气候下的浅水三角洲具有"大平原、小前缘"的特点，而潮湿气候下的浅水三角洲具有"小平原、大前缘"的特点（图 1-3）。

　　一般认为，浅水三角洲常发育于坳陷盆地的构造活动稳定的层系中，这类盆地在相应沉积期基底相对平缓、坡度较小、水体浅并且物源供给十分充足，如中国的松辽盆地白垩系泉头组、鄂尔多斯盆地三叠系延长组、渤海湾盆地新近系以及现代鄱阳湖、洞庭湖等。浅水三角洲平原相砂体厚度大，主要发育分流河道和河道边缘的决口水道、溢岸、决口扇、泛滥平原等微相类型；前缘亚相砂体厚度不大，但可大面积连片分布，以水下流河道为主，河口坝、远沙坝及前三角洲亚相不发育。近年来的勘探实践表明，坳陷湖盆大型浅水三角洲及湖盆中心砂体是非常规油气勘探的重要目标，也是大面积低丰度连续型有序聚集的非常规油气田形成的基础，具有重要的油气勘探意义。

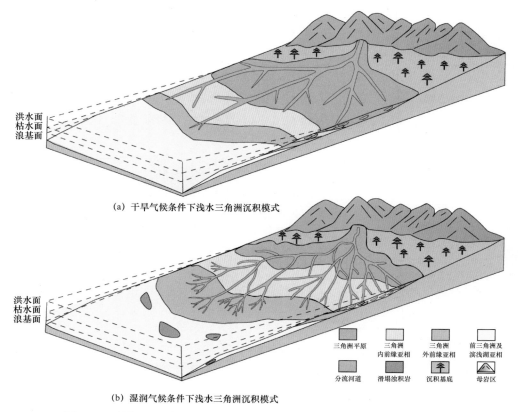

（a）干旱气候条件下浅水三角洲沉积模式

三角洲平原　三角洲内前缘亚相　三角洲外前缘亚相　前三角洲及滨浅湖亚相

分流河道　滑塌浊积岩　沉积基底　母岩区

（b）湿润气候条件下浅水三角洲沉积模式

图1-3　干旱和湿润气候条件下浅水三角洲沉积模式（据朱筱敏等，2012）

二、浅水三角洲沉积背景与主控因素

1.坳陷湖盆具有形成大型浅水三角洲的沉积背景

目前在中国石油地质学研究中，一般按湖盆所在区域的构造活动特点，把陆相含油气盆地类型划分为断陷、坳陷和前陆3大类，其沉积构造格局与沉积充填特征具有显著差异。

断陷盆地一般由深大断裂分割的断块相对运动形成凸凹相间的构造格局，常被分割成许多凹陷，因此单个凹陷面积不大。如渤海湾盆地面积约 $20 \times 10^4 km^2$，包括54个凹陷和44个凸起，每个凹陷面积一般为几千或几百平方千米，其中最大的东营凹陷面积约 $7000km^2$。断陷盆地与坳陷盆地沉积格局的最大不同就是一个凹陷就是一个沉积单元，同时由于断陷盆地具有构造活动强烈、古地形差异大，物源充足、湖泊水体较深、沉积相带变化快等特点，因此一般不具备浅水三角洲形成的沉积背景，特别是难于形成大型浅水三角洲。

坳陷盆地以较均匀的整体升降构造活动为主，盆地面积大，地形平坦，边缘斜坡宽缓，中间无大的凸起分割，故可形成沉降中心与沉积中心一致，面积较大的统一大湖。中国中生代发育松辽、鄂尔多斯、准噶尔等大型坳陷湖盆，盆地面积可达数十万平方千米，其中湖侵期古湖泊面积可达数万平方千米以上。古湖泊面积大但水体并不一定很深。如松辽盆地在下白垩统青山口组一段湖侵期时，湖泊面积为 $8.7 \times 10^4 km^2$，但湖水深度一般在 30m 左右，最深处也仅 60m，不及渤海湾盆地东营凹陷等古湖泊的深度可达百米以上。因此坳陷湖盆是大型浅水三角洲发育的理想场所，特别是在古湖泊水体更浅的湖退期。坳陷湖盆构造背景稳定，沉积底形坡度平缓，湖区宽浅，湖浪作用微弱，因此河流携带沉积物入湖后，通过不断分流改道逐渐搬运至湖盆中央，形成大型浅水三角洲复合沉积体系。坳陷湖盆浅水三角洲发育规模可与一些现代海相三角洲相当，而远大于断陷湖盆中普遍发育的扇三角洲或辫状河三角洲。

坳陷湖盆由于地形坡度平缓，在基底沉降缓慢的宽浅湖区，以及相对低的可容空间下，三角洲平原上的分流河道通过不断的决口改道产生新的三角洲朵叶体填积在近岸浅水区。后期的河流流过近岸三角洲朵叶体时发生过路作用，在向湖一侧卸载形成新的三角洲朵叶体，如此不断的进积最终可形成大面积分布的浅水三角洲复合体。坳陷湖盆周期性的扩张与收缩，可以形成不同时期浅水三角洲砂体的横向连片与纵向叠置，在沉积物供给速率与基底沉降速率相当的平衡补偿浅水区，多期浅水三角洲的垂向叠置可形成厚度较大的三角洲复合砂体。

鄂尔多斯盆地三叠系延长组沉积演化特征表明，除长 7 段沉积期湖泊面积大、水体较深外，其他层段古湖泊面积较小、水体很浅，因此长 6 段、长 8 段大型浅水三角洲广泛发育（图 1-4）。长 6 段沉积期，从北部阴山南麓直到鄂尔多斯腹地，形成的安塞三角洲，就是典型的大型曲流河浅水三角洲，三角洲平原面积约 18000km²，三角洲前缘面积约 22000km²；长 8 段沉积期，在陕北斜坡上发育的河流三角洲面积可达 48000km²，在盆地西南发育的西峰辫状河三角洲，面积超过 $1 \times 10^4 km^2$。大型浅水三角洲是目前鄂尔多斯盆地岩性油气藏勘探的主体，已发现了 $30 \times 10^8 t$ 以上的探明石油地质储量。

前陆盆地主要分布于造山带外侧强烈沉降带。这种湖盆以不均匀的构造活动为主，在前陆盆地不同构造带形成不同类型的湖泊。在冲断带—前渊带，构造活动强烈，形成的前渊坳陷湖泊，水体较深，面积相对较小，其湖泊性质类似于断陷湖泊；而在前陆斜坡带，构造活动较弱，地形宽缓平坦，可形成类似于坳陷盆地的沉积格局，湖泊面积较大，但水体较浅，也可形成大型浅水三角洲，如四川盆地须家河组在川中斜坡区发育多个面积超 $1 \times 10^4 km^2$ 的大型浅水三角洲。

2. 敞流型湖盆是浅水三角洲规模发育的主控因素

水文地质学将湖盆分为敞流与闭流 2 种类型。敞流湖盆是指注入湖盆的水量大于蒸发量和地下渗流量之和，湖平面的位置维持在与湖盆最低溢出口相同的高程上，多余的水通过泄水通道流出的湖盆。湖盆的基准面维持在溢出点的等高程面上，构造升降是相对湖平面升降、可容空间变化的唯一原因，降水量及沉积物供给量对湖盆基准面的升降不起作用（纪友亮等，1998）。

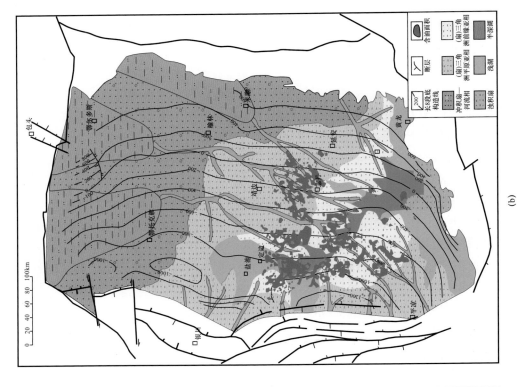

(b)

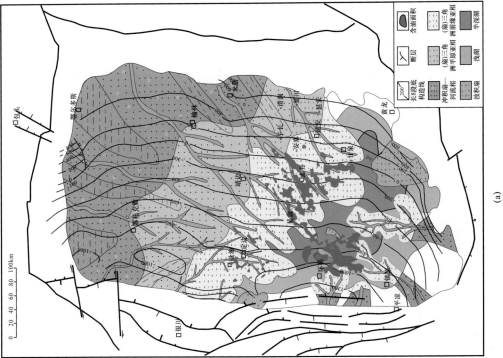

(a)

图 1-4　鄂尔多斯盆地长 6 段（a）、长 8 段（b）沉积相与油田分布图

勘探实践与研究表明，敞流型湖盆是浅水三角洲规模发育的最重要主控因素。对于敞流型湖盆，尽管河流搬运大量沉积物入湖的同时湖泊注水量增大，但由于有敞流通道的存在，多余湖水可沿敞流通道溢出而不易形成宽阔的较深水湖泊，有利于浅水三角洲逐渐向湖盆中心延伸生长，直至充填整个湖泊。而对于闭流湖盆，雨量充沛、沉积物供给充足时，将导致湖平面的上升（纪友亮等，1998），盆地中心很难形成浅水三角洲砂体。

松辽盆地晚白垩世是一个典型的具有湖海通道的敞流型湖盆，研究表明湖盆向东开口，湖水出海口位置在如今宾县附近。由于松辽盆地濒临海洋，湖泊大小与水体深浅明显受海平面升降控制，目前嫩江水系通过敞流通道直接入海，因而没能形成大型湖泊。研究表明，松辽盆地晚白垩世经历的阿尔布期、土伦期2次海侵，与青山口组一段、二段和嫩江组一段、二段2套湖相泥岩沉积相对应。这2个时期海平面较高，一方面湖水无法排出，另一方面可能存在局部海侵，因此导致松辽盆地发育大型古湖泊，因此在较深湖背景下，松辽盆地以泥页岩等细粒沉积为主，在湖泊周缘发育正常三角洲（图1-5）。

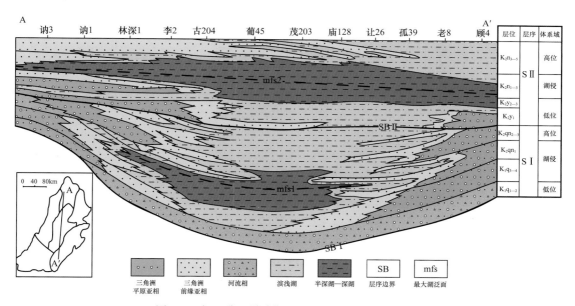

图1-5 松辽盆地坳陷期主要层序地层结构示意图

在泉头组、青山口组三段、姚家组、嫩江组三段沉积期海平面较低，导致湖水通过出海口大量流出，湖泊范围明显变小、水体变浅，因此大型浅水三角洲广泛发育，三角洲砂体可以沉积到湖盆中心部位。上白垩统泉头组—嫩江组是坳陷期沉积的主体，受盆地演化与湖平面升降控制发育2个完整的二级层序（图1-5）。下部二级层序由泉头组和青山口组组成，上部二级层序由姚家组和嫩江组组成，2次最大湖泛面分别在青山口组一段和嫩江组二段，形成了2套优质规模烃源岩。松辽盆地古湖泊水体大面积进退与浅水三角洲纵向叠置，形成了典型的"三明治"结构，生油层、砂岩储层大面积接触，有利于浅水三角洲前缘大面积成藏。

鄂尔多斯盆地三叠系延长组沉积演化具有与松辽盆地晚白垩世类似的特点。最新研究认为，鄂尔多斯中—晚三叠世原型盆地远远超出目前盆地范围，为一向南东开口的敞流型湖盆。因此，推测除湖泊扩张期长 7 段沉积湖盆深而广，其他时期古湖泊范围相对较小、水体较浅，因此在目前盆地范围内广泛发育长 6 段、长 8 段大型浅水三角洲沉积，而泥质等细粒沉积物可能沉积于原型盆地中部或通过敞流通道向南东开口溢出。

鄱阳湖盆地为早白垩世燕山运动形成的断陷盆地，晚白垩世—新近纪经历了复杂的构造演化过程，至第四纪，盆地发生整体坳陷并持续接受沉积，赣江古河道在新构造运动下扩张、长江洪水位上升共同作用下演化为现代鄱阳湖。现代鄱阳湖是向长江开口的典型敞流型湖盆，长江水位高低是鄱阳湖湖面大小的最主要控制因素。同时受周围河流汛期的影响，湖面呈现出季节性变化。在夏秋汛期季节，赣江等河流洪水入湖，加之长江水位较高，湖水不能顺畅排出甚至江水倒灌，因此湖面不断扩大而成为大湖。而在冬春枯水季节，周围河流入湖水量减少，特别是长江水位较低，大部分湖水通过湖口流入长江，因而湖面变小，湖滩显露（图 1-6a）。湖口历年最高水位为 21.69m 时，湖面积为 4647km^2，容积为 $333 \times 10^8 m^3$，为中国最大的淡水湖；而湖口历年最低水位为 5.9m 时，湖面积仅为 146km^2，与汛期相比相差 32 倍，容积为 $5.6 \times 10^8 m^3$，相差 59.5 倍。

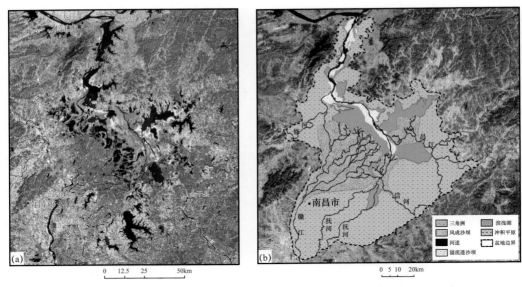

图 1-6　鄱阳湖枯水期（2018 年 10 月）遥感影像（a）及沉积相解析（b）

通过多时相遥感影像解译和野外沉积考察验证可知，鄱阳湖主要发育三角洲沉积和敞流通道沙坝沉积，以及少量的风成砂沉积（图 1-6b）。鄱阳湖周缘发育赣江、修河、抚河、信江及饶河共 5 条较大河流，在河流入湖沉积物卸载区均发育有三角洲，其中赣江流域面积、水量、输沙量在各入湖河流中都占首位，因而形成的三角洲面积最大，可达 1544km^2。由于鄱阳湖有敞流通道的存在，赣州等三角洲主力分流河道均有向敞流通道流向收敛的趋势，同时在平行通道方向可形成规模滩坝砂体，这对古代湖盆中心油气勘探领域拓展具有借鉴意义。

三、浅水三角洲沉积特征与分布规律

笔者近年来在松辽、鄂尔多斯、准噶尔等盆地开展了浅水三角洲沉积特征解剖与分布规律研究，限于篇幅，本节仅以松辽盆地西南部保康水系形成的保乾三角洲为例进行解剖分析。保乾三角洲位于松辽盆地西南部（图1-5），叠合面积超过3000km²，主要发育在上白垩统泉头组—姚家组沉积期。通过对保乾三角洲沉积特征解剖和分砂层组沉积微相展布规律研究，揭示保乾三角洲在不同时期分别发育"深湖型"和"浅湖型"2种三角洲沉积模式。"深湖型"三角洲一般呈朵叶状，"浅湖型"三角洲一般呈鸟足状或树枝状。

1."深湖型"三角洲

青山口组一段、二段沉积期主要发育"深湖型"三角洲，该时期由于受湖侵或海侵影响水体较深，三角洲的沉积特征与正常三角洲有类似之处。通过多口井取心井段岩性描述，显示前三角洲、三角洲前缘、三角洲平原的反韵律沉积序列完整（图1-7a）。从三角洲平原—前三角洲，砂岩由粗变细，单砂层由厚变薄。前三角洲为粉砂质泥岩夹薄层粉砂岩，常见滑塌沉积构造。三角洲前缘下部为粉砂岩和粉砂质泥岩互层，为河口坝沉积，在电测曲线上为反粒序漏斗形；三角洲前缘上部以中—细砂岩为主，夹薄层灰色泥岩，为浅湖背景下的水下分流河道沉积，分流河道底部见明显的冲刷面及含砾砂岩滞留沉积，在电测曲线上为正粒序钟形或箱形；三角洲平原在长岭凹陷分布局限，岩性以含砾中—细砂岩和泥岩互层为主。

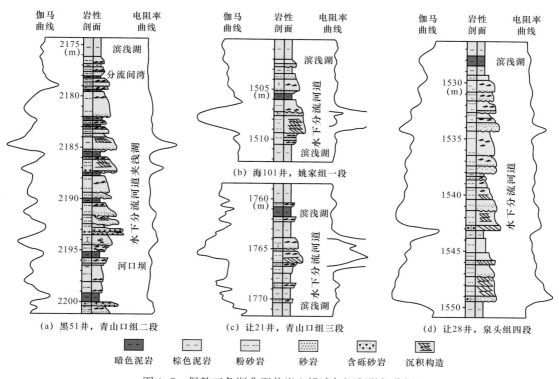

图1-7 保乾三角洲典型井岩心描述与沉积微相分析

"深湖型"三角洲主要发育在滨湖—浅湖—半深湖沉积环境，湖岸线相对稳定，亚相带分布清晰（图1-8）。三角洲平原沉积微相以水上分流河道和河道间为主，砂岩百分含量一般大于40%；三角洲前缘可进一步分为内前缘和外前缘。其中内前缘是分流河道沉积物卸载的主要相带，构成了三角洲的主体，砂体分布范围大，砂岩百分含量为20%～40%，沉积微相以水下分流河道、河口坝和分流河道间为主，其中较早期形成的河口坝由于受后期分流河道延伸的侵蚀，一般不能完整保留下来，因此在纵向上大多与分流河道直接接触，之间的冲刷构造清晰。受湖水顶托影响，水下分流河道不易延伸至浅湖—半深湖区，物源供给不充分，三角洲外前缘范围较小，一般呈席状沙坝围绕内前缘分布；沉积微相以受波浪作用改造的席状砂为主，波状层理发育，单层厚度一般小于1m，砂岩百分含量一般大于20%。前三角洲以浅湖—半深湖泥岩沉积为主，夹小型滑塌浊积岩透镜体。

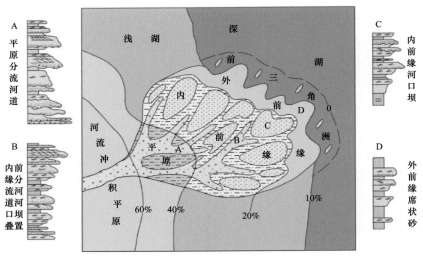

图1-8　青山口组一段、二段"深湖型"三角洲沉积模式

图中数值为砂岩百分含量

2．"浅湖型"三角洲

泉头组四段、青山口组三段和姚家组沉积期由于湖泊水体较浅，其沉积作用以滨浅湖和分流河道沉积为主，因此"浅湖型"三角洲普遍发育。泉头组、青山口组一段、二段沉积期，物源主要来自西南的保康水系；至青三段沉积期，西南物源供给不充分，西北方向的英台水系物源供给增加。青三段分流河道是砂岩沉积的主体，岩性较细，以细砂岩、粉砂岩为主，单砂层厚为2～5m；分流河道间有越岸的粉砂岩紧邻分流河道呈条带席状分布，厚度一般小于1m。"浅湖型"三角洲垂向沉积序列不完整（图1-7b、c），为分流河道与滨浅湖交互沉积，夹薄层席状沙坝，河口坝不发育，测井曲线组合往往呈指形或漏斗形。

泉头组四段处于盆地坳陷早期，湖泊水体浅，分布范围较小，沉积作用以分流河道为主。该时期在松辽盆地南部河流水系发育，物源充足，其沉积特征是三角洲前缘水下分流河道砂体发育，岩性以中—细砂岩为主，单砂层厚度较大，大型板状与波状交错层理发育，垂向序列为分流河道的多期叠置（图1-7c），测井曲线组合多为钟形或箱形。分流河道间以浅棕色泥岩为主，但在与分流河道砂岩底部与顶部接触的薄层泥岩呈浅灰色，表明分流河道仍是在较浅湖背景的水下沉积。滨浅湖以浅棕色泥岩与浅灰色泥岩间互沉积，表明某些时期仍有稳定浅湖存在。

"浅湖型"三角洲与"深湖型"三角洲沉积模式的最大不同就是沉积相带不完整，亚相带不易划分，骨架砂体以分流河道为主，其平面展布呈网状结构，这是浅水三角洲储集砂体分布的最重要特征。"浅湖型"三角洲发育时期受季节性气候影响湖平面频繁变化，洪水期和枯水期湖岸线不断迁移，因此滨湖和浅湖界线不易区分，因而统称为滨浅湖。"浅湖型"三角洲沉积微相主要为分流河道与分流河道间沉积。分流河道以中—细砂岩为主，分流河道间以粉砂质泥岩、泥质粉砂岩为主，在靠近分流河道附近可发育越岸沉积，偶见小型决口河道沉积。

保乾三角洲青山口组三段可划分为10个砂层组，利用工区300余口钻、测井资料，对保乾三角洲青山口组三段第10砂层组主体进行了精细刻画。采用"多图叠合"的方法开展沉积微相编图，即应用砂岩厚度图确定三角洲的宏观形态，应用砂岩百分含量图确定古物源位置和方向，应用单层厚度大于2m的砂层确定分流河道的分布位置，并在此基础上综合编制沉积微相图（图1-9）。青三段第10砂层组物源方向较青一段、青二段有明显偏转，西南物源不再发育，而以西北英台物源体系为主，三角洲形态明显呈树枝状，水下分流河道砂体延伸较远，主分流河道在平面上呈结网状分布；分流河道单砂层厚度一般大于2m，累计厚度一般大于10m；水下分流河道间以越岸沉积的席状沙坝为主，单砂层厚度一般小于1m，累计厚度一般不超过6m。

四、鄱阳湖现代沉积特征与赣州三角洲生长模式

遥感对地观测技术具有全局成像、历史存档、动态观测的优势，是开展现代沉积研究的重要手段。本书通过处理分析鄱阳湖1973—2020年遥感影像15景，并结合野外现场验证，完成了鄱阳湖沉积微相遥感解译，在此基础上重点解析了赣江中支三角洲生长规律与分流河道结网状骨架砂体形成的动态过程。

1. 鄱阳湖沉积特征

鄱阳湖盆地面积约为8500km^2，通过枯水期遥感影像解译分析和野外沉积考察验证，鄱阳湖主要发育三种类型砂体，即三角洲分流河道砂体、敞流通道沙坝和风成砂（图1-6b）。

1）三角洲沉积

鄱阳湖中南部三角洲广泛分布，其中赣江三角洲发育最完整，规模最大。赣江流过南昌后地势开阔平坦，水系分为四支呈辐射状伸向湖区，并进一步分叉，形成典型的树枝状三角洲。抚河、修河和信江下游水系受到湖滨阶地与赣江水系的约束和影响，故三角洲发育规模相对较小，形态不规则，其河口段与赣江分支河道汇合形成复式三角洲。饶河在五

河中水量和输沙量最小，三角洲发育历史短，河口充填物来不及补偿因水侵造成的水位上升速度，三角洲生长缓慢。

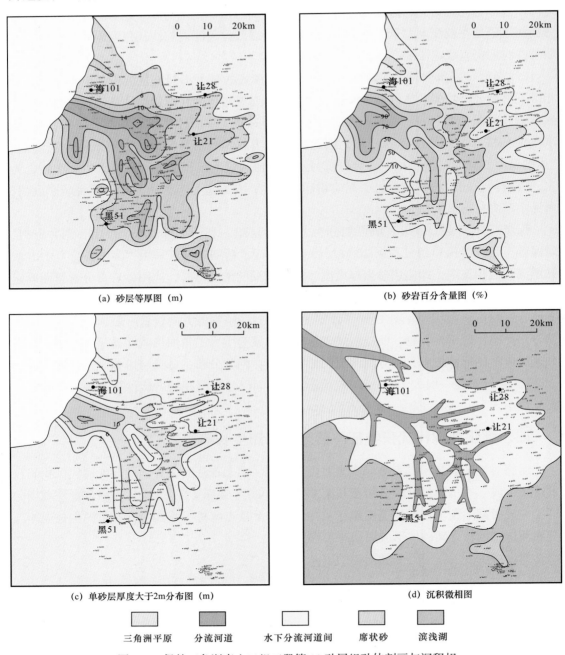

(a) 砂层等厚图（m）

(b) 砂岩百分含量图（%）

(c) 单砂层厚度大于2m分布图（m）

(d) 沉积微相图

三角洲平原　　分流河道　　水下分流河道间　　席状砂　　滨浅湖

图1-9　保乾三角洲青山口组三段第10砂层组砂体刻画与沉积相

遥感影像显示赣江三角洲总体形态呈明显的扇形，前缘呈不规则弧形，弧的2个端点分别位于吴城镇和三江口。目前阶段三角洲平原与三角洲前缘界线较清晰，三角洲平原自南昌附近水系分叉为始，分流河道蜿蜒向前，延伸约40km，至洪水期水位线止，形成较规则的扇形。三角洲平原上以分流河道为主，局部发育分流间湾沉积。在近

50 年的遥感影像记录中分流河道发生了小幅迁移，并向前不断推进，但未见明显的改道（图 1-10）。

图 1-10　鄱阳湖赣江中支三角洲分流河道砂遥感解析

三角洲前缘相带在强枯水期部分出露水面，洪水期则全部淹于水下，分流河道向湖中延伸的部分继续分叉，分化为规模更小、数量更多的水下分流河道。三角洲前缘相带向湖延伸 10～20km，平均 15km。在整个鄱阳湖盆地内，未见到典型的河口坝沉积，推测在此三角洲的近代发育史中，即使偶有河口坝发育，也会很快被分流河道改造而未能保留下来。利用遥感影像解析并结合赣江三角洲野外实地考察，证实细砂主要沉积在分流河道中，不同尺度下的影像均表现可观察到此特征（图 1-10）；分流河道外的天然堤和越岸沉积以粉细砂为主，但分布范围有限。三角洲前缘外带发育小型河口坝和席状砂，厚度较薄，以粉砂为主，推测随着后期分流河道不断向湖延伸而被改造，不易完整保留下来。

2）敞流通道沉积

鄱阳湖是在新构造运动的背景下，由赣江古河道演变而来的，现今仍然存在着一条南北方向分布的水下河道，该水下河道从湖区南部的赣江南支、抚河和信河三江汇流处为始，纵穿至松门山北后，继续向北在湖口汇入长江，形成鄱阳湖盆地的敞流通道。伴随着敞流通道的摆动，三角洲前缘分流河道砂体被改造再搬运，形成敞流通道砂体。敞流通道北部由于接近长江受吞吐流作用影响较大，而南部汇集赣江南支、抚河和信河的来水，受牵引流作用影响较大。湖盆中心敞流通道受吞吐流和牵引流的共同作用，形成了平行通道方向的敞流通道砂体。敞流通道的宽度为 2～3km，两侧砂体最大宽度达 4.5km，面积可达 400km²。敞流通道砂体以细砂、粉砂为主。

3）风成沉积

由于鄱阳湖西侧的庐山山体呈北东—南西走向，且鄱阳湖湖口段湖面狭窄呈瓶颈状，走向为北北东方向，全年以偏北风为主，北北东方向为主导风力方向，平均风速 3m/s 以上。通过遥感影像分析，鄱阳湖湖口线性风蚀地貌发育，并且线性风蚀的走向与鄱阳湖主导风力一致，都呈北北东方向，湖颈口的砂体在北北东方向风力的作用下被扬起，广泛的沉积在鄱阳湖湖区，其中粒度较粗的先沉积下来，形成湖颈口南部的松门山滩坝。松门山为典型的风成沉积，以中砂为主，滩坝砂体长度约为14km，最大宽度为2.6km，最大厚度为70m以上，风成砂面积为68.5km²。

2. 赣江中支三角洲发育演化与结网状骨架砂体形成过程

赣江在南昌附近分叉后，最终以南支、中支、主支和北支4支汇入鄱阳湖。枯水时节赣江北支汇入中支，途经中支前缘朵叶体后进入鄱阳湖，赣江中支前缘朵叶体是近年来生长最快且保存最为完好的三角洲朵叶体（图1-11），也是本书的重点解剖区。

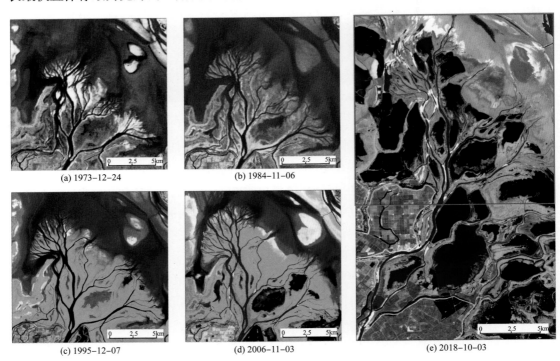

(a) 1973-12-24   (b) 1984-11-06

(c) 1995-12-07   (d) 2006-11-03   (e) 2018-10-03

图1-11　鄱阳湖赣江中支三角洲不同年代遥感解析

（e）位置请参考图1-10a红框所示；（a）—（d）的位置如（e）红框所示

1）三角洲发育特征

赣江在三角洲平原上分叉成4条分流河道。总体上北侧两支分流河道的弯曲度大于南侧2支。分流河道在三角洲平原远端继续分流，入湖前演化为8条分流河道，其中北支河道因能量最强未发生分流。分流河道入湖后又进一步分叉，形成三角洲前缘水下分流河道，并向敞流通道收敛直至相连。赣江中支三角洲前缘的多条小型分支河道系统在平面上呈扇形分布。

枯水期鄱阳湖湖面缩小，洪水期没于水下的分流河道出露，显现出低弯度曲流河或顺直河特征。三角洲平原上部分分支河道因河道迁移改道废弃，洪水期与主湖区相连的分流间湾在枯水期与主湖区隔离.形成平原沼泽或残留湖。赣江中支三角洲的发育演化主要表现为分流河道不断向前延伸，并进一步分叉，从而不同时期的三角洲朵叶体在平面上连片分布。

2）骨架砂体生长模式

赣江三角洲是河流强注入受季节性湖水水位变化控制的进积型三角洲，河流输砂是三角洲生长的主要动力和物源，因此三角洲的沉积微相中分流河道的发育演化是表征三角洲生长模式最为重要的要素。赣江中支前缘朵叶体是近年来生长最快且保存最为完好的三角洲朵叶体，多时相的遥感影像为分析骨架砂体演化与生长模式提供了可能。

以赣江中支三角洲前缘朵叶体上的分流河道砂为动态监测对象，开展三角洲动态生长过程定量分析。1973—2018年的45年间，赣江三角洲生长最迅速的中支前缘，朵叶体向湖方向推进3km，河道总长度由124km增加到203km（图1-11）。赣江中支河道以北西向入湖，形成2个较大分支向前延伸，在三角洲的沉积演化过程中，分流河道先呈树枝状发育，渐渐汇合并向前继续推进，平面上表现为分流道近端结网状、远端树枝状的发育模式（图1-12a）。为更清晰的反映浅水三角洲骨架砂体生长模式，笔者对赣江中支右翼的三角洲前缘进行了多时相的精细解译。可以看出，中支右翼在1973、1984年时，2个相互分隔的较大分流河道系分别向北北东、北东东方向延伸，支流只分叉未交汇，分流河道砂体总体呈树枝状分布，这10年间，朵叶体快速生长，分流河道前端向湖快速推进近1.1km（图1-11a、b，图1-12b、c）。1995年，2个分支河道开始交汇，逐渐"结网"（图1-11c），到2006年，"结网"完成，河道交汇后继续分流，并向前呈树枝状延伸（图1-11d、e，图1-12d、e）。

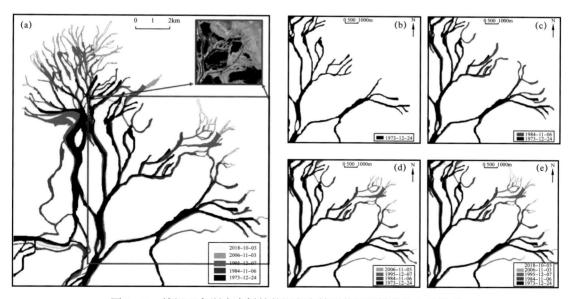

图1-12　赣江三角洲中支树枝状沉积向结网状沉积转化的生长模式

赣江三角洲多时相的生长要素定量变化综合分析，较清晰地展现了赣江三角洲分流河道从树枝状向结网状演化的动态生长过程。赣江三角洲动态演化过程与生长模式研究，可为古代浅水三角洲有利储集砂体分布预测提供现代实例。

五、大型浅水三角洲成藏意义与岩性油气藏勘探

中国中生代发育松辽、鄂尔多斯、准噶尔等大型坳陷湖盆，21世纪以来已成为中国碎屑岩岩性—地层油气藏勘探和规模增储的主体，年探明石油地质储量在 5×10^8t 左右，发现了鄂尔多斯盆地西峰、姬塬地区，松辽盆地长岭、古龙凹陷，准噶尔盆地玛湖凹陷等多个岩性—地层大油气区。其中在各个盆地广泛发育的大型浅水三角洲是岩性油气藏大面积成藏的储层基础。

中国中东部大型坳陷湖盆是在克拉通基底上发育起来的。湖盆沉积前湖盆基底经历了早期的剥蚀夷平以及填平补齐作用；因此在盆地坳陷沉积期，湖底坡度平缓，坡降比低，使得湖盆水体总体较浅，沉积体系向湖盆中央腹地延伸的距离长。坳陷湖盆沉积层序受湖平面升降影响明显，湖平面上升湖侵期，古湖泊水域广，水体较深，大范围发育有机质丰富的规模烃源岩；湖平面下降湖退期，古湖泊水域缩小，水体变深，浅水三角洲向湖盆中央腹地推进，发育以分流河道砂体为主的规模储层。坳陷湖盆这种有序的湖侵和湖退，导致盆地中央规模烃源岩与规模储层间互发育，在纵向上呈现典型的"三明治"结构。大量研究表明，鄂尔多斯盆地中—上三叠统延长组长9—长4+5段、松辽盆地上白垩统泉头组—嫩江组，均具有类似的"三明治"结构（图1-5）。与湖侵期规模烃源岩充分接触的浅水三角洲砂体具有近源成藏优势，可大面积成藏。

前人关于现代湖盆与海相三角洲研究表明，建设性三角洲可不断生长壮大，不同时期形成的三角洲朵叶体可拼接而成大型三角洲体系。如现代黄河三角洲就是黄河在1855年改道入渤海而形成，目前已形成了近 1×10^4km^2 的大型三角洲，解剖发现其由多个朵叶体组成，砂体主要分布在分流河道内。鄱阳湖赣江三角洲大约在1500年开始形成，早期三角洲朵叶体由于受人为改造已不好辨认。本书通过1973年以来的遥感影像追踪，赣江中支水道又可分为西、中、东3条次级水道，在其入湖区域分别形成3个朵叶体（图1-11），2006年以前西次级水道朵叶体发育快，2006年以后中、东次级水道朵叶体发育较快。

分析认为，古代湖盆浅水三角洲类似于现代鄱阳湖赣江三角洲生长模式，在滨浅湖沉积环境下，盆外河流入湖首先在近岸带形成早期三角洲朵叶体，随着分流河道不断向湖延伸与改道，一期又一期朵叶体不断形成，最终多期朵叶体连片分布，组成大型浅水三角洲体系，并且相互连通的分流河道在平面上呈结网状分布（图1-13）。

本书应用"结网状"术语，其目的是揭示分流河道不断向湖生长、改道的动态演化过程和机理。即从三角洲平原向湖盆中央、河道逐级分叉，宽度逐渐变窄，砂层逐渐减薄。其中浅水三角洲骨架砂体以分流河道为主，有利于岩性圈闭的形成。松辽、鄂尔多斯盆地勘探实践证实，浅水三角洲结网状分流河道分布规律，控制了岩性油气藏的分布与富集。

松辽盆地南部泉头组四段浅水三角洲广泛发育，研究认为各砂层组三角洲体系均是由多期多个三角洲朵叶体复合组成，分流河道的不断生长与演化，导致三角洲主体部位分流

河道呈结网状分布（图1-14）。中国石油吉林油田通过砂层组分流河道刻画，清晰揭示了泉头组四段浅水三角洲的发育演化规律。泉四段Ⅳ砂组沉积期长岭凹陷整体表现为水进过程，平面上沉积特征为西北部分流间湾发育，西南保康物源沉积砂体由东南向西北迁移。泉四段Ⅲ砂组沉积期同样为水进，西北部发育间湾沉积，西南主砂体由东南向西北迁移。泉四段Ⅱ砂组沉积期水进特征更加明显，逐渐变成了三角洲前缘沉积，平面上为东南区域间湾沉积发育，西南朵叶体的主砂体带为东南至西北迁移。泉四段Ⅰ砂组整个沉积期还是表现为水进过程，东南区域同样发育间湾沉积，西南主砂体带由东南至西北逐步迁移。

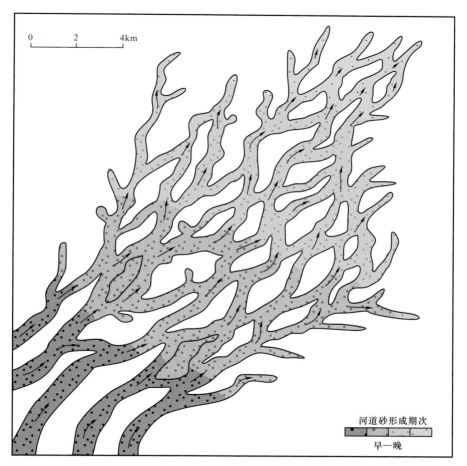

图1-13　松辽盆地长岭凹陷泉四段某小层分流河道生长与分布示意图

在垂向上底部泉四段Ⅳ砂组砂体为曲流河道与三角洲平原分流河道的复合砂体，中部泉四段Ⅱ、Ⅲ砂组砂体为三角洲平原分流河道砂体，顶部泉四段Ⅰ砂组砂体为三角洲前缘水下分流河道砂体，局部发育三角洲前缘水下分流河道和三角洲分流河道叠加而成的复合砂体。在平面上，河道主要沿西南和东南呈交叉或带状分布，部分河道为多期单河道叠加、切割而成的复合河道，从小层沉积微相图同样发现砂体横向迁移非常明显，总体为西南保康沉积主砂体由东南向西北迁移。

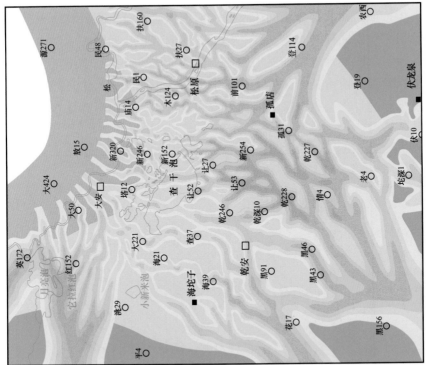

(b) 泉四段Ⅲ砂组

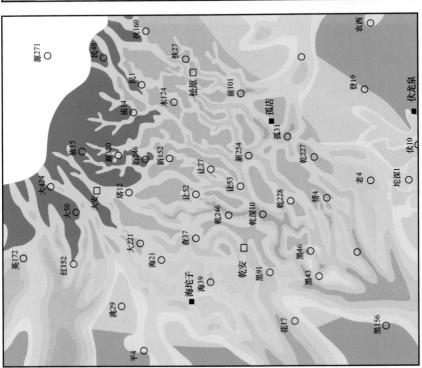

(a) 泉四段Ⅰ砂组

图 1-14 松辽盆地长岭凹陷泉四段Ⅰ，Ⅲ砂组分流河道砂体展布图

第三节　砂质碎屑流沉积特征与分布模式

砂质碎屑流是深水重力流的一种，目前国内外流行的砂质碎屑流理论是对经典浊流理论的部分否定与创新发展。2006 年在鄂尔多斯盆地白豹地区三叠系延长组长 6 段发现面积为 3000km^2 的规模砂质碎屑流含油砂体，发现了华庆 5×10^8t 级油田，引起沉积学者对坳陷湖盆中央砂体成因的广泛关注。在松辽盆地西缘英台三角洲前缘、渤海湾盆地歧口凹陷等湖盆中心也发现大规模"砂质碎屑流"沉积，这一新认识拓展了中国湖盆中心部位找油新领域。本节在对深水重力流研究现状总结基础上，重点介绍鄂尔多斯盆地砂质碎屑流沉积特征与分布模式。

一、深水重力流研究现状

近年来，浊积砂体作为油气储层在世界各地陆续被发现，使浊积砂体成为继河流沉积、三角洲沉积之后又一个找油的重要领域。与三角洲、河流沉积相研究相比，深水重力流研究起步较晚。1948 年，Kuenen 提出海底峡谷可能由高密度流侵蚀形成，并于 1950 年发表"浊流形成粒序层理"一文，是重力流理论研究的开端。20 世纪 50—70 年代是重力流沉积模式的建立时期，不断有学者提出新的深水沉积模式，其中有影响力的为鲍马序列与约克综合扇模式。Walker（1978）把 Nornak（1970）现代扇模式和 Mutt 古代海底扇的相概念结合起来，提出的综合扇模式由于其预测能力在油气勘探上受到重视。随着人们对深水沉积认识的深入，有学者撰文质疑鲍马序列和扇模式，并指出现代和古代扇系统比我们想象的要复杂。1994 年美国石油地质家协会联合美国科罗拉多矿业学院、斯坦福大学、Exxon 公司等多家单位考察 Ouachit 山深水沉积剖面，并在 AAPG 撰文各抒己见，其中 Shanmugam 和 Zimbrick（1996）提出的砂质碎屑流概念及实验具有深远意义。

沉积学界对于重力流沉积的认知程度存在差别，总的来说可概括为以下 2 个方面，即浊积岩的内涵与鲍马序列重新解释。深水重力流根据其沉积物支撑机制可分为颗粒流、沉积物液化流、碎屑流与浊流。有学者将这 4 种重力流沉积物统称为浊积岩，事实上浊积岩只是浊流沉积的产物。浊流是一种紊流支撑的悬浮搬运，其沉积物表现为沉积颗粒的顺序排列，即粒序层理，鲍马序列 A 段的下部。A 段的上部块状层理被解释为砂质碎屑流沉积，而 B、C、D 段则被解释为深水底流沉积或者牵引流的产物。换句话说，鲍马序列是深水沉积的岩相组合，包含多种流态的沉积物，只有粒序层理是鉴别浊流的标志。在浊流理论逐渐更新的过程中建立的砂质碎屑流概念是对重力流理论的部分否定与补充，浊流与砂质碎屑流理论共同解释深水沉积物更加准确和完善。

砂质碎屑流由 Hampton 引入，Shanmugam 和 Zimbrick（1996）在 365m 的露头观察与 4650m 岩心分析的基础上完善砂质碎屑流概念。他认为浊流沉积在深水沉积物中所占比例较小，绝大部分为砂质碎屑流与底流改造沉积物。砂质碎屑流代表在黏性与非黏性碎屑流之间的连续作用过程，从流变学的特征看属于宾汉塑性流体，具有分散压力、基质强度和浮力等多种支撑机制。流体浓度较高，泥质含量低到中等，颗粒沉积时表现为整体固结。

砂质碎屑流与浊流的主要区别表现在流态、流变特征、流体浓度、沉积特征、发育位置、平面展布、砂体形态共7个方面。浊流特征：（1）紊流支撑的悬浮搬运；（2）牛顿流体；（3）流体质量分数小于28%；（4）粒序层理；（5）发育于一期流体的顶部与前端；（6）沉积物平面呈有水道扇形；（7）剖面砂体呈孤立透镜体。砂质碎屑流特征：（1）多种支撑机制搬运；（2）宾汉塑性体；（3）流体质量分数大于50%；（4）具块状层理，顶部常有漂浮的泥岩或页岩颗粒；（5）发育于一期流体的底部；（6）平面呈不规则的舌状体；（7）剖面砂体呈连续块状或者席状。

挪威奥斯陆大学水槽实验研究表明，一期重力流中，密度大的砂质碎屑流分布在流体的底部，密度小的浊流分布于顶部和前端，因此在沉积盆地中，浊流可以延伸盆地平原，砂质碎屑流往往在盆地斜坡部位沉积下来。

中国众多沉积学家曾专门针对湖相浊流沉积开展了系统研究，总结了湖泊浊流、碎屑流等重力流沉积的机理、成因、岩石组构、分布规律及控制因素，提出了多种相模式，促进了中国湖泊浊流研究和油气勘探。吴崇筠（1986，1992）根据浊积砂体在湖泊中所处的位置和形态，将湖相浊积岩归纳为近岸水下扇、远岸水下扇、扇三角洲或三角洲前缘滑塌浊积体等类型。目前中国石油系统将这种在湖泊深水区以重力流沉积为主的砂体，笼统地称为水下扇，其成因以浊流为主，也包括砂质碎屑流、颗粒流、液化流等。

中国含油气盆地湖泊重力流沉积主要集中发育在中—新生代陆相断陷湖泊中，如渤海湾盆地古近系重力流沉积广泛发育，已经成为岩性油气藏勘探的重要领域。根据湖泊重力流的形成机制及砂体分布位置，可将其进一步分成3种类型，即近岸浊积扇、远岸浊积扇及滑塌浊积扇（图1-15）。它们在断陷湖泊中分布在不同的构造位置，具有各自的沉积特征与内部结构。

1. 近岸浊积扇

近岸浊积扇分布在箕状断陷湖盆的陡岸。在湖盆深陷扩张阶段，湖盆水体较深，深水环境直抵陡岸。山地洪流沿斜坡直接入湖并很快进入深湖环境，形成沉积物重力流继续沿陡坡运移，并在深水区坡度变缓处迅速将碎屑物质堆积下来，形成近岸浊积扇体。由于在较陡坡度条件下形成的沉积物重力流能量很大，进入湖底后仍有继续向前推进和下切的能力，因此形成辫状水道，并将一些较细的碎屑颗粒继续向前搬运和沉积，形成规模较大的浊积扇体。如东营凹陷北带、廊固凹陷大兴断裂下降盘、南堡凹陷柏各庄断层下降盘、东濮凹陷兰聊断层下降盘、辽河西部凹陷冷东断层下降盘等。

断陷盆地通常在陡坡带发育近岸水下扇，缓坡带发育辫状河三角洲，向湖区延伸可发育远岸水下扇（图1-15）。

东营凹陷是一个典型的箕状断陷，北陡南缓。在断陷深陷扩张阶段（沙河街组四段上—三段中亚段），沿陈家庄凸起的边界断层强烈活动，因此该边界断层上升盘的陈家庄凸起形成了山高坡陡、沟梁发育的古地貌景观；而在断层下降盘的东营北带地区形成了深水湖相环境（图1-15）。此时在湿热的气候条件下，季节性河流频繁发育，并且携带大量陆源碎屑物质沿陡坡迅速入湖并在湖底堆积而形成近岸浊积扇。据郑和荣等（2000）

的研究，东营北带共发育了与凸起上"十沟十一梁"相对应的 10 大扇体群，广泛分布在陈家庄凸起以南、林樊家构造以东、青坨子凸起以西，长近 100km，宽约 20km，面积约 2000km² 范围内，目前东营北带近岸浊积扇群是东营凹陷的重要勘探目标。

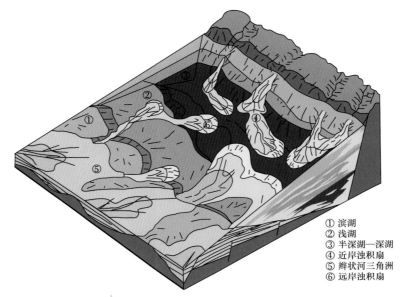

① 滨湖
② 浅湖
③ 半深湖—深湖
④ 近岸浊积扇
⑤ 辫状河三角洲
⑥ 远岸浊积扇

图 1-15　断陷湖泊深陷期砂体分布模式示意图

　　近岸浊积扇在纵向剖面上呈楔状，在横剖面上呈透镜体。单个扇体贴近在湖底基岩面上，在平面上向湖心伸张，并逐渐与深湖亚相暗色泥岩、油页岩过渡。如东营凹陷北带永551 扇体主要发育在沙四段上亚段，由南向北由 3 个退积型的扇体叠覆而成，叠合面积约 18km²，砂砾岩平均厚度为 165.5m，埋深为 2900～3800m。

2. 远岸浊积扇

　　远岸浊积扇或湖底扇分布在箕状断陷靠近缓坡一侧的湖底。在断陷湖盆缓坡低水位期发育的冲积扇—扇三角洲体系上分布的辫状河道，在水进期（湖盆深陷扩张期）往往易继续成为陆源物质向湖底搬运的通道，但此时这些前期古河道大都处在较深水环境，因此陆上洪流入湖后顺着水下古河道很快形成沉积物重力流，并沿着沟道继续搬运，直至湖底才将大量碎屑物质堆积下来，形成离岸较远的浊积扇（图 1-16）。

　　远岸浊积扇与前述的近岸浊积扇在成因、形态、沉积相带展布和岩性、沉积特征等方面基本相似，均为粗碎屑浊积岩、碎屑来源都是岸上洪流入湖后形成的沉积物重力流携带。它们差别主要在于远岸浊积扇供给水道发育在缓坡上，沟道较长、坡度较缓，因此其水动力条件相对较弱，携带进入湖底的碎屑物颗粒相对较细。另外，缓坡一侧湖底地势平坦、分布广泛，因而湖底扇具有更广阔的发育空间，所以单个扇体湖底扇规模较大，如东营凹陷梁家楼浊积扇、沾化凹陷渤南浊积扇、辽河凹陷西斜坡锦—欢地区沙河街组三段发育的浊积扇规模均在 100km² 以上。远岸水下扇包括 4 种亚相类型，即供给水道、内扇、中扇及外扇。

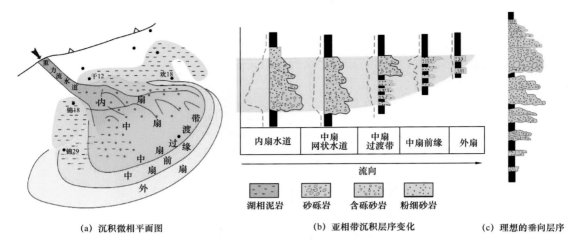

图 1-16　辽河西部凹陷锦—欢地区沙河街组三段远岸浊积扇沉积模式图（据吴崇筠，1993）

3. 滑塌浊积扇

滑塌浊积扇或浊积体一般形成在湖盆高水位阶段中后期，此时湖盆水体逐渐开始收缩，在前期近岸浊积扇、湖底扇及湖相泥岩沉积之后，湖底地形逐渐变平，水体逐渐变浅，因此在湖盆边缘浅水地带开始发育大规模的三角洲（扇三角洲）大型砂体。三角洲砂体纵向形态具有典型的前积结构，随着三角洲砂体的继续发育壮大，在三角洲前缘砂体堆积处与湖相泥岩过渡带逐渐形成沉积斜坡，随着砂体的堆积厚度增大，斜坡坡度也越来越大，因而在三角洲前缘斜坡上的砂质在重力作用下处于不稳定状态，若有外界动力（地震、特大风暴等）诱发时，很容易顺斜坡滑塌，并很快与湖水混合而形成浊流，因而浊流携带这些碎屑物质向深水区搬运而形成滑塌浊积扇或小型透镜状砂体。另外，滩坝砂体堆积较厚时，顺其斜坡也有滑塌浊积砂体分布，但规模较小。

在渤海湾断陷湖盆深水区，滑塌浊积体较为发育，如东营凹陷永安镇三角洲前缘斜坡下部、惠民凹陷临南三角洲前缘斜坡下部、辽河西部凹陷西斜坡沙二段大型三角洲斜坡下部等。由于滑塌浊积体系三角洲前缘砂滑塌至深水区堆积而成，属于事件性堆积，故单个砂体规模一般较小，面积为 $0.5 \sim 1 km^2$，厚 $6 \sim 10 m$ 不等。但在大型三角洲前缘下部发育多个透镜状砂体，它们随着三角洲的摆动进退，因而浊积体也随之进退叠覆，形成平面上连片、纵面上多层叠置的特征，在三角洲前缘下部逐渐演化成大规模滑塌浊积体群，如牛庄洼陷沙三段中上部浊积岩透镜体叠合连片面积约 $200 km^2$。

滑塌浊积体属于再搬运沉积产物，岩性较细，以粉细砂岩为主。含有大量盆内碎屑，如泥岩撕裂屑、泥砾等。常见变形构造、液化和泄水构造等。砂体形态多样，常呈透镜体状等。

二、鄂尔多斯盆地延长组砂质碎屑流沉积特征

鄂尔多斯盆地延长组沉积期气候潮湿，物源供给充足，是大型三角洲和砂质碎屑流发育的理想场所（图 1-17）。长 6 段沉积期三角洲平原及前缘面积约 $2.2 \times 10^4 km^2$，如此

大面积的三角洲体系是多期三角洲纵横连片的结果，这为坡折带下横向连片的砂质碎屑流砂体提供物质基础。当三角洲前缘砂体沉积厚度和坡度增大到稳定休止角的极限值时，首先在沉积物内部形成超孔隙压力，使沉积物自身的重力大于下部泥岩的承受能力，促使沉积界面发生倾斜并超出稳定休止角，使沉积物进一步强烈液化，并沿坡折带泥质沉积物表面顺坡发生滑移而发生重力滑塌和流动。白豹地区长6段三角洲前缘坡折带下部是砂质碎屑流分布的主要场所，砂体具有纵向延伸不远、横向叠置连片规模大、分布较广、厚度较大、物性较好的特点，有利勘探面积达 4000km² 以上。坳陷湖盆斜坡中下部或坡折带底部发育大规模砂质碎屑流，而呈扇状展布的浊流分布规模很小，这一观点打破了鲍马序列和海底扇等深水沉积传统认识。

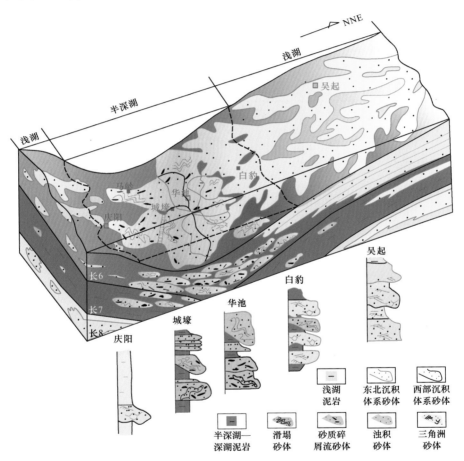

图 1-17　鄂尔多斯盆地三叠系延长组长 6 段沉积模式（据杨华等，2007）

1. 砂质碎屑流主要沉积特征

通过对鄂尔多斯盆地白豹地区三叠系延长组长 6 段砂体成因解剖发现，该地区广泛发育的厚层砂岩主要是以砂质碎屑流的形式保存下来，浊流沉积较为少见。该地区砂质碎屑流最具代表性的岩性为含泥砾砂岩与无任何层理的块状砂岩。含泥砾砂岩的岩性较细，为细砂岩—粉细砂岩，泥砾的粒径差异较大，一般为 3～5cm，最大可达 10cm，部分泥砾还保留有原始的沉积构造——水平层理。块状砂岩是研究区重要储层，岩心中可见大量含油块状砂岩，单层厚度为 0.6～1.5m，累计厚度可达 10～20m。块状砂岩中高角度裂缝发育，裂缝面可见碳酸盐岩脉充填。这些块状砂岩的存在是长 6 油层组高产的基础，为盆地长 6 油层组整体连续油层分布奠定了基础。

白豹地区砂质碎屑流沉积在三角洲前缘坡折带形成三个砂带，包括元字号井、白字号井、山字号井三个砂带，其中元 281 井—元 417 井区砂体最为发育。砂带形态不规则，呈狭长状南北向展布。砂体单层厚度为 5～12m，累计厚度可达 36m。该砂带砂体含油性好，产能高，其中元 414 井日产油达到百吨。华 630—白 281 井区的重力流砂带呈不规则朵叶状，面积约为 72km^2。砂体最厚处为白 454 井，累计厚度可达 36.5m。第三发育带位于山 150 井与午 68 井区，为两个滑塌朵叶体的结合，砂体规模大但累计厚度略小于前两个砂带。3 个砂带平行于湖岸线并与三角洲前缘带砂体紧密相连，无法划分出前三角洲相带，亦无明显的浊积水道。3 个砂带叠合成片形成东南—西北方向宽约 12km，长约 48km 的砂质碎屑流发育区（图 1-18）。

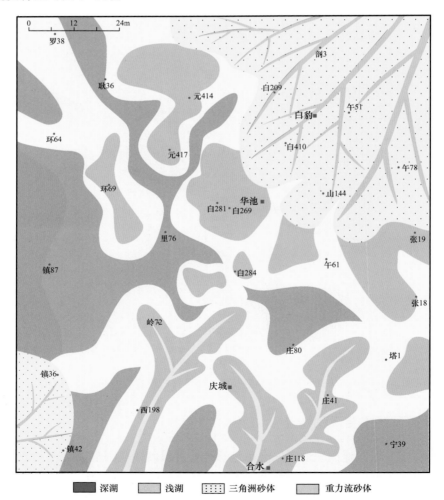

图 1-18　鄂尔多斯盆地湖盆中心三叠系长 6 油层组沉积相图

白豹地区砂质碎屑流最具代表性的标志为含泥砾砂岩与无任何层理的块状砂岩。含泥砾砂岩的岩性较细，为细砂岩—粉细砂岩，泥砾的粒径差异较大。较为常见的泥砾直径为3~5cm，宁36井的泥砾直径可达10cm。砾石的大小可能与滑塌变形的规模有关，也与运移距离的长短有关，岩心观察表明，较大的砾石还保留有原始的沉积构造——水平层理，泥砾均有棱角，说明这些页岩被打碎搬运后快速凝结下来；而大部分泥砾经过长时间搬运，颗粒大小趋于一致并逐渐被磨圆，因而在岩心中表现为质纯的椭圆状黑色泥砾，这种泥砾漂浮在基质之中的结构构造更加接近碎屑流沉积的"漂砾构造"。含泥砾的构造特征表明流体是呈层状流动的碎屑流，而不是紊乱状态的浊流。

由于这些泥砾的存在，含泥砾细砂岩几乎不具备储集性能，岩心中极少见含油含砾砂岩，仅在元284井这口高产井中见到7cm含油含砾砂岩，但该层段没有产出。部分井中含油含砾细砂岩有明显的钙质胶结现象，主要原因是泥砾中碱性地层水被压入砂岩，使得砂岩孔隙中产生碳酸盐岩沉淀。

当前流行的浊流理论认为只有这种呈正递变粒序的砂岩才是真正的浊流沉积，从流态的角度分析，只有紊流才能让沉积物颗粒按照比重依次沉降。候方浩（1994）在沉积构造一书中展示许多渤海湾盆地湖底扇岩心照片，正递变砂岩是从砂砾岩到细砂岩的转变。而研究区由于沉积物颗粒较细，底部往往是灰色粉细砂岩或者粉砂岩，逐渐向上过渡为黑色泥岩。颜色的转变远比粒度的变化更加明显。究其原因，可能是东部渤海湾断陷湖盆的沉积区离源区较近，洪水可将较大的颗粒带入湖底。而鄂尔多斯盆地河流源远流长，三角洲前缘河道沉积都少见中砂岩，所以其前端浊流沉积物粒度更细。典型浊流沉积在白281井部分层段有发现。该井粒序层理砂岩岩性极细，主要为粉细砂岩，少见细砂岩。砂岩与底部泥岩接触面平直，表明底部无冲刷；砂岩顶部可见水平层理，是浊流向底流转化形成的牵引流构造。浊流形成砂泥岩薄互层厚度较小，单层厚度小于3cm，旋回也较少，可见重荷模。研究区浊流沉积规模很小，不能形成储集砂体。

2. 砂质碎屑流沉积模式与相带划分

邹才能等（2009a，2009b）通过露头、岩心观测和测井参数分析，建立了以鄂尔多斯盆地三叠系延长组长6段为代表的坳陷湖盆中心深水"砂质碎屑流"重力成因沉积模式（图1-19）。白豹地区三角洲前缘由于砂体快速堆积，沉积物常常不稳定，在地震、波浪等外界动力机制触发下，沿坡折带或斜坡发生滑动形成重力流沉积。松动的岩层首先发生滑动，然后发生滑塌变形，随着水体注入，岩层块体破碎搅浑，以碎屑流的形式呈层状流动，在三角洲前缘坡折带及深湖平原形成大面积砂质碎屑流舌状体；碎屑流沉积物的前方或者顶部发育少量的浊流沉积。

坡折带是沉积物重力流发生的重要条件之一。梅志超和杨华（1987）在陕北延长组沉积相研究中首次提到"水下坡折带"的概念，提出吴起—靖边—化子坪一带存在"沉积物能量变化的枢纽带"。王多云（1993）结合层序对湖盆底形进行恢复，指出在延长组长7段沉积期，安塞—延安—志丹—吴起一带湖盆底形变平缓，为二次坡折带。环县—华池—白豹—黄陵一带为坡折带下的湖盆底部地区，也就是深水重力流沉积的主要富集区。

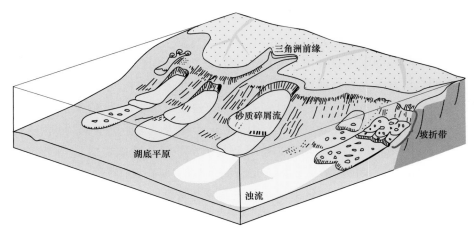

图 1-19　鄂尔多斯盆地长 6 段砂质碎屑沉积模式（据邹才能等，2014）

对于深水重力流沉积相划分问题，多位学者趋向于根据地貌特征将其划分为上扇、中扇和下扇。通过生产实践，有学者意识到这种划分方案不能很好地解释无固定水道的浊积体。有学者根据有无固定水道，把研究区浊积扇划分为坡移浊积扇和滑塌浊积扇。

研究区滑塌成因形成的不规则舌状体，其靠近滑塌根部的部位砂体厚、含油性好，主要发育砂质碎屑流成因的块状砂岩与含泥砾块状砂岩；靠近盆地平原的地区则多是浊流和底流形成的薄层砂体，不具备储集能力；两者结合的部位则有可能发育各种类型的砂体（图 1-20）。因此，从生产实践的角度考虑，可以大致划分为三个带：滑塌根部、中间部位和盆地平原。由于砂质碎屑流流体密度大，运移的距离较近，主要集中于滑塌的根部，也就是坡折带下的地区，在这些地区的单井剖面上可以看到大量块状砂岩与含泥砾砂岩形成的互层。浊流由于密度较小而分布广泛，由于其沉积构造较易受到水流的改造，所以在盆地平原部位水动力较为安静的区域容易保存下来，并与底流形成的沙纹层理形成互层。

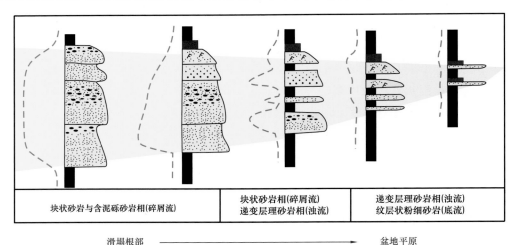

图 1-20　鄂尔多斯盆地白豹地区深水重力流沉积相带划分

自从鄂尔多斯盆地在白豹地区长 6_3 亚段发现规模砂质碎屑流储集体以来，以后又相继在鄂尔多斯盆地华庆地区长 7 段、渤海湾盆地歧口凹陷沙河街组一段、松辽盆地古龙凹陷青山口组一段、准噶尔盆地腹部三工河组一段等发现了砂质碎屑流规模储集体，拓展了岩性—地层油气藏与致密油气勘探新领域。

长7段沉积期是鄂尔多斯盆地延长组水体最深的沉积时期，在深湖—半深湖相带中广泛发育砂质碎屑流沉积砂体（图1-21）。长 7_3 亚段沉积期，水体急剧扩大与加深，并很快达到鼎盛，因此长 7_3 亚段沉积期湖泊面积最大，达 $5×10^4km^2$ 以上。湖盆中央以发育深

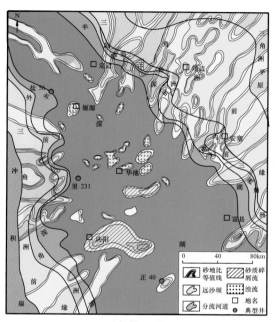

（a）长 7_3 亚段　　　　　　　　　　　　　（b）长 7_2 亚段

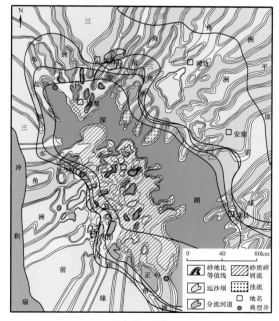

（c）长 7_1 亚段

图1-21　鄂尔多斯盆地三叠系延长组长7段3个亚段沉积相图（据袁选俊等，2015）

灰色、灰黑色泥岩、油页岩为主，有机质丰富，是鄂尔多斯盆地中生界最主要的生油岩发育区。随着湖平面的快速上升，湖盆面积扩大，环湖各类三角洲体系明显向岸退缩，因此滑塌沉积物不充分，在深湖亚相中砂质碎屑流仅零星分布，其中庆阳地区发育规模相对较大的砂质碎屑流沉积。长 7_2 亚段沉积期，湖泊开始萎缩，深湖亚相面积较长 7_3 亚段沉积期的面积略有缩小，三角洲砂体较长 7_3 亚段沉积期发育，西南部辫状河三角洲明显向湖泊延伸，分布范围扩大，因此砂质碎屑流砂体广泛分布在庆阳—华池等地区。长 7_1 亚段沉积期，湖泊继续向东南缩小，呈北西—南东向的狭窄区域展布。长 7_1 亚段沉积期西南物源的砂质碎屑流沉积最为发育，分布面积大，平行于湖岸线展布，范围达庆阳—华池的广大地区，连片分布。

第二章　细粒沉积研究现状与方法

细粒沉积岩是指粒级小于 62.5μm 且颗粒含量大于 50% 的沉积岩，主要由黏土和粉砂碎屑颗粒、有机质等组成，其在地壳中的分布约占全部沉积岩的 70% 左右。细粒沉积岩作为含油气盆地的主要烃源岩，不但控制了常规油气藏的形成与分布，而且也是致密油气、页岩油气等形成与分布的主体。随着非常规油气勘探开发的不断深入，细粒沉积学研究愈来愈受到重视，已经成为目前的学科前沿。本章主要对国内外细粒沉积的研究现状与特色技术进行简要介绍。

第一节　细粒沉积研究现状与主要进展

一、研究进展与发展趋势

1. 研究进展

"细粒沉积"（fine-grained sediments）的概念，最早是由 Krumbein（1932）根据岩石粒度分析的角度提出的，目前该术语已被普遍接受和广泛应用。细粒沉积岩主要是指粒级小于 62.5μm 且颗粒含量大于 50% 的沉积岩，主要由黏土和粉砂等陆源碎屑颗粒组成，也包含少量的盆地内生的碳酸盐、生物硅质、磷酸盐等颗粒（Picard，1971；邹才能等，2014）。

国外细粒沉积的研究首先是从泥岩开始的。早在 1747 年，Hoosen 就提出了泥岩的概念，但在这之后 100 多年里，研究进展缓慢。直到 1853 年，Sorby 才首次利用薄片来研究泥岩的微观特征。20 世纪 20 年代以来，随着 X 衍射、扫描电子显微镜等技术的引入，泥岩微观特征研究进入了一个新的阶段。Rinne（1924）将 X 衍射技术引入泥岩矿物学研究，识别出了多种黏土矿物；Bates（1949）用分辨率更高的扫描电子显微镜开展了黏土矿物颗粒的三维形貌研究。Wright（1957）利用电子显微镜的阴影技术估算颗粒的粒径。Teichmuler（1958）将镜质组反射率应用到泥页岩研究，这项反映有机质成熟度的技术一直沿用至今。Picard（1971）指出"细粒"的意义在于分选良好，粉砂或泥质含量须大于 50%，并首次较为系统地提出了一套细粒沉积岩的分类方法，提出应该从岩石结构、易裂性、沉积环境、矿物组分、颜色、化学成分、变质程度等方面对细粒沉积岩进行分类，该分类方案基本沿用至今。Macllvaine（1973）提出，由海岸向深水形成的颗粒细小的沉积物是一种细粒沉积，并且"在矿物学上几乎是均质的"。Stow（1981）首次对细粒沉积赋予了一个较为科学的定义，明确了细粒沉积的粒径范围，指出细粒沉积以黏土或粉砂级为主，粒径小于 63μm，该观点已被普遍采纳。Millot（1964）出版了第一本泥岩专著《Geologie des Argiles》。Potter 等（1980）编写了第一本《页岩沉积学》专著。上述成果认识对细粒沉积研究具有深远影响。

20 世纪 80 年代以后，人们将更多精力投入到晚第四纪或现代细粒沉积研究，在生物化学和沉积机理等方面取得了重要进展。Dean 等（1985）对深海细粒沉积进行了三端元分类（钙质生物颗粒、硅质生物颗粒和非生物颗粒）。Pedersen 等（1985）提出泥质页岩（mudshale）成因可以是风暴流的悬浮卸载，细粒沉积具有粒序层理、底部侵蚀和间断波痕。Dimberline 等（1990）认为半远洋沉积是一种层状的、以粉砂级颗粒为主的细粒沉积物，可以夹砂级或泥级的浊流沉积（风暴影响），也可以形成独立的沉积相，提出半远洋细粒层是浮游生物繁盛与粉砂充注交替进行的结果，这种交替作用一年一次或一季一次。Lemons 和 Chan（1999）对湖盆细粒沉积进行了研究，认为湖平面变化、构造作用、沉积物源、盆地底形会影响细粒沉积相带的分布，其中盆地底形是最为关键的因素。

关于细粒沉积模式研究，主要集中于海相黑色页岩，已经建立了海侵、门槛和洋流上涌共 3 种类型的沉积模式，Picard（1971）认为海相黑色页岩的形成主要受物源和水动力条件控制，滞流海盆、陆棚区局限盆地、边缘海斜坡等低能环境是其主要发育环境。海相富有机质的黑色页岩形成必需具有两个重要条件，一是表层水中浮游生物生产力必须十分高，二是必须具备有利于沉积有机质保存、聚积与转化的沉积条件。Macquaker 等（2010）提出"海洋雪"作用和藻类爆发是海相富有机质细粒沉积物的主要成因，认为藻类爆发间隔期内，海底具有足够的氧气和时间形成一种混合层，这是一种由需氧或厌氧的小型生物新陈代谢产物形成的均质细粒沉积。陆相湖盆沉积水体规模有限，水体循环能力远不及海洋，富有机质页岩以水体分层和湖侵 2 种沉积模式为主。如图 2-1 所示为国外细粒沉积的研究简史。

中国细粒沉积的相关研究总体偏弱，2010 年以前公开文献偏少，比如冯宝华等（1989）论述了细粒沉积岩显微镜鉴定的重要性；李安春等（2004）就中国近海细粒沉积体系及其环境响应展开了讨论；张文正等（2008）提出鄂尔多斯盆地长 7 段富有机质页岩主要形成于育于湖相淡水—微咸水环境，认为高的初级生产力和低陆源补偿速度是有机质富集的主要因素。

2010 年以后随着非常规油气勘探领域的兴起，细粒沉积研究逐渐得到油气公司和相关院校的重视，进入到有计划有组织的科研生产阶段。2013 年，中国石油大学（北京）、中国石油天然气集团公司等单位相继组办了"细粒沉积体系与非常规油气资源"国际学术会议和"第五届全国沉积学大会"，推动了中国细粒沉积学的快速发展，以后代表性论文不断涌现。孙龙德在第五届全国沉积大会上指出细粒沉积、致密储层影响非常规油气发展未来，提出创立细粒沉积学，建立纳米级储层表征标准和体系；姜在兴等（2013）分析了含油气细粒沉积岩研究的几个问题（概念与术语、分类方案、研究规范讨论）；贾承造等（2014）指出细粒沉积体系类型及其源储配置、组合关系控制非常规油气宏观分布，提出应建立细粒沉积体系与致密相带沉积学；袁选俊等（2015）通过鄂尔多斯盆地长 7 段解剖，初步建立了淡水湖盆富有机质页岩的成因模式；陈世悦（2016）、赵贤正等（2017）

分别对渤海湾盆地东营凹陷、沧东凹陷等古近系细粒沉积特征进行了解剖，深化了细粒岩相类型与"甜点"储层成因等认识；付金华等（2018）提出，鄂尔多斯盆地长7段富有机质页岩形成的主控因素是适宜的温度（温暖潮湿的温带—亚热带气候）、广阔的深水湖盆、强还原性的沉积环境。

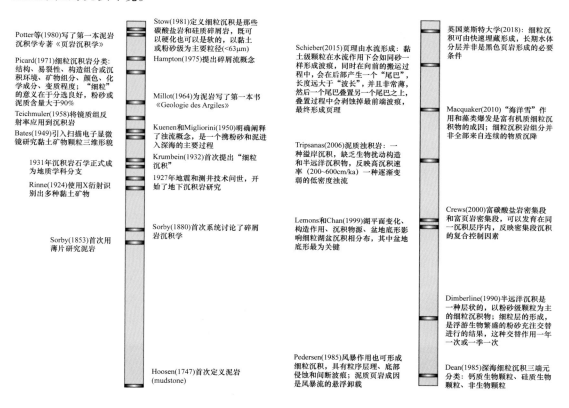

图 2-1　国外细粒沉积研究代表性成果柱状图

虽然中国专门针对细粒沉积的研究起步较晚，但沉积学、地球化学科研工作者，在生产实践中围绕富有机质泥页岩特征进行了深入解剖，在湖泊成因与湖泊作用、湖泊环境与沉积特征、烃源岩分布与沉积模式等方面取得了重要创新性认识，推动了中国陆相石油地质理论的建立。主要成果可以概括为以下4个方面。

（1）从石油地质观点出发，根据湖泊的构造成因、地理位置和气候等条件，对中国中—新生代湖泊类型进行了划分，并系统研究了不同类型湖泊的沉积特征与生油能力（吴崇筠和薛叔浩，1993；薛叔浩等，2002；冯增昭，2013）。如淡水湖泊一般形成于潮湿气候环境，以泥岩、页岩等细粒碎屑岩为主，平面上呈环带状分布，干酪根类型多属腐泥型。咸水湖泊一般形成于大陆干旱气候环境，以各种盐类沉积为主，如湖相石灰岩、白云岩、石膏、石盐等，亦有各种碎屑岩伴生。从生油能力分析，湖水盐度过高会影响生物的生长，干酪根类型多属腐殖型，不利生油。

（2）从沉积环境与沉积特征解剖入手，根据沉积岩的成分、颜色、结构、展布和化石等多种标志对古代湖泊沉积亚相进行划分，并预测生油岩与储集岩的分布。指出浪基面、枯水面、洪水面 3 个界面是湖泊沉积亚相进一步划分的重要依据（吴崇筠和薛叔浩，1993）。深湖—半深湖环境位于浪基面以下，为缺氧的还原环境，岩性以细粒沉积物为主，发育黑色泥岩、页岩，常见薄层泥灰岩或白云岩夹层，生油潜力最大。湖湾和沼泽环境一般也以细粒沉积为主，主要发育粉砂岩和泥岩，甚至可发育黑色页岩，可形成煤成气和少量凝析油（胡见义等，1991）。

（3）通过现代湖泊考察，对湖泊物理、化学、生物过程、沉积作用特点、富有机质页岩的分布，以及早期成岩作用等进行了卓有成效的研究，深化了湖泊相的认识。如 20 世纪 60 年代初期，为了深入了解湖泊沉积的生油能力，围绕"陆相生油理论"，对青海湖进行多学科的综合研究，提出湖流、水深、氧化还原环境等因素共同控制富有机质泥岩的形成与分布（黄第藩等，1984）。但目前对古代湖盆富有机质页岩的形成分布与主控因素研究程度较低，公开文献较少。其中张文正等（2007）对鄂尔多斯盆地长 9 段湖相优质烃源岩的发育机制进行了探讨，拜文华等（2010）开展了湖湾环境油页岩成矿富集机理研究，黄保家等（2012）开展了北部湾盆地始新统湖相富有机质页岩特征及成因机制研究。邓宏文和钱凯（1990）、姜在兴等（2013）对中国渤海湾盆地湖相优质烃源岩的沉积特征与发育机制进行了解剖，探讨了富有机质页岩形成与主控因素。袁选俊等（2015）以鄂尔多斯盆地延长组长 7 段为例，应用多种方法与手段，刻画了长 7 段 3 个亚段的细粒沉积体系分布规律，重点解剖了泥页岩等细粒沉积岩的组构特征，建立了湖相富有机质页岩以湖侵—水体分层为主的沉积模式，提出"沉积相带、水体深度、缺氧环境、湖流"是富有机质页岩分布的主控因素。

（4）开展了以有机地球化学为主的沉积—有机相研究。有机相最早是由 Jones R.W.（1987）提出，主要是应用这一概念来描述生油岩中有机质数量、类型与产油气率和油气性质关系。中国陆相湖盆沉积有机相研究取得了重要进展，深化了陆相烃源岩的认识与评价。陈安宁等（1987）将沉积相、生物相、有机地球化学相结合起来，提出了沉积有机相的概念。郝芳等（1994）提出有机相是具有一定丰度和特定成因类型有机质的地层单元，并首次提出了有机亚相的概念。金奎励和李荣西（1998）、朱创业（2000）分别提出了陆相碎屑岩和海相碳酸盐岩沉积有机相的分类方案。上述专家学者提出的有机相或沉积有机相，主要是地球化学专家应用这一概念来进行烃源岩评价，没有从沉积环境角度来揭示富有机质页岩的成因和分布。因此，进一步揭示沉积环境与有机质之间的关系，是客观建立富有机质页岩分布模式的关键。

总之，陆相湖盆泥页岩、湖相碳酸盐岩等细粒沉积研究还比较薄弱，亟需开展细粒沉积岩分类体系及其基本特征，典型细粒沉积岩组成、纹层结构系列解剖与成因机制，陆相富有机质页岩形成的沉积环境、成因模式、分布规律与主控因素，以及富有机质页岩评价方法与应用等方面的研究，从而建立中国陆相细粒沉积学学科，完善中国陆相石油地质学理论体系，指导沉积—有机相工业编图，推动陆相页岩油气的发展。

2. 发展趋势与攻关方向

细粒沉积学是目前国内外研究前沿，总体来看目前研究程度相对较低，亟须开展典型解剖与工业化应用研究，推动学科发展，更好的指导非常规油气勘探与开发。未来的研究应当综合利用沉积学、储层地质学及层序地层学相关理论知识，结合高精度的实验观察手段、地球物理识别技术、实验模拟等方法，探索理论突破与方法创新，规范细粒沉积岩相关概念及术语，建立系统、科学的细粒沉积岩分类方案，明确细粒物质沉积、成岩动力学过程，建立针对深水细粒物质的研究规范。此外，在研究中应当重视学科交叉及科学研究与工业价值间的关联：加强岩石微观组构与宏观分布规律等解剖研究，建立不同类型细粒沉积岩的成因模式，为有利相带预测提供理论支撑。

笔者通过系统调研与研究实践体会，认为湖盆细粒沉积学亟须在3个方面创新发展。一是传统碎屑岩沉积学研究内容与方法，已不能完全满足细粒沉积岩的需求，亟须建立行之有效的研究方法体系，明确主要研究内容，推动沉积学科的创新性发展；二是细粒沉积岩研究程度总体较低，亟须加强岩石微观组构与宏观分布规律等解剖研究，建立不同类型细粒沉积岩的成因模式，为有利相带预测提供理论支撑；三是细粒沉积与粗粒沉积密切相关，需要加强整体性研究，揭示相互控制作用与机理，建立不同类型细粒沉积体系分布模式，指导沉积相工业化应用与编图，为区带评价优选提供地质依据。

（1）与砂砾岩等粗粒沉积岩不同，泥页岩等细粒沉积岩颗粒细小、成分多样、成因复杂，传统碎屑岩沉积学研究内容与方法，已不能完全满足细粒沉积岩的科研与生产需求。一是发展完善薄片、X衍射、地球化学、微古生物等传统实验分析测试手段，开发数字岩心CT扫描、矿物组分与元素定量分析（QEMSCAN）等特色技术，重点开展细粒沉积岩微观特征研究，建立古物源、古气候、古水体介质、古生产力等沉积环境的恢复方法。二是大力加强地球物理技术的开发与应用，为工业化开展岩性或岩相精细识别与空间展布规律研究提供有效手段。目前地震储层预测、层序地层学、地震沉积学等方法技术能够有效预测砂岩等粗粒沉积岩的空间分布，但对泥页岩等细粒沉积岩的空间分布预测还满足不了科研与生产需求，需要进一步发展针对性技术。但相关测井定量评价技术已能较好进行岩性识别、烃源岩有机碳定量计算等研究，这为无取心井地区细粒沉积岩特征研究提供了一种快速有效的手段，因此测井技术是近期开展细粒沉积研究的重要手段。

（2）不同沉积环境和不同岩性细粒岩的沉积主控因素不同，需加强细粒岩沉积机理研究，针对性地开展现代细粒沉积考察、沉积物理模拟和数值模拟研究，进一步明确细粒岩成因机理与分布规律。通常认为纹层状页岩由沉积物缓慢沉降形成，但水槽模拟实验揭示其也可由底流搬运形成。这表明纹层状页岩的形成环境比预想的要复杂，细粒岩岩相的分析与预测有待深入分析。现代沉积考察与水槽模拟实验发现黏土颗粒易发生絮凝作用形成絮团，在水体存在有机质时还会发生复杂的有机—无机作用。其中，絮凝作用受沉积物的类型和浓度、有机质的类型及水体的盐度等因素影响，对细粒岩的岩相及有机质的沉积和保存有重要影响，但作用机制还有待进一步研究。例如，研究表明海相或咸化湖常沉积与絮凝作用相关的粉砂—砂岩双纹层，淡水湖则多沉积块状—纹层状细粒岩；现代河口沉积解剖表明，有机—无机作用形成的絮团可加速有机质的埋藏并缩短有机质暴露于氧化环境的时间，从而抑制其氧化分解，但这对TOC的净贡献还与注入硅质碎屑引起的稀释作用有关。

（3）湖盆细粒沉积与粗粒沉积密切相关，需要加强整体性研究，揭示相互控制作用与机理，建立不同类型细粒沉积体系的分布模式，为区带评价优选提供地质依据。一是湖盆细粒沉积主要分布在湖泊环境中，其黏土等细粒沉积物来源主要由河流—三角洲（水下扇）等粗粒沉积体系提供，因此湖泊周缘和湖泊内部粗粒沉积体系的发育程度与规模，不但控制了湖泊的碎屑岩物质来源，同时也控制了湖泊水动力条件和湖底底形，因而直接决定了湖泊细粒沉积岩的发育类型与分布模式。二是湖泊中除主要发育泥页岩、湖相碳酸盐岩等细粒沉积岩外，还广泛发育三角洲前缘水下分流河道、前三角洲席状砂、浅水滩坝、深水重力流等砂体，这些砂体与细粒沉积围岩构成了有成因联系的整体，也是目前岩性或致密油气勘探的主要对象。

（4）中国古代发育淡水、咸水等不同类型的湖泊，形成了包括泥岩、页岩、湖相碳酸盐岩等多种细粒沉积岩，目前对其成因、分布研究程度总体较低，亟须加强典型盆地岩石微观组构与宏观分布规律等解剖研究，建立不同类型湖盆细粒沉积体系的成因模式，为有利相带预测提供理论支撑。一是加强湖盆细粒沉积岩岩石学的科学分类体系研究，建立与生产应用相适应的分类方案；二是重建不同类型湖泊的沉积古环境，揭示富有机质页岩形成与主控因素，建立不同类型湖泊细粒沉积岩成因模式；三是应用多种资料编制岩相—沉积相—有机相等工业化图件，预测评价烃源岩与有利储集相带的空间展布。

二、细粒沉积岩分类与特征

1. 细粒沉积岩分类与命名

细粒沉积岩主要由黏土和粉砂的陆源碎屑颗粒组成，也包含少量的盆地内生的碳酸盐、生物硅质、磷酸盐等颗粒。但是由于研究对象的争议性，始终难以对这一概念进行精确的定量化定义。关于细粒沉积的定义、术语、分类、沉积过程、形成条件和分布规律等，都素有争论。值得庆幸的是，在多种学术观点、各种创新思维的带动下，沉积学始终保持旺盛活力并不断发展进步。

1）粉砂岩的粒级与归属

关于粉砂岩的粒级标准，国内外学者主要有以下 4 种主要观点：（1）将 0.01～0.1mm 定为粉砂级，0.05～0.1mm 为粗粉砂，0.01～0.05mm 为细粉砂（阿弗杜辛，1956；鲁欣，1964；冯增昭，1984；赵澄林等，2001；姜在兴，2003；何幼斌，2007）。（2）将 0.0039～0.0625mm 定为粉砂级，该粒级最早由 Wentworth（1922）提出，很多学者也沿用该粒级标准（布拉特等，1978；刘宝珺，1980；佩蒂庄，1981；塞利，1985；方邺森和任磊夫，1987）。（3）将 0.005～0.05mm 定为粉砂级（列兹尼科夫，1959），列兹尼科夫认为斯托克斯定律适用于直径约为 0.05mm 以下的质点，此值应该作为粉砂的上限，因为粉砂沉积被冲刷所要求的速度比砂质沉积更大。（4）行业标准：中华人民共和国石油天然气行业标准之岩石薄片鉴定（SY/T 5368—2000）粒级分类定义（粗）粉砂为小于 0.0313～0.0625mm，即大于 4～5ϕ；（细粉砂）泥小于 0.0313mm，即大于 5ϕ。德国标准，0.002～0.0625mm 为粉砂，小于 0.002mm 为黏土。美国农业部和美国土壤学会定义

0.002～0.05mm 为粉砂，小于 0.002mm 为黏土。美国土壤局定义 0.005～0.05mm 为粉砂，小于 0.005mm 为黏土。

目前国内外学者对于粉砂岩的归属问题，主要持以下 3 种态度：（1）粉砂岩应划归砂岩类（鲁欣，1964；冯增昭，1984；赵澄林等，2001）；（2）粉砂岩和黏土岩都应包含在泥质岩（mudrock）内（佩蒂庄，1981；塞利，1985）；（3）粉砂岩应单独划为一类岩石，表示黏土岩和砂岩的过渡（姜在兴，2003；何幼斌，2007；列兹尼科夫，1959）。

本书认为粉砂岩是页岩层系的重要组成部分之一，一般以夹层分布于页岩层段中，是致密油或页岩油富集高产的重要因素，因此建议将薄层粉砂岩（单层<2m）划归为泥质岩类，即细粒沉积。

2）黏土岩粒级与术语

调研国内外黏土粒级划分标准，可总结出以下 3 种主要观点：（1）部分学者主张以 0.001mm 为黏土质点的上限，如什维佐夫（1945）等；（2）另有部分学者认为，应将 0.005mm 作为黏土质点的上限，如鲁欣（1964）、列兹尼科夫（1959）等；（3）目前大部分学者沿用了 Wentworth（1922）的分类标准，即 1/256mm 以下为黏土，莱恩委员会（1947）在此基础上，进一步将黏土细分为粗黏土（1/512～1/256mm）、中黏土（1/1024～1/512mm）和细黏土（小于 1/1024mm）。

黏土岩这一术语的含义和使用，在国际沉积学界仍未有统一的认识。如阿弗杜辛（1956），他定义黏土岩为 5×10^{-6}～0.01mm 的质点（超过 50%）组成的岩石，小于 5nm 的质点为黏土质溶液。鲁欣（1964）的定义是含泥质颗粒（直径小于 0.01mm）50% 以上且其中小于 0.001mm 的颗粒又不小于 25% 的岩石均划归为黏土岩。苏联学者维库洛娃（1958、1973）用"黏土质岩石"来概括这一类岩石，她认为黏土质岩石中泥质颗粒（直径小于 0.01mm）的含量应达 50%，其中直径小于 0.001mm 颗粒不少于 25%，并按固结程度，把它分为黏土→固结黏土→泥板岩。Potter 等（1980）则用泥质岩（mudrock）这一术语概括粉砂岩和上述的黏土质岩石，即根据直径小于 0.0039mm 颗粒的含量，把未固结的沉积物分为粉砂、泥、黏土三种，固结之后分别称为粉砂岩、泥岩和黏土岩，显然 Potter 等所指的黏土岩是狭义的概念。布拉特等（1978）则使用"泥状岩"这个术语来表示粉砂、黏土以及两者的混合物组成的岩石。

3）泥岩和页岩的定义

"泥岩"和"页岩"这两个术语的含义比较模糊且难以严格区分。从粒级上来说，泥岩和页岩的颗粒大小相同，故部分学者认为泥岩等同页岩。另一些学者则认为泥岩和页岩具有不同的含义，页岩是具有页理的黏土岩，泥岩是不具页理的黏土岩（冯增昭，1994）。此外，页岩和泥岩的成分也可能具有较大差异，布拉特等（1978）认为，页岩的黏土矿物数量显著高于泥岩。阿弗杜辛（1956）认为泥岩是成分中大小为 0.0001～0.01mm（0.0002mm）的矿物质点占 50% 以上的黏土岩，即较粗部分的黏土岩，泥岩还可以分为粗粒泥岩（主要为 0.001～0.01mm 的质点）和细粒泥岩（主要为 0.0001～0.001mm 的质点），小于 0.0001mm 的质点所组成的岩石列入胶体黏土中，其中也分为两类，即粗胶体（5×10^{-6}～0.0001mm）和真黏土胶体（小于 5nm）。还有一些学者认为，页岩的范畴更大，应该包含泥岩，如塞利（1985）认为，细粒沉积物的另一个名词就是页岩。

总之，目前细粒沉积的粒度范围与组成观点还存在较大分歧。为了便于研究的开展，结合中国湖盆沉积的实际情况，本书采用当前国内主流观点，将细粒沉积定义为粒级小于62.5μm且颗粒含量大于50%的沉积岩，主要由黏土和粉砂碎屑颗粒、有机质等组成，包含少量盆地内生碳酸盐矿物、生物硅质、磷酸盐等颗粒，包括的岩石类型主要为泥岩、页岩，以及薄层粉砂岩和混积岩等。

4）细粒沉积的分类与命名

细粒沉积岩岩相类型复杂，分类方案主要有4种：（1）根据结构分类；（2）根据组分（矿物和有机质含量）分类；（3）根据沉积构造分类；（4）根据储集特征与力学性质分类。目前，更多的是将不同参数组合使用进行分类。朱如凯等（2017）基于粒级与纹层结构、矿物含量，结合有机碳（TOC）含量，建立了三级划分方案（图2-2）：一级分类基于粒级和纹层结构，分为粉砂岩与泥页岩；二级分类基于有机碳（TOC）含量，以有机碳（TOC）含量2%和4%为界，分为高、中、低三个级别；三级分类基于矿物含量，包括石英与长石、方解石与白云石、黏土矿物。

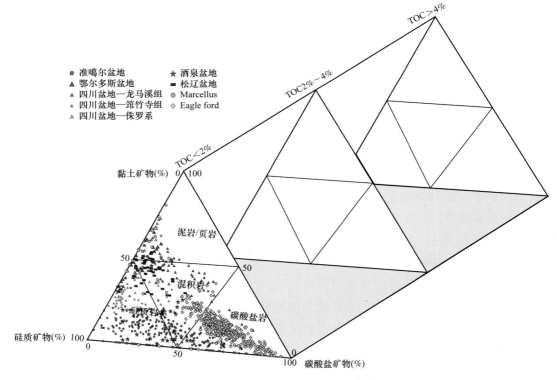

图 2-2　细粒沉积岩四端元分类（据朱如凯等，2017）

2. 页岩与泥岩的特征差异

通常提到细粒沉积岩，人们首先会想到的是黑色页岩。页岩和泥岩均属于细粒沉积岩中的黏土岩范畴，页理发育的称为页岩，页理不发育的称为泥岩。关于"泥岩"和"页岩"的概念及其理论内涵，目前在学术界还比较模糊（阿弗杜辛，1956；列兹尼科夫，1959；Macquaker，2003；鲁欣，1964；布拉特等，1978；塞利，1985；冯增昭，1994）。二者从沉积机理、组构、化学组成等方面有着明显的差异，在实际研究中将黏土岩中的页岩与泥岩区分开来极为必要。

1）页岩

页岩通常为湖水分层下的季节性沉积、底流改造后的再沉积和生物"爆发期"的快速沉积。

（1）湖水分层下的季节性沉积：水体分层能够造成水体底部缺氧，使得底栖生物无法生存，从而避免了纹理遭受破坏。随着季节性气候的波动影响，藻类、碳酸盐、有机质、黏土、粉砂等按照不同季节沉积、分别形成连续纹层。

（2）底流改造后的再沉积：在一定的水动力条件下，泥质团悬浮搬运和泥质碎屑颗粒底负载荷搬运均可以形成薄层状页岩。与传统重力流需要（坡度＞0.5°）的坡度不同，这种由波浪引起的沉积物重力波更为普遍。

（3）生物"爆发期"的快速沉积：在生产力非常高时，有机质和矿物结合形成有机黏土复合体快速沉积，也可形成似块状页岩。即使在水体分层不明显的情况下，有机复合体内部会形成缺氧微环境，有助于有机质保存。其沉积速率快，同样有助于有机质保存。

2）泥岩

泥岩主要是紊流状态下快速沉积的泥质沉积、物理和生物的改造作用形成。

（1）紊流状态下快速沉积的泥质沉积。当沉积水体处于紊流状态，即沉积水体有一定扰动时，细碎屑物质比较难以记录沉积水体表层所发生过的沉积物类型的周期性变化，因而难以形成纹理（这种紊流不是急流，其福劳德数要远小于1，也不是静水）。水体扰动越强烈，即水动力越强，泥质沉积物中的水平层理就越不明显。

重力流沉积时，沉积速度快，形成与浊流有关的浊流泥岩和与泥质沉积物滑塌再沉积有关的碎屑流（泥流）泥岩。浊流是细碎屑物质输入和沉积于湖盆的一种重要方式。Piper（1978）将鲍马序列的E段进一步划分出E1段（纹层状泥）、E2段（递变泥）、E3段（无递变泥）。Stow（1984）按粉砂纹层发育情况、递变层理、厚度等，又对E1段、E2段、E3段进一步划分出T0、T1、T2、…、T8共9种类型。

另外，如果靠近河口地带或者水体不分层，携带细碎屑物质的入水流与盆地水体形成立体混合，形成轴状喷流。两种水体混合速率快而充分，细粒悬浮物质形成向远处逐渐扩散的"悬浮团"，沉积下来。这种沉积物在靠近三角洲处或在浅水—半深水环境相当常见，其主要特征是泥岩中含一定量的粉砂，并且水平层理发育（霍坎松等，1992）。季节性洪水带来的大量悬浮物质入湖也是湖相泥岩的一个重要方面。主要有浅水、极浅水相带与洪水有关的泥质沉积，如冲积扇的扇缘泥质沉积、河流泛滥平原的泥质沉积、三角洲平原和三角洲前缘的泥质沉积。典型实例就是前三角洲的厚层泥质沉积。

（2）物理和生物的改造作用。纹层状泥质沉积在同生期和准同生期的物理和生物作用改造下，破坏了原生的沉积纹层，转变成均匀块状泥岩。典型的实例就是浅水—半深水相带的泥岩、海/湖湾亚相的静水暗色碳质泥岩。

三、细粒沉积岩形成环境与沉积模式

1. 沉积环境与沉积构造

细粒沉积岩可以形成于海相、海陆过渡相和陆相的相对低能环境中。在海相环境中，细粒沉积岩受控于物源和水动力条件，主要发育在滞流海盆、陆棚区局限盆地和边缘海斜坡等正常浪基面以下部位。在湖相环境中，受控于湖平面变化、构造作用、沉积物源和盆地地形等因素，细粒沉积岩主要发育在前三角洲—半深湖—深湖、滨浅湖亚相中。以上环境虽然都是相对低能环境，但细微的沉积环境变化会造成细粒沉积岩沉积构造、沉积物来源及成因、地球化学特征等具有明显差异，目前众多学者针对不同沉积环境下细粒沉积岩的特征进行了较为详细的研究。

细粒沉积岩的沉积构造组合可以在一定程度上指示沉积环境。在海相沉积中深海—半深海亚相沉积的细粒沉积岩发育水平和块状层理，浅海亚相发育沙纹、波状和交错层理等。在湖泊沉积中，深湖亚相沉积的细粒沉积岩发育平直纹层、似块状层理，半深湖亚相发育波状、透镜状、粒序和块状等层理，深湖—半深湖重力流发育递变和块状层理，前三角洲—浅湖沉积发育块状层理、生物扰动构造和平行层理。

2. 沉积过程

Pedersen（1985）提出泥质页岩成因是风暴流的悬浮卸载，具有粒序层理、底部侵蚀和间断波痕，从而拉开了细粒沉积成因分布研究的序幕。Dimberline等（1990）认为半远洋沉积是一种层状的、以粉砂级颗粒为主的细粒沉积物，可以夹砂级或泥级的浊流沉积（风暴影响），也可以形成独立的沉积相，提出半远洋细粒层是浮游生物繁盛与粉砂充注交替进行的结果，这种交替作用一年一次或一季一次。

近期关于细粒沉积的沉积物理模拟研究表明，黏土级颗粒搬运到湖盆的方式有3种：重力流—湍流搬运、静水沉积—悬浮沉降、牵引流—层流搬运。碎屑颗粒在流水中的搬运方式有推移载荷和悬浮载荷两种方式：推移载荷主要是指颗粒在水体底部呈滑动、滚动、跳跃式搬运；以悬浮载荷搬运的碎屑颗粒主要以悬浮状态进行搬运，碎屑颗粒的搬运状态受控于颗粒大小、颗粒形状、水流强度、流体黏度等多种因素。

传统的沉积学理论多半重视粉砂级以上颗粒沉积机理的研究。由于实验条件的限制，实验数据点少，多半为定性的解释。粒径对数<0.05的颗粒的开始搬运速度和继续搬运速度相差很大（图2-3）。而现在的研究认为黏土颗粒以絮凝体波纹的方式进行搬运。黏土絮凝物质在20～25cm/s的区间内以底载荷的形式搬运和沉积（图2-4），而这一速度同样也是砂粒级颗粒搬运和沉积的速度。

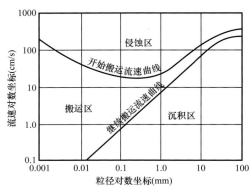

图2-3　碎屑物质在流水中颗粒大小、侵蚀、搬运、沉积和流速的关系（据Hjulström，1935）

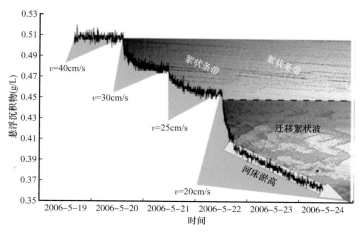

图 2-4　实验研究中页岩侵蚀、搬运与流速的关系（据 Schieber，2016）

美国印第安纳大学近期的水槽物理模拟研究发现，黏土级颗粒可以在一定流速和剪切应力下沉积，这种环境足够搬动和沉积中粒砂。黏土级颗粒悬浮物更倾向于凝絮，并且导致凝絮物在底载中运动，形成波痕（图 2-5）。这个新发现暗示，很多纹层状页岩是由流体沉积形成的，而并非缓慢沉降。Schieber（2016）认为黏土级颗粒在水流作用下，会如同砂一样，形成波痕，高度很小，1mm 左右。同时在向前的搬运过程中，会在后部产生一个"尾巴"，长度远大于"波长"，并且非常薄，厚度在 0.1mm 左右，然后一个尾巴叠置另一个尾巴之上，叠置过程中会剥蚀掉最前端波痕（大部分），只留下一层又一层的"尾巴"，最终形成页理。这个新观点，大大拓宽了页岩的形成条件，将来可以更定量的理解页岩沉积作用，这也会对页岩储层的参数评价带来更多的理解。

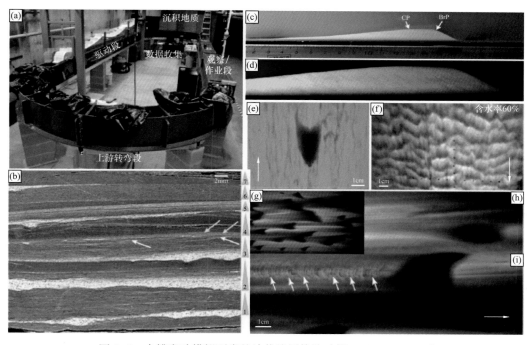

图 2-5　水槽实验模拟页岩的波状纹层构造（据 Schieber，2016）

近年来，英国莱斯特大学研究发现，细粒沉积可以是快速埋藏形成的，保存大量有机质。长期水体分层并非是黑色页岩形成的必要条件，实际上很多黑色页岩沉积在较浅的陆缘海，并且与开阔大洋有不同程度的连通。水体分层可以被很多因素增强，如淡水输入（大型河流，造成一个长期的淡水顶部层）、冰层形成的超咸水、低纬度蒸发作用等。通过建立通用海洋湍流模式（General Ocean Turbulence Model，GOTM），识别了水体分层中的关键变量（温度、盐度和深度）。这种模式考虑了所有三维的流体，包括水平两个方向的流体和垂向的湍流，模拟显示，永久水体分层只存在于异常的情况中，是非常难以保存的，除非在异常的情况下，并且大多数黑色页岩可能沉积在季节分层的情况下。这个新观点，可能会改变或拓展有机质保存的环境，进而影响富有机质页岩的分布规律，将来可能完全改变有利页岩开发区带的预测结果。

3. 沉积模式

关于细粒沉积模式研究，目前集中于黑色页岩。关于黑色页岩也没有一个比较准确的定义。Swanson（1961）将黑色页岩定义为含有机质和粉砂级到黏土级颗粒大小矿物的深色泥岩。Tyson（1987）定义黑色页岩为具有缺氧或无氧底层水体相关的沉积环境、古生态和地球化学特征的深颜色细粒泥质岩。Stow（1993）将其定义为细粒的 TOC>1% 的沉积物或者沉积岩。国内的学者当中，张爱云等（1987）在《海相黑色页岩建造地球化学与成矿意义》一书中将黑色页岩定义为海相的富含有机质的细粒沉积岩的总称，包括深灰色到黑色的各种页岩、硅质岩、粉砂岩以及少量含碳酸盐岩的岩石。

页岩可以形成于海相、海陆过渡相和陆相沉积环境中。富有机质页岩的形成需具备两个重要条件：一是表层水中浮游生物发育，生产力高；二是具备有利于有机质保存、聚积与转化的条件。缺氧环境有利于有机质保存，形成富有机沉积物堆积。有机质的堆积只发生在低流速背景下且与其他细粒沉积物伴生（Suess 等，1987）。富有机质页岩主要形成于缺氧的闭塞海湾、潟湖、湖泊深水区、欠补偿盆地及深水陆棚等沉积环境中（张爱云等，1987）。海相富有机质页岩沉积模式主要有海侵模式、门槛模式、水体分层模式、洋流上涌模式共 4 种类型（图 2-6；Picard，1971）。

就海侵模式来说，黑色页岩就有可能在浅水盆地的低洼处，最大海泛面时的盆地的中心处，海泛面时的盆地边缘处。因此，黑色页岩即存在长期稳定缺氧的水体，也出现在经常有氧的地带。关于黑色页岩的成因模式，目前尚不清楚，存在很多值得讨论的地方。一般认为，黑色页岩是受有机质的生产、有机质的沉积、有机质的降解 3 个过程控制的，最终有机质能在黑色页岩里面沉积下来。而这 3 个过程是怎样作用的，分别在富有机质页岩的形成当中占有怎样的比例仍然是值得探讨的问题。关于这个问题，很多国外的学者做过研究，并得出了很多观点不一致的理解。

首先，关于历来争论不休的"生产模式"和"保存模式"，哪个是主导？Gallego 等（2007）认为高生产率是主导的因素，缺氧的环境可能与生产率过高引起的耗氧有关，而不是经常说的限制循环所引起的缺氧。Tyson 等（1991）却认为在现代大陆架边缘的地区，高的生产率不一定有高的有机质的保存。其次，关于是不是持续缺氧的环境

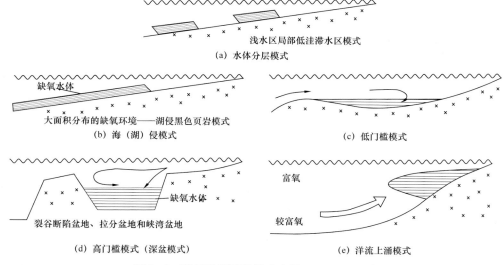

图 2-6　黑色页岩沉积模式（据 Picard，1971）

有利于有机质的保存的问题。Sageman 等（2003）认为几乎没有富有机质页岩是在持续的缺氧的含硫化氢的水体中形成的。水体会经常发生混合，这样营养元素能较好地带到上层水体当中，有利于有机质的高生产率。最后，高的沉积速率是不是一定有利于有机质的保存。Bralower 和 Thierstein（1984）认为高的沉积速率可以抵制稀释作用的影响。Stine（1986）认为在陆表海中出现的富有机质的页岩层都是低的沉积速率，并指出在缺氧的环境下，沉积速率对有机质的保存没有多大的影响，但是，我们所知的盆地大多数是有氧的。Tyson（1995）利用盆地分析的手段得出结论，当沉积速率＞35cm/ka 时，有机质的保存不再受沉积速率的影响；沉积速率＜5cm/ka 时，相同的生产条件、氧化环境下，有机质的保存会随着沉积速率的增加而增加，之后会受到稀释作用的影响；而沉积速率＞5cm/ka 时，有氧环境和无氧环境的有机质的保存还是存在很大的差别的，缺氧环境的 TOC 的保存速率可能是有氧环境的 2.5～4 倍。关于黑色页岩的 8 种沉积过程在有机质的沉积当中也扮演着很重要的角色：（1）远洋沉降（重力作用下的垂直沉降）；（2）半深海的沉积（垂直沉降和水平方向的对流）；（3）半浊积岩的沉积（稀释的浊流悬浮物与下降的细粒物质之间的作用）；（4）等深流沉积（不同强度的底流的作用）；（5）高密度流（洪水期沉积物在河口的注入）；（6）碎屑流（以塑性流为主）；（7）浊流（稀释的悬浮物在重力作用移动）；（8）滑移和滑坡（重力作用滑动）。

陆相湖盆沉积水体相对局限，水体循环能力不及海洋，富有机质页岩以分层和湖侵两种沉积模式为主（图 2-7、图 2-8），其中分层模式按湖泊类型分为淡水湖盆、咸水湖盆、半咸水湖盆 3 类（图 2-8）。半咸水湖常常与外界局限连通，高生产率、缺少碎屑稀释以及无硫化还原细菌的活动可能是富有机质页岩形成的关键因素（Kirkland 和 Evans，1981）；季节性分层的淡水湖最深部常常发育厚层富有机质页岩（Bradley 和 Eugster，1969），因为深部水体循环对流受阻而缺氧。但是咸水湖可能更有利于有机质的保存，因为水体分层的状态更稳定（Surdam 和 Stanley，1979）。

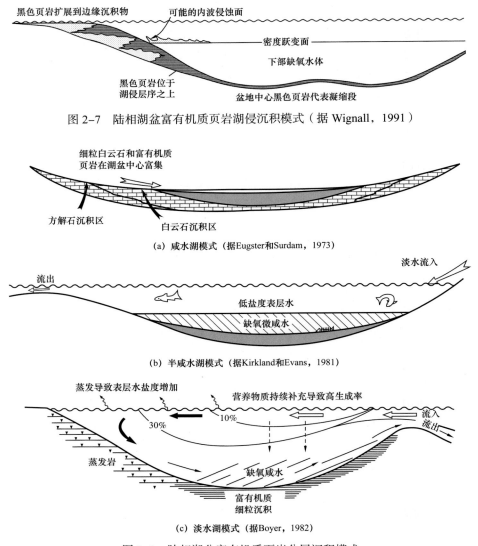

图 2-7　陆相湖盆富有机质页岩湖侵沉积模式（据 Wignall，1991）

（a）咸水湖模式（据Eugster和Surdam，1973）

（b）半咸水湖模式（据Kirkland和Evans，1981）

（c）淡水湖模式（据Boyer，1982）

图 2-8　陆相湖盆富有机质页岩分层沉积模式

第二节　细粒沉积实验分析技术

　　细粒沉积岩虽是自然界中最丰富的岩石类型，但由于其颗粒细小、容易遭受风化剥蚀等特点，无论是直观物理现象（沉积构造）观察，还是间接地球化学特征的分析，室内实验分析技术都是细粒沉积研究必不可少的环节。

　　细粒沉积岩常用的实验分析方法及分析内容可划分成三个方面：一是沉积学分析基本方法，主要解释沉积构造与沉积过程的问题，包括用于观察纹层、细纹层、粒序及微体化石、遗迹化石等的岩石光片与薄片分析技术，以及分析细粒物沉积过程的物理模拟技术；二是岩（相）石学分析技术，包括用于观察黄铁矿、石英、长石、黏土矿物等自生矿物产状的扫描电子显微镜（包括透射电镜、微纳米 CT 等）分析技术，用于观察长石与碳酸盐岩颗粒（胶结物）含量与分布特征的阴极发光显微镜技术，以及用于分析岩石常规组分、黏土矿物、特殊矿物的 X 衍射技术；三是地球化学分析技术，包括有机地球化学分析技术及岩石地球化学分析技术，如生标分析技术、元素分析技术等。这三类分析方法之间存在一定的重叠关系，例如薄片的光学显微镜分析技术也属于岩相学分析方法，X 衍射技术也可归为地球化学分析方法。本节将简述主要的分析方法及解决的问题。

一、沉积学分析基础方法

细粒沉积岩由粉砂及更细的颗粒组成，故其层理以纹层为主。由于太过细小，加上风化影响，这些纹层的准确描述无法在野外用肉眼完成，只能通过室内的光片、薄片制作与观察完成。

同样，由于细粒沉积岩的沉积过程及纹层的形成比砂岩要复杂得多，其泥沙的运动已经属于黏性泥沙运动的范畴，许多泥沙运动力学公式已不能解释其沉积过程。细粒沉积物的沉积过程不仅发生物理的作用，还发生生物化学的作用，如何使用水槽实验探讨该过程仍需深入研究。

光学显微镜是地质学室内薄片观察的必备设备，既可用于观察岩相，也可用于观察细微的沉积构造。岩相（矿）的显微镜鉴定有着一套完整的流程与标准，本节不赘述；沉积构造的显微镜观察与露头观察无异，只是尺度偏小。

传统上，光片适用于金属矿物（黄铜矿、方铅矿）的判别，薄片则主要用于透明矿物的观察。前者使用反射光显微镜，后者使用透射光显微镜。两者的最大区别在于薄片通常需要把岩石厚度磨至 0.03mm，并用胶粘在载玻片上用于观察；光片则不需要载玻片或盖玻片，只需要把岩石表面抛光即可。不盖片的抛光薄片又称光薄片。该类薄片使用方法，兼有光片和薄片的优点。

研究表明，光片、薄片和光薄片同样适用于细粒沉积的研究。光片可用于观察细粒沉积岩的沉积构造。露头页岩手标本抛光后可见厚纹层和极薄纹层交互（图 2-9），可能为季节性纹层。其中，厚纹层粉砂含量高，内部呈块状，可能为夏季洪水期快速沉积；极薄纹层粉砂含量低、有机质含量高，可能为冬季沉降沉积。薄片可用于观察微观沉积构造（纹层）（图 2-10），细粒沉积岩纹层结构清晰，可见交互的黏土和粉砂，以及微重荷构造（微火焰构造），可能反映沉积受底流和脱水作用影响，粉砂至黏土水动力逐渐减弱，微火焰构造受脱水作用影响。光薄片可观察中观沉积构造，也可观察微观沉积构造。细粒沉积岩光薄片清晰展

图 2-9　细粒沉积岩（页岩）光片，可见厚纹层和极薄纹层交互（照片宽约 8cm）

示了纹层、收缩缝及遗迹化石（生物扰动；图 2-11）。其中，收缩缝由盐度差异形成，已充填粉砂，通常形成于盐度快速变化的河口附近。

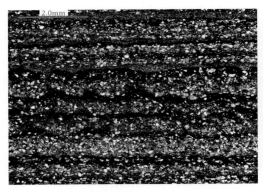

图 2-10　细粒沉积岩薄片，可见纹层及微重荷构造

图 2-11　细粒沉积岩光薄片，可见纹层、收缩缝及遗迹（生物扰动），照片宽约 5cm

二、岩石（相）学分析技术

因颗粒太过细小，细粒沉积物的组分受重力的分异不明显，母岩分解过程中形成的任何细颗粒都有可能被洪水挟带至湖盆中心并沉积为细粒沉积岩。因此，细粒沉积岩的岩石组分比砂岩、砾岩更加复杂。受分辨率限制，细颗粒之间的界限会变得模糊，光学显微镜基本无法用于观察中粉砂及更细的细粒沉积岩，这时就需要使用扫描电镜进行观察，但其胶结物或特定成分的分布特征仍可用光学显微镜观察（阴极发光显微镜）。

1. 阴极发光显微镜技术

阴极发光显微镜技术是在普通显微镜技术基础上发展起来，用于研究岩石矿物组分特征的一种快速简便的分析手段。其原理是利用岩石的发光属性，在显微镜下，使用阴极射线轰击物质表面来获取发光图像。该方法在快速准确判别石英碎屑的成因、分析方解石胶结物的生长过程、鉴定自生长石和自生石英等方面得到广泛应用。因颗粒太过细小，使用阴极发光显微镜分析细粒沉积岩大大受限。但是，长石颗粒蓝光特征明显，方解石和白云石红（褐）光清晰，据此可以分析细粒沉积岩的成分和成岩过程（图 2-12、图 2-13）。

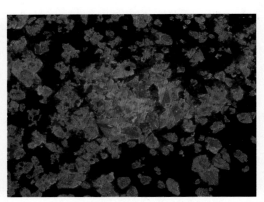

图 2-12　页岩中隐约顺层分布的红色方解石胶结物及散乱分布的蓝色长石（渤海湾沧东凹陷孔店组，视域宽约 2.5mm）

图 2-13　云质页岩中的白云石环带结构（准噶尔盆地玛湖凹陷风城组，视域宽约 2.5mm）

2. 扫描电子显微镜分析技术

扫描电子显微镜的原理是利用细聚焦电子束在样品表面逐点扫描与样品相互作用产生各种物理信号（二次电子、背散射电、阴极射线、X射线等），并将这些信号用接收器接收、放大转换成调制信号，最后在荧光屏上显示出样品表面特征的图像。与扫描电镜原理相似的仪器还包括透射电镜、原子力显微镜、扫描隧道显微镜等，其功能与扫描电镜亦相似。扫描电子显微镜与光学显微镜的区别在于扫描电子显微镜使用的是电信号，具有放大倍数高、可配置能谱采集样品的元素信息。可见，其优点明显，缺点是价格昂贵。

扫描电镜在砂岩孔隙观察、碎屑成分判识、胶结物类型及产状观察等方面应用广泛，在细粒沉积岩的微观孔隙观察、自生矿物判识与分析等方面也效果显著。其中，微孔隙观察制样要求较高，样品需要通过氩离子抛光。著名的美国沃斯堡盆地巴内特页岩有机质中的4类微孔隙即通过扫描电镜观察氩离子抛光样品得出（图2-14）。

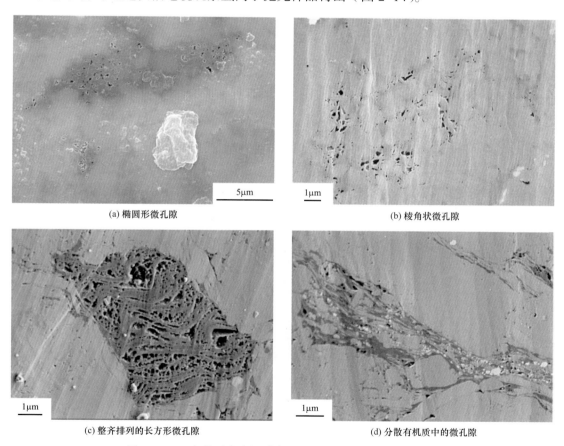

(a) 椭圆形微孔隙   (b) 棱角状微孔隙

(c) 整齐排列的长方形微孔隙   (d) 分散有机质中的微孔隙

图2-14 巴内特页岩有机质中的微孔隙（据Loucks，2009）

富有机质页岩通常形成于偏还原的环境，富含黄铁矿是其重要的特征之一。例如，鄂尔多斯盆地延长组使用扫描电镜可以清晰地观察到黄铁矿的产状（图2-15），据此可分析富有机质页岩的形成环境。沉积于咸化湖的细粒沉积岩通常含有蒸发盐类矿物，包括硫酸盐矿物和钠碳酸盐矿物等，若有热液影响，可能还有硅硼钠石等特殊矿物。使用扫描电镜可轻易区分出特殊矿物的类型，进而确定古环境。例如，准噶尔盆地玛湖凹陷风城组细粒沉积岩，其中硅硼钠石在光学显微镜下有时易与石英混淆，碳钠镁石（茜素红染色后呈粉红色）等易与方解石混淆（图 2-16）。这些相对少见的矿物，通过扫描电镜与能谱分析可快速确定，从而为碱湖沉积环境的确认提供强有力的证据。

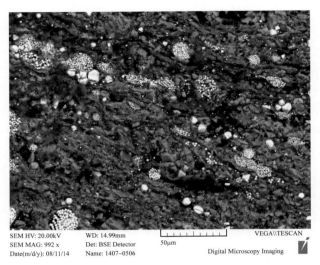

图 2-15　鄂尔多斯盆地延长组富有机质页岩扫描电镜下黄铁矿产状（呈霉球状或块状，部分顺层分布）

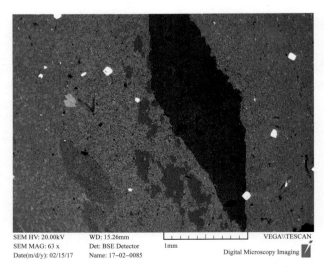

图 2-16　准噶尔盆地玛湖凹陷风城组页岩中的钠碳酸盐矿物（深灰色晶体为碳钠镁石，中灰色胶结物为硅硼钠石）

3. X 衍射分析技术

X 衍射分析技术是利用 X 射线在晶体物质中的衍射效应进行物质结构分析的技术。由于晶体由原子规则排列成的晶胞组成且原子间距离与入射 X 射线波长在相同的数量级，当 X 射线入射到晶体时，不同原子散射的 X 射线相互干涉，在某些方向上会产生强衍射。

衍射线在空间分布的方位和强度与晶体结构密切相关，这就使得可根据衍射线的强度对物相进行定性和定量分析。这种分析包括两方面：一是确定材料的组成元素及含量，即成分分析；二是确定这些元素的存在状态，即物相分析。

X衍射分析最实用的是用于定量分析细粒沉积岩的矿物组成，据此可以划分细粒沉积岩的类型，进而分析其储层特征（脆性）及沉积环境等。准噶尔盆地玛湖凹陷风城组X衍射分析结果显示，风城组富含石英和白云石，黏土矿物含量偏低（图2-17），表明其脆性好，易于压裂，是潜在的致密油或页岩油储层。富含石英和白云石说明其沉积环境偏干旱，可能还有热液影响。

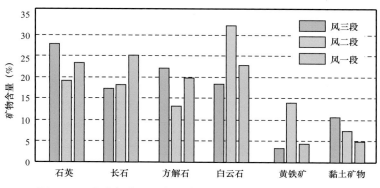

图2-17　准噶尔盆地玛湖凹陷风城组X衍射矿物含量分析

X衍射分析还常用于定量分析细粒沉积岩的黏土矿物组成，包括蒙皂石、伊/蒙混层、高岭石、伊利石和绿泥石的含量。黏土矿物类型的确定可为成岩演化提供重要的数据，与镜质组反射率（R_o）和热解峰温（T_{max}）联用，可明确细粒沉积岩的热演化程度，进而分析其生排烃潜力等。

三、地球化学分析技术

因比表面积大，细颗粒在沉积过程中会吸附各种各样的微量元素，故细粒沉积岩中含有丰富的微量元素，包括稀土元素和放射性同位素。此外，因渗透性差，细粒沉积岩中的原始成分保存相对完整，故对其开展地球化学分析可提供重要的沉积环境、化学地层、生物地层、磁性地层、成岩过程等信息。

细粒沉积岩最大特点之一是分布极广：首先是沉积环境广，从冰川至湖泊和海洋均有分布，从寒带至热带均有分布，从裂谷盆地至坳陷盆地均有分布，从淡水湖至干盐湖均有分布；其次是地史跨度大，从前寒武系至全新统均有分布，而且横跨生物演化的不同阶段。不同沉积环境形成的细粒沉积岩通常具有不同的地球化学特征，因此可以通过开展地球化学分析，获取不同的地球化学数据，进行古环境恢复和成岩过程研究，进而为油气勘探的烃源岩、非常规油气评价提供依据，也为地球演化史研究提供依据，如前寒武纪的大气氧含量的变化、硫化海洋环境的演化以及不同气候周期变化形成的冰期等。本节将从有机地球化学分析法和岩石地球化学分析法两方面简述适用于细粒沉积岩研究的地球化学分析法。

1. 有机地球化学实验分析技术

有机地球化学实验分析是石油天然气地球化学研究的基础手段，无论烃源岩评价、油气地球化学特征研究及油气源对比都离不开油气地球化学实验数据。按样品分析流程可将有机地球化学分析方法分为 3 类：（1）基础地球化学分析，包括有机碳与岩石热解分析等；（2）可溶有机质地球化学分析，包括岩石氯仿沥青"A"分析、原油及岩石氯仿沥青"A"族组分测定、饱和烃、芳香烃及天然气气相色谱分析、生物标志化合物分析、碳同位素分析等；（3）不溶有机质地球化学分析，包括干酪根提取、干酪根镜下鉴定、镜质组反射率测定及干酪根元素分析等。其中，可用于分析细粒沉积岩成因环境的方法包括有机碳、生物标志化合物、碳同位素和干酪根镜检分析等，各自的意义与使用简述如下。

一般来说，形成环境的还原程度越高、有机质产率越高，细粒沉积岩的有机碳含量越高。

生物标志化合物对于古沉积环境重建有着重要意义。所谓生物标志化合物指沉积物或沉积岩中来源于生物体，在演化过程中记载了原始生物母质碳骨架特殊分子结构信息的有机化合物。在有机矿产中已发现的生物标志化合物有上千种。生物标志化合分析有一套完善的方法与标准，本节不赘述，仅列举可用于开展古环境分析的指标，如正构烷烃、Pr（姥鲛烷）/Ph（植烷）比值等。

低等水生生物富含类脂化合物，正构烷烃中低碳数成分占优势，轻重烃比值大。相反，高等植物富含蜡，高碳数成分占优势，轻重比值小。据此可判断细粒沉积岩形成环境。高分子量的奇数碳正构烷烃经常出现在富含陆源物质的富有机质细粒沉积岩中，若正构烷烃的 nC_{27}、nC_{29} 和 nC_{31} 奇碳数优势明显，通常被认为来源于高等植物的角质蜡，说明沉积环境靠近河口，受陆源碎屑供给影响显著。中分子量的奇数碳正构烷烃经常出现在海相或深湖亚相富有机质细粒沉积岩中，若正构烷烃以 nC_{15} 和 nC_{17} 为主，通常被认为主要来源于藻类和水生浮游类生物，由浮游植物或底栖藻类中的 nC_{16} 或 nC_{18} 通过脱羟作用形成，说明沉积环境远离河口，受陆源碎屑供给影响弱。

碳酸盐岩和蒸发岩中常见偶碳数优势的正构烷烃，这种分布常伴随着 Ph（植烷）/Pr（姥鲛烷）优势。这种生物标志化合物在特定条件下，也可用于判断环境。这是因为在还原条件下，蜡发生水解形成的正脂肪酸和醇以及植烷酸或植醇的还原作用，比在含氧条件下发生脱羟作用更重要（Welte 和 Waples，1973）。一般认为 Pr/Ph 小于 1 为盐湖强还原环境，Pr/Ph 介于 1~3 为湖相还原环境，Pr/Ph 大于 3 为湖相弱氧化环境。但是，Haven 等（1988）指出，除了含氧量之外，Pr/Ph 比值还受有机质产率、成熟度等影响，该值仅在盐湖环境较小时（Pr/Ph＜1）可指示还原环境。γ蜡烷也被认为是还原环境的标志物，其含量高表明沉积环境水体安静或有分层。此外，甾烷、萜烷、卟啉化合物等也可用于判断母源输入和沉积环境，但有时争议较大。

近年来，湖泊沉积有机质稳定碳同位素（$\delta^{13}C_{org}$）在区域气候与环境变化的应用研究方面发展迅速。研究表明，近代湖泊细粒沉积中的 $\delta^{13}C_{org}$ 值与大气 CO_2 浓度、植被类型、温度、有机质产率等密切相关（李军和余俊清，2001）；古环境研究表明 $\delta^{13}C_{org}$ 值受湖水化学性质（pH 值、硬度等）、湖区气温和降水、光照条件、大气压力、CO_2 分压、盐分及营养元素、有机质来源、有机质保存、后期改造及成岩作用等影响（王秋良等，2003）。因此，通过详细的 $\delta^{13}C_{org}$ 分析，也可为重建细粒沉积岩的古环境提供重要依据。

干酪根镜检可以检出藻质体、草质体、木质、煤质、腐泥组、壳质组、镜质组、惰质组，这些组分直接来源于陆生或水生生物。据此可以判断陆生生物和水生生物含量、陆源碎屑的影响程度，进而判断细粒沉积岩的沉积环境。

2. 岩石地球化学分析技术

岩石地球化学是地球化学的一个重要分支，是近代岩石学和地球化学的交叉学科，主要研究地球和天体中广泛存在的各类岩石（包括岩浆岩、沉积岩和变质岩）的主量元素、微量元素和同位素的组成、分布及变化，用以探讨岩石源区、成因、演化及反映的地球动力学过程。因此，前述一些分析方法也可归为岩石化学分析法，如扫描电镜能谱分析技术和 X 射线元素分析技术。

常见的岩石元素分析方法包括 X 射线荧光光谱法（XRF）、中子活化分析法（INAA 和 RNAA），等离子光谱法（ICP）、原子吸收光谱法（AAS）、质谱法（分为同位素稀释质谱法（IDMS）、等离子光谱质谱法（ICP–MS）和火花源质谱法（DDMS）、电子探针法（EMPA）和离子探针法（IMPA）等。其中，XRF 是常用方法，速度快是其特点，可用于分析常量和微量元素。INAA 和 RNAA 主要用于分析微量元素，优点是对稀土元素、铂族元素及许多高场强元素特别敏感，前者指仪器中子活化分析法，要求样品为粉末状，后者指放射化学中子活化分析法，要求对样品进行化学分离前处理。ICP 理论上能够测试大多数元素，其优点是低检测限、测定迅速。AAS 几乎能够测定所有的主量元素，也能分析微量元素，其优点是 Na、K、Mg 和 Ca 的检测限极低。质谱法中 IDMS 是所有微量元素分析技术中最精确和最灵敏的方法，尤其适用于测量低浓度元素，对测定低浓度的稀土元素丰度特别有效。ICP–MS 可用于测定微量元素和同位素，其优点是具有非常低的检测限和良好的准确度。DDMS 可用于分析微量元素，其优点是检测限低和灵敏度高。EMPA 主要用于矿物主量元素分析，通常不用于分析微量元素。IMPA 可用于稳定同位素和微量元素分析，兼有质谱的高精度和电子探针的细微空间分辨率。

这些岩石地球化学分析技术应用广泛，为地质现象的解释和模式验证等提供了重要的数据。但是，利用岩石地球化学解释地质问题一定要慎重，因为地质问题若没有观察清楚，再好的地球化学数据也可能给出模棱两可的解释。因此，我们强调扎实的地质工作是利用岩石地球化学数据重建细粒沉积岩沉积环境和成岩过程的基础。

在习惯上，实验获得的岩石地球化学数据可分成主量元素、微量元素、放射性同位素和稳定同位素 4 类，各自意义及用途简述如下。

1）主量元素

主量元素通常通过岩石全分析得到，测试项为 13～16 项，包括 SiO_2、Al_2O_3、Fe_2O_3、FeO、CaO、MgO、Na_2O、K_2O、TiO_2、MnO、P_2O_5 和 H_2O 以及 S 和 C。主量元素常用于岩石分类、识别火成岩和一些沉积岩的大地构造背景。

主量元素分析对细粒沉积岩沉积环境和成岩过程研究意义重大。例如，可用于识别沉积环境的大地构造背景，通过分析火山灰或凝灰岩夹层，有助于确定细粒沉积岩的沉积背景（裂谷或岛弧背景）；可用于古气候分析，如 Al_2O_3/MgO 比值与 Mg/Ca 比值；可用于氧化还原强度分析，如 Fe^{2+}/Fe^{3+} 比值、Cu/Zn 比值；可用于开展细粒沉积岩成因分类（三角分类），如 Englund 和 Jorgensen（1973）提出的（K_2O+Na_2O+CaO）、（$MgO+FeO$）和 Al_2O_3 三端元分类法；SiO_2 含量和 SiO_2/Al_2O_3 比值的计算，可反映细粒沉积岩受河口陆源碎屑物质注入的影响程度以及物源区的性质。

2）微量元素

微量元素可以定义为含量低于 1000μg/g 的元素，有时也能够形成独立的矿物相，但多数通常置换造岩矿物中的主要元素而呈分散状存在。微量元素研究已成为现代岩石学的一个关键组成部分，比主量元素更能有效地区分岩石学过程。一些微量元素特别具有地球化学意义，如原子序数 57～71 的镧系元素（稀土元素）及原子序数 21～30 的铂族金属元素。这些元素对于细粒沉积岩的研究同样具有重要意义。例如，镧系元素 Th、Sc、Cr、Co 等在海水和河水中的浓度非常低，在海洋中存留时间短，元素比值不受成岩作用分析和变质作用影响，因此它们可反映物源区的地球化学特征；Sr/Cu、Sr/Ba、Sr/Ca 和 Mg/Sr 比值可用于开展古气候分析；Sr/Ba 比值和硼可用于古盐度分析；Mo、U、V、Ni、Cu 及 U/Th、V/Cr、Ni/U 比值可用于分析沉积环境的氧化还原程度；稀土元素可用于区分海相和陆相沉积；Ba、As、Sb、Ag 和 U 可用于分析热液影响。

微量与常量元素数据综合分析也可用于恢复细粒沉积岩的沉积环境，如 Mn/Fe、V/Ni、Sr/Ba、Sr/Ca、Rb/K 和 Zr/Al 比值可用于恢复古水深恢复；TiO_2、Sc、Nb、Hf 和 Gr 可用于分析陆源碎屑的影响。

3）放射性同位素

在地球化学中，放射性同位素主要用于确定岩石、矿物的年龄，以及识别地质过程和示踪物质来源。前者称为同位素地质年代学，后者称为同位素地质学或同位素地球化学。这两个分支学科均可用于研究细粒沉积岩，前者可用于确定岩石的年代，进而还原沉积构造背景，后者可用于研究物源和成岩过程，进而分析沉积体系和储层特征。

同位素地质年代学有着一套完善的方法与标准，通常使用等时线和模式年龄计算法来获得岩石的地质年龄。目前地质体的定年可采用 U—Pb 法、Rb—Sr 法、Sm—Nd 法、Lu—Hf 法、Re—Os 法、K—Ar 法、K—Ca 法、La—Cc 法、La—Ba 法等。其中，U—Pb 法精度高，应该十分广泛。

细粒沉积岩中的火山灰或凝灰岩可用于地层年代研究，进而恢复沉积期构造背景；细粒沉积岩中的碎屑组分通过测年分析则可指示物源区。例如，有 U—Pb 测年数据表明，准噶尔盆地西北缘佳木河组沉积于晚石炭世（何登发，2018）。这种认识对于佳木河组沉积环境的确定有重要意义，对烃源岩的评价产生重要影响。

同位素地球化学可用于区分海相和陆相、研究气候变化、海平面变化等。例如，史忠生等（2003）通过分析锶同位素分析了东濮凹陷古近系沙河街组的沉积环境和气候条件等；刘昊年等（2007）总结了锶同位素在物源分析、古气候与古环境、水—岩作用研究等方面的进展；张光伟（2015）利用镁同位素分析了白云岩的成因。可见，对细粒沉积岩开展同位素地球化学研究，既可恢复古环境，还可研究成岩作用（水—岩作用），进而探讨细粒沉积岩的储层特性。

4）稳定同位素

在地球化学中，稳定同位素是研究轻元素（H、C、O、N、S）的一个强有力的手段。这些稳定同位素常见于具有特殊意义的地质流体中。它们既可用于研究流体及水—岩作用，也可用作示踪剂，还可作为古温度计等。一般将稳定同位素转化为气体（H_2、CO_2、SO_2），然后在气体源质谱仪上测定其同位素的组成。

受同位素交换反应、动力学过程和物理化学过程影响，稳定同位素会发生分馏，同位素的质量将发生变化，据此可以研究地质过程。受蒸发作用影响，气候越干旱、蒸发作用越强，$\delta^{18}O$ 越富集，故可使用 $\delta^{18}O$ 研究细粒沉积岩沉积时的古气候和古盐度；$\delta^{18}O$ 也可作为古温度计确定古海水的温度，前人据此计算了北半球白垩纪海水的古温度。不同类型的岩石和流体具有不同的 $\delta^{18}O$ 富集或亏损程度，据此可以研究细粒沉积岩的物源区或流体（热液）的影响。受 CO_2 水—气交换分馏作用、陆源有机质输入影响，细粒沉积岩（包括有机质和碳酸盐）的 $\delta^{13}C$ 分发生变化，据此可以恢复古气候和古盐度变化。受细菌还原作用、无机还原作用和蒸发结晶作用等影响，据此可判断细粒沉积岩的物源区、热液影响等（Woodruff 等，1988）。

综合研究不同的同位素是准确研究地质过程的有效方法。氧和氢同位素结合可深入探讨水—岩作用过程，Taylor（1977，1978）研究认为侵入岩构成的热液体系因受雨水影响，导致 δD 和 $\delta^{18}O$ 亏损显著。Stakes 和 O'Neil（1982）研究了东太平洋隆起年轻的玄武岩，认为 δD 和 δ^{18} 亏损显著，表明存在水—岩作用。$\delta^{18}O$ 和 $\delta^{13}C$ 综合研究是区分不同成因碳酸盐（岩）的有效手段，Hudson（1977）和 Baker 等（1989）总结了不同成因碳酸盐（岩）的碳、氧同位素特征，为碳酸盐（岩）沉积环境和成岩作用研究提供了重要参考。

总之，传统的沉积学和岩石（相）学实验方法大多仍适用于细粒沉积岩研究，而且细粒沉积岩是有机质、微量元素、放射性成因同位素和稳定同位素的重要载体，更适合于开展地球化学实验分析。但是，实验数据通常有着多解性，不同指标通常需要相互验证才能正解地解释地质过程或现象，而且必须以扎实的地质工作为基础，这样才能准确地恢复细粒沉积岩的沉积环境和成岩过程，进而为油气勘探油气资源评价和非常规储层预测提供支撑。

四、沉积物理模拟技术

沉积物理模拟是一种重要的沉积学研究技术手段，通过在实验室还原自然界沉积物的沉积过程，来探讨沉积学理论。用于开展沉积物理模拟的设备俗称水槽，包括简单的沉降管、二维水槽及复杂的三维水槽。水槽通常包括动力系统、泥沙供给系统、排水系统、沉降池、扫描与摄像系统、声呐测速系统、取样系统等关键部件。

非黏性砂的沉积物理模拟已取得丰硕成果，早在 1894 年 Deacon 就在水槽中模拟观察了砂质波痕的形成。20 世纪七八十年代，随着技术的进步，水槽实验的内容也得到更为广泛的深入。水槽实验的设计初衷是为了研究不同水动力条件下沉积物的搬运、沉积、侵蚀及不同沉积构造的形成机理，所以针对此类问题的实验研究也贯彻水槽实验发展的始终，例如 Ha 等（2009）使用稳定的水流和模拟的潮汐流探讨了不同水动力对粘结的沉积物的沉积与侵蚀的影响；Pantin（2011）使用改进的水槽实验模拟了自悬浮作用，验证了自悬浮作用是陆地沉积物向深海搬运过程中非常重要的因素；Lamb（2015）利用水槽实验模拟了河流对基底的侵蚀作用，认为河流基底在抗拉伸强度一定的情况下，抗流水侵蚀的能力与其弹性的大小有很大关系。

随着不同时期沉积学家关注焦点的不同，水槽实验的模拟对象也有所偏重，例如20 世纪 60 年代以后，随着对水下重力流认识的不断深入，越来越多的学者开始使用水槽实验来研究重力流的演化机理，早期从事这方面工作的有 Middleton（1966，1967）、Riddell（1969）、Allen（1976）。Choux（2005）在水槽实验中模拟了水下重力流的演化，探讨了不同初始浓度的重力流结构的时空变化。近年来，国外学者通过水槽实验所研究的对象呈多样化，例如模拟生物的存在对沉积过程的影响，Hagadorn 和 Conor Mcdowell（2011）模拟了有蓝藻细菌存在下砂质基底不同沉积构造形成所需的水动力条件；Florian Ganthy 等（2015）在水槽中定量研究了不同浓度的 Zostera noltei（一种藻类）在不同水动力条件下对悬浮沉积物的捕获能力，以及其对于已沉积的物质再悬浮的影响。经历了2004 年印度洋海啸和 2011 年日本海啸，沉积学界掀起对海啸沉积的研究热潮，Johnson 等（2015）用水槽实验模拟了海啸的发生，定量研究了海啸的水动力特征以及粒度分布、水深等因素对海啸的夹卷、搬运和沉积的影响；Naofumi Yamaguchi（2015）模拟了8 种不同规模的海啸在 3 种不同地形上的沉积，探讨了水动力和地形对海啸沉积物分布的影响。

随着细粒沉积研究的深入，越来越多的学者开始重视水槽实验在细粒沉积研究中的应用。Juergen Schieber（2011）在水槽实验中模拟泥岩的沉积过程，探索其沉积、侵蚀机理，得到很多颠覆性的实验结果，例如过去传统观点认为黏土只能在盐水中发生絮凝作用，也只能在平静的环境中发生沉积，但是最新的水槽实验研究表明泥岩可以在各种环境中发生絮凝沉积，而且有机质物质密度虽然小于黏土但沉积速度更快，原因是有机质絮凝体比黏土絮凝体更大，如果有机质和黏土混合物同时以悬浮状态沉积将发生分层现象。Juergen Schieber 的水槽实验也对不同的细粒沉积物的沉积构造提出了解释，例如通过实验认为刚沉积的泥含水量可以高达 90%（体积），在后期压实过程中上方的砂质沉积物常形成底模构造，所以垂向的沉降更有利于形成带底模构造的水平层理；传统观点认为纹层状页岩形成是由于波动性的（季节性的）垂直的沉积物注入，但是通过实验室的模拟发现平流的搬运可以产生完美的纹层状的泥页岩或泥晶灰岩，这些纹层是絮凝波痕经过压实的残留物。也有学者对泥质斜坡的液化滑塌作用（Guenole Mainsant，2015）、临界流（Cartigny 等，2014）等问题进行了水槽模拟实验。

另外如何将水槽实验的模拟结果可视化也是近年来国外学者关注的焦点，例如Heather Haynes 等（2009）在水槽实验中运用磁共振成像技术来建立三维模型，并模拟了细粒沉积物在砂砾层中的渗透过程，结果显示磁共振成像技术可以将整个渗透过程可视化，并达到孔隙尺度，对了解水动力下沉积物的相互作用非常有帮助；Hiroko Okazaki 等（2013）将探地雷达引入水槽实验中，建立了水槽沉积物可视化的三维模型。

第三节　古沉积环境恢复方法

虽然地球历史中的气候变化极其复杂，恢复古沉积背景存在一定难度，但无论是哪一项古沉积环境参数的变化，都必然会在沉积记录中留下痕迹，这就为如今恢复古沉积环境提供了可能。目前，在恢复古环境和重建古环境的研究中，除常规的岩石岩相学分析方法外，地球化学分析技术提供了重要的支撑，主要采用了常量元素、微量元素、古生物、同位素尤其是碳氧同位素、沉积物粒度特征及特殊岩石矿物等方法（刘魁梧，1991）。在缺乏古生物证据和古地磁证据的地区（湖泊），学者们主要采用沉积物粒度特征、碳氧同位素、碳酸盐含量和有机质含量等特征指标来恢复古环境和重建古环境。

一、古环境恢复

1. 古气候恢复

1）碳、氧同位素

沉积物碳酸盐的氧同位素组成是水的温度和同位素组成的函数，由于海水的同位素组成变化不大，深海沉积物碳酸盐的氧同位素组成与海水温度的关系比较直接，而湖泊沉积物则明显不同。湖泊自生碳酸盐的 $\delta^{18}O$ 值主要受湖水同位素组成的控制，而湖水同位素组成的变化很大，当蒸发量在湖水水均衡中占次要地位时，湖泊自生碳酸盐的氧同位素组成主要反映当地雨水的氧同位素组成。干旱、半干旱地区湖水的蒸发量很大，在水均衡中占主导地位，湖泊自生碳酸盐的 $\delta^{18}O$ 值除当地雨水的同位素组成外，还受湖水蒸发过程中的同位素分馏、湖水与大气水汽的同位素交换以及湖泊入流量和出流量引起湖水体积的改变等多因素的影响。因此，湖泊自生碳酸盐的 $\delta^{18}O$ 值特征就成为湖泊地区古气候研究的灵敏指示剂。已有研究表明（吴敬禄，1996；钟巍，1999），如果湖泊碳酸盐 $\delta^{13}C$ 与 $\delta^{18}O$ 值两者呈负相关变化，其 $\delta^{18}O$ 主要受温度影响，表现为温度越高，沉积的碳酸盐越富集重氧同位素，即 $\delta^{18}O$ 值越高；若 $\delta^{13}C$ 与 $\delta^{18}O$ 值两者呈正相关变化时，其 $\delta^{18}O$ 主要受湖泊水体氧同位素的影响，而湖泊水体氧同位素又主要受大气相对湿度控制，并与此呈负相关，同时还与补给水氧同位素的含量和蒸发量的比值呈正相关。$\delta^{18}O$ 值高则指示湖泊水体处于高温蒸发浓缩期，湖泊水体盐度较高，为干旱—半干旱气候；反之，$\delta^{18}O$ 值低则表明湖泊水体处于淡化期，即湖水盐度小，为湿润气候。

湖泊沉积物碳酸盐氧同位素值主要受温度与水体氧同位素值控制，为如今通过测定湖泊自生碳酸盐的 $\delta^{18}O$ 值和湖水的氧同位素值来了解沉积碳酸盐时的湖水温度和环境温度提供了条件。

湖泊水体对气候变化敏感，其水温几乎与气温同步变化（施雅风等，1998），温度变化幅度大，造成碳酸盐氧同位素也产生较大幅度的变动，所以通过湖泊沉积碳酸盐氧同位素便可知道湖水的温度，也就间接地知道了古气候的温度状况。

2）常量元素

在风化作用中较稳定、不宜迁移的、气候效应最灵敏的典型元素是 Sr、Ti、Al、Nb、Ta、Th 等，多富集于湿热地区的海水中，尤其 Ca、Sr、C 构成组合，与生物成因的碳酸盐有关，其丰度一般在大量生物繁殖的湿热地区明显增高。

磷（P）元素：也是对古气候变化较为灵敏的元素。在炎热气候下，水体蒸发引起盐度急剧增高，某些低等生物因不适应这种高盐度而死亡并参与成岩，从而使其层位的 P 元素相对富集。显然 P 元素含量相对高的层位表明干旱炎热条件下的高盐度环境。

在潮湿气候条件下，沉积岩中 Fe、Al、V、Ni、Ba、Zn、Co 等元素含量较高；干燥气候条件下由于水分的蒸发，水介质的碱性增强，Na、Ca、Mg、Cu、Sr、Mn 被大量析出形成各种盐类沉积在水底，所以它们的含量相对增高，对应为低湖面期，反映的气候则为暖干或干寒期。

黏土矿物的中 Al_2O_3/MgO 比值的大小及其变化可反映沉积过程中古气候环境，比值越大表明水体淡化，反映温湿气候；比值越小，则表明干旱气候。

Mn 在干旱环境条件下含量比较高，在相对潮湿的环境条件下含量较低；Fe 在潮湿环境中易以 $Fe(OH)_3$ 胶体快速沉淀，因而沉积物中 Fe/Mn 比值的高值对应温湿气候，低值是干热气候的响应。

Mg/Ca 比值对古气候的变化也非常敏感。Mg/Ca 比值的高值指示干旱气候，低值反映潮湿气候。但在碱层出现层位该比值不但不是高值，反而呈现低值。这是因为碱层的成分是碳钠盐岩，当这种钠盐开始沉淀时，水介质中 Mg、Ca 由于充分沉淀其浓度已经很小，况且 Mg 的活动性比 Ca 差得多，二者相比，前者几乎消耗殆尽，故岩层中 Mg/Ca 比值会表现出低值或极低值。由此看来，应该对 Mg/Ca 比值的气候指标作一些必要补充，即当钠盐、钾盐等易溶性盐类不参与沉淀时，Mg/Ca 比值的高值指示干热气候。而当它们参与沉淀时，其低值和 K、Na 的相对高值共同指示干热气候。

Mg 在水和方解石中的含量分配依赖于温度，温度上升 Mg 元素含量升高，反之含量较低。而 Sr 元素进入方解石时与温度无关，所以可利用 Sr 含量来校正 Mg 在初始溶液中的变化。这样 Mg/Sr 比值即反映了碳酸钙沉淀时的变化：Mg/Sr 比值升高，指示温度升高，反之指示温度降低。Mg/Sr 比值乘以 1000 使其更容易显示（Song，2005）。

3）微量元素

很多元素或化合物比值也具有指示古气候条件的作用。通常 Sr/Cu 比值介于 1～10 指示温湿气候，而大于 10 指示干热气候；也有的学者将温湿气候的比值范围定在 1.3～5.0，干旱气候值则大于 5.0。

水体中 Ba^{2+}、Ca^{2+} 的碳酸盐（或硫酸盐）溶解度相对较低，在早期即沉淀析出，而 Sr 的盐类溶解度相对较大，之后才析出。所以，它们的比值上升表明湖水盐度增加，气候干旱，蒸发强烈，比值下降则表明气候湿润。Sr 元素的高含量为干旱炎热气候条件下的湖水浓缩沉积或温湿气候条件下海侵所致。

2. 古盐度恢复

1）碳、氧同位素

湖泊沉积物碳酸盐的碳同位素组成主要与大气 CO_2 和湖泊水体中碳的交换、湖水的硬度、湖泊生产力等因素有关。大气 CO_2 与湖泊水体中碳的交换程度越高，湖泊沉积物自生碳酸盐碳同位素越富含 ^{13}C，这是因为在 CO_2 水—气交换的过程中，会产生碳同位素分馏效应，富 ^{12}C 的 CO_2 优先向大气扩散，使得湖水相对富集 ^{13}C，最终也导致湖泊沉积物自生碳酸盐沉淀的 $\delta^{13}C$ 增大。另外，湖水的硬度也是影响湖泊沉积物碳酸盐碳同位素组成的主要因素，湖水的硬度高，湖水溶解的大气 CO_2 量少，湖泊沉积物碳酸盐富集 ^{13}C。

当气候变干旱时，湖水蒸发浓缩，硬度变大，湖水相对富集质量更大的 ^{13}C，陆地上植被以 C_4 光合富集 ^{13}C 的草本植物为主，淋溶和生态交换使得入湖径流中也相对富集 ^{13}C，最后沉淀在碳酸盐中的 $\delta^{13}C$ 值更大；反之，气候变湿润，湖水上涨，相对溶解大气 CO_2 的能力增强，陆地上以 C_3 光合贫 ^{13}C 的森林为主，致使湖水中相对富集 ^{12}C，导致沉淀在碳酸盐中的 $\delta^{13}C$ 值减小。

一般说来，纯水中碳酸盐（$MgCO_3$、$CaCO_3$ 等）的溶解度比较小，而一旦加入强电解质（KCl、$NaCl$ 等），碳酸盐的溶解度就要增大，溶液的硬度也相应地随着增加。即溶液的盐度增加，其硬度也增大。反过来说，溶液硬度的高低反映了溶液盐度的大小。因此，对处于碳酸盐沉积阶段的湖泊而言，湖水硬度的高低定性地指示了湖泊水体蒸发浓缩的程度，它体现了湖泊盐度随气候条件的变化。根据碳酸盐的氧碳同位素组成，可以区别海水、半咸水和淡水。

2）科奇古盐度计算法

大量研究表明，黏土中硼元素含量可以指示其形成时水介质的古盐度值。自然界水体中硼的浓度是盐度的线性函数，黏土矿物从水体中吸收的硼含量与水体的盐度呈双对数关系式，即所谓的佛伦德奇吸收方程：

$$\lg B = C_1 \lg S + C_2 \tag{2-1}$$

式中，B 为吸收硼含量，$\mu g/g$；S 为盐度，‰；C_1 和 C_2 为常数。式（2-1）即为利用硼和黏土矿物定量计算古盐度的理论基础。沉积物吸收硼的能力受到沉积物矿物类型影响，一般以伊利石对硼的吸收作用最强，次为蒙脱石和高岭石。因此，科奇提出了硼含量校正公式，建立了黏土矿物与硼含量的关系，对样品硼含量进行了校正。科奇校正公式为：

$$B^* = B_{样品} / (4X_i + 2X_m + X_k) \tag{2-2}$$

式中，B^* 为"校正硼"含量；X_i、X_m、X_k 分别为样品中实测伊利石、蒙脱石和高岭石的质量分数，系数代表各类黏土矿物对硼的吸收强度。式（2-2）适用于复杂黏土矿物成分的泥岩样品。科奇提出的多矿物泥岩计算公式为：

$$S_p = (\lg B^* - 0.11) / 1.28 \tag{2-3}$$

式中，S_p 为水体的古盐度值，‰。利用科奇古盐度计算法来判别水体古盐度时的判别依据（表 2-1）。

表 2-1　科奇古盐度的辨识方法

水体性质	淡水	微咸水湖	咸水湖	盐湖
盐度（‰）	1	1～10	10～35	>35

3）微量元素法

Sr/Ba 比值是一种常用的判断古盐度的指标。在沉积水体中，Sr 和 Ba 以碳酸氢盐形式出现。与 Sr 比较，Ba 的化合物溶解度要低。即当陆相淡水流入海洋中时，水体盐度增加，Ba 以 $BaSO_4$ 形式首先沉淀，水体中 Sr 相对钡趋于富集；随着水体盐度的进一步增加，$SrSO_4$ 递增沉淀。因此沉积物中 Sr 的丰度和 Sr/Ba 比值与古盐度呈明显正相关关系。通过计算 Sr/Ba 比值，可以间接地对陆相沉积与海相沉积加以区别，海相沉积一般更富 Sr。王益友等（1979）对中国 13 个海底样品的统计分析认为，一般来讲，淡水沉积物中 Sr/Ba 比值小于 1，而海相沉积物中 Sr/Ba 比值大于 1，Sr/Ba 比值为 1.0～0.6 为半咸水相。但是对于深海沉积物，可能与海底热液喷流作用有关，其 Ba 的含量显著增加，Sr/Ba 的海、陆相判定就变得不准确，因此应用此法要谨慎。

Nelson（1967）提出沉积磷酸盐法，主要根据美国现代河流和河口湾的资料发现在沉积磷酸盐中，钙盐与铁盐的相对比值与盐度具有密切关系，他总结的计算公式为：$F_{Ca-P}=0.09+0.26\times$ 盐度（‰），其中 F_{Ca-P}（磷酸钙组分）＝磷酸钙 /（磷酸铁 + 磷酸钙）。其原理主要是基于元素 Fe 和 Ca 在水中迁移习性的不同。

K/Na 比值和 Th/U 比值也可以指示古盐度。水体盐度越高，K 和 Na 就越易被黏土吸附或进入伊利石晶格，且 K 相对 Na 的吸附量亦越大。因此 K/Na 比值越大，介质盐度越高。U 易氧化和淋失，Th 则易吸附到黏土矿物中。所以在陆相沉积环境中的泥岩或页岩中 Th/U 比值很高，而在海水中沉积的泥岩、页岩或石灰岩中 Th/U 比值小于 2。因此，可以利用 Th/U 比值判别水介质性质。

3. 古水深恢复

元素的聚集和分散与水深（离岸距离）有一定相关性，是元素在沉积作用过程中所发生的机械分异作用、化学分异作用、生物生理作用、生物化学作用的结果。很多过渡元素、微量元素及 REE 对古水深具有很好的指示意义。从海岸带到深海盆地，沉积物中富集元素由 Fe 族（Fe、Cr、V、Ge）至水解性元素带（Al、Ti、Zr、Ca、Nb、Ta），之后是亲硫性元素带（Pb、Zn、Cu、As），最后过渡为 Mn 族（Mn、Co、Ni、Mo）。一些以黏土吸附的形式存在的元素，如 Cr、Ni、V、Ba 等，因黏土矿物的含量常有随水深及离岸距离的增大而增大的特点，这些元素也可间接指示古水深信息。较之单个元素的含量，常量或微量元素之间的比值具有更好的指示意义。

Mn/Fe 比值：Fe 易氧化，多在滨浅海或离岸近的地区聚集。Mn 相对 Fe 较稳定，能在远洋或离岸远的地区聚集。所以，Mn/Fe 比值从海岸到深海不断增大。

V/Ni 比值：从陆相到海相，沉积物中的 V/Ni 比值不断减小，特别是从海岸到深海。

Sr/Ba、Sr/Ca 比值：对于 Sr/Ba 比值来说，首先海相沉积物中 Sr/Ba 大于 1，而陆相 Sr/Ba 小于 1；对于海洋环境来说，从海岸附近到深海中，沉积物中的 Ba 含量因大量黏土吸附而增加，而 Sr 由于主要是通过生物途径的再沉积作用减弱，其含量变化不大或略有减小。因而，从海岸到深海中 Sr/Ba 比值逐渐减小。Sr/Ca 比值的变化与 Sr/Ba 比值相似。

Rb/K 比值：Rb 和 K 在水中的迁移和富集均与黏土密切相关，并且 Rb 比 K 更容易被黏土吸附而远移。因此，比值变大，揭示水体加深；比值变小则水体变浅。

Zr/Al 比值：Zr 是典型的亲陆性元素，以机械迁移为主，沉积于离岸较近的地区，故常被用作指示物源区远近的指标。且沉积岩中 Zr 元素的分布受 Al 元素支配，Zr/Al 比值越大，表示离岸越远，水体越深。由于 Rb 比 K 更容易被黏土吸附而发生迁移，所以 Rb/K 比值越大表明水体越深；反之，则越浅。

$^{87}Sr/^{86}Sr$ 比值：该比值高反映海平面下降和（或）大陆抬升，水体变浅，风化剥蚀加快；比值低则对应着海平面的上升和海底火山热液来源增多。

此外，张才利等（2011）通过研究，提出了利用 Co 元素定量推算古水深的公式：

$$V_s = V_0 \times N_{Co} / (S_{Co} - tT_{Co}) \tag{2-4}$$

$$h = 3.05 / (1.5 \times V_s) \tag{2-5}$$

式中，V_s 为某样品沉积时的沉积速率，cm/ka；V_0 为当时正常湖泊中泥岩的沉积速率，这里使用各类页岩的平均沉积速率，Ⅰ型页岩 =1.64cm/ka，Ⅱ型页岩 =1.63cm/ka，Ⅲ型页岩 = 1.80cm/ka；N_{Co} 为正常湖泊沉积物中 Co 的丰度，20μg/g；S_{Co} 为样品中 Co 的丰度；t 为物源 Co 对样品的贡献值，因为稀土元素（REE）在地表岩石中的分布较为稳定，所以 t 可以通过该比值求得，$t=$ 样品中镧的含量 / 陆源碎屑岩中镧平均丰度，La/38.99；T_{Co} 为陆源碎屑岩中钴的平均丰度，4.68μg/g。

4. 古氧化还原程度恢复

1）黄铁矿判识法

草莓状黄铁矿是微小的黄铁矿晶体紧密堆集而形成的球状或似球状集合体（Wilkin 等，1996，1997）。实验研究表明，形成草莓状黄铁矿的前生物——胶黄铁矿（greigite）的形成是一个相对独立的氧化还原过程，在此过程中需要溶解性硫酸盐、亚铁离子和氧化物（Berner，1967；Horiuchi 等，1974；Wada，1977；Dekkers 和 Schoonen，1994）。因此，胶黄铁矿及草莓状黄铁矿的形成主要发生在氧化还原界面附近（Cutter 和 Velinsky，1988）。一般来说，黄铁矿的成因有沉积和成岩两种。同生黄铁矿是指在静滞缺氧水体环境中，位于沉积物—水界面处（或以上），埋藏之前形成的一种黄铁矿。成岩黄铁矿指在含氧—贫氧水体下缺氧沉积物孔隙水中原位形成的黄铁矿（Raiswell 和 Berner，1985）。成岩黄铁矿和同沉积黄铁矿形成位置的差异造成了同沉积黄铁矿比成岩黄铁矿具有更小的尺寸和较窄的尺寸分布范围（Wang 等，2013；Wilkin 和 Barnes，1997）。吴朝东（1999）指出水体分层缺氧条件下形成的同生细粒状黄铁矿粒度一般小于 1μm，呈星点状或密集莓球状分布；而成岩期形成的黄铁矿表面一般均匀、光亮，粒度为 5～10μm。Wilkin 等（1996）

研究发现，古代沉积岩中草莓状黄铁矿的尺寸分布特征与现代沉积物相似，这表明草莓状黄铁矿的尺寸分布特征能够在地质时间的进程中维持不变，或者说草莓状黄铁矿在埋藏之后，基本不会进行再次的生长。因此，草莓状黄铁矿的分布特征是指示氧化还原程度的良好指标。莓球状黄铁矿半径与沉积环境的氧化还原性关系见表2-2。

表 2-2　莓球状黄铁矿半径大小与氧化还原性的对应关系

氧气条件	莓球状微球粒半径大小与形态特征	沉积组构
闭塞（含硫化物水体）	3～5μm、富集、大小均一，为黄铁矿的主要成分	成层性好
缺氧的（长时间缺氧）	4～6μm、富集、少数个大，为黄铁矿的主要成分	成层性好
非常贫氧（轻微氧化）	6～10μm、不太常见、少数较大，出现结晶黄铁矿	成层性好
轻微贫氧（部分缺氧）	罕见、大小不均一，一小部分粒度小于5μm，主要为结晶体	生物扰动
有氧的	没有微球粒、没有结晶体	潜穴

2）黄铁矿矿化度法

黄铁矿矿化度DOP（Degree Of Pyritization）是判断氧化还原环境的重要指标之一，是指黄铁矿中的铁与黄铁矿中铁加盐酸溶解的铁之和的比值（Raiswell等，1988）。但由于黄铁矿中的铁与总活性铁的比值DOP_T与DOP相近，于是Algeo和Maynard（2008）提出DOP_T来近似的替代DOP。估算黄铁矿中的铁含量时，假定所有的硫元素以黄铁矿的形式存在（Algeo等，2008），并根据公式计算：

$$DOP_T = (55.85/64.16) \times S/Fe \qquad (2-6)$$

式中，55.85和64.16为黄铁矿中Fe和S元素的原子质量；S为所测的硫含量；Fe为样品中总活性铁的含量。

Raiswell等（1988）定义了3种沉积环境下的DOP特征：（1）含氧环境下，DOP小于0.42；（2）无氧环境（无氧气，有H_2S出现）下，DOP大于0.75；（3）在无H_2S的贫氧环境下，DOP介于0.42～0.75。

3）C_{org}/P比值法

Algeo和Ingall（2007）研究发现现代海洋沉积物中的C_{org}/P比值与底水氧化还原条件具有密切关系，长期处于还原环境中的沉积物具有最大的C_{org}/P比中值（为150：1～200：1），氧化—亚氧化环境中的沉积物具有最小的C_{org}/P比中值（小于40：1），而在亚氧化并间歇性还原的环境中，其沉积物的C_{org}/P比中值则介于前面两者之间（为75：1～130：1）。近期研究认为C_{org}/P比值的门限值适用也适用于湖相页岩，特别是有机质主要来源于低等水生植物的湖相页岩，如藻类和疑源类（吉利明等，2006，2007，2008a，2008b，2009；袁伟等，2018）。

4）微量元素

沉积环境的氧化还原条件控制Mo、U、V等氧化还原敏感微量元素在沉积物或沉积岩中的富集程度，所以我们可以利用这些元素在沉积物或沉积岩中的含量或比值来重建氧化还原状态。在氧化环境下，Mo被金属氧化物吸收，尤其是Mn的氧化物（可能形态从

溶解的 MoO_4^{2-} 变为粒状活动性的 MoO_3）；在还原、硫化环境下，Mo 转变为粒状的硫代钼酸盐，可从溶液中通过富硫有机质或 Fe—S 相捕获 Mo，在低硫的情况下，若存在 Fe，可能通过 Fe—S 相捕获 Mo，若缺失 Fe，则可能通过金属硫化物捕获 Mo，如 MoO_4^{2-}。U 主要的迁移机制是在还原性沉积物的水—岩界面间进行，在邻近 $Fe(II_1)$—$Fe(I_1)$ 过渡带，可溶性的 U（VI）还原为不溶性的 U（IV），有机金属配位体的形成和沉积物中的酶加速了 U 的吸收，富集过程部分存在细菌硫酸盐还原反应的促进作用，由于硫酸盐还原强度与反应的有机质丰度有关，U 的富集常与还原（非硫化）环境有机碳含量联系密切。因此，它们是恢复古海洋氧化还原状态的理想指标。

不同的微量元素具有不同的氧化还原敏感度，它们在不同的氧化—还原区间的表现是不同的，Cr、U 和 V 的高价态离子可以在缺氧脱硝酸的环境下被还原并发生富集，而 Ni、Cu、Co、Zn、Cd 和 Mo 则主要富集在发生硫酸盐还原的环境中。Ni 和 V 均可以被黏土或细粒碎屑所吸附，但具有不同的生物富集机制，V 主要与浮游和固着的藻类有关，而 Ni 则与近岸动物的生命活动相关联。因此，可以利用元素的这种差异将沉积环境的氧化还原程度区分开来。

Tribovillard 等（2012）发现，从次氧化到硫化的环境下形成的沉积物或沉积岩中的 Ni、Cu 含量与 TOC 具有非常好的正相关关系，而 Mo、U、V 与 TOC 仅在缺氧环境下形成的沉积物或沉积岩中才表现出比较好的正相关关系。

此外，U/Th 和 V/（V+Ni）比值也是对沉积环境判别的可靠指标。在缺氧（还原）环境下 U/Th 比值大于 1.25，在氧化环境 U/Th 比值小于 0.7，在贫氧环境下介于二者之间。V/（V+Ni）比值小于 0.6 表示古海洋水体呈弱分层的贫氧环境，大于 0.84 则表明为静海相还原环境，而且古海洋水体呈强分层。

稀土元素（REE）特征在指示沉积环境的氧化还原状态方面效果也很明显，比如稀土 Ce、Eu 的异常，Wright 等（1987）曾定义铈异常（Ce_{anom}）为 Ce 与相邻的 La 和 Nb 的相对变化，其公式：$Ce_{anom}=lg[3Ce_N/(2La_N+Nb_N)]$，以北美页岩为标准，规定 Ce_{anom} 大于 –0.1 为 Ce 的富集，指示缺氧、还原的古水体环境；Ce_{anom} 小于 –0.1 为 Ce 的亏损或负异常，指示氧化的古水体环境。

但是需要注意的是，在利用微量元素判别环境的氧化还原状态时必须排除陆源碎屑、热液流体以及生物体来源的贡献，即剔除非自生的那部分元素含量。成岩作用也可以明显影响某些元素氧化还原的指示效果，如对 REE 的改造等，也是需要特别注意的。

5）常量元素

Fe 存在 +2 及 +3 价，其对氧化还原反应灵敏，随 Eh、pH 值的不同，其化合价态发生相应变化（表 2-3），可用来反映环境的地球化学条件。一般认为，Fe^{2+}/Fe^{3+} 远大于 1 为还原环境，Fe^{2+}/Fe^{3+} 大于 1 为弱还原环境，$Fe^{2+}/Fe^{3+}=1$ 为中性环境，Fe^{2+}/Fe^{3+} 小于 1 为弱氧化环境，Fe^{2+}/Fe^{3+} 远小于 1 为氧化环境。但在实际应用中这一指标并不理想，因为影响 Fe^{2+} 与 Fe^{3+} 可逆反应因素比较多，如介质 pH 值升高时，Fe^{2+} 更易被氧化成 Fe^{3+}。

表 2-3　Fe 的沉积地球化学相

沉积相	铁离子	主要铁矿物	沉积岩	有机质	Eh	pH
氧化相	Fe^{3+}	赤铁矿、褐铁矿（磁铁矿）	砂质粉砂质碎屑岩，有少量硅质和硅质结核	无	>0.02	7.2～8.5
过滤相	$Fe^{3+}>Fe^{2+}$ 或 $Fe^{2+}>Fe^{3+}$	海绿石、鳞绿泥石（磁铁矿）	粉砂质、砂质碎屑岩、硅藻土和磷酸盐岩	少	0.1～0.2	
弱还原相	Fe^{2+}	菱铁矿、鲕绿泥石、铁白云石	泥质沉积、白云岩、石灰岩	多	0～0.3	7.0～7.8，>7.8
强还原相		黄铁矿、白铁矿	有机质黏土、黑色页岩、有机岩	很多	-0.3～0.5	7.2～9.0

Cu、Zn 系铜族元素，在沉积作用过程中，可因介质氧逸度的不同而产生分离。形成随介质氧逸度的降低由 Cu 向 Zn 过渡的沉积分带，即 Cu/Zn 比值随介质氧逸度的升降而变化。据梅水泉（1988）研究计算出各"氧化—还原过渡相"的 Cu/Zn 值（表 2-4）。

表 2-4　各氧化还原过渡相 Cu/Zn（据梅水泉，1988）

Eh 值	还原	弱还原	还原—氧化	弱氧化	氧化
Cu/Zn 比值	<0.21	0.21～0.38	0.38～0.50	0.50～0.63	>0.63

二、古物源恢复

沉积物或沉积岩可能形成于不同来源，包括大陆地区的碎屑供给、火山碎屑沉积、热液活动、结晶沉淀作用、生物活动等。

1. 沉积物粒度

通常有两种最常用的方法来描述沉积物总体粒度特征：一是频率分布图，二是累计分布图。前者较直观地显示了样品中各粒度的相对含量及其对总样的贡献，常用的有下面几个参数：平均粒径、标准偏差、偏度、峰度。沉积颗粒的平均粒径是反映其搬运介质动力大小和特征的直接标志，这种搬运介质动力大小明显受古地理条件和古气候条件的影响，其他 3 种参数都从不同角度说明了沉积物颗粒的分选程度，具有良好的环境指示意义，因而沉积物粒度组成在恢复古气候和重建古环境研究中得到了广泛应用（曹军骥等，2001；施祺等，1999）。

2. 常量、微量元素

外生过程中大量的化学元素并不会产生分馏或者只发生微小的分馏，因此可以用来作为沉积源岩的判定参数。这些元素中最重要的有 REE、HFSE（高场强元素）和一些过渡金属元素（Cr、Co、Ni 等）。尽管如此，很多时候我们所分析的沉积物质的地球化学数据也并非完全具有烃源岩的特征，它们可能还受成岩作用、变质作用、粒度、水力分选、构造背景等因素控制，所以首先必须从中区别出非烃源岩因素对数据的影响。比如分选、生物成因硅质物的加入可能会明显影响用于来源解释的 SiO_2/Al_2O_3 比值。Duddy 等（1980）和 Condie（1991）研究表明，REE 在一定风化的背景下会发生重新分布。实际上，以上这些不活动性元素（REE、HFSE 及一些过渡元素）的富集主要受控于悬浮沉积物的黏土组分的丰度。

一般认为，沉积岩中 TiO_2、Sc、Nb、Hf 和 Gr 大部分来自陆源，Al、Ti、Fe、Mg、Cu、Zn、Ni、Rb、Nb、V、Cr 等元素的质量分数变化大多服从"元素的粒度控制律"，主要赋存在细粒的陆源碎屑中。黏土矿物是各类岩石风化的最终产物，主要来源依靠于周围陆源物质输入。而火山碎屑沉积物质风化程度低，具有区别于陆源沉积的地球化学特征。

Paola Di Leo 等（2002）通过 K_2O—Rb 将富火山碎屑沉积与高度风化来源物质区别开（图 2-18）。高的 K_2O/Rb 比值表明沉积物质富火山碎屑或经历过 K 的变质作用；低的 K_2O/Rb 比值表明烃源岩曾经历强烈风化。

另外，Andreozzi 等（1997）也提出过基于第一过渡系金属及不活动元素 Zr、Ti 含量的沉积烃源岩区分图解（图 2-19），通过投图，火山碎屑来源和大陆来源的沉积物可以很明显地区别开。

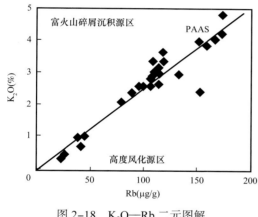

图 2-18　K_2O—Rb 二元图解

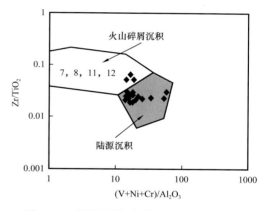

图 2-19　烃源岩判别图解（据 Andreozzi）

对于烃源岩岩性的反演，不同的沉积岩反映其烃源岩的程度不同。其中硅质碎屑沉积岩是很好的、灵敏的烃源岩来源和风化的指示。过渡族元素 V、Cr、Co、Ni 均为相容元素，岩浆分异倾向富集于镁铁质超镁铁质岩石中。高场强元素 Ni、Ta、Zr、Hf、Th 等均较稳定，其中很多元素的比值能很好地区分烃源岩是基性岩还是酸性岩。Cullers 总结了烃源岩为长英质和镁铁质岩石的沉积细砂岩特征元素比值的区分范围（表 2-5）。

表 2-5　不同烃源岩的沉积细砂岩元素比值分布

元素比值	以长英质为烃源岩	以镁铁质为烃源岩
Th/Cr	0.13～2.7	0.018～0.046
Th/Sc	0.84～20.5	0.05～0.22
Eu/Eu[*]	0.4～0.94	0.71～0.95
La/Sc	2.5～16.3	0.43～0.86
La/Co	1.8～13.8	0.14～0.38

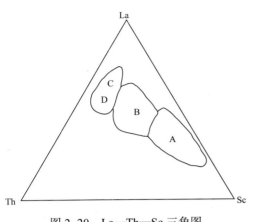

图 2-20 La—Th—Sc 三角图
A—大洋岛弧；B—大陆岛弧；
C—主动大陆边缘；D—被动大陆边缘

微量元素不仅可以用以判定沉积源岩的岩性，而且对于了解源区古构造背景及演化是一个很好的工具，主要判别图解有 La—Th—Sc 等（图 2-20）。

三、沉积过程恢复

1. 沉积速率恢复

旋回地层学为建立沉积格架提供了另一种方法，有助于我们了解许多重要的地球过程（Hinnov 和 Ogg，2007；Kodama 和 Hinnov，2014）。根据岩性灰色度、测井（伽马、密度和电阻）、地球化学参数（总有机碳含量、微量元素浓度、氧和碳同位素）和磁化率（MS）等多种气候代用指标，在世界上大多数含油气盆地的石油系统中都发现了地层周期（Zheng 和 Luo，2004；Hinnov 和 Ogg，2007；Mitchell 等，2008；Abels 等，2010）。旋回地层学的研究主要集中在证明沉积矿床中存在米兰科维奇旋回、确定地质年代学、计算沉积速率和准确地确定地层分类等方面（Zheng 和 Luo，2004；Li 等，2015；Gong 等，2004）。许多研究已经证明，旋回地层学分析是重建古气候变化、建立高精度年代地层格架、建立准确的高分辨率地层 SAR 随时间变化的有效方法（Peng 等，2007；Wu 等，2009，2014）。

米兰科维奇旋回主要受日地系统所控制，它的主要参数为偏心率周期、斜率周期和岁差周期。本书运用米兰科维奇旋回（地球轨道旋回）理论来识别旋回地层厚度及对应的天文周期，从而计算出较为精确的地层沉积速率，识别的天文周期精度可以达到0.02～0.4Ma（Wu 等，2013）。该方法已在许多盆地得到应用，并取得一些不错的成果（徐道一等，2007；吴怀春等，2011；Thomas 和 Roy，2002；刘洋等，2012；李邵杰等，2014）。根据 Berger 等（1993）的计算，晚三叠世的米兰科维奇旋回周期见表 2-6。

表 2-6　晚三叠世米兰科维奇旋回周期及其比值（据 Berger 等，1993）

主要参数	旋回周期（ka）		周期比值	
			旋回周期/岁差短周期	旋回周期/岁差长周期
岁差	短周期	18	1.00	
	长周期	21	1.17	1.00
斜率	短周期	35	1.94	1.67
	长周期	43	2.39	2.05
偏心率	短周期	123	6.83	5.86
	长周期	405	22.50	19.29

沉积速率的计算主要分为4个步骤：（1）对原始数据进行信号分解，采用dB25小波进行8尺度分解，得到近似分量 a_8 和信号分量 d_8、d_7、…、d_1（图2-21）；（2）对重构信号进行频谱分析，得到其频谱及优势频率（图2-22）；（3）按照测井数据的取样间距0.125m，计算优势频率所对应的地层厚度（频率的倒数除以8）；（4）计算各信号分量优势频率所对应地层厚度的比值，找出其对应的米兰科维奇旋回周期，从而计算出沉积速率。

以白272井长 7_1 亚段为例，计算结果显示（表2-7），d_2、d_3 和 d_5 信号分量的优势频率（图2-21）所对应的地层厚度分别为0.731m、1.506m和4.266m，它们的比值1.00∶2.06∶5.83与米兰科维奇旋回周期21ka∶43ka∶123ka=1.00∶2.05∶5.86的比值非常相近，因此信号分量 d_2、d_3 和 d_5 优势频率所对应的地层厚度分别受米兰科维奇旋回周期21ka、43ka和123ka控制。王起琮（2009）在应用米兰科维奇旋回研究整个延长组的旋回层序时，发现各小波旋回地层厚度的沉积时限为相关米兰科维奇旋回周期的2倍，并把这种现象归于小波分析数学方法上的原因，即 d_2、d_3 和 d_5 优势频率所对应地层厚度的沉积时限分别为42ka、86ka和246ka，由此计算得到均值沉积速率为1.74cm/ka。需要说明的是，由于计算沉积速率所用的地层厚度为现今的地层厚度，因此所求得的沉积速率（视沉积速率）并不能代替地层沉积时的真实沉积速率，但是沉积速率的相对差异完全满足后续研究。

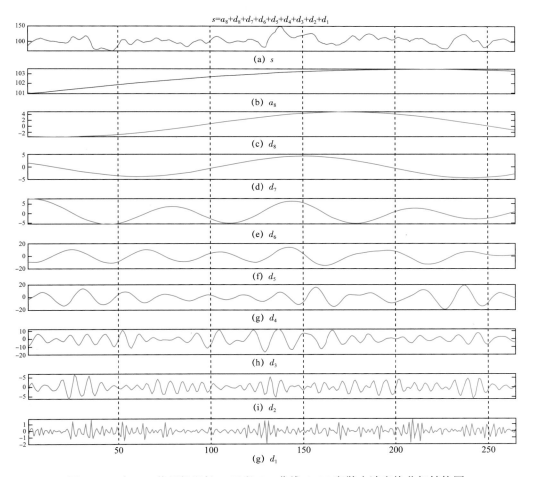

图2-21　白272井延长组长 7_1 亚段GR曲线dB25离散小波变换分解结构图

表 2-7　白 272 井延长组长 7_1 亚段 d_1—d_8 信号分量的优势频率及其对应地层厚度的比率

信号分量	优势频率	地层厚度（m）	比率 1	比率 2
d_1	0.4345700	0.2876	1.00	
d_2	0.1709000	0.7314	2.54	1.00
d_3	0.0830080	1.5059	5.24	2.06
d_4	0.0610350	2.0480	7.12	2.80
d_5	0.0292970	4.2666	14.83	5.83
d_6	0.0195310	6.4001	22.25	8.75
d_7	0.0073242	17.0667	59.33	23.33
d_8	0.0048828	25.6001	89.00	35.00

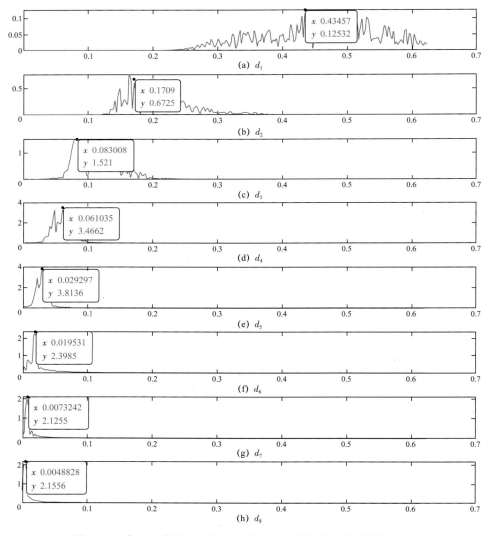

图 2-22　白 272 井延长组长 7_1 亚段 GR 曲线信号分量及频谱分析

2. 古生产力恢复

现代湖泊的生产力及其富营养程度可直接测量，而古湖泊的生产力只能通过一些替代指标来进行反演。目前常用的是海洋古生产力的研究方法（霍坎松等，1992），替代指标有稳定同位素（刘传联，2005；陈建芳，2002）、微量元素（倪建宇，2006；陈绍勇，2005；Passier，1999）、生源沉积物（Muller，1979；Brummer，1992）及微体古生物等，这些指标已被广泛地应用于含油气盆地古生产力研究（刘传联，2002；李守军，2002，2004；刘惠民，2003；尹秀珍，2008；宁维坤，2010；孟庆涛，2012）。

1）有机碳法

运用有机碳法定量计算湖盆古生产力，目前有两种公式。Muller 和 Suess（1979）提出的公式：

$$R=w_C\rho_s（1-\phi）/（0.0030\times S^{0.03}） \tag{2-7}$$

该公式是建立在对海洋表浅层水体中沉积有机质研究的基础上，适用于有机质为海相来源的海域。李守军（2002，2004）针对中国云南的三大陆相断陷湖泊（滇池、洱海、抚仙湖）选取资料，提出公式：

$$R=237.5297w_C\rho_s（1-\phi）\times S^{0.3778} \tag{2-8}$$

式中，R 为古生产力，g/（$m^2\cdot a$）；w_C 为有机碳含量，%；S 为沉积速率，cm/1000a；ρ_s 为干沉积物密度，g/cm^3；ϕ 为孔隙度，%。该方法的使用前提是，有机质保存条件良好且稳定，有机质沉积速率适当，烃源岩热演化程度较低。

2）古生物法

古生物化石的数量可作为古生产力定性评价的替代性指标。因浮游藻类化石丰度较高，故常采用浮游藻类化石丰度这一指标。但是该方法只能表征藻类化石的相对丰度，并不能代表其实际生产量。由于藻类在后期的保存受环境条件的限制，故其具有多解性。但一般而言，同一生物群在条件相似的环境中若保存了较多的化石，则反映当时古生产力较高。鄂尔多斯盆地长 7 段页岩中，绝大多数样品中没有或者无法鉴定出藻类，因此该方法不适用本次研究。

3）同位素法

原生碳酸盐与湖水中溶解的无机碳（DIC）具有相同的碳同位素组分演变趋势，而湖水中溶解无机碳的碳同位素组分受控于湖盆水体中生物的生命活动，所以，当湖泊具有较高的生产力时，浮游植物光合作用强烈，便可吸收大量的 ^{12}C，在其中形成的原生碳酸盐的 ^{13}C 值偏高（刘传联，1993）。因此，可以利用 ^{12}C 与 ^{13}C 元素含量之间的大小关系来定性分析当时湖泊生产力的大小。

4）微量元素法

湖盆生产力高时，沉积物中微量元素随着浮游生物碎片富集（Das 等，2008）。常用 P、Ba、U、Mo、Mn、Cu、Ni 和 Zn 等元素的含量来定性表征当时湖盆古生产力的大小。

P 元素作为生物限制元素之一，是构成生物体中 DNA、RNA、各种酶及磷脂等生物分子的重要元素（倪建宇等，2006；Tribovillard 等，2006），在没有其他限制条件下，水体中 P 元素含量的增加，能够促使生物迅速的增长。水体中的 P 元素主要通过生物代谢富集在生物体中，并在生物死亡之后随其一起埋藏于沉积物之中。但是在应用这一指标时，还需要考虑底水的氧化还原条件（Schoepfer 等，2015），因为 P 在沉积物中的富集除了与有机质的输入量（生物生产力）有关之外，还与水体的氧化还原环境有关。在还原的底水条件下，有机质降解释放的 P 则不易保存于沉积物之中，它们会重新扩散进入水体中，被生物再吸收利用。研究证明，P 元素法适用于长 7 段页岩的生产力的评价（袁伟等，2019）。

Ba 主要存在于斜长石岩屑中或以重晶石（$BaSO_4$）的形式出现（Bishop，1988；Rutsch 等，1995）。许多学者认为活的浮游植物对 Ba 具有吸附作用（通过新陈代谢），而当生物死亡之后，Ba 则通过有机质的降解被释放出来，并在 $BaSO_4$ 过饱和的微环境中沉淀形成自生重晶石（Tribovillard 等，2006；Dymond 等，1992）。这种生物成因的重晶石与有机质丰度之间具有很好的对应关系，因此，许多学者把它作为生产力的一种评价指标，并在古代和现代沉积物中广泛的应用（Dehairs 等，1991；McManus 等，1999；Cardinal 等，2005）。但是，由于重晶石是不稳定的，因此可在较强的硫化环境发生溶解，致使 Ba 从沉积物中向外运移（Van 等，1991；Santvoort 等，1996），并在遇到氧化的环境时，重新沉淀形成自生重晶石，因此会出现 Ba 的含量与生产力大小不相匹配的情况。鄂尔多斯盆地长 7 段的页岩形成时伴生了大量的黄铁矿，是明显的硫化环境，因此 Ba 不适合为生产力的评价指标。

U 元素可被沉积物中的有机质吸附而大量存在于有机质中（尹金双，2005），另外，湖相还原性底层水体中，浮游生物遗体与溶解态 U 发生络合，形成有机络合物沉淀并埋藏在沉积物中保存下来（牟保磊，1999）。因此，底层水体为还原状态的前提下，沉积物中 U 为自生 U，其含量一定程度上反映了湖盆表层水体产生的有机质的量，即湖盆生产力（Chase 等，2001）。国外学者（Grampian）在对 Baikal 湖不同区域 Mn 元素的研究时发现，沉积物中高含量的 Mn 一般来源于湖盆水生生物，而低含量的 Mn 则来源于陆源物质的补给供应，所以，将 Mn 元素含量作为湖盆水体中水生生物繁盛程度的借鉴指标。Mo 在湖盆底部水体极度还原的硫化条件下，易与硫离子结合进入沉积物（Crusius 等，1996），因此 Mo 在缺氧的硫化条件下也可以作为生产力指标（Lyons 等，2003）。此外，与陆生植物相比，湖盆或者海洋中菌藻类更富集 Mo（Bowen，1979）。根据这一特性，在缺氧环境下，Mo 元素含量可作为生产力大小评价的参考依据。Cu、Ni 和 Zn 元素与生物体一同沉积到沉积物中，由于受后期成岩等作用影响较小，在沉积物中可完好保存而很少丢失，故可用来代表古生产力的量（Piper 和 Perkins，2004）。

四、事件性沉积判识

1. 海陆环境判定

通常，轻稀土元素 LREE=La+Ce+Pr+Nd+Sm+Eu，指示陆源输入；而重稀土元素 HREE=Gd+Tb+Dy+Ho+Er+Tm 容易在海相环境中富集，指示海相沉积。当 LREE＞HREE

时，沉积环境以陆相为主，湖泊沉积即表现出此特征，如果局部时期或地区的 HREE＞LREE，则可能发生过海侵。

元素 Sr、Ga、V、B 含量及之间的比值可以指示浅海和陆相沉积，表 2-8 为两相间的界限。此外，C/S、Th/U、Na/Ca、Rb/K、V/Ni、Sr/Ca 等元素含量比值与盐度均有一定的关系。

表 2-8　浅海和陆相 Sr、Ga、V、B 元素含量及比值对比表

沉积相	Sr（μg/g）	Sr/Ba	Ga（μg/g）	V（μg/g）	B/Ga
浅海沉积	＞160	＞0.35	＜15	＜86	＞4.2
陆相沉积	＜90	＜0.20	18～23	110～113	＜3.3

2. 热水沉积判定

热水沉积岩石具有很多区别于非热水沉积的地球化学特征，在热液沉积区，Fe、Mn 含量相当高且二者紧密伴生；而正常沉积岩中 Fe、Mn 是分离的。Al、Ti 的相对集中则多与陆源物质介入有关，其含量与细陆源物质的含量正相关，是判断正常沉积作用的有用指标。

据研究，较高含量的 Ba、As、Sb、Ag、U 是热水沉积的重要标志。P、Cu、Zn、Co、Ni、V、Rb 等在泥质岩和硅质岩中的异常富集也往往与海底热流体活动具有直接的关系。

热水沉积与非热水沉积在 Al—Fe—Mn、Fe—Mn—（Ni+Co+Cu）三角图中分布区域显著不同（图 2-23、图 2-24）。此外，论证黑色页岩的热水沉积时也可用 Co/Zn—（Co+Ni+Cu）二元图、Cr—Zr（μg/g）相关图及 Ni—Zn—Co 三角图等判别图解。

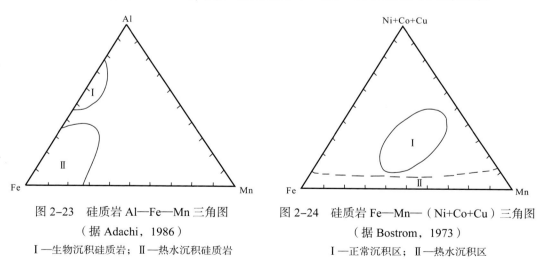

图 2-23　硅质岩 Al—Fe—Mn 三角图　　　图 2-24　硅质岩 Fe—Mn—（Ni+Co+Cu）三角图

（据 Adachi，1986）　　　　　　　　　（据 Bostrom，1973）

Ⅰ—生物沉积硅质岩；Ⅱ—热水沉积硅质岩　　　Ⅰ—正常沉积区；Ⅱ—热水沉积区

稀土元素特征方面，总体上，热水沉积硅质岩稀土总量低，铈元素的亏损较明显，而铕元素的亏损不明显，甚至出现正异常且重稀土（HREE）有富集趋势；而非热水沉积物具有 REE 总量高，Ce 为正异常，LREE 大于 HREE 的特征。

五、研究实例——吉木萨尔凹陷芦草沟组

早二叠世初期，准噶尔—吐鲁番板块已与周缘板块基本闭合，四周抬升隆起，海水从乌鲁木齐东南退出，陆内开阔湖盆已具雏形。沉积环境主要包括滨湖环境、浅湖环境、半深湖—深湖环境、湖泊扇三角洲环境，局部地区存在冲积扇和河流环境，沉积了一套由陆相碎屑岩、泥质岩夹碳酸盐岩组成的沉积组合（牟泽辉等，1992）。吉木萨尔凹陷位于湖盆的东南部，靠近沉积中心，总体以泥质沉积为主；凹陷东南部与北部，受三角洲物源影响，在芦草沟组沉积期，发育一定粉砂级硅质碎屑沉积。由于水体循环较弱，白云质混积岩发育。本节以吉木萨尔凹陷取心井吉174井为例，探讨湖盆沉积古环境恢复方法。

应用 chemo-stratigraphy 恢复古水深、古盐度等指标发现，芦草沟组发育两个明显的沉积旋回，芦草沟组沉积后期水体明显加深，故芦草沟组上段发育高 TOC 页岩（露头可见），夹薄层白云岩和白云质泥岩；芦草沟组下段属于半深—浅湖环境，以泥岩、白云质泥岩和粉砂岩为主，高位体系域阶段的 TOC 也较高。芦草沟组的盐度变化具有两个旋回，L6—L2 沉积期盐度逐渐降低，从咸水变为半咸水（古盐度为 17‰～22‰），L1 沉积期盐度再次升高，并逐渐降低（图 2-25）。从下至上，具有白云石含量增多、方解石含量降低的趋势。成熟度随埋深明显增大。芦草沟组岩石含硫量不超过 2%，属于湖泊沉积，上部硫含量稍高于下部，反映有机质类型的改善。

Sr/Cu 大于 10 指示干热气候，介于 1～10 指示温湿气候。吉174井 Sr/Cu 比值普遍大于 10，故芦草沟组总体处于干热气候；由于 Mg/Ca 比值越小气候指示气候越热，Mg/Sr 比值越大气候指示气候越热，$\delta^{13}C$ 比值越大气候越热，从图 2-25 可以看出，芦草沟组沉积早期气候变化剧烈，且比晚期更加炎热。在 L1 沉积晚期，可见气温再次明显升高，预示进入另一个炎热的时代。

Sr 元素和 Sr/Ba 比值都显示芦草沟组沉积期的古盐度具有多期旋回变化的特征，总体呈现盐度降低的趋势，与逐渐变为温暖潮湿的气候吻合。

U 元素指示芦草沟组沉积期总体为还原环境，从 V/（V+Ni）、Cu/Zn、Ce/La 比值的变化可以看出局部出现过强还原的环境。

Zr 元素显示芦草沟组的古水深总体呈不断加深的趋势，从 Fe/Mn、V/Ni、Fe/Co 和 Rb/K 比值的变化可以看出芦草沟组出现过两次明显的水深最小化（图 2-25）：第一次是芦草沟组沉积早期，同时是盐度最大的时期；第二次也对应一个高盐度时期，且出现强还原特征，推测两次的成因与海水侵入有关。

由于 LREE 大于 HREE，所以芦草沟组沉积期都处于陆相环境中，然而某些时期 LREE-HREE 明显减小，指示可能发生海水侵入，这些现象从 Sr、Ga、V 元素和 Sr/Ca 比值的变化也可以看出（图 2-26）。

Y/Ni、Th/Cr、La/S 和 La/Co 比值都显示，芦草沟组的物源岩性为基性，但是在 L4 和 L1 沉积期发生过物源变革，大量长英质的物源输入。晚期的物源变革可能与海侵有关。

在吉木萨尔凹陷芦草沟组，正常湖水沉积占主导地位，从 Al/（Al+Fe+Mn）、Fe/Ti 和（Fe+Mn）/Ti 的变化可以看出（图 2-26），芦草沟组沉积期也出现过几次可能的热水沉积，其中 L5 和 L2 最大盐度时期的热水沉积特征最为明显。

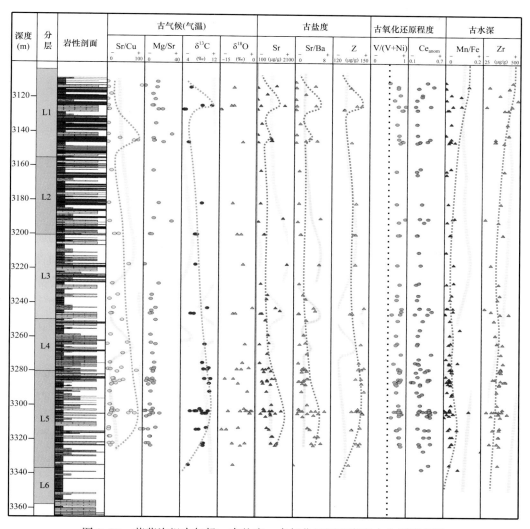

图 2-25　芦草沟组古气候、古盐度、古氧化还原程度和古水深演变图

总的来说，吉 174 井位于芦草沟组沉积期的湖盆边部。由于剥蚀作用，上芦草沟组保留较少，下芦草沟组以细粒沉积为主，夹薄层白云岩、砂岩、白云质砂岩。依据古生物、特征矿物、元素地球化学特征并结合古地理背景分析认为，当时准噶尔盆地东部为陆缘近海湖泊环境，间歇性的海水注入使湖水迅速咸化造成非海相生物群体死亡，有利于生物有机质富集而形成优质烃源岩。芦草沟组陆源输入（Zr/Nb）的周期变化反映芦草沟组具有 2.5 个三级旋回，总体处于缺氧的还原环境。^{13}C 同位素与 Sr/Ba 显示芦草沟组沉积初期（L6），属于气候温暖的半咸水环境，发育灰质泥岩，TOC 较低。随后气温明显升高，盐度增大，生产力较高，水体也加深（Zr），保存了大套高 TOC 泥岩（L5）。随着气温下降，降雨增多，水体逐渐加深，盐度下降，到 L2 沉积期气候已经完全转为温暖，盐度降低到微咸水程度，生产力很高，TOC 较高。与露头一样，到上芦草沟组沉积期（L1），气候重新转为炎热，盐度也明显升高，水体加深明显，推测可能受到海水的影响，地层主要为页岩夹白云岩和粉砂岩，孔隙度较高。

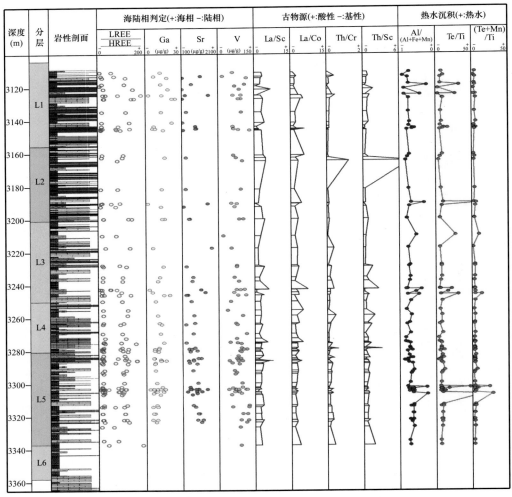

图 2-26　芦草沟组海陆环境、古物源和热水沉积演化判定图

第四节　细粒沉积测井岩性识别技术

随着细粒沉积岩的研究深入与精细勘探的需要，细粒沉积岩需进行更精细的划分与命名。由于取心井及取心井段有限，以往对于未取心井段的岩性确定主要依靠录井资料，但目前录井资料，尤其是老井的录井资料已不能满足细粒沉积岩研究需求，而细粒沉积岩的测井岩性识别技术可以有效解决这一问题。

一、研究现状与进展

岩性通常在常规测井中有一定的响应特征，很多学者都探讨过应用测井资料识别岩性来弥补岩心和录井的不足，归结起来可以划分为四大类：神经网络法、交会图法、构建岩性敏感指示曲线法和成像测井方法（表 2-9）。各种测井—岩性识别方法都可以快速、准确地辅助识别单井岩性，但是测井资料固有的多解性使得这些方法一直未能得到大范围应用，而且目前随着细粒沉积学的发展以及勘探评价对烃源岩重视程度的增加，能否有效识别、评价烃源岩也成为该类方法的挑战。

利用测井资料对烃源岩的识别评价可以追溯到 20 世纪中叶。Schmoker（1979）、Herron（1986）、Mann 和 Muller（1988）及 Meyer（1984）等分别探讨了自然伽马曲线与烃源岩的关系并做了经验性的总结。Passey 等（1990）利用声波测井的和电阻率测井相叠加的 $\Delta \lg R$ 法对岩石的总有机碳含量 TOC 进行了定量计算。2000 年以后该方法在国内得到大量运用，国内学者大多是用实测数据拟合的办法来提高计算的精度（王贵文等，2002；朱友光等，2003）。随着测井技术的发展越来越多的新型测井技术被运用到烃源岩的评价中来，例如高衍武等（2014）利用核磁测井和密度测井对准噶尔盆地致密油烃源岩有机碳含量定量计算。

表 2-9　测井—岩性恢复方法

方法名称	代表学者	方法原理	存在问题
神经网络法	范训礼等（1999）、卢新卫和金章东（1999）、张洪等（2002）、于代国等（2005）	基于统计学方法	结果的正确率主要取决于样品的训练过程
交会图法	陈建文等（2000）、黄布宙和潘保芝（2003）、赵建和高福红（2003）、冯翠菊等（2004）、王拥军等（2006）	利用不同测井曲线对岩性的灵敏度及反应特征不同识别岩性	不同工区运用效果不统一
构建岩性敏感指示曲线法	于文芹等（2006）对大牛地上古生界致密砂岩岩性进行有效识别；张丽华（2012）选取对粒度变化敏感的测井曲线构建岩性指示曲线划分砾岩、砂岩和泥岩	选取对岩性、粒度变化较为敏感的测井曲线进行重构	往往只能反映粒度的变化
成像测井方法	张莹等（2007）应用 FMI 成像测井方法对砂泥岩、火成岩进行识别；韩琳（2010）利用元素俘获谱测井 ECS 识别火成岩岩性	分析火山岩不同岩性的图像特征	实际应用中往往缺乏资料；解释结果具有多解性

二、测井岩性识别方法

基于不同岩性在电性、物性、放射性的不同而导致的测井响应的差别这一原理，常用两种测井—岩性的识别方法：（1）交会图法；（2）测井曲线计算的方法。前者运用测井曲线与岩性作交会图分析，找出不同岩性的测井划分标准，将研究区岩性划分为砂岩类、粉砂岩类、泥岩类和凝灰岩类；后者结合测井计算泥质含量和 TOC 值，将研究层段岩性划分为砂岩类、粉砂岩类、泥岩类和富有机质页岩，并利用该方法探讨了不同岩性在平面以及剖面上的分布规律。下面以鄂尔多斯盆地长 7 段为例，对测井岩性识别方法加以探讨。

众所周知，鄂尔多斯盆地长 7 段为一套以粉砂岩、泥页岩等细粒沉积为主的地层。从几口重点井的岩心与录井的岩性对比，可以看出录井资料中信息的遗漏及其与岩心描述的显著差异（图 2-27），因此需要利用测井识别岩性以弥补和校正录井中丢失的岩性信息。研究区井网密集、测井资料丰富且数字化程度高，为此项工作的开展提供了便利条件收集方便；而且测井数据能够连续的、原位的反映地层岩性物性的特征。

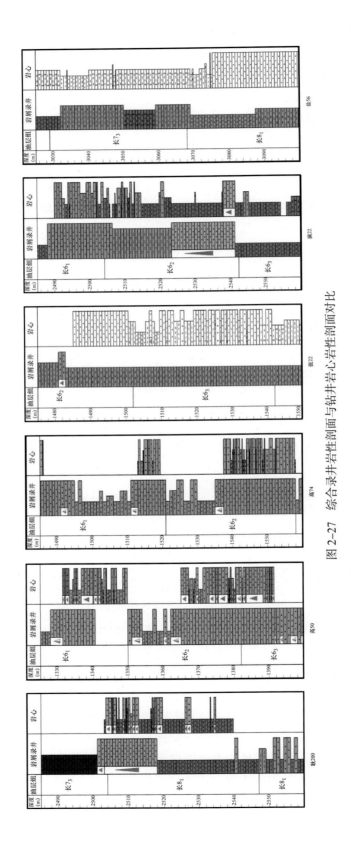

图 2-27　综合录井岩性剖面与钻井岩心岩性剖面对比

研究区钻井数量达到 1000 多口为研究提供了大量测井数据，常规测井对岩性有一定的响应特征（表 2-10）。通过实践本书应用了两种测井方法来识别岩性：交会图法和测井计算法。前者通过测井曲线与岩性交会识别砂岩类、粉砂岩类、泥页岩类和凝灰岩类，后者通过计算泥质含量和总有机碳含量将岩性划分为砂岩类、粉砂岩类、泥岩类和富有机质页岩。

表 2-10　鄂尔多斯盆地长 7 段主要岩性的测井响应特征

长 7 段主要岩性	测井响应特征
中砂岩	高电位、低伽马、低声波时差
细砂岩	高电位、低伽马（高于中砂岩）、低声波时差
粉砂岩	高电位、中低伽马（高于细砂岩）、低声波时差
泥岩	低电阻、中高伽马、低电位、中高声波时差
泥质粉砂岩	中低电阻、中高伽马、中低电位、中高声波时差
粉砂质泥岩	中低电阻、中高伽马（低于泥质粉砂岩）、中低电位、中高声波时差
油页岩	高电阻、异常高伽马、高声波时差、低电位
凝灰岩	高伽马、高声波时差、低电阻

1. 交会图法

依据研究区的测井解释经验以及多口井的测井交会图分析，不同区域之间测井曲线灵敏度及对岩性的反映差异较大，同一地区在测井曲线标准化之后可以使用统一标准划分岩性。以下以姬塬地区为例探讨测井交会图识别岩性的方法。

姬塬地区自然伽马、中子孔隙度测井和声波孔隙度测井对不同岩性的响应较为灵敏，电阻率测井次之，所以选择自然伽马和一种孔隙度测井曲线对岩性作分析。对该区盐 56、罗 254、黄 269 共 3 口井长 7 段选取自然伽马和中子进行交会图分析（图 2-28）。依据交会结果认为将岩性进行归类划分为四大类比较合理，具体分类及划分标准见表 2-11，由于特殊岩性段的凝灰岩或含凝灰质沉积单层较薄，多为小于 0.2m 的薄层低于测井识别最小厚度，所以在具体计算过程中不予考虑。

通常，可根据自然伽马值的高低区分泥页岩（高值为泥岩，异常高值为页岩）。但该方法在部分井及部分井段会造成较大误判，所以本区不用伽马值作为判别泥页岩的唯一标准。

依据划分标准利用伽马和中子测井对该井长 7 段进行测井岩性计算，计算过程在 ResForm 软件中实现（图 2-29）。对该地区长 7 段的岩性计算结果表明该方法简单实用且准确率和识别精度较高，但是该方法存在以下缺点：（1）对多口井的应用结果表明不同地区的岩性划分标准存在差异，同一地区的井在测井曲线标准化之后可以试用；（2）该方法的准确度依赖取心的长度，对研究层位取心较少的地区该方法可靠性低。

2. 测井计算 V_{sh} 和 TOC 法

针对交会图法依赖取心资料和工作量大的问题，本书又探讨了第二种方法——测井计算法。该方法主要应用到的曲线有自然伽马曲线、声波时差曲线、电阻率曲线。

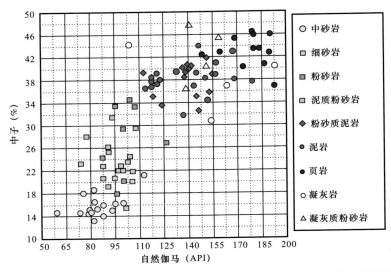

图 2-28　中子—自然伽马交会图（图中每一个点代表一段岩心的平均值）

表 2-11　鄂尔多斯盆地姬塬地区测井岩性划分依据

岩性组合	中砂岩类	细砂岩类	泥岩类	特殊岩类
包括岩性	中砂岩、细砂岩	极细砂岩、粉砂岩、泥质粉砂岩	粉砂质泥岩，含粉砂泥岩、泥岩与页岩	凝灰岩与凝灰质粉砂岩
测井识别特点	CNL＜20% GR＜110API AC＜225μs/m	20%＜CNL＜35% 110API＜GR＜125API 225μs/m＜AC＜240μs/m	35%＜CNL＜51% 125API＜GR＜240API 240μs/m＜AC＜330μs/m	测井值变化较大无明显规律

由于研究层段岩性是陆源碎屑岩，用自然伽马曲线精确解释的泥质含量曲线 V_{sh} 与岩性有很好的对应关系，再结合电阻率曲线和声波时差曲线计算有机质含量 TOC（泥页岩类中 TOC 大于 3% 为富有机质页岩）可以将岩性划分为砂岩类、粉砂岩类、泥岩类、富有机质页岩共 4 类。

利用泥质含量计算公式可以得到单井泥质含量：

$$V_{sh}'=(GR-G_{MIN})/(G_{MAX}-G_{MIN}) \tag{2-9}$$

$$V_{sh}=2(GCUR \cdot V_{sh}'-1)/(2GCUR-1) \tag{2-10}$$

式中，V_{sh} 为泥质含量；G_{MIN} 为纯砂岩段自然伽马值，API；G_{MAX} 为纯泥岩段自然伽马值，API；GCUR 为希尔指数，研究层段取值为 2。

式中参数 G_{MIN} 和 G_{MAX} 在不同小层分别取值，再根据地区经验设置泥质含量下限为 5%。由计算结果和岩性的比对可以得到不同岩性大类的泥质含量划分范围：中—细砂岩 V_{sh} 小于 20%，声波时差低值，自然伽马中到低值；粉砂岩类（粉砂岩、泥质粉砂岩、粉砂质泥岩）V_{sh} 为 20%～50%，声波时差中值，自然伽马中值；泥质岩类（泥岩、页岩、碳质泥岩、油页岩等）V_{sh} 大于 50%，声波时差高值，自然伽马高到异常高值。编程计算岩性在 ResForm 软件中实现，结果如图 2-29 所示。

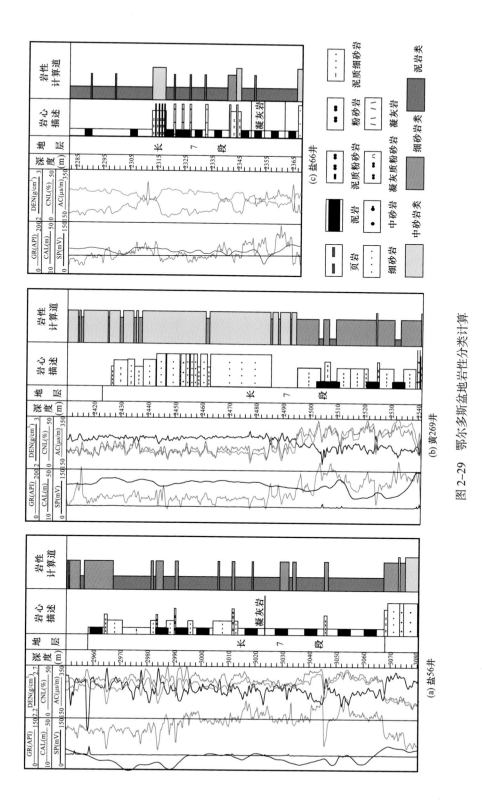

图 2-29 鄂尔多斯盆地岩性分类计算

根据 Passey 等（1990）所提出的模型，烃源岩是含有大量有机质（干酪根）的泥岩、页岩、灰质泥岩或碳酸盐岩。非烃源岩也含有有机质，但含量一般不高。富含有机质的烃源岩由岩石骨架、固体有机质和孔隙流体组成，非烃源岩由岩石骨架和孔隙流体组成。测井曲线对岩层总有机碳含量大小和充填孔隙的流体不同物理性质的差异响应，是利用测井曲线识别和评价烃源岩的基础。

该方法是将孔隙度曲线和电阻率曲线进行重叠，声波时差曲线采用线性坐标，电阻率曲线采用对数坐标。两条曲线在纯泥岩段重叠时为基线，在两条曲线分开的地方指示有效的烃源岩段，其间距在对数坐标上的读值就是 $\Delta \lg R$。由于该方法以及其演化方法在国内外已经得到广泛运用，所以具体的计算过程本文不再赘述，在此只说明两点：（1）从黄 269 井实测数据看，研究层段烃源岩成熟度 R_o 值变化不大（表 2-12），为方便计算可视为常数 1；（2）根据地区经验 TOC 背景值取值为 0.2。

表 2-12 黄 269 井烃源岩成熟度测定值

样品编号	1	2	3	4	5	6	7	8	9
深度（m）	2433.9	2435.6	2484.1	2496.1	2502	2508.4	2518.5	2524.9	2532.5
R_o（%）	0.82	0.98	0.93	1.00	1.22	1.22	1.19	1.29	1.28

3. 测井岩性识别结果

1）识别结果验证

用 $\Delta \lg R$ 法计算得出的 TOC 值与实测数据起伏趋势一致具有较好的对应关系（图 2-30），而且该方法不依赖于实测数据并可用于实测数据较少或没有的井段。根据 TOC 值的高低可进一步将泥岩大类划分为泥岩和高 TOC 页岩两类（以 3% 为划分标准），图 2-31 为典型井最终测井岩性识别结果。通过多井的最终计算结果与岩心、岩屑录井进行对比，与岩心对比准确率在 86% 以上。

虽然测井计算方法的计算正确率略低于交会图法，但是通过泥质含量曲线可以在全区找到统一的划分标准，而且不需要对每口井进行岩心描述，因而工作量大大低于交会图法。通过计算机编程可以快速地对所有井进行测井—岩性识别，进而为研究工区岩相分布规律及烃源岩评价提供依据。

2）测井—岩性识别结果应用

应用 V_{sh} 和 TOC 计算法对研究区均匀分布的 700 余口井进行测井岩性的定量识别，为更好地评价烃源岩分布与规模，将富有机质页岩与泥岩区分开来，并分别成图。

研究区有效烃源岩（富有机质页岩）沿西北—东南方向展布（图 2-32），从长 7_3 亚段至长 7_1 亚段页岩分布面积明显减少。长 7 段底部长 7_3 亚段是烃源岩最为发育的层位，面积广、厚度大，其中西北部烃源岩面积小、厚度大，东南部烃源岩发育面积广、厚度小。

姬塬一带是富有机质页岩最为发育的地区。长 7_2 亚段页岩明显减少，西南部页岩发育面积明显收缩，长 7_1 亚段页岩在长 7_2 亚段页岩的基础上进一步收缩，沉积不连续，形成西北、东南两个主要沉积中心。

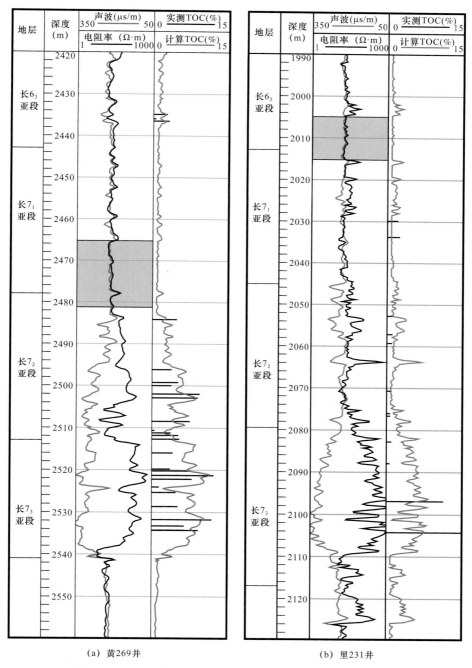

（a）黄269井 　　　　　　　　（b）里231井

图 2-30　TOC 实测值与计算值对比（蓝色区域指示基线部位）

总体来看贫有机质泥岩的分布与页岩呈互补形态，泥岩的厚度在整个研究区较为稳定，而页岩则在姬塬附近地区集中沉积。从长 7_3 亚段至长 7_1 亚段随着页岩的减少泥岩的分布面积逐渐增加。在长 7_3 亚段沉积期泥岩分布在页岩沉积中心周围，长 7_2 亚段沉积期泥岩沉积面积扩大，到长 7_1 亚段沉积期泥岩几乎覆盖整个研究区（图 2-32）。

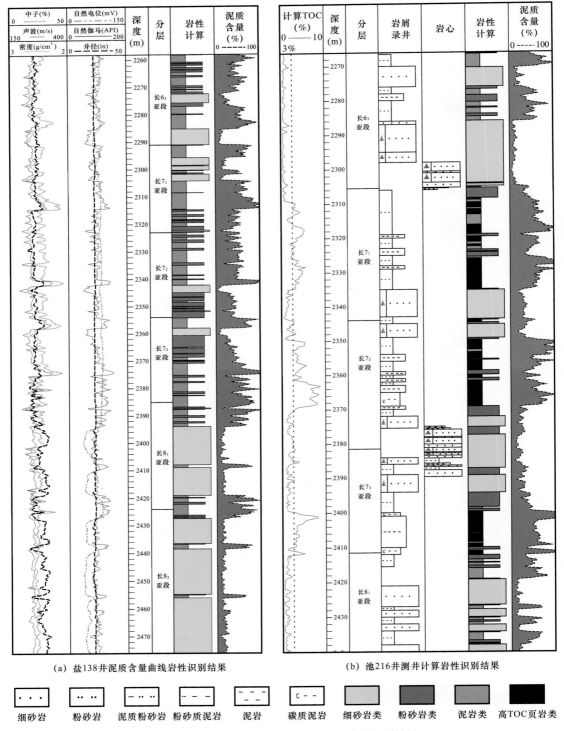

(a) 盐138井泥质含量曲线岩性识别结果　　　　(b) 池216井测井计算岩性识别结果

图 2-31　鄂尔多斯盆地典型井测井—岩性识别结果

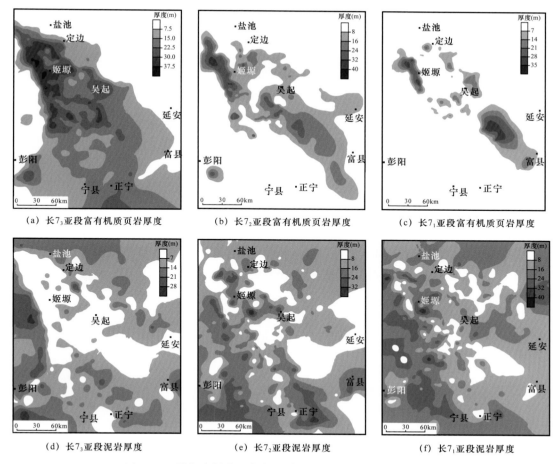

(a) 长7₃亚段富有机质页岩厚度   (b) 长7₂亚段富有机质页岩厚度   (c) 长7₁亚段富有机质页岩厚度

(d) 长7₃亚段泥岩厚度   (e) 长7₂亚段泥岩厚度   (f) 长7₁亚段泥岩厚度

图2-32　鄂尔多斯盆地富有机质页岩与泥岩厚度平面分布图

　　同理，应用测井岩性识别技术，泥质粉砂岩、粉砂岩、细砂岩等岩性均可有效区分开来。依据精细划分的岩性识别结果，可对不同岩相进行单因素编图与评价，从而对有利储层进行有效评价，进而为油气勘探开发提供依据。具体岩性识别结果及在储层评价中的应用，在此不再赘述。

第三章　中国现代湖泊沉积

湖泊是周围被陆地环绕的比较稳定的水体，其沉积物能灵敏反映出周围环境的构造活动、地形、气候、物源等条件的变化，因而湖泊沉积是地球演化的重要物证。现代湖泊沉积可作为古代湖泊沉积的对比实例，有助于进一步揭示古代湖泊的沉积作用、充填模式，以及岩性分布规律与主控因素。20 世纪 50 年代以来，中国科技工作者对青海湖、云南断陷湖泊、内蒙古岱海和长江中下游鄱阳湖、洞庭湖等现代湖泊进行了大规模考察，取得了重要成果与认识，极大地丰富了中国湖泊沉积学理论，对中国陆相油气勘探具有重要的指导作用。本章立足中国现代湖泊沉积作用与沉积有机质富集规律等认识，并简要介绍了青海湖与抚仙湖细粒沉积研究进展。

第一节　中国现代湖泊分布与类型

一、中国现代湖泊的分布

中国幅员辽阔，自然地理环境复杂多样，天然湖泊遍布，从东部沿海的坦荡平原到世界屋脊的青藏高原，从西南边陲的云贵高原到广袤无垠的东北三江平原，从湿润多雨的东亚及南亚季风区到极度干旱终年少雨的沙漠腹地，都有不同类型的湖泊分布，其中面积大于 $1.0 km^2$ 的天然湖泊 2693 个（未包括中国台湾省），总面积为 $81415 km^2$。

中国的湖泊走向大致沿大兴安岭西麓，顺东北—西南向南下，经内蒙古高原南缘、阴山、祁连山、日月山、唐古拉山、冈底斯山至西端国境线为界，此界限东南，绝大部分属外流湖区且以淡水湖泊分布为主，湖泊面积为 $29851 km^2$，贮水量达 $2134 \times 10^8 m^3$；此界限西北，基本上是内陆湖且以咸水湖及盐湖分布为主，湖泊面积约为 $41137 km^2$，贮水量达 $4943 \times 10^8 m^3$。

根据湖泊地理分布特点，可把中国典型湖泊分为 4 个湖泊区，即东部平原湖泊区、西北湖泊区、东北内蒙古湖泊区、西南湖泊区。

1. 东部平原湖泊区

主要指长江及淮河中下游、黄河下游、大运河沿岸所分布的大小不等的湖泊，这些湖泊以构造湖为主，河成湖次之。区内所有湖泊均为外流湖，由于泥沙的不断淤积，湖泊面积逐渐减小，湖水一般不深，污染严重。中国著名的淡水湖泊多分布于此区。面积较大的湖泊，入湖河流众多，在每一条入湖河口处，都形成了不同类型的砂体。

区内最大湖泊为鄱阳湖，面积达 3210km^2，平均水深 6.5m，也是中国最大的淡水湖泊。其中有赣江、修水、昌江、信江、乐安江等河流汇入湖泊，在湖泊边缘形成规模较大的三角洲及扇三角洲砂体。洞庭湖是区内第二大湖泊，面积为 2691km^2，平均水深 6.5m。近年来湖岸线逐渐变化，湖泊范围明显减小。其他著名的湖泊还有太湖、洪泽湖、巢湖、南四湖、高邮湖、洪湖等。

2. 西北湖泊区

主要是指新疆、西藏自治区及青海省境内的一些湖泊，这些湖泊多为构造运动及冰川作用所形成。湖水一般较深，湖面海拔较高。藏北高原的喀顺湖海拔 5556m，是目前中国已知的地势最高的湖泊。全区湖泊面积为 36889km^2，占全国湖泊面积的 52%。青藏高原除南部及东部有少量外流湖为淡水湖外，其他多为程度不同的内陆咸水湖及盐湖。由于青藏高原处于新构造运动隆升阶段，所以区内湖泊均不同程度地出现湖水浓缩，湖面缩小的趋势。其中著名的有青海湖、鄂陵湖、札陵湖、纳木错、班公错及羊卓雍错等。

青海湖是中国最大湖泊，面积超过 4200km^2，贮水量达 742×10^8m^3，平均水深 17.6m，属于完全封闭的咸水湖泊。四周高山起伏，沉积类型丰富多样，沿湖泊边缘砂体广布，适于进行现代湖泊砂体调查。

3. 东北内蒙古湖泊区

主要是指分布在东北三省及内蒙古的湖泊。岱海位于内蒙古自治区内，属于构造成因，周缘有众多沟溪入湖，砂体类型较多。松花湖是东北最大的湖泊，面积为 425km^2，平均水深为 25.4m，水温很低。另外，区内有大量的火山湖分布（五大连池是其中之一）亦有少量构造湖，多数为外流淡水湖。

4. 西南湖泊区

主要指分布在云南、贵州省的一些湖泊，多为断陷成因。其中滇池、洱海、抚仙湖、泸沽湖、草海等著名湖泊就分布在此区。区内湖泊面积约 1108km^2，仅占全国湖泊总面积的 1.4%。

滇池是区内最大的湖泊，面积为 298km^2，平均水深为 4.1m，共有数十条河流从四周入湖，在湖泊边缘形成众多的砂体类型，有冲积扇、扇三角洲、三角洲及滩坝砂体等。

洱海是区内第二大湖泊，面积 253km^2，平均水深为 10.2m。洱海西岸有著名的苍山十八溪注入湖泊，形成复合连片的冲积扇、扇三角洲、辫状河三角洲。洱海东岸有玉龙河及波罗江汇入，形成规模较大的冲积扇及三角洲。

抚仙湖是中国已知的第二大深水湖泊，最大水深为 155m。

湖泊是湖盆、湖水以及水中所含物质（包括矿物质、溶解质、有机质以及水生生物等）所组成的自然综合体（施成熙，1989）。以下根据湖盆形成营力的性质和湖盆积水的环境、湖水物理化学性质以及水中所含物质的多寡等差异可以对现代湖泊进行分类。

二、基于成因的湖泊分类与分布

从湖泊学的基本原理而言，湖泊是在一定的地质、地理背景下形成的，通常情况下具有一定的事件性。从湖泊形成到成熟甚至死亡的演化过程中，地质、物理、化学以及生物作用相互影响和依存，表现出明显的区域性特色。Hutchinson（1957）在考虑湖盆成因分类时，将湖泊分为构造湖、火山湖、冰川湖、河成湖、岩溶湖、堰塞湖、风成湖、岸线湖、有机湖、人工湖和陨石湖共 11 种类型。王苏民和窦鸿身（1998）根据中国的实际情况，将湖盆的地质成因或塑造湖盆的营力性质作为湖泊成因分类的重要依据，把湖泊分为构造湖、火山口湖、堰塞湖、冰川湖、岩溶湖、风成湖、河成湖和海成湖等诸类型。

1. 构造湖

在地壳的内营力作用下，由地质构造运动所产生的断陷、坳陷、沉陷等多成因的构造盆地基础上经蓄水成湖，这类湖泊统称为构造湖。按照 Hutchinson（1957）的分类，构造湖可进一步划分为 4 类：裂谷形成的裂谷湖、构造抬升形成的残留海（湖）（湖底高于海平面）、干旱地区的地堑湖或内流湖（也称盐湖）、以断层为界的断陷湖。构造湖一般多沿构造方向呈带状延伸，沿构造线方向上多数湖泊呈串珠状分布，湖泊分布的总体特征和湖泊个体形态所展现的严格方向性，使湖泊表现出具有受构造控制的鲜明特征，湖盆地貌较为完整的反映了地壳运动和地质构造的行迹。

中国众多大、中型湖泊的成因都不同程度地受到新、老地质构造的影响和控制，例如青藏高原上广泛分布的大型湖泊，班公错、色林错、纳木错、青海湖、扎陵湖、鄂陵湖等，都是由于板块运动导致的构造断陷产生。但是，由于湖泊所处发育阶段的不同以及构造运动性质的差异，反映在湖泊形态方面的特征也可能不同，有些构造湖在形态上反映不出构造湖的特征。例如长江中下游地区的洞庭湖、鄱阳湖等湖泊，无论从其深度、湖岸形态结构上看，已远非原构造湖的特征。但是由于它们位于大构造单元的转折地带，同样受到构造差异运动和新构造运动的显著影响（王苏民和窦鸿身，1998）。第一章中关于地质时期不同类型构造湖沉积格局已有论述。

2. 火山口湖

火山口湖系岩浆喷发形成的火山锥体，待其喷火口休眠后经积水而成，这类湖泊一般具有湖面呈圆形或近似圆形、湖水较深、湖岸陡峭的特点，且受集水面积较小的限制，湖泊水域面积都不大。位于中国长白山主峰的长白山天池是一个极具典型的、经过多次火山喷发而被扩大了的火山口湖。中国西南地区的腾冲市正处于欧亚和印度板块的衔接带上，有保存最为完整的晚新生代火山群。火山锥群的火山口内经积水形成青海、大龙潭、小龙潭等众多火山口湖。

3. 堰塞湖

堰塞湖是由地震等原因引起的山体崩塌滑坡堵塞河床或活动火山熔岩流活动堵截河

谷而形成的湖泊。前者多分布在中国东北地区，后者多分布在青藏高原和云贵高原的高山峡谷地带。黑龙江境内的镜泊湖就是在第四纪历经五次火山喷，玄武岩岩浆流阻塞牡丹江河床而形成的中国最大的高山堰塞湖，玄武岩流在吊水楼附近形成宽 40m、高 12m 的天然堰塞堤，拦截牡丹江出口，提高蓄水位而形成的面积约 90.3km^2 的一个典型的熔岩堰塞湖。德都县五大连池是中国目前保存最完整的天然火山湖群，由 5 个串珠状分布的堰塞湖组成。由山体崩塌滑坡所形成的堰塞湖多见于藏东南峡谷地区。2008 年汶川地震，震后曾出现数以百计的堰塞湖，其中以唐家山堰塞湖面积最大。山崩滑坡导致的堰塞湖可能很多都大而深，但由于堰塞坝物质组成在结构上十分松散、极易被流水冲蚀等原因而随着时间的流逝逐渐消失。

4. 冰川湖

冰川湖是冰川或大陆冰原在运动过程中，由于受冰川挖蚀而形成的挖蚀坑或者冰碛物堵塞冰川槽谷积水而产生的湖泊。冰川湖所处位置大多是冰期前的构造谷地，冰期结束后，冰川退缩时槽谷受冰碛垄堵塞遂积水而形成长条状的冰川湖，两侧湖岸较陡，湖水较深，上源往往有现代冰川发育。因冰雪融水补给较为丰沛，湖水矿化度通常较低，多属淡水类型，只有极少数冰川湖是微咸水类型。迄今为止，中国未曾有大陆冰盖的证据，冰川多以山谷冰川的形式出现，主要分布在高海拔的山区，一般规模比较小，与高原上的构造湖形成明显对照。另外新疆境内的天山、阿尔泰山也有较为典型的冰川湖分布，如新疆天山天池是一座 200 余万年以前第四纪大冰川活动中形成的高山冰碛湖，其北岸的天然堤坝就是一条冰碛垄。

5. 岩溶湖

典型的岩溶湖是碳酸盐类岩石地层经流水的长期溶蚀作用所产生的岩溶洼地、岩溶漏斗或落水洞等被堵，经汇水而形成的湖泊，是喀斯特地貌的一部分。这类湖泊排列无一定的方向，形状或圆或椭圆，若岩溶谷地积水成湖也可呈长条状。岩溶湖的汇水面积和湖泊面积一般都不大，湖水也较浅。中国岩溶湖的分布具有鲜明的地域特征，大多分布在岩溶地貌发育较好的黔、贵、滇等地区。例如贵州省威宁草海，它是中国最为著名、面积最大的岩溶湖，它原是第四纪初期在威水大背斜西北段的轴部，后因构造下陷积水成湖。

6. 风成湖

风成湖主要发育在干旱环境下，是因沙漠中的丘间洼地低于潜水面，由四周沙丘渗流汇集形成的。风成湖包括以风成沙丘为界的洼盆、指向性好的沙丘之间的丘间湖和古干旱环境受风力作用形成的风蚀盆地。风成湖仅见于中国北方和西北气候干旱、降水稀少的地区。这类湖泊都是些不流动的死水湖、闭流湖，而且面积小，水浅而无出口，湖形多变，常是冬春积水，夏季干涸或称为湿地。在巴丹吉林沙漠的高大沙山之间分布着众多的风成洼地湖，多集中在沙漠的东南部，面积一般不超过 0.5km^2。这类湖泊有数量较多的泉眼补给，但由于湖面蒸发强烈，盐分易于积累，故有的湖水矿化度很高，有的湖泊甚至见有结晶盐析出。腾格里沙漠、浑善达克沙地、科尔沁沙地、呼伦贝尔沙地也分布着众多的湖泊，但与巴丹吉林沙漠丘间洼地湖不同的是，大部分洼地未积水或积水面积很小的草湖，周围沼泽湿地，水质良好，矿化度较低，目前已被用作草场。

7. 河成湖

顾名思义，其湖泊的形成与河流水系的发育和变迁有着直接的关系。中国河成湖数量最多、规模最大、分布最为密集者当属淮河和长江流域湖泊。河成湖按照不同河流成因方式可分为以下 4 种类型：（1）由于河流本身挟带泥沙在泛滥平原上堆积不匀，壅塞水道，水流宣泄不畅，造成天然堤间洼地积水而形成的湖泊，如江汉湖群、山东省的南四湖及河北洼淀等；（2）支流水系由于河流摆动，泥沙淤塞，不能排入干流而蓄水成湖，如中国最大的淡水湖——鄱阳湖；（3）河流截弯取直后废弃的河段形成牛轭湖，如内蒙古的乌梁素海；（4）由于河堤决口时，水流猛烈侵蚀形成的河堤决口湖，如湖北洪湖市的螺山潭。此外，还有一类湖泊是因河道横向摆动，在废弃的古河道上形成的湖泊，如长江自黄石至大通间一些沿江分布的湖泊，以及嫩江、海拉尔河、乌尔逊河沿岸星罗棋布的咸泡子等。

8. 海成湖

通常也称潟湖或由潟湖发育而来，这类湖泊系海岸带变迁过程中，浅海湾经泥沙封淤而与海洋分离，后经逐渐淡化而形成。这种湖泊仅见于中国东部的滨海地区，且数量鲜见。例如位于宁波市鄞州区的东钱湖和杭州西湖等。

三、基于积水环境的湖泊分类与分布

由于中国季风性气候和大陆性气候分布区域的明显不同，且地势西高东低，造成中国降水的地区分布呈由东南沿海向西北内陆逐步递减的格局，使得大兴安岭西麓—内蒙古高原南缘—阴山山脉—贺兰山—祁连山—日月山—巴颜喀拉山—念青唐古拉山—冈底斯山一线成为中国内外流的分界线。降水量的这种空间分配，造成湖泊的补给条件、湖泊水文循环和湖水的化学特性呈纬向带状分布。

1. 有源湖和无源湖

有河流或者涧溪汇入的湖泊称为有源湖，其水量主要靠江河补给；而水源主要靠降水或湖滨山体裂隙水的补给的湖泊称为无源湖。中国的绝大多数湖泊是有源湖，大都与大小江河相联系并受其补给。无源湖通常分布在地质构造或火山活动强烈的中国东北和西南地区以及喀斯特地貌较为发育的广西、云南等省区，火山喷发所形成的火山口湖由于火山堆高耸，其海拔一般高于该地区平均海拔导致火山口湖主要受流域降水补给。喀斯特地区的由于碳酸盐岩裂隙较为发育，一般地下暗河较为发育，而较少发育大江大河，岩溶塌陷湖泊的水源补给一般也主要来自岩石裂隙水。

2. 闭流湖和吞吐湖

根据湖泊有无排水可将湖泊分为闭流湖和吞吐湖。闭流湖是指无水流从湖中流出的湖泊；吞吐湖是指有河流汇入湖内并且也有河流流出湖外的湖泊。中国吞吐湖和闭流湖的分界线类似于内外流的分界线。一般而言，分布在外流区的湖泊，由于降水丰沛、水系发达，河流流量较大，湖泊补给的水量颇丰，湖水矿化度低，以淡水吞吐湖为主，例如分布在中国长江中下游平原淡水湖群以及青藏高原东南缘的抚仙湖、滇池、洱海等深水构造湖。而分布在分界线以西的内流区湖泊，由于远离海洋，气候干旱，降水较少，水系不发育，入湖河流多为短小的间歇性河，湖水补给水量亦小，且无水流流出湖外。例如中国最大的咸水湖青海湖，它只有布哈河、沙柳河、哈尔盖河等河流汇入湖内而无水流流出，是中国最大的闭流湖泊。

四、基于湖水性质的湖泊分类与分布

湖泊的物理化学性质直接反映在湖水的物理化学性质方面。湖水物理性质主要指水温、颜色、透明度、嗅和味等，而化学性质是由溶解或分散于湖水中的气体、离子、分子、胶体物质及悬浮颗粒物质等决定的湖水矿化度、电导率、pH 值等。处于不同发展变化过程中的湖泊，或因区域自然地理环境的差异，或是成因和发展阶段的不同，湖泊中的物理、化学和生物过程均显示出不同的区域性特点。因此，可以根据不同的湖水物理化学性质的差异对湖泊进行不同的分类。

1. 淡水湖、咸水湖和盐湖

湖水矿化度指水中所含盐类的数量，表示为水中各种阳离子的量和阴离子量的总和。它是揭示流域自然环境和地球化学特征的重要标志之一，同时它又指示出湖泊所处的发育阶段，还直接影响或制约着湖内的物理、化学和生物过程。因而湖水矿化度的高低综合反映了湖泊的特征，是进行湖泊分类的重要指标。通常，根据湖水矿化度将湖泊分为淡水湖、咸水湖和盐湖 3 类：矿化度小于 1.0g/L 的湖泊称为淡水湖；矿化度在 1.0～50.0g/L 的湖泊称为咸水湖（其中，矿化度在 1.0～35.0g/L 的湖泊又称为微咸水湖）；矿化度大于 50.0g/L 的湖泊称为盐湖。

通常，地处中国湿润地区的外流湖矿化度均较低，长江中下游的湖泊湖水矿化度一般在 200mg/L，黄淮海平原、云贵高原和东北山地平原的湖泊湖水矿化度大致在 200～500mg/L，中国第一大淡水湖——鄱阳湖是全国湖水矿化度最低的湖泊，为 47.6mg/L；而地处中国西北内陆地区的湖泊，由于气候干旱，降水偏少，湖泊一般是咸水湖或盐湖，中国最大的内陆湖泊——青海湖湖水平均矿化度为 12.32g/L，含盐量为 1.25‰。受气候、自然环境的地带性影响，内陆流域咸水湖和盐湖的地区分布大致呈现自南向北、自东向西有微咸水湖—咸水湖—盐湖或干盐湖的分布总趋势。

2. 贫营养湖、中营养湖和富营养湖

湖水中氮、磷等营养物质的多少决定着湖泊自身生产力水平的高低。根据湖泊营养水

平高低可以将湖泊分为贫营养湖、中营养湖和富营养湖（表3-1）。湖泊的富营养化是指湖泊水体在自然因素和（或）人类活动的影响下，逐步由生产力水平低的贫营养状态向生产力水平较高的富营养状态变化的现象。中国大部分湖泊处于中营养到富营养阶段，这主要是由于湖区工农业生产迅速发展和人口的剧增，导致排入湖泊的营养物质大量增加引起的，例如中国经济较为发达的长江中下游地区湖群湖泊以及云南人口相对密集的滇池、洱海等。但并非所有湖泊的富营养化过程都与人类活动相关，例如位于青藏高原的扎陵湖、鄂陵湖、羊卓雍措等都为不同程度的中富营养湖泊，然而这些湖泊所在位置人烟稀少，其营养化过程应为自然环境条件变迁，湖泊自身发生、发展、衰老和消亡的自然进程。除了依据以上3种标准进行的湖泊分类以外，还可以依据湖泊面积大小及湖水深度、生物种群组成及结构特征、湖泊所处地理位置差异进行湖泊分类，例如根据湖泊所处海拔高低可以进行将湖泊分为平原湖、山地湖、高原湖等。

表 3-1　中国湖泊富营养化评分与分级标准（据王苏民和窦鸿身，1998）

营养程度	评分值	Chla（mg/L）	TP（mg/L）	TN（mg/L）	COD（mg/L）	SM（m）
贫营养	10	0.5	1.0	20	0.2	10.0
	20	1.0	4.0	50	0.4	5.0
	30	2.0	10	100	1.0	3.0
中营养	40	4.0	25	300	2.0	1.5
	50	10.0	50	500	4.0	1.0
	60	26.0	100	1000	8.0	0.5
	70	64.0	200	2000	10.0	0.4
富营养	80	160.0	600	6000	25.0	0.3
	90	400.0	900	9000	40.0	0.2
	100	1000.0	1300	16000	60.0	0.1

注：Chla—湖水中叶绿素 α 含量；TP—湖水中总磷浓度；TN—湖水中总氮浓度；COD—化学耗氧量；SM—透明度。

第二节　现代湖泊沉积作用与环境演化

　　湖泊作为陆地水圈的重要组成部分，与大气圈、生物圈、岩石圈及冰冻圈联系紧密，是各圈层及人类活动相互作用的连接点。湖泊作为比较独立的系统，经历了较长的地质历史。与黄土、冰川等记录相比，其沉积连续且沉积物中保存着丰富的地质及历史信息，加之较高的沉积速率，使得湖相地层可提供区域环境、气候和事件的高分辨率记录，因此，对湖泊沉积物的研究可以弥补湖泊长期监测记录缺乏的不足，从而成为研究气候变化、构造运动及人类活动的重要载体。

一、湖泊水动力特征

湖泊水动力过程作为湖泊中最基本和最活跃的过程，对湖泊中许多过程的发生和发展起到了主导作用。相比海洋，湖泊水动力主要的形式为湖浪和湖流。由于各种物理力与大小、形状各异的湖盆交互作用，所以湖水运动十分复杂（图3-1；Selley，1968）。风力作为影响湖水运动最主要的因素，其吹程和持续时间制约着波浪的生成，从而影响湖盆颗粒质点的侵蚀和搬运。此外，在风力剪切的作用下，还会出现环流、上涌、湖岸喷流和假潮，这些低速的湖流，仅能搬运被波浪带入悬浮状的细颗粒物。

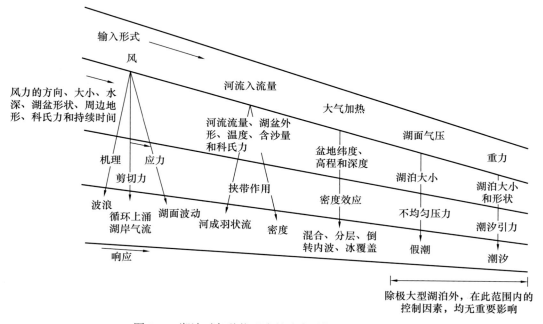

图 3-1　湖泊对各种物理力的响应（据 Selley，1968）

1. 湖浪

湖浪是一种风成浪，是由于风力作用湖面所形成的一种水质点周期性起伏的运动，包括风生波浪、上涌和假潮，其中以风生浪最为重要。湖面波浪以两种方式与湖底相作用，在湖滩带呈破浪，由向岸推进的孤波与滨线的冲刷和回流组成，破浪带之外，则受水体质点运动轨道速度的影响，波浪能量自水面向下减小。在风力剪切作用下，上风向的湖水位低于下风向，形成湖水上涌。在风力剪切和低气压的同时作用下，造成湖泊水体的大规模起伏，形成假潮。湖浪的发生、停息、强度和范围主要取决于风速、风向、吹程和持续时间以及水深等因素，风速大、吹程远、持续时间长、湖水深，有利于大浪的形成（赵澄林，2001）。

2. 湖流

湖流具有很复杂的水动力，虽不能搬运底载荷质点，但对悬浮的细颗粒沉积物的分布及湖水的混合有重要影响。湖流的影响因素主要包括风力拖曳、气压差、入湖流惯性和科氏力。在不分层的小型浅水湖泊中，科氏力作用最大。随着湖泊面积的增大，科氏力作用逐渐减弱，同时其他因素逐渐增强，而风逐流逐渐起主导作用（赵澄林，2001）。

以太湖为例，在风场作用初期，风力对湖水的拖曳作用占主导地位，开敞湖区风生流的流向指向顺风向，此状态维持2～3h。之后，随着水位压力梯度力和科氏力等作用的增强，风生流的流向逐渐偏转，并进而在若干湖区形成环流或风向相反的补偿流。在9～12h后，风剪切力、水位压力梯度力和湖底摩擦阻力等趋于平衡，风生流的流场进入稳定状态（姜加虎，1997）。

二、湖泊沉积作用

湖泊沉积物记录了环境的演变，并产生了沉积序列。湖泊沉积类型及其组合关系主要取决于气候条件和物质来源，尤其是气候条件对湖泊沉积模式起着重要作用。湖泊沉积物忠实记录了湖水物理、化学性质及湖泊生产力和有机质的堆积过程，包括湖泊以外流域内（植被变迁、泥沙输入等）和湖泊本身（水质变化、藻类生产力等）信息。以沉积物为媒介，利用现代物理、化学、生物作用的规律重建湖泊及流域过去生态环境的演变过程，并解释其演变的驱动机制及规律是学者们更为关心的内容。沉积环境可以从物理、化学、生物的角度进行划分，作为沉积环境的产物，沉积作用的划分也可以从以上3个角度进行。

湖泊沉积物的形成一般要具备3个条件：物质供给、搬运和沉积作用、沉积后作用。本节主要讨论现代湖泊水动力特征、湖泊沉积物的机械、化学和生物沉积作用及其沉积规律。

1. 湖泊的机械沉积作用

发育在降雨量大、物质来源丰富的山间盆地或河流注入处，沉积物的水平分布具有环带状分布的碎屑沉积特征，从湖滨到湖心，依次出现砾石带、砂带、粉砂带和淤泥带。但在自然界中，这种环状分布会受到其他因素的影响而发生变化，如在湖泊的陡岸带，砂带可能完全不存在。而有的湖泊受单一方向盛行风的影响，滨湖砂砾石可能只在湖的一侧发育。

湖水的机械沉积物的来源主要有河流和湖岸岩石破碎产物两种。湖泊碎屑岩沉积物通常是由河流底载荷与悬浮载荷的方式搬运至河口，借助河口喷射流惯性驱动向口外运移，并通过湖水运动扩散、搬运而沉积在全湖。随着水深的逐渐增大，水动力从湖滨至湖心逐渐减弱，在此作用下，湖泊沉积物从湖滨至湖心呈由粗变细的环带状分布规律。粗颗粒的碎屑物在滨岸带堆积，形成湖滩、沙坝和沙嘴；而细颗粒物质则被搬运至深水区，并缓慢沉积下来（Sly，1978）。在湖底较平静且沉积物不受波浪扰动的条件下，可以发育水平层理。不同地形区的湖泊沉积物有明显差异，山区湖泊的沉积物粒度较粗，而平原区湖泊的沉积物粒度则较细。此外，风、冰川、地下水也可将少量泥沙搬运入湖。在大气作用下（主要是风）产生的湖流和波浪等湖水运动，对碎屑岩沉积物也具有搬运和改造作用，但河口喷射流挟砂能力远大于湖流和波浪。

牵引流与重力流是沉积流体的两种基本类型，牵引流和重力流在机械搬运和沉积方式上的差异，主要表现为牵引流不仅可以搬运碎屑物质，还可以搬运溶解物质；不仅有机械沉积作用，还广泛进行着化学和生物沉积作用。而重力流则是机械搬运和沉积作用占绝对优势。

1）沉积物牵引流的机械搬运和沉积作用

碎屑颗粒在流水中的搬运方式包括推移（床沙）载荷和悬移载荷。推移载荷的搬运是指较粗的碎屑（砾、粗砂）在水体底部主要呈滑动或滚动搬运，较细碎屑（细砂、粉砂）则呈跳跃搬运。搬运方式和碎屑大小之间的关系不是恒定的，随水流强度而变，水流强时，跳跃颗粒偏粗，反之则偏细。悬移载荷的搬运是指细小的碎屑颗粒被水流带起，在流水中长期内不易下沉到底部，总是呈悬浮状态被搬运。

牵引流中沉积物的沉积作用服从于机械沉积分异规律。在湖泊边部，最先落淤粒径大和沉积速率快的粗泥沙物质，向湖泊中心平均粒径逐渐减小，因此沉积物平面分布具有与河流中心线相对称的扇形分布。如果湖流与波浪能波及湖底，则已落淤的泥沙可再被挟起成为跃移和悬浮状态并被再搬运。大型湖泊与海洋的动力条件有诸多相似之处，在湖浪和湖流的作用下，呈现出从湖岸向湖心的沉积分异现象。以抚仙湖为例，机械沉积的空间分异主要表现为从湖滨到湖心，沉积物粒度由粗到细呈类同心圆分布，滨湖区主要由砾石组成，浅湖区为过渡沉积区，深湖区处在浪基面之下，以黏土为主的细颗粒悬移质沉积，其中深湖沉积占其总面积的80%以上。

2）沉积物重力流的机械搬运和沉积作用

重力流是一种在重力作用下的高密度的碎屑和水或气的混合流体。在流动时，以整体形式搬运，并且有明显的边界，所以也被称为块体流。在水体中，由于盐度的差异和温度的差异形成的密度差，都可产生密度流。重力流还与坡度、沉积物多少、风暴、地震等因素有关。

群山环抱的深水湖泊，入湖径流的水温往往低于表层湖水。如有高山冰融水补给，两者温差更大，加上突发性的暴雨，饱含碎屑的洪水，经常以异重流的形式潜入湖底形成低密度浊流沉积，或因地震、滑坍形成高密度浊流在深水区沉积。因此，在湖泊浪基面或温跃层以下的深水区，并非是绝对静止的沉积环境。

2. 湖泊的化学沉积作用

湖泊化学沉积主要是通过物源区盐类物质在湖泊中长期积累和地球化学过程所致。内陆湖泊因气候干燥、蒸发强烈，湖水不断浓缩、咸化，当盐类一旦达到饱和或过饱和状态，即发生结晶沉积。湖泊化学沉积作用受气候条件的控制最明显，故不同的气候区的化学沉积物差别很大。多发育在干旱地区，在干燥气候条件下，湖水中的盐分因化学和生物作用而发生沉淀，沉淀的盐体大致可以分为3类，即碳酸盐湖沉积、硫酸盐湖沉积及氯化物盐湖沉积。

1）湿润气候区湖泊化学沉积作用

化学沉积一般是高矿化度内陆湖泊的沉积特点，然而在湿润、半湿润区具有中等矿化度的淡水湖泊中，因具有一定的水化学环境，化学沉淀也能发生。湿润区由于强烈的化学风化和生物风化作用导致矿物分解较为彻底，因此不仅 K、Na、Ca、Mg 等易溶性盐类组分可呈离子状态进入湖水中，而且 Fe、Mn、Al、Si、P 等较难溶解的化合物组分也能成为胶体溶液或离子溶液进入湖水中，并成为潮湿气候区湖泊化学沉积的重要组成部分（沈吉等，2010）。

淡水湖泊化学沉积类型多样，且形成条件差异较大。虽然化学成因的沉积物仅占总沉积物的一小部分，但其却包含了区域的沉积学、水文学、气候学等方面的丰富信息。因此，通过对沉积物地球化学的研究，可以进一步了解区域内各环境要素的特征及其变化情况。

淡水湖泊中主要为碳酸盐类化学沉积物（莱尔曼，1989），其形成受气候、地质、湖水理化性质及生物活动等诸多因素控制。湖泊碳酸盐通常主要由方解石、文石、白云石等矿物构成（杨波等，2014）。湖泊沉积物碳酸盐主要来源于湖泊外源碳酸盐和自生碳酸盐，其中外源碳酸盐是指流域内母岩被风化后搬运至湖泊中的碳酸盐；自生碳酸盐分为 3 类：湖水中无机化学沉淀产生的碳酸盐、生物壳体碳酸盐以及少量沉积物埋藏早期成岩作用产生的碳酸盐（陈敬安等，2002）。只有在自然水体处于过饱和状态下，才能产生碳酸盐沉淀，而引起过饱和条件形成的因素有生物因素和物理化学因素（Kelts，1978）。生物因素是指藻类在光合作用过程中吸收 CO_2，引起水体 pH 值上升、H^+ 浓度下降，从而导致湖水中碳酸盐达到过饱和状态，最后发生碳酸盐沉淀。物理化学因素包括温度变化、水体蒸发浓缩、CO_2 的溶解与释放等，其中温度变化最为重要。

2）干旱气候区湖泊化学沉积作用

干旱区蒸发量大于降水量，且多发育封闭湖泊，在强烈的蒸发作用下，入湖水体的盐分在湖泊中不断积累，导致湖水盐度逐渐增加，最终形成咸水湖或盐湖。在湖水逐渐咸化过程中，根据溶解度从小到大，依次形成碳酸盐沉淀、硫酸盐沉淀和氯化物沉淀。据此将典型的盐湖沉积划分为 4 个阶段，即碳酸盐阶段、硫酸盐阶段、氯化物阶段和沙下湖阶段（汪新文等，2013）。

（1）碳酸盐阶段。

在湖水咸化初期，溶解度较低的碳酸盐先达到饱和而结晶沉淀。钙碳酸盐沉淀最早，镁碳酸盐次之，之后为钠碳酸盐，先后形方解石、白云石、文石、苏打石、天然碱等。若湖水中含硼酸盐，则可出现硼砂，此类湖泊称为碱湖或苏打湖。

（2）硫酸盐阶段。

湖水逐渐咸化，水深变浅，溶解度较大的硫酸盐类矿物沉淀下来，形成石膏、芒硝、无水芒硝等矿物，这类盐湖又称为苦湖。

（3）氯化物阶段。

湖水进一步浓缩，残余湖水浓缩成为可供直接开采的以氯化钠为主的天然卤水。在湖水继续蒸发时，食盐、光卤石和钾盐开始析出，此类湖泊称为盐湖。

（4）沙下湖阶段。

当湖泊全被固体盐类充满，全年都不存在天然卤水，盐层常被风成碎屑物覆盖而成为埋藏的盐矿床，盐湖的发展结束。

3. 湖泊的生物沉积作用

湖泊的生物沉积作用由生物的搬运作用、沉积作用和扰动作用三部分组成。生物的搬运能力较小，但其沉积作用却十分重要，不仅可以使溶解于水中的物质沉淀下来，还能沉积部分黏土物质和内源颗粒物，以及大气迁移的元素。自地球诞生生命以来，生物的沉积作用就开始显现出来，随着地质运动的历史变迁，生物在沉积过程和矿床形成方面的作用也越来越大。若论众多生物中对沉积作用贡献最为突出者，则非藻类与细菌等微生物莫属，不仅由于这类生物较早出现在地质历史时期中，被认为是最早的生命记录者与沉积矿床的贡献者；而且其繁殖快速、数量众多、适应性强、分布广泛。

生物的沉积作用分为直接和间接两种。生物的直接沉积作用表现为生物遗体堆积形成岩石或沉积矿床。生物在生长、衰亡等一系列生命过程中，不仅能够通过光合作用或获取养分形成各种有机体，而且还可以利用从介质中吸取的钙、磷、硅等无机盐，通过分泌作用生成骨骼和外壳。生物的间接沉积作用，包括生物化学沉积和生物物理沉积作用。生物化学沉积作用表现为生物在生命活动或遗体分解过程中引起介质的理化反应，进而促使某些溶解物质或元素沉积下来。生物物理沉积作用表现为生物在生命活动过程中通过捕获、黏结或障积等作用使物质发生沉积。

生物扰动作用指鱼类等水生动物对湖底沉积物造成的机械混合作用。由于不同底栖生物的活动在时间和空间上存在差异，因而湖泊内生物扰动作用的分布是不规则的。生物扰动作用不利于沉积物纹层结构的形成。

湖泊的生物沉积多分布于湿热的平原湖泊中，由湖泊中有机体死亡沉降至底部所形成。在富营养型湖泊中形成腐殖质泥土，由于缺氧，有机物无法彻底分解，从而形成富含脂肪、蛋白质和蜡状物体的胶质块。贫营养型湖泊则形成泥炭，主要由漂浮植物、苔藓等植物的残留物组成，中国黑龙江省、吉林省及长江中下游地区均有泥炭沉积。

三、湖泊沉积环境演化指标

湖泊沉积指标涉及多个学科领域，并且仍处在不断发展的过程中。总体上，湖泊沉积物的物理、化学和生物三大类指标构成了湖泊环境演变研究的指标体系，这些指标可以指示两大层面的内容：一是用来表征湖泊沉积特征的指标，如湖泊沉积物的元素组成、矿物成分、生物量，以及反映湖泊沉积物理特征的含水量、密度、颗粒形态和沉积构造等指数；二是反映某种特定环境的指标，这些指标对环境的指示意义有部分已经比较成熟，如孢粉、同位素、元素比值等，有的还在进一步的挖掘中，如生物标记化合物、特殊的微生物种群等。各沉积指标的环境指示意义并不能简单套用，需要针对研究的时间尺度、湖泊流域环境特征具体分析，结合多个指标进行相互验证，方能得出可靠的结论。

1. 物理指标

使用最广泛并对古环境重建意义较大的物理指标主要有粒度、环境磁学、色度等指标。由于受湖泊各环境要素的相互制约，对于这些物理指标的指示环境往往可以有多种解释。例如粒度能够用于提取区域降水、湖泊水位的波动、风尘活动、冰川进退等古气候环境信息（张家武等，2004；陈敬安和万国江，1999；强明锐等，2006；Matthews等，2005）。就粒度重建湖泊水位方面而言，粗颗粒既可以指示湖泊水位下降，也可以指示水位上升。因此，对于这些指标的解释，一方面，需要弄清楚不同湖泊本身的特点，如湖泊的大小、水深、沉积物的来源；另一方面，需要结合化学和生物指标进行验证和综合判识。本小节将就粒度、磁参数、含水量、烧失量、体积密度这几个指标的指示意义及其在古气候重建中的应用进行探讨。

1）粒度

沉积物颗粒的大小称为粒度，通常用粒径来表示粒度，粒度作为湖泊沉积与古气候研究中的一个传统指标，能够提供区域降水、湖泊水位波动、风尘活动、冰川进退及人类活动等环境信息。按照理想的沉积作用模式，从湖岸到湖心，随着水深的不断加大，其水动力条件由强变弱，沉积物粒度由粗变细。但其指示意义常具有多解性，如沉积物粒度在不同时间尺度和不同分辨率的研究中，其环境指示意义可能完全不同。陈敬安等（2003）通过对云南洱海和程海现代沉积物粒度的研究，揭示了沉积物粒度在不同时间尺度、不同时间分辨率的研究中具有不同的环境指示意义。在长时间尺度、低分辨率（百年、千年）研究中，粗颗粒沉积物指示湖泊收缩、湖水较浅的干旱气候期。在短时间尺度、高分辨率（年际、十年）研究中，粗颗粒沉积物指示降水较多的湿润年份，细颗粒沉积物指示降水较少的干旱年份。

对粒度的分析通常分为两种，一种是全样粒度分析法，直接将全样的粒度参数（常使用的粒度参数包括平均值、众数、中值、标准偏差、分选系数、偏态和峰态）进行分析或简单地将沉积物划分为黏土（<4μm）、粉砂（4~64μm）和砂（>64μm）进行分析；另一种是组分分离分析方法，是多个粒度组分叠加而成的混合型沉积物，然后根据粒度分布曲线设定粒度分布函数，并用设定的分布函数对实测粒度数据进行拟合，从而从数字特征上分离各组分。前者简单快速且分析结果精确，因此运用比较广泛；后者计算复杂，但是对混合型沉积物而言，其分析结果可信度更高（古立峰等，2012）。

2）磁参数

主要的磁参数包括磁化率、频率磁化率、饱和等温剩磁、非滞后剩磁以及退磁参数，在古湖泊研究中，磁参数可以进行地层对比、反映气候变化（磁化率高值表明气候相对寒冷，低值表示相对温暖）、追踪沉积物来源和判别生态环境变化，如Dearing等（1981）利用磁学参数估算湖泊流域剥蚀量和碎屑物质的输入通量。在环境磁学众多参数中运用最广泛的是磁化率，磁化率是衡量物质在磁场中被磁化程度的量，也就是磁化强度（M）是外加场（H）的正比函数（$M=\chi^{H}$ 或 $M=\kappa^{H}$，其中的系数就是磁化率（χ，质量归一化；κ，体积归一化；刘青松和邓成龙，2009）

3）含水量

是沉积物中所含水分的数量，通常用水重与固体干重之比或水重与总湿重之比来表示。含水量具有典型的水平和垂向分布形象（Hakanson，1981），在粗颗粒物质占优势的浅水区和沉积物粒径较大的主、支流河口区，沉积物含水量通常较低；而在较深水区，含水量比较高。

4）烧失量

是样品在一定高温条件下（通常在550℃下灼烧5h）损失部分占样品总质量的百分比。通常被用于表示样品中有机质含量。

5）体积密度

是指沉积物在自然状态下单位体积（包含沉积物内部空隙在内的总体积）的质量。湖泊沉积物中体积密度、含水量和有机质含量三者之间具有内在的联系，因此常常显示出相似的分布形式。

2. 化学指标

湖泊及其流域的环境变化过程直接决定了湖泊沉积物的地球化学性质，如沉积物的有机质含量、同位素组成、元素组成及有机质化学组成等。因此，特定湖泊中沉积物的化学组分与汇水区和湖泊内的物质组成密切相关。湖泊沉积物地球化学指标正是通过沉积物有机质含量的变化、不同介质（有机质、生物壳体、自生矿物及单体有机质等）的同位素组成变化、各种化学元素含量的变化等揭示湖泊环境变化的过程及其与区域气候变化的关系，探讨区域环境变化与全球环境变化的内在联系。在湖泊沉积物中的研究主要包括湖泊沉积物中元素的含量及其比值分析、同位素分布特征、有机地球化学分析。湖泊沉积物的地球化学指标与物理指标、生物指标一样在湖泊环境、全球环境变化的研究中发挥着重要作用，各类地球化学方法之间并不割裂，在准确适用某一指标的同时还应考虑其他指标的补充和印证。本小节重点介绍元素地球化学、稳定同位素、有机地球化学中的生物标志化合物等。

1）元素地球化学

元素分析湖泊沉积物中常用来研究环境演变的元素包括常量元素分析和营养元素分析。

（1）常量元素：有硅、铝、铁、钙、钠、钾、镁、锰、钛、锶和钡等。FeO/Fe_2O_3 和 Mn/Fe 比值常用于指示沉积环境的干湿程度、温度及水深条件，一般在湿冷的气候条件下，氧化性较差，FeO 不易被氧化，FeO/Fe_2O_3 比值较高，而浅水环境的 Mn/Fe 比值比深水环境要低得多。$CaO/（MgO+Al_2O_2）$ 比值能够灵敏地反映湖泊自生碳酸盐的沉淀量，进而反映湖泊沉积环境的温度，高 $CaO/（MgO+Al_2O_2）$ 比值指示相对温暖的沉积环境，低值指示相对寒冷环境。Sr/Ba 和 Ca/Mg 比值能同时指示湖泊水体的盐度变化，低值指示低盐度水体，高值则指示高盐度水体；Rb/Sr 可以反映风化强度及降雨量的大小，常作为夏季风环流要素中降水量的替代性指标（杜晨等，2012；陈骏等，1998）。

（2）营养元素：沉积物中的营养元素与生物作用密切相关，常用作指示有机质的含量及来源，其中研究较多的营养元素有碳、氮、磷、硫等。总有机碳含量（TOC）在一定程度上代表流域内生物量，总氮（TN）和总磷（TP）则代表湖泊的营养程度，由于藻类、草本和木本植物的 C/N 比值差异较明显，因此，TOC、C/N 比值可用于判别沉积物中内外源有机质的比例。C/S 比值目前主要用于区别淡水湖泊沉积物与海洋沉积物，反映湖泊水位的高低以及指示环境污染。

2）同位素

同位素是同一元素的不同原子，其原子具有相同数目的质子，但中子数却不同，包括放射性同位素和稳定同位素。

（1）放射性同位素：湖泊沉积研究中常使用 ^{14}C、^{137}Cs、^{210}Pb 等同位素作为测定沉积物年龄的有效方法，其中 ^{14}C 是在大气圈中通过宇宙射线中的次生中子与 ^{14}N 核相互作用形成的，古老的含碳岩石中不能保留自然形成的 ^{14}C，生物通过光合作用和食物链吸收环境中的碳，在生物生命过程中其所吸收的碳与它生活的环境（大气、海水或淡水）达到同位素平衡，直到生物体死亡，吸收碳的过程停止，放射性碳的"计时"功能开始。^{14}C 的半衰期（原子核有半数发生衰变所需的时间）为 $5730 \pm 40a$，测年范围只能局限在 0.04Ma 以来，同时沉积过程中的碳库效应、硬水效应等会影响到 ^{14}C 测年的精度。另外由于测年的误差、大气 ^{14}C 浓度的变化、化石燃料的使用（产生老的 CO_2）以及核武器实验（增加 ^{14}C 含量）等因素，^{14}C 技术对于近几百年以来的沉积物年代测定并不准确，因此往往通过 ^{137}Cs、^{210}Pb 等定年方法对近几百年沉积物的年龄进行测定和补充。

（2）稳定同位素：如 ^{12}C、^{13}C、^{16}O、^{18}O 等。同位素之间的质量差会引起一些物理和化学性质上的差异，当物质间发生相互作用或转化（化学反应、碳酸盐矿物在水中沉淀、大气与湖水交换等）就会引起同位素间的交换和再分配，同位素会发生分馏作用，轻、重同位素将在不同的物质中相对富集。由于同位素分馏效应，稳定性同位素为恢复古湖泊的物理、化学和生物特性提供了精确而详尽的信息。如湖水蒸发会优先蒸发较轻的 ^{16}O，植物光合作用时会优先吸收较轻的 ^{12}C。再如原生碳酸盐的氧同位素可以用于重建古气候（降水量、大气温度、季节变化等）、湖泊水位变化，研究集水盆地古高度和源区地质，判断湖水的来源等。湖泊沉积物有机质碳同位素与湖水的 pH 值、温度、营养状况、盐度及植物的生长密切相关，因此有机质碳同位素对于推测过去环境具有复杂性及多解性。

3）生物标志化合物

应用生物标志化合物的分布特征、结构演化模式及其参数变化，可以判识地质体中有机质的成熟度、生物输入源（正烷烃与脂肪酸的长链部分指示高等植物，短链部分指示细菌和藻类，芳香醛、酮、酸类的分布与结构可以鉴别木质素和非木质素、被子植物和裸子植物）和沉积古环境（海陆相、古温度、富营养化）等。在湖泊沉积研究中，应用较多的生物标志物包括正构烷烃、支链烷烃、脂肪酸、长链烷酮等，主要涉及生物标志物的种类、含量、相对丰度以及总有机碳和单体碳、氢等稳定同位素的组成特征。

3. 生物指标

古生态学作为古湖沼学的重要内容，主要的研究对象是沉积物中的生物化石，如植物、藻类、浮游动物及底栖动物等。古湖沼生态学则利用这些生物化石再现湖泊过去生态环境的变化，这些生物化石以难以降解和溶蚀的几丁质、硅质、文石、方解石等壳体和骨骼成分保存在沉积物中（Smol，2002），分为外源和内源两类指标。前者有孢粉、陆生植物残体、炭屑、植硅石和气孔器等，后者包括湖泊硅藻、摇蚊幼虫、枝角类、水生植物、介形类和鱼类骨骼残体等化石。沉积物生物化石的指标体系日趋成熟，本小节主要讲述广泛运用的几种化石，包括孢粉、硅藻、植物大化石、介形类等（表3-2）。

表3-2　常用的古生态指标特征及其环境指示意义（据董旭辉，2012）

生物指标	活体生境	个体大小（μm）	属种数	保存部分	可指示的湖泊环境要素
硅藻	浮游、底栖、附生存在于所有水体	2.5～200	10^6	硅质壳体	营养、盐度、水位、水温和pH值等
摇蚊	浮游、底栖，几乎遍及所有的淡水环境	幼虫蜕变后达13mm	400	几丁质头囊	温度、盐度、营养、水深等
孢粉	陆生及水生	10～150	10^5	孢粉素	气候要素、植被演替等
枝角类	浮游、附生、底栖	20～600	约620	几丁质外壳	温度、盐度、营养、pH值、鱼类捕食等
介形类	底栖，多在中—碱性的水体	200～3000	65000	低镁方解石壳体	水位、盐度、古温度、营养盐、底质等
金藻	浮游植物，喜酸性或贫营养的淡水湖泊	<10	约1500	硅质壳壁	温度、营养盐、pH值、盐度、电导率等
植物大化石	陆生及水生	1～10^6	10^5	纤维素或坚硬部分	水位、水生（陆生）植被演替
甲螨	湖泊、沼泽湿地、草地、森林	300～1000	10500	坚硬的外壳	pH值、水位、生产力和气候

1）孢粉

是孢子植物（菌、藻和蕨类植物）的孢子和种子植物花粉的总称，不同植物的孢粉结构、形状、大小、重量和产量存在差异。孢粉得益于其数量多、易传播、保存、鉴定以及能很好地反映沉积时期的自然植被状况等优点，而被广泛应用于流域古植被、古气候及人类活动的重建研究中。了解各类植物孢粉的产量、散布、来源、沉降过程、迁移规律和保存状况，是进行古环境重建的基础。孢粉学家基于孢粉数据开辟了一系列定量重建的方法，包括指示种法、孢粉—气候因子转换函数、孢粉—气候响应面分析法、最佳类比法、共存类群生态因子分析法、非线性回归转换函数方法以及生物群区划法等。中国从20世纪90年代起致力于中国第四纪孢粉数据库的建设，如宋长青和孙湘君（1997）以中国北方215块表土孢粉样品中的13种花粉与4种气候参数建立了花粉—气候因子转换函数。郑卓等（1999）使用中国南方和亚洲热带265个现代孢粉数据，采用类比法将雷州半岛的第四纪孢粉数据进行了孢粉—气候的定量转换。

2）硅藻

硅藻为单细胞藻类，属硅藻门，是食物链的重要初级生产者，每年的生物量大约占地球总生物量的25%，可以分布在几乎所有类型的水体中，硅藻分类主要依据壳体的形态、对称与否、纹饰、突起等特征进行，硅藻是许多淡水水体的优势藻类，可以出现在不同类型水体中，而且能够快速响应环境的变化，其壳体能够较好地保存在湖泊沉积物中，并且分类系统比较完善，属种非常丰富，因此硅藻化石被认为是沉积物中最重要的藻类指标。目前，硅藻化石已被用于提取古气候（温度）、湖泊理化水平（硅藻与湖泊水位、湖水盐度、富营养盐浓度、pH 值等的转换函数）和人类活动的信息（Pienitz 等，1997；杨世蓉和吉磊，1994）。

3）植物大化石

通常是指在肉眼下可见，或能在显微镜下观察的植物残体，包括果实、根、茎、干、叶子、芽和花等植物器官组织。植物化石和孢粉一样能够提供丰富的古环境信息。由于植物大化石通常能鉴定到属或种级水平，而有些孢粉只能鉴定到科或属，一些植物的花粉不易保存或产量极低从而误导孢粉数据的解释，因此往往和孢粉指标结合，共同用于古植被、古环境和古气候的重建（Birks 等，2001，2003）。此外，湖泊沉积物中的陆生植物和一些水生植物大化石都可以用于精确的 ^{14}C 测年，以解决沉积物中的碳库效应。

4）介形类

介形类属于小型双壳甲壳类，一般生活在中性到碱性的水体中。介形类的分布对气候（温度）、水环境（离子浓度、pH 值、水深、含氧量、营养盐等）和生境条件（底质）的变化很敏感（黄保仁等，1985；Williams 等，1993）可以用于重建温度、水位变化、水体盐度变化及判识海水入侵。近年来随着介形类现代生态调查和分类研究的深入以及分析技术和水平的提高，利用介形类化石开展古环境重建，已经从定性描述和推导阶段发展到定量研究阶段（Forester，1986；Smith，1993）。此外，介形类壳体的地球化学研究方面也取得了重大的进展，包括利用氧、碳同位素、微量元素（尤其是 Mg 和 Sr），进行湖泊古水温、古盐度、古生产力的半定量和定量推导（Holmes，1996；Shen 等，2011）。

5）其他生物指标

随着湖泊古生态学研究的深入和实验技术的创新和发展，许多过去被忽略而现代生态学又经常涉及的生物体，其残体遗存物陆续在沉积地层中被发现，但是目前这些化石生物分类主要的依据是残体部位的形态特征描述，分类系统尚处于不断完善中。这些新拓展的生物化石指标包括非孢粉型、金藻、淡水海绵、摇蚊亚化石、枝角类、甲螨、有壳变形虫化石、淡水软体动物、鱼类化石等。

四、湖泊沉积记录

通过湖泊沉积指标与各项环境因子之间关系的建立，可以综合地还原出古气候、古构造运动以及人类活动对环境的干扰。如山西公海沉积物记录的古降水和古季风演化历史（Chen 等，2015），云南腾冲青海沉积记录的末次冰期以来特别是全新世研究区水文气候波动及其驱动机制（Zhang 等，2017a；图 3-2），吉林小龙湾重建的水生植物和季风变化的记录（Chu 等，2014）等晚第四纪湖泊研究，为湖泊沉积与环境演化提供了十分宝贵的资料。该领域研究还采用了新的技术和方法，如生物标志化合物（Chu 等，2014）、古生物（孢粉、摇蚊等）—定量转换函数等（Chen 等，2015；Zhang 等，2017b）。同时，针对油气勘探的国家需求，对陆相含油盆地、中—新生代湖相地层和湖泊沉积的岩相古地理等开展研究，探索了含油气区湖相烃源岩的形成（钱凯和邓宏文，1990；邓宏文和钱凯，1990）、断陷盆地的演变过程等。

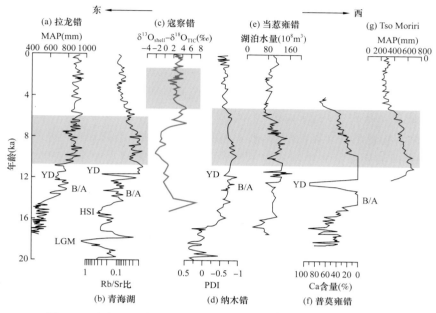

图 3-2　过去 20ka 部分湖泊环境变化重建记录（据朱立平，2017）

MAP 为年平均降水量，单位 mm；PDI 为花粉判别指数

1. 气候记录

湖泊沉积具有沉积连续、沉积速率大、分辨率高、信息量丰富的特点。所以利用湖泊沉积记录重建不同时间尺度的古气候研究受到广泛重视（张振克等，2000）。研究结果表明西南季风区自全新世以来也存在较大幅度的千年尺度水文气候波动，特别是在距今 4000—5000a 存在一个明显暖湿的时期。该记录与安达曼海水文记录具有同步性，表明季风降水及其带来河流的流量变化影响了海表盐度。这些波动与季风源区热带印度洋海表温度变化具有相关性，而海表温度是控制季风源区水汽变化的重要因素。海表温度越高、海水蒸发越强、季风降水越多，因此，太阳辐射和热带印度洋海表温度的影响从末次冰期到全新世是一致的。

2. 地质构造活动记录

地球历史上湖泊沉积大规模的发育或缺失都和一定的构造背景及气候环境条件相关，上新世和早更新世中国西部存在许多大湖泊，湖泊沉积厚度较大。而东部湖泊分布的范围十分局限，除了当时大气环流的形式与现代存在差异外，构造运动的差别也是一大原因（王苏民和李健仁，1993）。陈诗越等（2003）对青藏高原中部错鄂湖 200m 深井岩心古地磁测年表明错鄂湖形成于约 2.8Ma 前。沉积岩性组合、粒度特征和磁化率变化揭示了约 3 次大的沉积环境变化，反映了至少 2 次剧烈的青藏高原隆升。同时孢粉组合也揭示了构造隆升导致的植被组合的变化。初步研究认为大的湖泊沉积环境变化主要是在青藏高原不断隆升的背景上进行的，2.8—2.5Ma 和 0.8Ma 以来的沉积环境演化主要受构造运动的控制，而 2.5—0.8Ma 环境演化过程更多地受到冰期—间冰期旋回气候变化的影响。在青藏高原东北部，广泛分布的高大山系和盆地，是高原地貌演化的结果，也成为认识高原隆升过程的重要地质记录。对西宁盆地的湖泊沉积分析表明，这里的山盆体系在距今约 50Ma 就开始发育并相对稳定地持续到了 16—10Ma，表明这段时间高原东北部已经基本形成。在 16—10Ma，盆地河湖泊沉积停止遭受侵蚀，河流开始下切，指示这时有一次重要的构造活动和地面抬升。在距今约 2Ma 以来广泛发育的河流阶地序列高度差达 400m 以上，指示了气候变化和构造活动对湖泊的影响；存在的数百米的河流阶地高差、河流侵蚀速率近 10 倍的增加是地面构造抬升控制河流下切的证据，指示青藏高原东北部在距今约 2Ma 以来的抬升。西宁盆地及其周边山系地貌发育过程可能是高原东北部隆升对欧亚和印度板块碰撞和挤压响应的体现（鹿化煜等，2014）。

3. 人类活动记录

对于现代湖泊而言，湖泊沉积的另一项重要记录就是对人类活动的记录。由核试验产生的人工放射性核素 ^{137}Cs 可随大气环流扩散、沉降并逐年积累在湖泊沉积物中（Smol 等，2004）。全球核试验的初始时间是 20 世纪 50 年代初期，其中最典型的是苏联 20 世纪 60 年代进行的多次核试验，这些 ^{137}Cs 峰值在北半球多类沉积物中被广泛地记录（Krishnaswamy 等，1971），青海湖中沉积记录中也可见到此明显的峰值（张志杰等，2018）。云南洱海湖泊沉积记录显示，湖泊沉积物磁化率参数对洱海流域土地利用方式变化，尤其是耕作农业的出现有显著响应，元素 Fe 和 Al 含量以及沉积物色素的变化也与该流域的人类活动导致的水土流失及湖泊营养水平的上升联系紧密，湖泊记录的环境突变与历史文献记载的人类活动事件有较好的一致性（张振克等，2000）。云南星云湖沉积的有机地球化学和同位素研究表明，星云湖及流域生态系统早在公元 6 世纪就开始恶化，包括富营养化和污染等，并与文化和朝代的更替具有很好的对应关系（Hillman 等，2014）。中国科学院地球环境研究所科学家根据湖泊沉积物中孢粉数据和气候模型集成重建、模拟了中国北方季风区过去 2200a 的降水、温度变化历史（Li 等，2017）。

第三节　现代湖泊沉积有机质富集规律

湖泊作为流域物质的主要汇集场所，沉积速率较高，是研究全球变化的重要载体（Co1e 等，2007）。湖泊水体虽然占地球表面积较小，但越来越多的研究发现湖泊是一个不容忽视的碳汇区（Anderson，2009），湖泊生物地球化学强度分别是陆地与海洋生态系统的 33 和 115 倍，其有机碳埋藏速率甚至大于海洋（Downing，2009）。目前，有关陆相湖盆有机质的研究相对薄弱，且大多沿用了海相研究的思想，湖泊具有盐度变化范围大、水深较浅、面积小、沉积速率高、生产力高等特点，这些因素促使湖泊沉积与海洋沉积之间有较大的差异。较早的研究主要集中在沉积速率、地质构造、气候条件与有机质的关系。Müller 和 Suess（1979）、Lynne 等（1982）研究发现沉积速率与现代沉积物中的有机质丰度之间存在必然关系。Calvert（1987）研究表明海相沉积物中的有机质富集主要受有机质原始生产率及沉积速率的影响。Meyers 和 Ishiwatari（1993）研究表明，湖泊有机质丰度是湖盆构造和形态、有机质沉积过程等因素相互作用的结果。Talbot（1988）通过研究非洲热带湖泊表明暖湿气候有利于沉积物有机质的富集。拜文华等（2010）在浅湖—半深湖湖湾环境油页岩成矿富集机理研究时发现沉积环境对于有机质富集具有控制作用，此外，岩性的差异对有机质富集也有一定影响，沉积物的颗粒越细，有机碳含量就越高，而且颗粒表面吸附的有机质对其起很好的保护作用。基于目前学者关于陆相湖盆沉积有机质的研究现状，本节主要从有机质的生产、有机质的分解与保存、有机质的稀释 3 个方面总结了陆相湖盆有机质的控制因素，并分析了抚仙湖沉积物有机质的来源。

一、有机质的生产

湖盆有机质的生产受湖盆地貌、气候环境、湖泊水介质条件、地区光照条件、营养盐供给、藻类季节性勃发及自养型细菌等因素的影响。湖泊较高的生产力水平是湖盆有机质富集的主要物质基础，其中低纬度地区热带湖泊生产力最高，其次是中纬度地区湖泊，极地地区湖泊生产力最低（表 3-3；Katz，1995）。相同纬度地区的湖泊，其生产力大小与湖盆水体的营养供给水平密切相关，其中又以氮元素（硝酸盐）和磷元素（磷酸盐）为主。磷元素（磷酸盐）普遍存在于各类岩石中，湖盆周边岩石的风化作用速率对其输入量起决定作用，磷元素的输入还受到湖盆地貌、湖盆周围岩性、湖盆构造及发育时期气候条件等因素的影响（Bluth 和 Kump，1994）。对于陆相湖盆而言，氮元素（硝酸盐）很少成为生产力的限制因素，但几乎所有的磷元素（磷酸盐）都来源于陆上母岩的风化，Schindler（1976）的全湖实验表明磷是刺激藻类爆发式增长的限制性营养元素。氮元素（硝酸盐）的输入同样也受湖盆地貌、湖盆周围岩性、湖盆构造及湖盆发育时期气候等因素的影响，但氮元素还可能来源于生物的固氮作用，比如蓝藻细菌的固氮作用。除了营养元素的输入之外，营养物质的再循环也显得至关重要，而湖区气候季节性变化是影响营养物质再循环的关键因素，比如发生季节性藻类勃发。藻类季节性勃发式增长是湖泊生态系统中的重要特征，它不仅为湖泊提供了大量有机质，极大地提高了湖泊生产力，同时也为沉积岩中的有机质富集创造了良好的条件（Hay 等，1990）。

表 3-3　不同纬度湖泊年平均生产力（据 Katz，1995）

湖泊类型	生产力［g/（m²·a）］
高山湖泊	<1～100
南极湖泊	1～10
北极湖泊	<1～35
温带湖泊	2～450
热带湖泊	30～2500

湖泊水介质条件决定了湖泊生态系统，高浓度的 H^+ 抑制了多数微生物的生存，比如硝化细菌减少后，有机质硝化作用也减慢，使得铵根离子氧化为硝酸根离子的作用渐渐停止，湖泊营养水平被破坏，加速了湖泊发生贫营养化，因此酸性湖泊的生产力较低，但由于微生物数量少，降低了有机质的降解速率，反而有利于有机质的保存。碱性湖泊能够从大气中吸收较多的 CO_2，从而增加了湖泊中的溶解无机碳（DIC）含量，同时 CO_2 的增加也能够促进进行光合作用的生物量增加，由于碱性湖泊增加了磷酸盐的溶解度，从而极大地促进了湖泊生物的生长繁殖。有研究表明咸水湖泊（NaCl 型咸水湖）的生产力很高，分析可能是因为咸水中生活的藻类和细菌为了适应盐度的变化在细胞内形成了具有渗透活度的有机物，如蛋白质、甘油及可溶性糖等，等到这些生物死亡细胞解体之后，便会释放出大量有机质。还有一些藻类，比如牟氏角毛藻在低盐度环境中藻细胞生长比较缓慢，而在高盐度环境中藻细胞生长较快，这无疑加快了有机质的生产速率（张亚丽等，2011）。细菌对于有机质生产的贡献往往容易被忽视，在一些湖泊中，尤其是在半循环湖泊中，自养型细菌可以通过光能或化学能合成有机质，其生产有机质的量可能大大多于植物生产的量。有些学者关于湖泊的研究成果能够证明存在这种现象，比如关于美国内华达州大苏打湖，瑞士的卡达格诺湖和日本的水月湖等研究（Hanselmann，1986）。淡水湖泊中生物种类繁多，其中生活着浮游藻类、浮游动物、底栖藻类、底栖动物、游泳动物、细菌等，对于发生富营养化的淡水湖泊而言，其生产力可以很高（Koli 和 Ranga，2011）。

二、有机质的保存

有机质保存主要受生物扰动、水介质条件、沉积速率的影响。首先，生物扰动与有机质的再悬浮对沉积在湖底的有机质有较大影响，主要是延长了有机质暴露在溶解氧的时间；而水动力条件（风、波浪等）和生物扰动都能够促使埋藏在沉积物表层的有机质发生再悬浮，使有机质再次暴露在水体溶解氧中。其次，有机质的保存受不同的水介质条件影响比较大，在盐碱性湖泊中由于缺少底栖动物，因而不会发生生物扰动作用，从而降低湖泊沉积物中的有机质再次受到氧化分解的概率。此外，沉积速率对有机质保存也具有重要影响，沉积速率越高，湖泊沉积物保存的原始生产的有机质含量就越高，这主要是因为沉积速率越大，沉降于湖泊沉积物表面的有机质埋藏效率就会越高，在氧化还原带中受到的微生物分解破坏就会越少，这些有机质能够较快地度过早成岩期而进入成岩后期，形成干酪根或者产生早期油气。然而沉积速率并非越大越好，因为沉积速率对有机质含量的影响是双向的，当沉积速率低于该临界值时，沉积岩中总有机碳含量（TOC）随着沉积速率的增大而增大；当沉积速率高于该临界值时，沉积岩中总有机碳含量（TOC）会随着沉积速率的增大而减小（Ibach，1982）。

有机质的保存包括有机质降解再缩聚、有机质自然硫化和有机质选择性保存三大保存机制。湖泊沉积物中存在着大量腐殖质，是有机质的主体，湖泊水体中 40%～60% 的溶解有机质都属水生腐殖质，构成了自然水体中有机物的最大组成部分。腐殖质分为异地搬运与原地自生两种，陆源腐殖质大多是由高等植物的木质素先降解为醌类和酚类化合物，随后这些物质再与氨基酸及其他分子一起聚合成腐殖质；而内生腐殖质则是直接由水体中已经存在的氨基酸、碳水化合物及其他简单分子一道直接缩聚而成腐殖质，原先可被生物直接利用的营养物质在缩聚之后已变得不能被降解酶所识别，使得这些复杂的有机大分子物质能够逃离微生物的再分解而得以保存（Nissenbaum 和 Kaplan，1972）。

20 世纪 90 年代前后学者们提出了有机质的选择性保存理论，用来解释那些经历沉积和成岩过程后依然保存于干酪根中的抗分解生物大分子（Largeau 等，1986）。比如，细胞壁物质的存在，有些包裹在其中的容易被降解的有机质，如多糖、多肽等能够得到保护从而沉积在干酪根中，通常在显微镜中看到的那些结构完好且内部结构清晰的干酪根显微组分就是有机质选择性保存的结果（Tegelaar 等，1989）。另外，腐殖酸、煤、沥青、干酪根中存在有大量的有机硫，一部分属于死亡生物遗体细胞分解出的含硫有机物，然而微生物会很容易的分解破坏这些物质；另一部分属于非生物有机硫，在早成岩时期，硫酸盐首先会被硫酸盐还原菌还原为 H_2S 或者硫单质，随后生成的 H_2S 和硫单质与有机物结合可以得到高分子量的有机物质（Tissot 和 Welte，1984）。此外，黏土矿物对有机质具有吸附作用且比富集在粗粒级陆源碎屑中的有机质更加稳定。不同地区现代海岸沉积物中的有机碳含量随着沉积物埋藏深度的增加而减小，并且减小到稳定背景基值则不再变化，这一稳定的背景基值和黏土矿物比表面积之间存在有良好的正相关性，表明黏土矿物吸附有机质的能力在一定程度上取决于其比表面积（Mayer，1994）。

有机质还可以通过氧化缩聚的形式来保存，比如干酪根样品中的某些成分是由原本存在于生物体内的（C_{27}、C_{29}、C_{31}）二烯烃、（C_{27}、C_{29}、C_{31}）三烯烃与醚脂在氧化条件下，早成岩阶段通过氧化缩聚（氧键交联）而形成的不溶于酸碱且难降解的大分子物质（Gatellier 等，1993）。后来有学者发现在现代节肢动物角质层中富含几丁质与蛋白质，而缺少脂肪结构的有机物，然而却能够在一些古近—新近纪、第四纪的节肢动物化石中看到其角质层中含有大量氧化缩聚而形成的脂肪族聚合物。此外，热解实验发现，这部分脂肪族大分子聚合物可以在实验加热的过程中通过含醚键脂肪类化合物（游离脂肪酸）和易分解的生物大分子（蛋白质、几丁质）氧化缩聚而成（Stankiewicz 等，2000）。

三、有机质的分解与稀释

1. 有机质分解

有机质的分解与保存受水体分层、水介质条件、细菌生物、沉积速率、无机矿物、黏土矿物等因素的影响。有机质在水体沉降过程中能够被无机矿物，尤其是黏土矿物所吸附，因有机质密度较小，沉降速度慢，被吸附的有机质便可以快速地通过水体沉淀下来，从而减少了沉降过程中遭受的分解破坏。沉积埋藏过程中，黏土矿物的吸附作用对有机质起到有效的保护作用，这已经成为有机质保存的主要机制之一。有机质的分解遵循一定的顺序，反应顺序是由吉布斯提出的自由能、细菌催化及反应动力学决定的；反应产生自由能最大的先发生，再逐次进行直到所有的氧化剂或反应的有机质被耗尽为止。反应过程主要包括有氧呼吸、硝酸盐还原、锰氧化物还原、铁氧化物还原、硫酸盐还原和甲烷化作用

（表3-4），发生反应的过程同时也是有机质氧化的过程，而硝酸盐、溶解氧、硫酸盐、金属氧化物都充当氧化剂，都是在相应微生物细菌的参与下完成的。

表3-4　微生物分解有机质反应模型（据Kelts，1988）

作用	反应	G^0
有氧呼吸	$(CH_2O)_{106}(NH_3)_{16}(H_3PO_4)+138O_2 \rightarrow H_3PO_4+16HNO_3+106CO_2+122H_2O$	-3190
锰氧化物还原	$(CH_2O)_{106}(NH_3)_{16}(H_3PO_4)+472H^++236MnO_2 \rightarrow H_3PO_4+236Mn^{2+}+8N_2+106CO_2+366H_2O$ 钠水锰矿 $G^0=-3090$；六方锰矿 $G^0=-3050$；软锰矿 $G^0=-2920$	
硝酸盐还原	$(CH_2O)_{106}(NH_3)_{16}(H_3PO_4)+94.4HNO_3 \rightarrow H_3PO_4+55.2N_2+106CO_2+177.2H_2O$	-3030
	$(CH_2O)_{106}(NH_3)_{16}(H_3PO_4)+84.8HNO_3 \rightarrow H_3PO_4+42.4N_2+16NH_3+106CO_2+148.4H_2O$	-2750
铁氧化物还原	$(CH_2O)_{106}(NH_3)_{16}(H_3PO_4)+848H^++212Fe_2O_3 \rightarrow H_3PO_4+424Fe^{2+}+16NH_3+106CO_2+530H_2O$	-1410
	$(CH_2O)_{106}(NH_3)_{16}(H_3PO_4)+848H^++424FeOOH \rightarrow H_3PO_4+424Fe^{2+}+106CO_2+742H_2O$	-1330
硫酸盐还原	$(CH_2O)_{106}(NH_3)_{16}(H_3PO_4)+53SO_4^{2-} \rightarrow H_3PO_4+53S^{2-}+16NH_3+106CO_2+106H_2O$	-380
甲烷形成	$(CH_2O)_{106}(NH_3)_{16}(H_3PO_4)+14H_2O \rightarrow HPO_4^{2-}+16NH_4^++14HCO_3^-+39CO_2+53CH_4$	-350
	$CO_2+4H_2 \rightarrow CH_4+2H_2O$	

注：G^0 为反应产生的自由能，单位为 kJ/mol；$C_6H_{12}O_6$ 为葡萄糖。

有机质在沉积物中的分解首先在微生物作用下发生水解发酵，该过程有机质并没有被彻底氧化，产生的能量和发酵的速率都很小，随后发酵产物和不同电子受体（氧化剂）作用被彻底氧化，从而产生大量能量（施春华等，2001）。有机质发生分解的反应在湖水中发生的位置受氧化—还原边界控制，比如在季节性分层湖泊中，氧化—还原边界会随着季节变化在水体和沉积物之间发生迁移。氧化—还原边界上的氧化条件下有机质氧化的速率很高，附近的溶解氧会很快消耗完，但由于上覆溶解氧不断进行补充，易被分解的有机质在1～2个季节就可以完全消耗。而氧化—还原边界带中的缺氧环境及其下面的厌氧环境能够减缓有机质的降解速率，因此缺氧的湖水有助于有机质的保存（Simon等，1994）。

在早期成岩过程中，沉积物中硫酸盐浓度较高时，硫酸盐还原作用对于有机质分解与保存具有非常重要的意义。富含有机质的典型陆棚沉积物中，大约一半左右的有机质会经硫酸盐还原反应消耗掉，可见硫酸盐还原菌在消耗有机质方面具有很高的速率。在微生物的参与下，硫酸盐氧化有机质的能力会比其他的氧化剂（硝酸盐、氧、金属氧化物）更强。湖泊中硫酸盐浓度的大小决定了其氧化有机质的能力，在硫酸盐浓度较高的湖泊中，其氧化有机质的作用是导致湖泊沉积物中有机质含量低的主要原因之一（Kelts，1988）。另外，甲烷化作用是有机质矿化模型中的最后一个反应，甲烷化作用与硫酸盐还原反应一样，它们都是在绝对厌氧的环境下发生作用的，浊流沉积携带大量陆源有机质快速沉积在湖底时，因较高的沉积速率在湖底形成了一个厌氧环境，在甲烷细菌作用下，能够形成早期的生物成因气。

2. 有机质的稀释

有机质的稀释作用受沉积速率的影响，最终得出湖盆中有机质含量实际上是"有机质生产—有机质分解—有机质稀释"三者之间相互作用的结果。这是因为碳酸盐矿物或者碎屑矿物的输入会对有机质稀释造成单位沉积物含有的有机质质量的减少，而沉积速率对有机质稀释有着重要的影响。钙质岩类渗透性最好，沉积剖面垂向上有机质氧化分解序列中的氧化带与硫酸盐还原带最宽，最不利于有机质的保存，因此其沉积速率对有机质起稀释作用的临界值最小；硅质岩类渗透性次于钙质岩类；黑色页岩渗透性最差，因此黑色页岩最有利于有机质保存，其沉积速率对有机质起稀释作用的临界值也最大（Ibach，1982）。当底部水体缺氧情况下，沉积速率对有机质起稀释作用的临界值会比水体含氧时高，这是因为在缺氧时，相对有更多的有机质得以保存，而稀释这些有机质则需要更高的沉积速率带来更多碎屑矿物或碳酸盐矿物，这是黑色页岩沉积速率的临界值比钙质泥岩和硅质泥岩都高的原因（Tyson，2001）。

沉积速率在对有机质起保护作用时（$SR<5cm/ka$），沉积速率与有机质之间的关系受沉积时的氧化还原环境控制，氧化环境中的总有机碳随沉积速率增大而增加的幅度较还原环境中的更大（图3-3）；沉积速率在对有机质起稀释作用时（$SR>5cm/ka$），沉积速率与有机质之间的关系受到有机质生产率的控制，表现为低有机质生产率条件下总有机碳含量随沉积速率的增大而减少的幅度较高有机质生产率条件下的更大（Tyson，2001）。总的来说，沉积速率对沉积物中有机质丰度的影响在任何沉积体系中均存在，在沉积速率较低的沉积体系或者沉积环境中，有机质暴露在溶解氧的时间长，经历早成岩作用的时间也长，会有更多的有机质被分解矿化，因此只有较低比例的有机质被保存下来；在沉积速率较高的沉积体系或者沉积环境中，有机质只经过了短时间的暴露，经历短暂的早成岩作用期就会被埋藏；当沉积速率过高，向盆地中输入的有机质含量则跟不上碎屑矿物或者碳酸盐矿物的含量，就会导致有机质的稀释，降低了单位沉积物中有机质的比例（Tyson，2001；Ding 等，2015）。

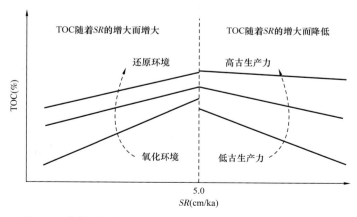

图3-3　古代陆相湖盆岩石总有机碳含量与沉积速率关系模型

四、有机质来源的判识

世界各地区的湖泊，如西欧、东亚、北美及其他湖区的研究表明湖泊沉积物中有机质含量的空间差异比较大（Wang，2012），水体初级生产力、沉积特征、陆源有机质输入及微生物降解的速率等因素被认为是影响湖泊沉积物有机碳含量高低的主要因素（Gireeshkumar等，2013）。其中，有机碳内源和外源的贡献直接影响其含量在沉积物中的空间分布，这可能是湖泊形态和湖泊生产力等不同造成的（Barnes和Barnes，1978）。通常具有较高生产力的湖泊，其沉积物中的有机碳主要来源于湖泊本身；而低生产力的湖泊，则主要来源于水体之外的有机碳；小而浅的湖泊，其有机碳可能来源于湖岸带地区；大而深的湖泊，特别是峡湾湖泊，则可能来源于湖泊水体内的浮游生物增殖（Shanahan等，2013）。目前，区分沉积物中有机碳来源的方法主要有同位素法、元素比值法（C/N）及生物标志物法（脂肪酸、正构烷烃）等，并且被越来越多的国内外学者应用于湖泊物源示踪及生物地球化学过程机理的研究。

1. 同位素法

湖泊沉积物全岩有机碳同位素（$\delta^{13}C_{org}$）组成变化受多种因素的影响，如湖水的性质、生产力变化、沉积物中有机质的来源、湖泊营养状况和气候要素（温度和降水）变化、成岩作用的后期改造、大气CO_2浓度变化等（沈吉等，1996）。在不同环境中形成的有机物，因其母体利用碳的方法不同，则具有不同的$\delta^{13}C$特征值，这便为利用同位素推断沉积物有机碳的来源提供了依据。陆生植物依据光合作用固碳方式与初级产物的碳原子数不同可以划分为C_3、C_4和CAM植物。因C_3与C_4植物的固碳方式不同，C_3和C_4植物的生态习性和碳同位素组成存在一定差异。C_3植物的碳同位素（$\delta^{13}C$）组成变化范围为$-35‰\sim-21‰$，平均值约为$-28‰$，多适合冷湿气候环境；C_4植物的$\delta^{13}C$变化范围为$-20‰\sim-9‰$，平均值为$-14‰$，适合偏暖干的气候环境；CAM植物主要分布在极干旱地区，其碳同位素（$\delta^{13}C$）组成变化介于C_3和C_4植物（Smith和Epstein，1971）。有研究发现中国北方C_3植物碳同位素（$\delta^{13}C$）组成受到温度与降水量的影响：年平均气温越低，$\delta^{13}C$值越偏重（正）；年降水量越少，$\delta^{13}C$值越偏重（正）。因此，如果气候比较冷干，C_3植物碳同位素组成越偏重（正），而如果气候比较暖湿，C_3植物碳同位素组成则偏轻（负）（王国安和韩家懋，2001）。

湖泊中的水生植物可分为挺水植物、浮游植物和沉水植物共3大类型，由于水生植物进行光合作用所利用的碳源不同，它们的碳同位素组成也存在明显的差异。挺水植物通常直接利用大气CO_2进行光合作用，所以具有陆生C_3植物的$\delta^{13}C$值分布特征，可偏负至$-30‰\sim-24‰$。沉水植物一般利用湖水中的HCO_3^-作为碳源，HCO_3^-的$\delta^{13}C$值在普通的湖水温度条件下比溶解CO_2的$\delta^{13}C$值要偏重$7‰\sim11‰$，所以沉水植物的$\delta^{13}C$值相对于挺水植物的$\delta^{13}C$值偏正，变化范围为$-20‰\sim-12‰$，平均约为$-15‰$。浮游植物如果利用与大气CO_2保持平衡的湖水里溶解的CO_2作为光合作用的碳源，那么其$\delta^{13}C$值会接近陆生C_3植物的$\delta^{13}C$值，其$\delta^{13}C$值最大可偏负至$-35.5‰$，如果湖水里溶解CO_2严重亏损，它们会转而利用湖水中的 HCO_3^- 作为碳源，那么其 $\delta^{13}C$ 值将显著偏正，如某些藻类的 $\delta^{13}C$ 值可达 $-24‰\sim-12‰$（Meyers 和 Lallier-Verges，1999）。

2. 元素比值法

不同物源的同位素特征值会有交叠的部分，因此还需通过有机物的 C/N 比值来判断其主要来源，这个示踪的应用是建立在不同的有机质类型具有不同的 C/N 比值基础之上。C/N 比值为蛋白质含量的指示剂，蛋白质是生物体内最重要的含氮成分，蛋白质、碳水化合物以及脂肪共同构成了生物体内有机质最主要的部分，动物通常比植物含有更多的蛋白质，而海洋藻类会比陆地高等植物含量多。湖泊浮游植物的 C/N 比值范围是 5~10，多数细菌等微生物的 C/N 比值范围在 3~5 之间，而陆地植物具有较高的 C/N 比值，通常都大于 20，土壤有机质的 C/N 比值范围在 8~15 之间（Rostad 等，1997）。因此，根据湖泊沉积物中 C/N 比值可以大体推断有机质的来源。

3. 生物标志物法

有机化学分析中的色谱和色谱—质谱联用技术的快速发展，使得生物标志物被越来越多的国内外学者应用于湖泊物源示踪研究（Woszczyk 等，2011）。正构烷烃是湖泊沉积物有机质的常见组分，比较难被微生物降解，主要来源于不同生物的类脂化合物，其碳数组成差异比较大。通常短链正构烷烃（nC_{13}—nC_{21}）主要来自光合作用的微生物和各种藻类，中等碳链长度的正构烷烃（nC_{21}—nC_{25}）主要来源于沉水植物和漂浮植物，长链正构烷烃（nC_{25}—nC_{35}）主要来源于陆生维管束高等植物与挺水植物（Ficken 等，2000）。Meyers（2003）研究表明正构烷烃奇碳数分布优势主要和有机质的来源有关，其中细菌和藻类等微生物主峰碳为 C_{15} 或 C_{17}，呈单峰型分布；苔藓植物、沉水植物和漂浮植物等水生植物多以 C_{21}、C_{23}、C_{25} 合成正构烷烃（Xie 等，2000）；而陆生高等植物与挺水植物主峰碳为 C_{27}、C_{29}、C_{31}，奇偶优势明显，并且呈单峰型分布（Bourbonniere 和 Meyers，1996）。因此，如湖泊沉积物中以单峰型、低碳数为主峰，则反映出有机碳主要来自低等菌藻类；以单峰型且高碳数为主峰的正构烷烃则可能来源于陆生高等植物或者挺水植物贡献，如果以双峰型碳数分布则表明有机碳是混合来源（胡星等，2014）。

例如，Aichner 等（2010）研究青藏高原湖泊沉积物与水生大型植物中正构烷烃氢同位素组成发现，水生大型植物中 C_{23} 和 C_{25} 正构烷烃与沉积物的相似。同类型生物中正构烷烃及氢同位素组成存在明显差异，因此生态环境同样也影响了湖泊沉积物中正构烷烃氢同位素的组成。

第四节　现代咸水湖泊实例——青海湖

青海湖是中国最大的内陆湖泊，根据 2017 年 8 月调查，湖水面积为 $4435.69km^2$，平均水深为 21m，最大水深为 31.4m。青海湖拥有大小河流近 30 条，属内陆封闭水系，主要河流有布哈河、乌哈阿兰河、沙柳河、哈里根河、甘子河、倒淌河和黑马河。青海湖地质结构十分复杂，处于几个构造单元的交汇带上，是在早—中更新世就已经形成的新构造断陷湖，中—晚更新世为断陷湖发展的全盛时期，此时湖盆显著加深，沉积物显著变细。全新世以来湖盆周围继续隆升，气候趋于干燥，导致湖面缩小，水位下降。

青海湖地区主要受亚洲夏季风、东亚冬季风以及西风的大气循环的影响。冬季，西风带盛行上层大气，西伯利亚高压控制下层气流；夏季，该区域位于亚洲内陆低压区，亚热带高压移动到北纬30°并带来了大量水汽。沙尘暴主要发生在春季，时常在8~20d之间。青海湖湖区年平均气温在 -1.5~1.5℃之间，7月平均气温在11~16℃之间，1月平均气温在 -12~-14℃之间。年均降水量在270~360mm之间，多年平均降水日数为100d。

一、湖水性质与水生生物

1. 湖水的物理性质

由于湖水蒸发量大于补给量，湖水逐年萎缩，湖水比重已经达到1.008~1.01（16~20℃）；水体温度季节间变化较大，夏季水体有显著温度分层现象，表层水温最高可达18.9℃，底层水温最低可达6℃。秋季水体只在水深较大处发生水体分层现象，冬季湖面冰封，湖水出现温度逆分层，春季温度逆分层现象消失。

2. 湖水的化学性质

湖水主要离子总量的年平均值为12.49g/L，pH值介于9.1~9.4，属于半弱碱性微咸水；水体中不存在二氧化碳，含氧量较低，年平均含氧量为5.63mg/L，而H_2S含量变化介于0~22.54mg/L；湖水中可溶性无机氮的平均含量为0.08mg/L；湖水中可溶性磷酸盐、硅酸盐和铁的含量都较低，湖水中有机物耗氧量平均为1.41mg/L。

3. 水生生物

浮游生物种类不多，组成比较单纯。发现35种浮游植物，其中9种常年出现，种类以硅藻为主，尤其以圆盘硅藻占优势，浮游动物有17属，以原生动物为主。底栖动物种类不多，共发现19属，以摇蚊为主。底栖动物分布与浮游生物相似，浅水和淤泥底质环境下种类及数量明显偏多，而在深水地区有H_2S的环境可能抑制某些底栖动物的生长。由于青海湖含盐量为12.5‰左右，且水生高等植物极贫乏，以致底栖动物缺乏一个良好的生长环境。

二、水动力条件

布哈河的河水补给能量产生湖流，全年盛行的西风和西北风的能量产生湖浪，水温变化和蒸发作用使湖水比重变化引起湖水的垂直循环。这3个因素，决定着青海湖水动力的基本特点。

青海湖的湖水处于有规律的运动中，形成湖流，并在开阔湖区围绕海心山形成主体环流；局部地区流向有变化，在一些湖湾区形成次一级湖湾回流；湖流是由径流补给和西北风推压作用形成的，其中，主体环流是由布哈河水自西向东注入引起的；湖流流速以2m深处相对较大，向下递减。湖浪是由风力引起的。湖区全年以西北风为主，各月最大风速为13～22m/s，平均风速为3.1～4.3m/s。除此之外，在每年气温升高的4月和气温下降的10月前后，都会使表层水密度大于底层水，从而引起湖水的垂直循环。青海湖区的蒸发作用很不均衡，南强北弱，蒸发使得表层水浓缩，密度增大，也会引起垂直循环。湖区地下水补给在沙岛和二郎尖地区比较显著，也影响湖水的动力。根据水动力分带和湖水物理化学因子的平面分布，可以把青海湖水团划分为5个水区（图3-4）。

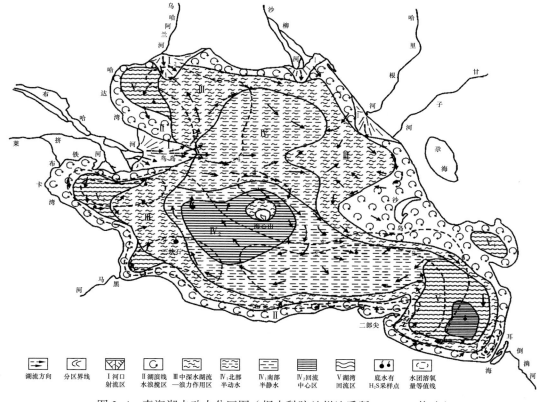

图3-4　青海湖水动力分区图（据中科院兰州地质所，1976，修改）

河口射流区：大体呈角锥形，射流的影响范围和水深因河流能量而不同，布哈河射流的影响水深可达27m。这一水区的特点是水团混合无温跃层。

湖滨浅水浪扰动区：这一水区环湖分布，宽度取决于湖浪强度。0～8m是浪力翻搅带，这里的碎屑质点不断被湖浪搅起带走；8～14m为环湖浅水流流—湖流作用带，水动力以浪力和回返浪流为主，湖流也起一定作用，这一水区水团混合无温跃层，是湖中氧化作用较强的水区。

中深水湖流—浪力作用区：水动力以平面流动的湖流为主，湖流对水团的混合作用起着主导作用，表层水也受湖浪扰动，混合水层的深度尚可达到湖底，不存在温跃层，氧化度中等。

深水湖流影响区：水深大于23m，中上水层仍受到浪力和湖流的影响，而底水中，这种影响较弱或消失，开始出现水团的垂直分层，细悬浮物被带到这里大量沉积，这一水区的特点是有温跃层，透明度高，是青海湖中氧化程度最弱的水区。

湖湾回流区：湖流受半封闭湖湾地形的限制，不能畅通，形成湖湾回流。这里的湖水运动一般比较滞静，细悬浮物往往被带到回流中心沉积。

三、沉积速率

青海湖 1960 年以来整体平均沉积速率较低且空间分布差异较大，沉积速率范围从 0.09～0.32cm/a，平均沉积速率为 0.17cm/a。就其空间分布特征来说，湖区西部的布哈河入湖河口三角洲范围内的沉积速率较快，南部、北部及东南湖盆中心区域沉积速率相对较低。此外东北部沙岛附近湖区受风力搬运作用的影响，沉积速率较高（图 3-5）。

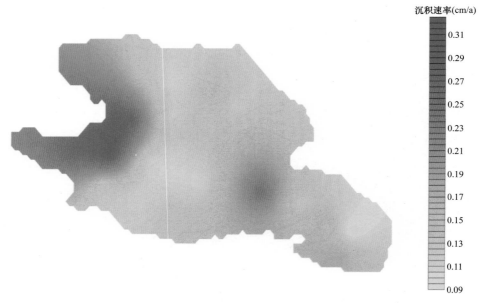

图 3-5　青海湖 1960 年以来沉积速率空间分布图

青海湖的现代沉积速率较低，且湖泊内部沉积速率的空间差异明显，这与纳木错和贝加尔湖等大湖的沉积特征非常相似。湖心深水区沉积速率较慢，而浅水区由于有河流输入且坡度相对较缓有利于物质沉积，因而沉积速率相对较高；入湖河流的水动力条件也对沉积速率造成明显的影响，河流入湖冲刷区与湖心区域显示了不同的沉积速率。除了湖泊内部环境因素，陆源物质输入是影响湖泊沉积通量的主要因素，青海湖流域西部发育面积较大的布哈河三角洲。

四、细粒沉积物展布

1. 粒度分布

青海湖沉积物的粒度分布呈多峰状分布，峰值的位置主要在 0.5μm、10μm、60μm 和

400μm 附近（图 3-6），几乎所有样品都包含 0.5μm 和 10μm 左右的粒度峰值，但不是所有的样品均包含 60μm 和 400μm 的粒度峰。例如，在 QHH-24 岩心中，2017 年和 1960 年的样品不包含 60μm 组分的粒度峰，QHH-24 岩心中 2017 年的样品则不包含 60μm 和 400μm 的粒度峰。

青海湖每个岩心不同样品的粒度累计曲线类型比较接近，呈现典型的单分散型（S 型），但粒度累计曲线的斜率存在差异。例如，QHH-10 岩心的 2017 年样品的粒度累计曲线的斜率小于 1960 年的样品，类似的变化也在 QHH-24、QHH-20 和其他岩心柱中呈现。

基于三个粒径的分布图，发现青海湖沉积物以细粒为主，特别是粉砂主导了沉积物的粒度变化，含量达 60% 以上，尤以中细粉砂（4～32μm）为主（图 3-6）。黏粒组分在 10%～35% 之间，砂粒组分低于 20%。

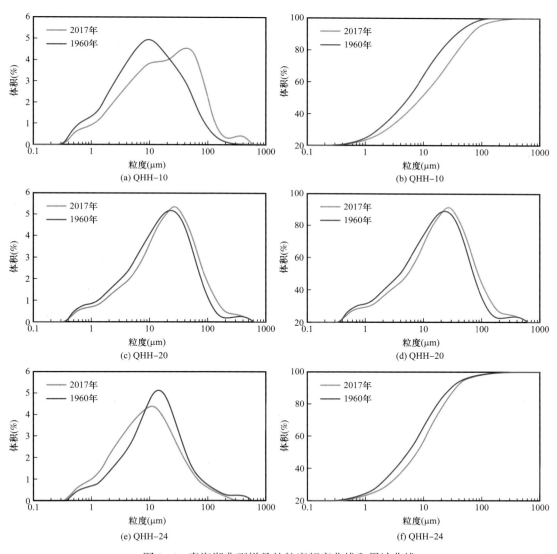

图 3-6　青海湖典型样品的粒度频率曲线和累计曲线

2. 空间展布

对青海湖湖区内 27 个点位进行取样分析，结果显示青海湖沉积物的粒度时间上呈现大体变粗的趋势，砂粒组分逐渐增多，黏粒组分逐渐减少，细粒组分逐渐减少。对 2017年和 1960 年的粒度数据进行差值，得到整个青海湖在这两个时期的粒度变化。结果显示除湖东南地区外，青海湖沉积物的中值粒径在 2017 年明显大于 1960 年，中值粒径的差值大体上自湖心向湖滨呈现同心圆状的降低且以湖中心粒度变粗最明显（图 3-7；张志杰等，2018）。

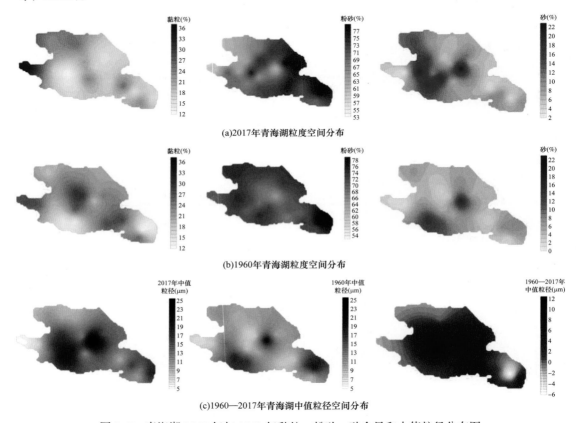

(a)2017年青海湖粒度空间分布

(b)1960年青海湖粒度空间分布

(c)1960—2017年青海湖中值粒径空间分布

图 3-7　青海湖 2017 年与 1960 年黏粒、粉砂、砂含量和中值粒径分布图

空间上，青海湖沉积物的变化相对较复杂，中值粒径呈现明显的受沙岛影响的湖区高、湖滨低的特征，但是湖西南侧例外。例如，在 2017 年，湖西南侧的中值粒径为15～18μm，明显比湖北侧和南侧的 7～10μm 粗，仅略小于湖心的 20～25μm（图 3-7）。类似地，在 1960 年，湖西南侧的中值粒径为 13～16μm，高于湖北侧和南侧的 5～9μm。2017 年与 1960 年中值粒径的差值在空间上也表现不一致，湖心的差值最大，同心圆向湖滨减少。但在湖的东南侧，1960 年的中值粒径反常的高于 2017 年，这可能与东南湖区东侧耳海面积增加有关。近十几年来，耳海的湖平面处于一个上升阶段，与青海湖水位近十年处于上升阶段相吻合（陈骥，2016）。耳海水位的上升，有助于倒淌河挟带的沉积物大量沉积，尤其是较粗颗粒的沉积物，只有粒径较细的悬移质可能随风浪作用进入青海湖。

也可能由于近年来对东南湖区附近进行了一系列的生态环境治理措施，风力减弱，只有较小粒径的碎屑物质能够在湖中沉积。

砂粒组分的分布是受沙岛影响的湖区和主要河流入湖处含量较高。粉砂组分在布哈河入湖口明显增多，但是中值粒径却没有显示，这可能是粉砂和黏粒组分变化较少的缘故。同时，2017年与1960年粗砂组分在湖西部布哈河入湖口还存在较大差异，1960年该地区粒径较小，粗砂含量低于8%，而在2017年，粗砂组分可达30%（图3-7）。

河流输入、风尘输入、湖平面变化、重力流等因素共同主导了青海湖细粒沉积物的时空变化。河流输入是影响湖泊粒度的主要因素，湖泊中大量硅酸盐组分主要来自河流搬运的物质，特别是对粗颗粒组分的贡献，因此河流入湖口常常较粗，湖心粒度较细。粒度结果也显示青海湖的布哈河入湖口粒度粗，北部沙柳河、乌哈阿兰河和哈尔盖河入湖口粉砂粒径明显增多。风尘输入是影响湖泊粒度的一个重要的因素，特别是在风尘活动强烈的干旱—半干旱区域。青海湖位于柴达木沙漠的下风向，距离柴达木沙漠仅200km，同时，在青海湖东侧沙岛附近存在大量的沙漠分布，因此，青海湖受风尘输入的影响较大。湖平面变化也会明显影响湖泊沉积物的粒度，特别是河流入湖口地区，由于湖水的减势作用，导致粗颗粒组分快速沉降。2017年布哈河入湖口砂粒含量高，且明显比1960年多，这可能是由于湖平面下降而至，1960—2017年青海湖水面下降了约2m。湖泊重力流也会再分布沉积物的粒径，重力流又称吞吐流，是指沉积介质与沉积物混为一体在压力梯度作用下的流动，以悬移方式搬运为主。砂粒在青海湖西侧的带状分布可能主要受控于青海湖表层重力流，这也得到青海湖底坡度变化的支持，在布哈河入湖口海西山以东和以南地区，湖泊水深急剧加深，例如，海西山附近的水域深度为5～10m，但向东3km之后，水深最深处大于30m，坡度大于5°，具备重力流的坡度条件。

五、沉积物中有机质富集特征

青海湖沉积物总有机碳含量在0.22%～6.95%之间，平均为2.84%；总氮含量在0.02%～0.72%之间，平均为0.27%。C/N比值在7.95～19.90之间，平均为12.44。湖底沉积物中总有机碳和总氮含量线之间相关性显著（图3-8），表明沉积物的有机质来源总体相对稳定，以自生来源为主，陆源有机质输入比率较低。

青海湖湖底沉积物的有机碳分布呈环带状从湖滨浅水带向中部深水区增高（图3-9）。在几条河流入湖处，有机碳低值带都略有加宽，显示河流对有机质的稀释作用。

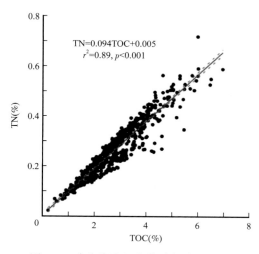

图3-8 青海湖底沉积物碳氮线性关系

青海湖湖底平坦开阔，有机碳大于2%的高值区占湖底面积60%以上。青海湖底沉积物中有机质的分布主要受到水动力条件和氧化还原相的控制。水动力高能带上有机碳含量小于1%，低能带上一般大于2%。尤其是布哈河的主湖流把湖盆中部分隔为南北两个有机碳含量大于4%的高值区，它们恰好在两个环流中心。有机质的高低也与湖底沉积物粒度之间存在明显关系，随着粒级变细有机碳含量顺序增高，这是因为颗粒越细表面积越大，吸附的有机质就越多。

图 3-9　青海湖底沉积物有机碳（%）等值线图

表层沉积物与1960年的总有机碳含量相比，大部分湖区有机质含量都显著增加。主要是由于人类活动增加所造成，大量的化学肥料和畜牧业养殖产生的粪便随地表径流输入到湖泊当中，使得湖泊趋于富营养化，导致湖泊中各种生物，特别是低等藻类的大量繁殖。

第五节　现代淡水湖泊实例——抚仙湖

抚仙湖位于云南省中部玉溪市境内，地处低纬度、高海拔地带，最大水深为155m，湖泊面积为211km²。抚仙湖属于典型的高原断陷型深水湖泊，位于小江断裂带上，是云南高原古近—新近纪构造抬升形成的断陷湖盆，湖盆为左旋拉张断裂控制的地堑式断陷盆地，在早更新世以前形成。

抚仙湖处于西南季风气候区，属亚热带低纬度高原季风气候，冬春季受印度北部次大陆干暖气流和北方南下的干冷气流控制；夏秋季受印度洋西南暖湿气流的影响控制，因而形成冬春干旱、夏秋多雨湿热、干湿分明的气候特征。湖区年平均气温为15.5℃，年际变化较小；年降水量为800～1100mm，主要集中在5—10月（王苏民，1998）。

一、湖水性质

抚仙湖内有多种水生植物分布，主要的水生植物类型为沉水植物，湖泊内基本无大型挺水植物的自然分布（熊飞等，2006）。抚仙湖的主要水源补给是降雨和地下水。历年平均降雨量为951.4mm。湖泊四周支流不多且分散，陆源腐殖质极少，悬浮物不多，为贫营养型湖泊；加之湖内和湖岸周围有大量的地下泉水涌出，湖水清澈纯净，水质极好。经化验，抚仙湖湖水 pH 值为8.36，呈微碱性，湖水净淡度为99.5%，是中国内陆淡水湖中水质最好的湖泊之一。湖的深水区为蓝绿色，湖水透明度平均为8m，最大可达12.5m，居云南省湖泊之最。

二、沉积速率

抚仙湖目前处于断陷湖盆发育的早期裂陷阶段，属于沉积物补偿小于湖盆下沉速度的深水湖泊，沉积过程相对较浅的湖泊而言受到的干扰较小。抚仙湖近70年的现代沉积发展演化划分为3个阶段：

自然演化阶段（19世纪中叶—20世纪10年代）：沉积速率缓慢增加。该段时期抚仙湖流域人口稀少，生产力水平低下，湖泊受到的扰动较小，处于原始自然状态。流域植被发育好，水土流失轻微，只有在遇到暴雨的年份才会引起大量的颗粒物质搬入湖中，造成抚仙湖这个阶段沉积速率呈缓慢增加现象。

人为扰动阶段（1910—1978年）：该段时期为沉积速率高值段，并且出现大幅度的波动，分析可能是人为扰动的结果。这段时期内相继开凿了隔河和清水河，以及"农田改造"使森林植被遭到巨大破坏，水土流失加剧，沉积环境发生急剧变化。再加上抚仙湖四周山坡毁林开荒，森林覆盖率急剧下降，拦截泥沙的能力减弱造成泥沙入湖量增加（云南省史志编撰委员会，1994；张世涛等，2007；王小雷等，2011）。

人为改造阶段（1978年至今）：沉积速率出现先缓慢降低后缓慢上升的趋势。1978年改革开放以来，湖泊处于被改造阶段。尤其是20世纪80年代以后，沿湖人口迅速增多，排入湖泊的工农业废水和生活污水大幅增加，严重污染了抚仙湖的水质，在一些人口较集中的景区近岸地带，水质已下降到Ⅲ类。此外，抚仙湖流域蕴藏着丰富的磷矿资源，自1984年以来，该流域开展了大规模的磷矿开采与磷化工开发，在创造较好经济效益的同时，也造成了抚仙湖严重的生态破坏与流域性环境污染（冯慕华等，2008）。

三、主要沉积特征

1. 沉积物的化学组成

何宗玉等（2003）研究发现抚仙湖沉积物中常量元素 K_2O 和 Al_2O_3 的含量在柱心 $0\sim5cm$ 范围内呈快速增加的特点，5cm以下则变化范围较小；SiO_2 和 Fe_2O_3 含量则是随深度增加而升高，总体变化幅度较小；CaO随深度增加而降低；MgO随深度变化不大，研究发现抚仙湖沉积物中常量元素主要源自流域内岩石的风化侵蚀。微量重金属元素中 Ni、Pb 和 Zn 的含量为 $17\sim30\mu g/g$、$23\sim41\mu g/g$ 和 $60\sim100\mu g/g$，其中 Ni 含量随深度增加而升高，Pb 和 Zn 含量则随深度增加而降低，表层沉积物金属元素含量整体呈现为近岸湖区高于湖心区，北部湖区含量高于南部湖区（燕婷等，2016）。P的含量为 $0.12\%\sim0.19\%$，Mn的含量为 $0.12\%\sim0.20\%$，其中 P 在柱心 $0\sim3cm$ 的范围内呈逐渐增加趋势，反映湖区沉积物中由人类活动输入P的含量呈逐渐增多的趋势。V和Co的含量分别在 $150\sim211\mu g/g$ 和 $22\sim36\mu g/g$ 范围内，含量均随深度增加而升高。Sr和Zr的含量分别为 $29.5\sim61.0\mu g/g$、$153\sim189\mu g/g$，并随深度变化较为稳定（何宗玉，2003）。沉积物中金属元素含量除了人为污染影响外，还与粒度组成等沉积物的变化有关，有研究表明抚仙湖 1980 年以来 Cr、Cu、Ni 含量降低主要与有机质含量增加或沉积物粒度变粗有关（Liu 等，2009）。

2. 沉积物中的营养盐

抚仙湖沉积物中营养盐浓度在不同湖区垂向分布差异明显，TOC 浓度呈现稳定下降趋势再转变为上升趋势，这种现象分别出现在 1930 年初和 1990 年中后期且沉积物中 TOC 主要吸附在粗粉砂颗粒中（王小雷等，2014）；抚仙湖总氮浓度呈现小幅度波动趋势，有学者认为沉积物中的氮多以有机氮和无机氮为主，并且无机氮相对比较恒定，抚仙湖总氮浓度与各粒径之间并没有明显的相关关系，这可能与沉积物中氮的物质形态相关（Calvert，2004）；抚仙湖总磷浓度整体呈现先下降后上升的变化趋势，无机磷（IP）是其主要组成部分，占总磷的 63.63%～82.87%，由于附近磷矿的开发活动，沉积物中钙氟磷灰石含量高，占总磷的 41.65%±17.04%，传统上钙氟磷灰石（CAP）被认为是稳定的磷库，但其在微生物的作用下具有释放潜力，在一定条件下沉积物能够从污染物的"汇"转变为"源"，需引起足够的重视（宋媛媛等，2013）。与云南地区其他湖泊相似，抚仙湖总磷主要吸附在粒径小于 2μm 细小的黏土颗粒中，该流域表层土壤类型主要为砖红壤和红壤，黏土成分所占比例大于 35%，次表层则多为砂质土壤，与抚仙湖流域土壤背景值相比，沉积物中总氮和总磷浓度分别高出 8～9 倍和 3～5 倍（王文富，1990）。抚仙湖流域水土流失比较严重，土壤抗蚀性较差，导致营养盐伴随土壤侵蚀汇入湖中，并吸附于不同粒径的颗粒悬浮物中最终沉降在沉积物中。

3. 主要沉积体系

抚仙湖周边水系短浅，除北部澄江平原发育的东、西大河和梁王河以外，湖区无大的河流注入。在湖北端岸边有宽不足 20m 经湖浪淘洗的砾石滩，缓倾斜没入水下。砾石多呈棱角状，砾径均为 1～2cm。从较缓倾斜平直的岸线及砾石滩的分布情况看，东、西大河及梁王河的河流沉积作用较弱，受湖浪的改造作用较大。

抚仙湖中心地带东西宽约 1km、南北长约 16km 的区域，既是深湖沉积区，也是浊流沉积区叠加的部位。深湖沉积物是以粒径小于 0.02mm 的陆源黏土矿物和自生黏土矿物为主，其中缺少碎屑矿物；浊流沉积物以粒径大于 0.02mm 的碎屑矿物为主。

抚仙湖以浊积砂体沉积为特征，在抚仙湖南北部都发育近岸浊积扇砂体（图 3-10）。岸边溪流

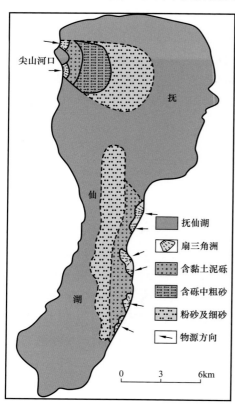

图 3-10 抚仙湖浊积砂体的平面分布
（据孙顺才和张立仁，1981）

尖山河口

抚

仙

湖

▨ 抚仙湖
▧ 扇三角洲
⋮⋮ 含黏土泥砾
▦ 含砾中粗砂
⋰ 粉砂及细砂
→ 物源方向

0   3   6km

挟带碎屑物质直接入湖形成扇三角洲沉积，厚度一般为 70～300m，岩性为分选良好、直径 1～2cm、棱角状及次棱角状细砾石。较大的湖岸坡度受到断裂及地震的影响，使得扇三角洲沉积体很不稳定，常常沿斜坡向深水滑移，形成近岸浊积扇沉积。当搬运能量较大时，在近岸浊积扇前方平缓的湖底，可形成面积大而厚度小的湖底扇沉积。

因受物源区红色风化壳的影响，浊积层为一套棕红、棕色粗碎屑沉积，在其根部浊积层底为含砾中粗砂，厚 4～6cm，向上逐渐过渡为粉砂和粉砂质黏土，全层厚 25～30cm，表现为单一的递变层理；在扇中（水深 100～150m）则厚度变薄，以含砾砂为主；在 150m 以下的扇缘以含泥粉砂为主。在 1.3～2.0m 的岩心中存在两套浊积层，在浊积层中既有深水底栖的介形类（刺玻璃介、抚仙湖玻璃介、胖抚仙湖花介），又含有浅水底栖的种属（湖土星介、丽星介、新纹星介），还有大量浮游硅藻、湖滨生活的腹足类（方格短沟蜷）碎片及幼体，这种不同生成环境生物的复杂组合正是确证浊流沉积的最重要的依据之一。

4. 浊流沉积与地震记录

沉积物的磁性特征在一定程度上能够反映其生成环境、来源母质、搬运过程和沉积作用等综合信息。1979—1981 年，孙顺才等在研究云南抚仙湖时发现，抚仙湖北部和中部有浊流沉积区域，并认为很可能是一次烈度较大的地震触发坍塌或者沉积物水下滑坡所造成。

浊流沉积物以碎屑矿物石英、斜长石、正长石、碎屑碳酸盐（方解石）为主，约占沉积物总含量的 80% 以上，其次有 5% 左右的磁铁矿、赤铁矿等碎屑性矿物，其平均质量磁化率比较高（李杰森和宋学良，2002）。在抚仙湖中心受到烈度较大的地震力作用时，处在斜坡上的半深湖沉积物容易产生滑坡，便以浊流沉积的方式，叠加于深湖沉积物之上。前者的磁化率较高，后者的磁化率较低，剖面的磁性就会发生一次错位。地震烈度决定滑坡的规模，地震事件沉积层越厚，它所包含的浊流沉积物就越多，平均质量磁化率也越高。根据《中国古今地震灾情总汇》及《中国地震目录》的统计，自 1500 年以来，发生在抚仙湖周围 150km 范围内，震级 ≥4.7 级的地震共有 78 次，其中震级 ≥5 级的 75 次，震级 ≥6 级的 26 次，震级 ≥7 级的 8 次，震级 ≥7.5 级的 2 次，震级 ≥8 级的 1 次（李雁玲和李杰森，2003；表 3-5）。

表 3-5 抚仙湖地区典型地震事件（Is ≥0.1）与磁化率突变对应关系表（据李雁玲和李杰森，2003）

沉积物深度（cm）	同位素年份	磁化率 χ（10^{-8}）	Δχ	地震时间	震中县志（地名）	震级（级）	烈度 I_0（°）	距离 s（km）	Is（I_0/s）
3～4	1968—1974	58	38	1970-01-04	通海	7.7	<10	40	0.25
4～5	1963—1968	45	13	1965-05-24	峨山	5	<6	50	0.12
6～7	1952—1957	73	35	1953-05-04	弥勒	5	<7	50	0.14
8～9	1940—1945	68	5	1940-06-19	玉溪	5.75	<7	30	0.23
—				1940-06-04	石屏	6	<9	80	0.11

沉积物深度（cm）	同位素年份	磁化率 χ（10⁻⁸）	Δχ	地震时间	震中县志（地名）	震级（级）	烈度 I_0（°）	距离 s（km）	Is（I_0/s）
—				1940-04-03	玉溪	5.25	<7	30	0.23
9~10	1934—1940	67	6	1939-09-19	玉溪	5.5	<7	30	0.23
—				1937-11-10	呈贡	5	<6	40	0.15
—				1936-02-18	通海	5	<6	40	0.15
12~13	1917—1923	80	12	1919-12-09	弥勒	5.75	<7	50	0.14
13~14	1912—1917	77	3	1913-12-21	峨山	7	<9	50	0.18
				1913-09	晋宁	5	<6	30	0.20
14~15	1906—1912	90	13	1909-05-11	华宁	6.5	<6	20	0.30
18~19	1883—1889	95	14	1887-12-16	石屏	7	<9	80	0.11
19~20	1877—1883	101	6	1882-01	弥勒	5.75	<9	50	0.18
				1879-09	弥勒	5.5	<7	50	0.14
22~23	1860—1886	125	32	1861-07	华宁	4.75	<6	20	0.30
27~28	1832—1838	77	10	1833-09-06	嵩明	8	<9	90	0.10
				1834-04-01	宜良	5	<6	50	0.12
33~34	1798—1803	59	0	1799-08-27	石屏	7	<9	80	0.11
35~36	1786—1792	75	15	1789-06-07	华宁	7	<9	20	0.45
39~40	1763—1769	68	2	1763-12-30	江川	6.5	<8	20	0.40
40~41	1758—1763	66	2	1761-05-23	玉溪	6.25	<8	30	0.27
—				1761-11-03	玉溪	5.75	<8	30	0.27
41~42	1752—1758	63	3	1775-01-27	易门	6.5	<8	70	0.11
46~47	1724—1730	58	2	1725-01-08	宜良	6.75	<9	50	0.18
47~48	1718—1724	53	3	1722-02	峨山	5	<6	50	0.12
51~52	1694—1701	51	5	1696-07-07	昆明	5.75	<8	60	0.12
58~59	1654—1660	61	4	1665-04-17	玉溪	5	<6	30	0.20
70~71	1586—1591	35	7	1588-08-09	建水	7	<9	80	0.11
74~75	1563—1568	60	32	1571-09-19	通海	6.75	<8	40	0.20
75~76	1557—1563	29	31	1560	通海	5.5	<7	40	0.18
				1560-04	宜良	5.5	<7	50	0.14
82~83	1517—1523	20	3	1517-07-22	通海	5.5	<7	40	0.18
85~86	1500—1506	41	18	1500-01-13	宜良	7	<9	50	0.18

四、沉积物中有机质富集特征

抚仙湖表层沉积物有机质研究表明湖北岸附近 TOC 含量全湖最高，为 3.4%；总氮含量同样在北岸湖区附近最高，南湖区最低。表层沉积物营养盐水平整体呈现北部湖区偏高南部湖区偏低，南北岸较高东西岸较低的分布特征，分析可能与湖的地形特征密切相关（宋以龙等，2016）。抚仙湖 C/N 比值总体表现为南湖区＞北湖区＞湖心，多数湖泊研究表明柱心 C/N 比值多呈现表层低、底层高的变化特征，这主要是因为近几十年来的湖泊富营养化逐渐引起水体初级生产力增大，使得藻类等水生植物占有更高比例，从而造成表层沉积物有机质 C/N 比值减小；而在沉积物早期成岩作用过程中，藻类等内源有机质会优先降解，陆源有机质则会更多被保存，造成底层沉积物 C/N 比值增大。与大多数湖泊沉积物柱心 C/N 比值变化规律相反，抚仙湖底部到表层呈快速增加趋势，$\delta^{13}C_{org}$ 则逐渐偏负，表明抚仙湖沉积物有机质中陆源有机质所占的比例持续增加，与内源有机质相比，抚仙湖外源有机质输入增加更快，指示了近 30 年来抚仙湖流域人为活动逐步增加、流域侵蚀与水土流失逐步加剧。水体营养化程度逐渐提高，初级生产力不断增强，内源有机质和陆源有机质输入的持续增加导致了沉积物有机质的快速积累，使得表层沉积物有机质含量快速增长（秦俊等，2015；丁薇等，2016）。

抚仙湖长时间尺度有机质特征研究表明，距今 5000—2300a，有机质输入主要是内源水生生物与陆生 C₃ 植物；距今 2300—2000a，抚仙湖沉积 $\delta^{13}C_{org}$ 值的突变表明该流域在这一时期可能经历了快速变化的气候事件；距今 2000a 至今，以内源浮游植物、沉水植物与藻类等输入为主；2000 年以来，随着人类活动影响增加和陆生 C₃ 植物输入的锐减，引起沉积物 $\delta^{13}C_{org}$ 值相对偏正，TOC 含量与 C/N 比值同时呈现减少的趋势，间接地说明在过去 5000a 里抚仙湖流域内的陆生植被覆盖率明显降低（刘颖等，2017）。

第四章　典型淡水湖盆细粒沉积

淡水湖是指矿化度小于 1g/L 的湖泊，现代淡水湖分为封闭式和开放式两种。封闭式淡水湖大多位于高山或内陆区域，无明显的河川流出，面积通常较小；开放式淡水湖面积可能相当大，并有多条河川流入流出。世界面积最大的淡水湖是苏必利尔湖，面积达 $8.24×10^4km^2$，蓄水量达 $1.2×10^{12}km^3$；贝加尔湖是世界最深的淡水湖，最深处达 1637m（2015 年），面积为 $3.15×10^4km^2$，蓄水量达 $23.6×10^{12}km^3$。中国面积最大的淡水湖是鄱阳湖（$3914km^2$）、蓄水量最大的淡水湖是抚仙湖（约 $206.2×10^8km^3$）。

地质历史时期的淡水湖主要分布于亚热带—温带的潮湿和半潮湿—半干旱气候环境，如晚三叠世—早侏罗世的准噶尔、塔里木、鄂尔多斯和四川等盆地。由于湖水矿化度较低，淡水湖沉积物基本为碎屑岩，碳酸盐岩不发育。本章以鄂尔多斯盆地延长组长 7 段为例，重点解剖淡水湖盆细粒沉积的形成环境、岩相特征和沉积模式。

第一节　鄂尔多斯盆地长 7 段区域地质概况

一、盆地概况

鄂尔多斯盆地位于华北地台西部，面积约为 $25×10^4km^2$，是一个发育在太古宙—古元古代结晶基底之上的大型多旋回克拉通盆地。盆地演化经历了中—新元古代拗拉谷、早古生代浅海台地、晚古生代近海平原、中生代内陆坳陷湖盆和新生代周边断陷五大沉积演化阶段（Sun 等，1989），主要形成了古生代和中生代两套含油气系统（杨俊杰，2002；Zhao 等，1996；Wang 和 Al-Aasm，2002）。古生代含油气系统以煤系地层为主要烃源岩，石炭—二叠系致密砂岩和奥陶系马家沟组碳酸盐岩风化壳为主要储层，在盆地北部斜坡带已发现了苏里格等大型致密气区和靖边等大型碳酸盐岩岩溶天然气田；中生代含油气系统以三叠系延长组长 7 段湖相泥页岩为主要烃源岩，延长组致密砂岩和侏罗系常规砂岩为主要储层，在盆地南部已发现安塞等大型岩性油田和华庆等大型致密砂岩油田。鄂尔多斯盆地由渭北隆起、伊陕斜坡、晋西挠褶带、天环坳陷、西缘冲断构造带及伊盟隆起共 6 个一级构造单元组成（图 4-1）。

鄂尔多斯盆地具有丰富的页岩油气资源，2010 年以来，随着非常规油气勘探开发技术进步，加之受美国页岩油快速发展的启示，中国加大了中高成熟度陆相页岩油的基础研究与勘探实践，已经在鄂尔多斯盆地延长组长 7 段获得一批页岩油高产油井，展示出良好的勘探开发前景。目前初步估算，鄂尔多斯盆地长 7 段 I 类区中高成熟度页岩油资源量约 $40×10^8t$，Ⅱ + Ⅲ类区页岩油资源量为（40～60）$×10^8t$（胡素云等，2020）。长 7 段中低成熟度页岩油资源也非常丰富，当页岩边界条件为 TOC>6%，R_o<1.0%，HI>300 时，原位转化石油技术可采资源量为（400～450）×10^8t；当页岩边界条件提高到 TOC>10%，R_o<0.9%，HI>350，石油技术可采资源量为（220～260）×10^8t（赵文智等，2018）。

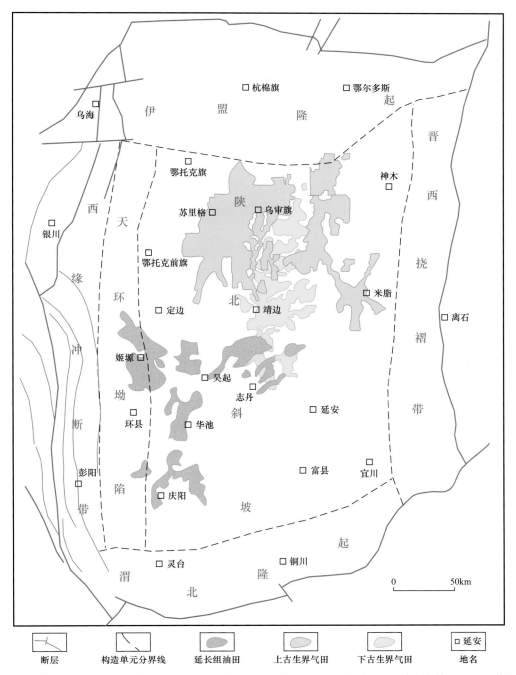

图 4-1　鄂尔多斯盆地构造单元划分及油气田分布位置图（据杨华等，2012；付金华等，2013，修改）

通过开展储层技术攻关和开发试验，形成了以储层快速评价、有效驱替系统优化、多级压裂改造、地面优化简化、低成本钻采配套为主要内容的五大技术系列，鄂尔多斯盆地长 7 段初步实现了页岩油藏的规模效益开发。

2013 年以来，中国石油针对鄂尔多斯盆地延长组长 7 段富有机质页岩开展中低成熟度（$R_o<1.0\%$）页岩油原位加热转化潜力与技术可行性研究。评价认为，长 7 段页岩具备良好的原位转化条件，可以利用原位转化技术效益开采，初步估算鄂尔多斯盆地长 7 段页岩油远景资源量约为 450×10^8t。2019 年 3 月中国石油通过了专家论证，正式启动了中低成熟度页岩油原位转化现场先导试验，预计 2025 年前后进入规模商业开发期，形成商业开发示范区。2030 年前后关键装备与核心技术实现国产化，原位转化技术工业化应用，预计年产原油（2000~3000）$\times10^4t$。

二、延长组层序地层特征

鄂尔多斯盆地沉积发育时代较全，仅缺失志留系、泥盆系及下石炭统，沉积岩平均厚度为 5000m，主要为中—新元古界、下古生界的海相碳酸盐岩以及上古生界、中—新生界的滨海相及陆相碎屑岩。三叠系主要由下三叠统刘家沟组、和尚沟组，中三叠统纸坊组及上三叠统延长组组成。

从晚三叠世开始，鄂尔多斯盆地演化进入了大型内陆坳陷盆地的形成和发展时期。北部阴山山系、西部阿拉善—陇西古陆、南部的北秦岭向盆地持续供给碎屑，形成了厚度约 1000m 的延长组碎屑岩系。延长组自下而上划分长 10—长 1 共 10 个段，为一个完整的湖盆沉积演化旋回。通过区域不整合面、沉积环境转换面、河道冲刷面、地层结构转换面以及岩性颜色变化面和湖泛面 6 种成因界面的识别和沉积旋回分析，可以将延长组划分为 1 个顶底以构造不整合面为界的一级旋回、5 个二级旋回和 16 个三级旋回（图 4-2）。其中长 7 段位于延长组第 3 个三级旋回，深水沉积发育。

延长组沉积时期，鄂尔多斯盆地经历了湖盆的形成—发展—消亡的全过程。长 10 段沉积期为一套河流相沉积，长 9 段、长 8 段沉积期为湖盆的形成阶段，长 7 段沉积期为湖盆演化的鼎盛时期，湖盆水体较深，湖面宽广，沉积了一套生烃能力巨大的烃源岩。长 6 段沉积期，湖盆开始收缩，是盆地第一次大规模三角洲沉积建设期，盆地东北部发育了巨大的复合型三角洲沉积体系，为盆地中生界油藏的形成奠定了储层基础。长 4+5 段沉积期，随着盆地的下沉，湖盆经历又了一次短暂的扩张时期，沉积了一套粉细砂岩与粉砂质泥岩薄互层为主的沉积。而后随着构造的抬升，湖盆再次进入萎缩时期，盆地北部抬升速度增大，湖水逐渐向南退缩，沉积了一套厚层块状粗碎屑沉积建造，随着湖盆进一步缩小，局部出现沼泽环境，并沉积了一套砂、泥夹薄煤沉积，直至湖盆消亡。

三、延长组沉积演化特征

鄂尔多斯盆地中生代具有稳定沉降、湖盆宽缓和沉积范围大的特点，为典型的大型内陆坳陷湖盆。晚三叠世延长组沉积期古地形表现为东北高、西南低，东北部缓、西南部陡，主体坳陷轴或沉降中心呈北西向的不对称箕状。在盆地周缘存在多个物源区，其中盆地北部的阴山及盆地西南部的陇西古隆起为盆地晚三叠世最重要的物源区，因此形成了晚三叠世以南、北两大物源沉积为主的河流—三角洲—湖泊沉积体系。其中，北部阴山南麓直到鄂尔多斯腹地，形成一个坡降缓慢、物源丰富、源远流长、持续稳定的大型河流—三角洲体系。在南缘秦岭伸展型边缘发育水下扇及浊流沉积体系；盆地西南缘逆冲走滑断裂型边缘发育冲积扇、辫状河三角洲体系；盆地西北缘逆冲断裂型边缘发育冲积扇、水下扇沉积体系；盆地东北和北部的被动宽缓型边缘发育曲流河三角洲沉积体系。这两大沉积体系控制了湖盆沉积系发育的总体特征，为鄂尔多斯盆地中生界石油分布最重要的场所。

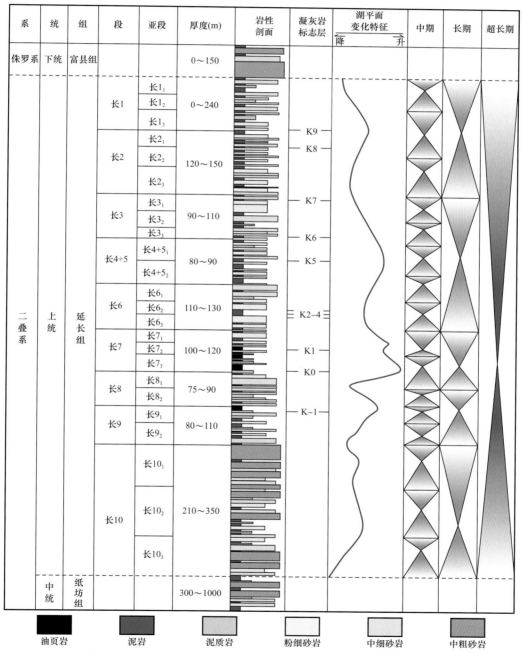

图 4-2　鄂尔多斯盆地延长组层序地层划分方案（据杨华，2013）

延长组长7段为鄂尔多斯盆地古生界的典型细粒沉积物，由灰黑色、深灰色、深黑色泥岩或碳质泥岩与深灰色、灰绿色泥质粉砂岩、灰色粉砂质泥岩、细、粉砂岩的薄互层、韵律层组成。长7段沉积期，尤其长7_3亚段沉积时期，盆地基底强烈下陷，盆地急剧沉降，水体急剧加深，同时湖盆面积增大，湖盆发育达到鼎盛期（杨华等，2010），该期沉积具有半深湖—深湖沉积特征，半深湖—深湖沉积环境和沉积相呈北西—南东向不对称展布，三角洲前缘砂体发育。长7_2—长7_1亚段沉积期湖侵作用呈逐渐减弱的趋势，湖盆逐渐萎缩，三角洲向盆地腹部推进，形成进积序列，由于基准面下降且物质供给显著增强，在湖盆中部的深水区广泛发育重力流沉积砂体，与半深湖—深湖亚相细粒沉积互层状产出，重力流砂体呈北西—南东向带状、枝状展布，砂体厚度大且分布稳定。

四、中生代含油气系统特征

目前，针对鄂尔多斯盆地中生代含油气系统"只存在一套油源"的观点已得到广泛认同（杨俊杰，2002；杨华，2009）。上三叠统延长组二级层序湖侵体系域半深湖—深湖亚相暗色泥岩和油页岩为最重要的生烃母岩。下侏罗统二级层序湖侵体系域尽管不发育有效烃源岩，但延9段沉积期湖相泥岩及三角洲平原沼泽泥炭及延6+7段沉积期沼泽泥炭却形成了有效的盖层。由于三叠系顶部大型不整合面、下切河谷内充填砂岩及断裂对三叠系油源的有效沟通输导，盆地中生界延安组—延长组为一个统一的含油气体系。上三叠统二级层序湖侵体系域形成烃源岩，下侏罗统湖侵体系域形成区域盖层，二者之间的各类三角洲砂体及河流三角洲为主要储层，形成了盆地二级层序级别的生储盖组合，控制了盆地中生界油气的宏观分布（图4-3）。

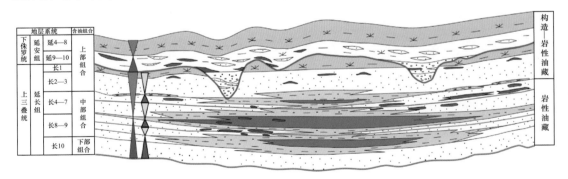

图4-3 鄂尔多斯盆地中生界延长组—延安组生储盖组合特征与油藏分布模式图

根据盆地中生界生储盖组合特征及勘探实际，可将延长组—延安组划分为3个含油组合或生储盖组合，即下部组合、中部组合及上部组合。下部组合的储层为长10段河流相及三角洲砂体，生油层及盖层为长9段湖相泥岩，为典型的上生下储型含油组合。中部组合包括长9—长4+5段，长9—长4+5段湖相泥岩既是生油岩也是盖层，其中长9段、长7段及长4+5段湖侵泥岩为区域性盖层，长9—长4+5段和各类三角洲砂体及砂质碎屑流砂体为储层，形成自生自储型含油组合。上部组合包括长3—延1段，该组合生油岩来自中部组合，长1段、延9—延6段为区域性盖层，长2段及延10段河流相砂体、长3段及延 9 段三角洲砂体为储层，形成下生上储型含油组合。中部组合紧邻烃源岩，生储盖配套，石油富集程度最高，以岩性油藏和致密油或页岩油为主；上部组合离烃源岩较远，石油富集程度较低，以构造—岩性油藏为主；下部组合储层致密，并处于主力烃源岩以下，不易石油富集。

第二节　长 7 段细粒沉积岩相特征

鄂尔多斯盆地延长组沉积期为典型的大型内陆坳陷湖盆，发育一套河流—三角洲—湖泊相碎屑岩沉积组合。其中，长 7 段沉积期为晚三叠世细粒沉积最为发育时期，沉积了中生界含油气系统最主要的一套烃源岩。

一、细粒沉积岩岩相类型与特征

鄂尔多斯盆地长 7 段湖相泥岩和页岩类型复杂多样，本书通过 25 口湖盆中心连续取心井的岩心观察、密集采样以及 400 多块泥页岩岩心薄片显微镜观察、X 衍射、有机地球化学等指标分析，将长 7 段泥岩和页岩分为 5 类：（1）块状、流纹构造泥岩；（2）粒序层理泥岩；（3）波状层理页岩；（4）平直纹层页岩；（5）似块状页岩（表 4-1）。

表 4-1　鄂尔多斯盆地长 7 段黏土岩岩相分类及特征

岩相分类		沉积特征	主要矿物成分	TOC（%）	干酪根类型	沉积机理	沉积环境
I	块状、流纹构造泥岩	灰色，深灰色，块状	石英 37.1%，长石 12%，黏土矿物 40%，黄铁矿 2%	2.04	II_2 和 III 型	高能态机械分异沉降	三角洲前缘—浅湖
II	粒序层理泥岩	灰色，深灰色，粒序层理	石英 35%，长石 12%，黏土矿物 40%，黄铁矿 6%	6	II_2 和 III 型	浊流、异重流等事件性沉积	深湖凹陷区
III	波状纹层页岩	黑色，断续或连续波状层理，透镜状	石英 30%，长石 11%，黏土矿物 45%，黄铁矿 5%	6.86	II_2 型	底负载荷搬运	浅湖—半深湖
IV	平直纹层页岩	黑色，纹层平直分布	石英 23.8%，长石 11%，黏土矿物 53.2%，黄铁矿 14%	6.06	I 型	季节性沉积	深湖静水区
V	似块状页岩	黑色，透镜状有机质—矿物集合体定向排列	石英 25.2%，长石 8.15%，黏土矿物 43.2%，黄铁矿 18.5%	17.2	I 型	有机质—矿物集合体悬浮沉降	火山喷发期

1. 块状、流纹构造泥岩

主要为灰色、深灰色粉砂质泥岩、含粉砂泥岩。显微镜下，泥岩纹层一般模糊不清。纹理一般仅靠断续有机质脉体、炭屑呈现。

粉砂质泥岩在较高能量下沉积，常伴有一些泥质撕裂屑（图 4-4a），可见到泥质层与粉砂层交互（图4-4b），反映沉积时能量逐渐减弱，悬浮物质依次沉降。该岩相中还可见指示其沉积时在有氧界面的生物扰动（图4-4c），也可见砂质条带纹层（图4-4d）。

2. 粒序层理泥岩

岩石表现为泥和砂毫米级间互沉积，肉眼可见多条砂质条带。显微镜下观察，可见多期递变层理，岩性由粗到细，渐变或者突变（图4-5）。

粒序层理泥岩体现在岩石粒度由细砂到泥过渡，呈现厘米级韵律层（图4-5a、b）。韵律层中浅色条带石英含量高，深色黏土矿物含量高（图4-5c）。图4-5d中可见到一个完整的细砂岩—泥岩—页岩的正粒序。

3. 波状纹层页岩

主要为黑色粉砂质页岩，在肉眼下不易分辨，但在薄片下可见断续波状层理、连续波状层理、透镜状组构等。薄片中可见断续或连续波状层理（图4-6），这类页岩通常由毫米级薄层组成，粉砂质含量较高。

4. 平直纹层页岩

该类页岩呈黑色，薄片观察下纹层平直分布，一般为有机质—石英和黏土的"二元结构"或有机质—石英—黏土的"三元结构"（图4-7）。纹层厚度普遍小于0.1mm，在纹层内部富有机质纹层与黏土纹层一般渐变；在纹层之间，富有机质纹层与黏土纹层一般是突变，表明季节性水体变化。

(a) H317，2431.8m，粉砂质泥岩，TOC=0.9%　　(b) H269，2435m，流水构造（箭头），TOC=0.26%

(c) L231，2663.32m，含粉砂泥岩，TOC=0.9%　　(d) Y56，2438m，砂质条带，TOC=0.5%

图4-4　块状泥岩典型薄片照片

(a) Z70, 1160.8m, 多期砂与泥间互条带

(b) Z70, 1160.8m, 多期砂与泥间互条带

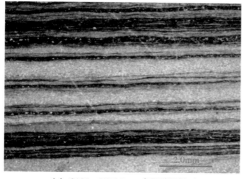
(c) C107, 2196.6m, 多期砂泥间互

(d) Z269, 2497.4m, 正粒序结构

图 4-5 粒序层理泥岩典型岩心、薄片照片

(a) Z269, 2196.7m, 断续波状层理, TOC=6%

(b) B522, 1931.50m, 连续波状层理, TOC=2%

(c) N113, 1948.9m, 交错层理

(d) N113, 1948.9m, 交错层理

图 4-6 波状纹层页岩典型薄片、岩心照片

(a) Y56, 2998.4m, 三元结构, TOC=8.6%   (b) Y66, 2993.4m, 二元结构, TOC=6.99%

图 4-7　平直纹层页岩典型薄片照片

5. 似块状页岩

该类页岩呈黑色且污手，主要由有机质—黏土结合体在压实后，呈现扁平状透镜体组成（图 4-8a）。杂基为黄铁矿、胶磷矿包裹的生物化石、有机质、黏土和粉砂级的碎屑（黏土矿物及石英颗粒；图 4-8）。这是区别于其他页岩最主要的特征，尤其是有别于纹层状页岩。

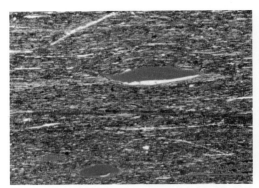

(a) H15, 2494.2m, TOC=12.6%, 同期正粒序凝灰岩   (b) 正70, 1954m, 黄铁矿化页岩层

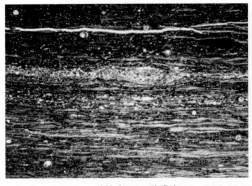
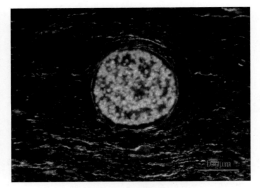

(c) 正70, 1952.9m, 黄铁矿30%, 胶磷矿15%, TOC=17.5%   (d) 生物化石

图 4-8　似块状页岩典型薄片特征

图 4-8c 中可以看见存在着多种组构的超微化石，这些生物化石有多种类型，外形上有球形、椭球型等，常常具有胶磷矿和黄铁矿的外壳，内部为有机质（图 4-8d）。原生厚胶磷矿外壳或生物膜壳的快速黄铁矿化，是长 7 段有机质得以保存的主要影响因素。图 4-8d 中的微体化石为图 4-8c 中白色箭头所指，外壳为胶磷矿，内部为微体化石群，另见藻纹层层状分布。

二、泥岩与页岩的特征差异

总的来看，鄂尔多斯盆地长 7 段泥岩与页岩的差异明显（表 4-2），泥岩与页岩在空间上呈互补式分布（见图 2-23、图 2-24），其沉积组构与地球化学特征有明显差异。地球化学分析表明，富有机质页岩生烃潜力是泥岩的 5～8 倍。

表 4-2　鄂尔多斯盆地长 7 段泥岩与页岩沉积组构、地球化学特征差异

沉积组构差异			地球化学差异		
岩石特征	泥岩	页岩	测试项目	泥岩	页岩
岩石颜色	浅灰、灰色为主	深灰、黑色为主	TOC（%）	2.21	10.63
层理构造	块状层理为主	页理构造发育	干酪根类型	II_1—II_2	I—II_1
含砂量（%）	5～20	<5	可溶烃 S_1（mg/g）	1.41	4.25
碳质、沥青含量	较少，不污手	碳质页岩污手	热解烃 S_2（mg/g）	6.88	58.63
岩石组成	黏土、石英、长石、菱铁矿等	黏土、石英、长石、有机质、黄铁矿等	产油潜率 S_1+S_2（mg/g）	8.29	62.88
黏土矿物含量（%）	<50	>50	残余碳 S_4（mg/g）	30.83	131.93
石英、长石含量（%）	>40	<40	产率指数 PI	0.19	0.12
有机碳含量（%）	<3	>5	氢指数 HI（mg/g）	143.96	296.20
黄铁矿含量（%）	<2	>3	有效碳 PC（%）	0.66	5.30
岩石结构	含砂质结构	黏土质、泥质结构	降解率 D（%）	14.47	27.20

1. 沉积组构差异

页岩较泥岩有"色深质纯"的特征。前者多为黑色、灰黑色、深灰色；后者为灰色、棕色，二者的颜色的差异主要是与有机质和硫化物的含量多少有关。泥岩的粉砂碎屑含量高，可达 20%～30%，多为粉砂质泥岩，含粉砂质泥岩，而页岩一般质地较纯。

两类岩石的矿物成分有明显的区别（表 4-3），页岩的碎屑矿物含量较泥岩低，碳酸盐岩含量普遍高于泥岩，页岩的自生铁矿物主要为黄铁矿，而泥岩的含铁矿物主要为菱铁矿。同时，其黏土矿物组分也存在差异（表 4-4）。泥岩中的伊利石、高岭石和绿泥石的评价含量均比页岩高，但蒙皂石含量低于页岩。

表 4-3 长 7 段泥岩和页岩矿物组分比较 单位：%

岩性	黏土总量	石英	钾长石	斜长石	方解石	白云石	黄铁矿	菱铁矿
泥岩	47.6	33.5	2.3	7.9	0.7	3.7	1.0	3.2
页岩	53.0	24.7	1	4.3	1.0	5.6	10.0	0.4

表 4-4 长 7 段泥岩和页岩的黏土矿物组分比较

岩性	黏土矿物相对含量平均值（%）			
	I/S	I	K	C
泥岩	60.5	24.8	5.21	9.49
页岩	68.4	20.7	4.14	6.76

2. 化学元素组成

泥岩和页岩中常量元素组成主要受物源、沉积环境和生物作用等的影响。长 7 段泥岩中的 SiO_2 平均含量为 53.82%，Al_2O_3 平均含量为 17.67%，TiO_2 平均含量为 0.76%（表 4-5），均比页岩高，说明泥岩的陆源供给更为充足；页岩中的 MnO 平均含量为 0.11%，泥岩中 MnO 平均含量为 0.08%，说明页岩沉积时离物源区更远；页岩中的 P_2O_5 平均含量为 0.61%，是泥岩的 3 倍，说明页岩沉积时生产力更高；页岩中 MgO 平均含量为 1.64%，泥岩中 MgO 平均含量为 3.46%。说明页岩沉积时温度更高；页岩中 S 平均含量为 1.46%，是泥岩的 7 倍，说明页岩沉积时水体环境更为缺氧。

表 4-5 长 7 段泥岩和页岩的主量元素组成对比（平均含量） 单位：%

岩相	MnO	P_2O_5	SiO_2	Al_2O_3	Fe_2O_3	FeO	CaO	MgO	TiO_2	S
泥岩	0.08	0.25	53.82	17.67	1.79	4.04	2.63	3.46	0.76	0.20
页岩	0.11	0.61	51.10	17.36	3.56	3.21	1.36	1.64	0.66	1.46

微量元素虽然在岩石中的含量较低，但是由于各种微量元素在不同的环境下的地球化学行为存在着显著差异，因此可以通过微量元素的富集程度和相关参数获取丰富的地质信息。

泥岩和页岩中的 B、U、Ni、Sr、Cu、Mo、Mn、Mg、S 等多种元素分异现象特别明显（图 4-9，表 4-6）。例如页岩中 U 的平均含量为 12.04μg/g，是泥岩的 3 倍，说明了页岩沉积环境更为缺氧；页岩中 Mo 的平均含量为 20μg/g，约是泥岩的 10 倍；页岩中 Cu 的平均含量为 60μg/g，是泥岩的 2 倍；页岩中 B 的平均含量为 39.9μg/g，泥岩中 B 的含量为 43.9μg/g，说明了页岩沉积时水体盐度更低。还有 Ni、Sr、Pb 等多种微量元素均存在着差异。

表 4-6　长 7 段泥岩和页岩的微量元素组成对比（平均含量）　　　　单位：μg/g

岩相	B	U	Co	Ni	Sr	Li	Rb	Cu	Zn	Ba	Pb	Be	Mo
泥岩	43.9	4.02	20.0	35.9	204.9	44.1	118.5	30	100.0	666.8	29	2.52	1.8
页岩	39.9	12.04	20.7	41.5	323.8	41.4	111.8	60	95.5	655.9	37	2.86	20

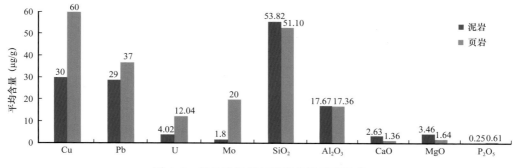

图 4-9　长 7 段泥岩与页岩化学元素组成

3. 有机地球化学

有机地球化学测试资料表明，长 7 段页岩段样品残余有机碳含量主要分布在 4%～20% 之间，最高可达 30% 以上，平均 TOC 为 10.63%（图 4-10）。长 7 段泥岩段样品残余有机碳含量主要分布在 0.5%～1.5% 之间，最高不超过 4.5%，平均 TOC 为 2.21%（图 4-11）。

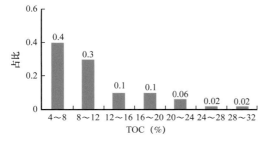

图 4-10　全盆地长 7 段页岩的频率分布图
平均 TOC=10.63%，133 个样品

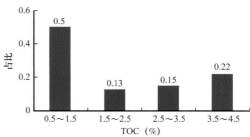

图 4-11　全盆地长 7 段泥岩的频率分布图
平均 TOC=2.21%，75 个样品

页岩的热解 S_1 值主要为 1～7mg·g^{-1}，平均 S_1 值为 4.25mg·g^{-1}，热解 S_1 值与 TOC 之间存在着良好的线性关系（图 4-12）。泥岩的热解 S_1 值主要为 0.5～4mg·g^{-1}，S_1 平均含量为 1.41mg·g^{-1}，热解 S_1 值与 TOC 之间存在着良好的正相关性（图 4-13）。

氯仿沥青"A"大都分布于 0.6%～1.2% 之间，最高可达 2% 以上，平均氯仿沥青"A"为 0.89%（图 4-14）。TOC 与氯仿沥青"A"含量之间存在着良好正相关性。

4. 有机质类型与赋存状态

页岩主要为黏土矿物、碳酸盐和有机质纹层相互叠置。有机质纹层多平行或基本平行层理分布，呈透明连续或断续条带状、丝状产出。通过分析得出，有机质纹层中有机碳含量高，并且出现大量无定形有机质，进一步分析显示这些聚合有机质是溶解有机质与黏土矿物、碳酸盐和含铁矿物形成的有机黏土复合体。

泥岩中的有机质呈碎屑、星点状分散分布或者有机质与矿物层完全混合，呈絮凝状分布（图4-15）。有机碳含量相对较低，显微组分主要为镜质组和惰质组（图4-16），表明其中陆源生物含量高。

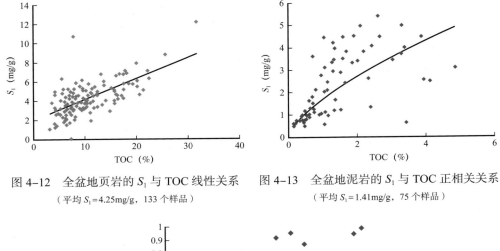

图4-12　全盆地页岩的 S_1 与 TOC 线性关系
（平均 S_1=4.25mg/g，133 个样品）

图4-13　全盆地泥岩的 S_1 与 TOC 正相关关系
（平均 S_1=1.41mg/g，75 个样品）

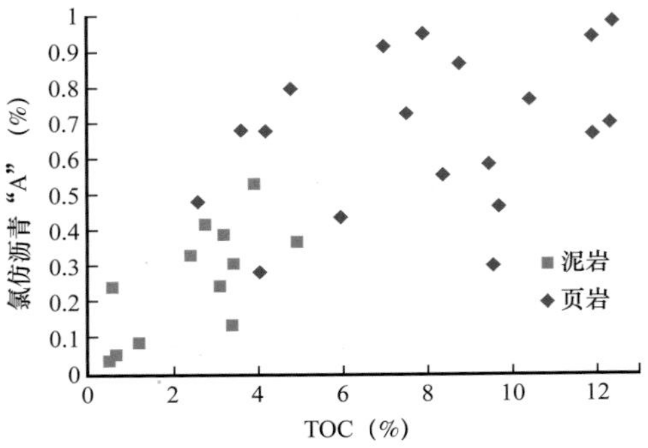

图4-14　泥岩或页岩氯仿沥青"A"与 TOC 关系图

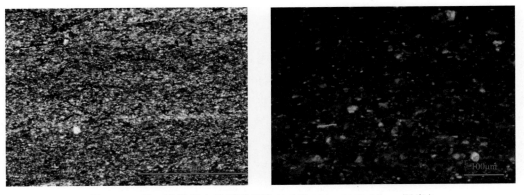

图4-15　长7段泥岩有机质赋存状态（里231，2120.56m，泥岩）

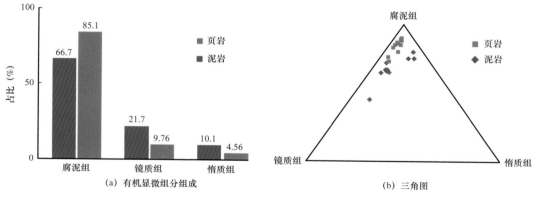

图 4-16　长 7 泥岩与页岩中有机显微组分组成及其三角图

第三节　长 7 段沉积古环境恢复

古环境控制了湖相细粒沉积的沉积特征与平面展布。其中古气候和古水深控制了水体的分层，而湖水分层是页岩形成的前提条件；古盐度和古生产力控制了有机质的丰富程度，从而控制细粒沉积中有机质的富集与分布；古氧化还原条件对有机质保存起着关键作用。从古气候、古生产力、古盐度、古氧化还原条件等多个方面对泥岩、页岩古沉积环境进行恢复，可以探寻富有机质页岩的主控因素，有利于划分富有机质页岩赋存区段和厘清其空间展布。本节对长 7 段页岩形成的古盐度、古氧化还原、古生产力进行了恢复，并整理收集了前人对该区域古气候和古水深的研究资料。通过页岩平面和垂向分布特征，得出页岩相主要受古气候、古水深控制。

一、沉积过程恢复

1. 沉积速率恢复

利用米兰科维奇旋回，定量计算鄂尔多斯盆地 37 口井的沉积速率。从计算结果来看，长 7_3 亚段的沉积速率介于 1.25～2.00cm/ka，平均为 1.65cm/ka；长 7_2 亚段的沉积速率介于 1.48～2.00cm/ka，平均为 1.74cm/ka；长 7_1 亚段的沉积速率介于 1.44～2.02cm/ka，平均为 1.68cm/ka。整体上长 7 段的沉积速率具有长 7_2 亚段＞长 7_1 亚段＞长 7_3 亚段的趋势，但是差异较小（图 4-17）。这种趋势得到了长 7_2 亚段普遍发育厚层砂岩的支持，相对最快的沉积速率最直接的体现就是长 7_2 亚段沉积期沉积物中的砂质含量的显著增加（姚泾利等，2016）。因此，沉积速率对于长 7 段页岩的有机质富集不是主控因素。

2. 古生产力恢复

目前，关于古湖盆的定性和定量的研究方法很多，大致有碳稳定同位素法、机碳法、微体浮游藻类化石相对丰度法、微量元素法等。本书主要是采用微量元素 U、Mo、Mn、Ba 含量定性恢复古生产力。

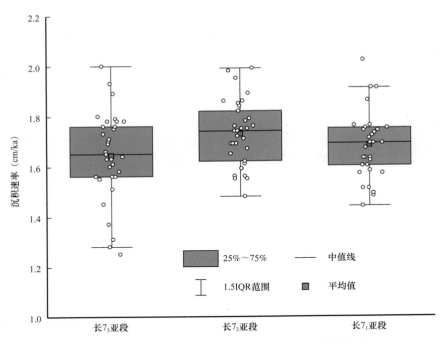

图 4-17　鄂尔多斯盆地长 7 段页岩沉积速率箱体分布图

长 7 段的 U 含量为 2.44～43.98μg/g；Mo 含量为 1.76～18.71μg/g；Ba 含量为 379～997μg/g（表 4-7）。可以看出微量元素的值是变化的，说明了生产力的不断变化。与松辽盆地青山口组青一段的对比发现，长 7 段的生产力明显比松辽盆地沉积时高。有学者通过定量研究认为青一段沉积期湖盆为典型的富营养湖，有时甚至为超营养湖。因此，可以得出鄂尔多斯盆地长 7 段沉积期湖盆营养物质极为丰富。

表 4-7　鄂尔多斯长 7 段与松辽盆地青一段微量元素对比表　　　　　　　　　　单位：μg/g

层位	U	Mo	Mn	Ba
长 7 段	2.44～43.98	1.76～18.71		379～997
松辽盆地青一段	1.22～9.34	0.72～40.50	311.10～2707.00	

定量计算富有机质页岩样品在长 7 段不同亚段形成时的生产力，结果显示，长 7 段富有机质页岩形成期湖盆的古生产力介于 198～5333g/（ m² · a），整体平均值为 2076g/（ m² · a）。长 7₃ 亚段、长 7₂ 亚段和长 7₁ 亚段沉积期湖泊的平均初级生产力分别为 2401g/（ m² · a）、2389g/（ m² · a）和 2010g/（ m² · a）。根据 Kelts（1988）针对现代湖泊提出的营养类型划分方案，从湖盆的营养富集程度来看，长 7 段富有机质页岩沉积期，湖盆属于超营养湖类型。

3. 古氧化还原条件

一些变价元素的地球化学行为与沉积、成岩的氧化—还原环境有着密切关系（第二章第三节）。

1）V/Cr 比值

长 7 段的黏土岩 V/Cr 比值为 0.88～5.6，平均值为 2.08。从层位上来看，长 7₁ 亚段 V/Cr 比值平均为 1.11，长 7₂ 亚段平均为 1.56，长 7₃ 亚段平均为 2.49，显示有长 7₃—长 7₂—长 7₁ 亚段的 V/Cr 比值逐渐减小（图 4-18），表明长 7₃—长 7₂—长 7₁ 亚段沉积过程中湖盆水体缺氧程度减弱。

2）U/Th 比值

长 7 段的黏土岩 U/Th 比值为 0.19～5.27，平均值为 0.74。从层位上来看，长 7₁ 亚段 U/Th 比值平均为 0.25，长 7₂ 亚段平均为 0.57，长 7₃ 亚段平均为 0.92，显示有长 7₃—长 7₂—长 7₁ 亚段 U/Th 比值逐渐增大（图 4-18），表明长 7₃—长 7₂—长 7₁ 亚段沉积过程中由少氧—富氧的演化过程。

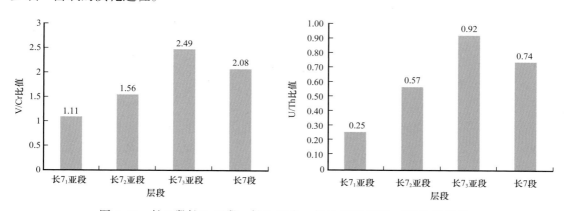

图 4-18　长 7 段长 7₃ 亚段、长 7₂ 亚段、长 7₁ 亚段 V/Cr、U/Th 特征值

3）V/（V+Ni）

长 7 段的黏土岩 V/（V+Ni）比值为 0.58～0.84，平均值为 0.77，因此判断延长组长 7 段沉积时为缺氧环境。从层位上来看，长 7₁ 亚段 V/（V+Ni）比值平均为 0.76，长 7₂ 亚段平均值为 0.75，长 7₃ 亚段平均值为 0.78。

长 7₃—长 7₂—长 7₁ 亚段 V/（V+Ni）比值总体来说呈现减小趋势（图 4-19），表明长 7₃—长 7₂—长 7₁ 亚段沉积过程中湖盆水体缺氧环境由强转弱的演化过程。

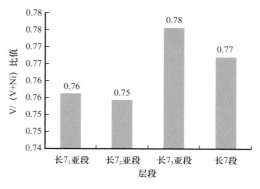

图 4-19　长 7 段的 V/（V+Ni）特征值

4）黄铁矿

随着含氧程度增加，草莓状黄铁矿的粒径大小增大且分布范围趋于加宽（Wilkin 等，1997；周杰等，2017）。

岩心观察下，可见黄铁矿单独成层（图 4-20a）或者呈透镜体产出（图 4-20b）。在镜下观察，黄铁矿的形状和大小不一。在黑色页岩中，黄铁矿通常呈层状分布（图 4-20c）。草莓状黄铁矿大小不一，有的草莓状黄铁矿直径可达 20μm。另外，自形晶体的黄铁矿也非常常见，有四面体、八面体等（图4-20d），说明其处于不同的生长阶段。

鄂尔多斯盆地长7段页岩中草莓状黄铁矿粒径通常大于10μm。同时，遗迹化石种类繁多，生物扰动构造发育，湖水古盐度纵向上差异小，表明长7段沉积期湖盆水体为不分层的含氧环境。

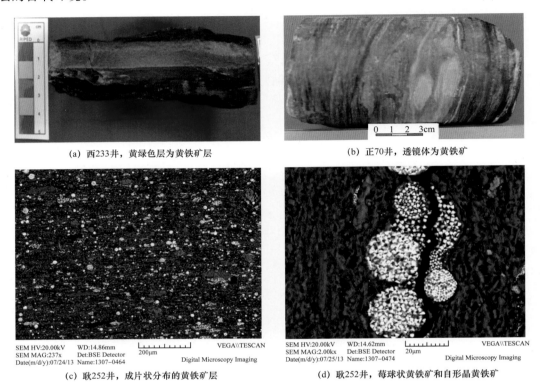

(a) 西233井，黄绿色层为黄铁矿层

(b) 正70井，透镜体为黄铁矿

(c) 耿252井，成片状分布的黄铁矿层

(d) 耿252井，莓球状黄铁矿和自形晶黄铁矿

图4-20 鄂尔多斯盆地长7段黄铁矿特征

二、古环境恢复

1. 古气候恢复

关于长7段沉积期的古气候研究，前人已做了大量的工作。通过孢粉分析、$\delta^{13}C$同位素分析等。晚三叠世由于气候潮湿，植物繁茂，沉积了较厚的灰黑色砂泥岩层和油页岩，以及丰富的有机物质和生物群落。据不完全统计，植物群早期计有15属30种，晚期计有38属93种；在延长组植物群中苏铁类相当少，富含D—B植物群分子，草本的木贼类很多，旱生耐凉特征的植物丹蕨、束脉蕨及丁菲羊齿发育。还有瓣鳃类、双壳类、鱼类化石，另外见介形类和叶肢介化石，代表半潮湿气候环境。

吉利明等（2006）对陇东地区长7—长8段植物群特征与孢粉化石研究认为，盆地长7—长8段沉积期为较湿润的热带—亚热带气候，与湖盆发展的长7段最大湖泛期和长8段大规模湖进一致（图4-21）。自上而下蕨类植物孢子相对含量逐渐减少，而裸子植物花粉逐渐增多；同时无论是简单分异度还是复合分异度始终保持较高的值，说明当时处于持续的温暖潮湿适宜期，植被繁茂，属种增多，而且没有发生明显的气候波动和植被更替。

杨明慧（2006）等通过研究湖盆有机质中 $\delta^{13}C$ 的值，得出长 7 段沉积环境为湿热环境，并经历了 4 个从温湿到湿热气候的小旋回（图 4-22）。

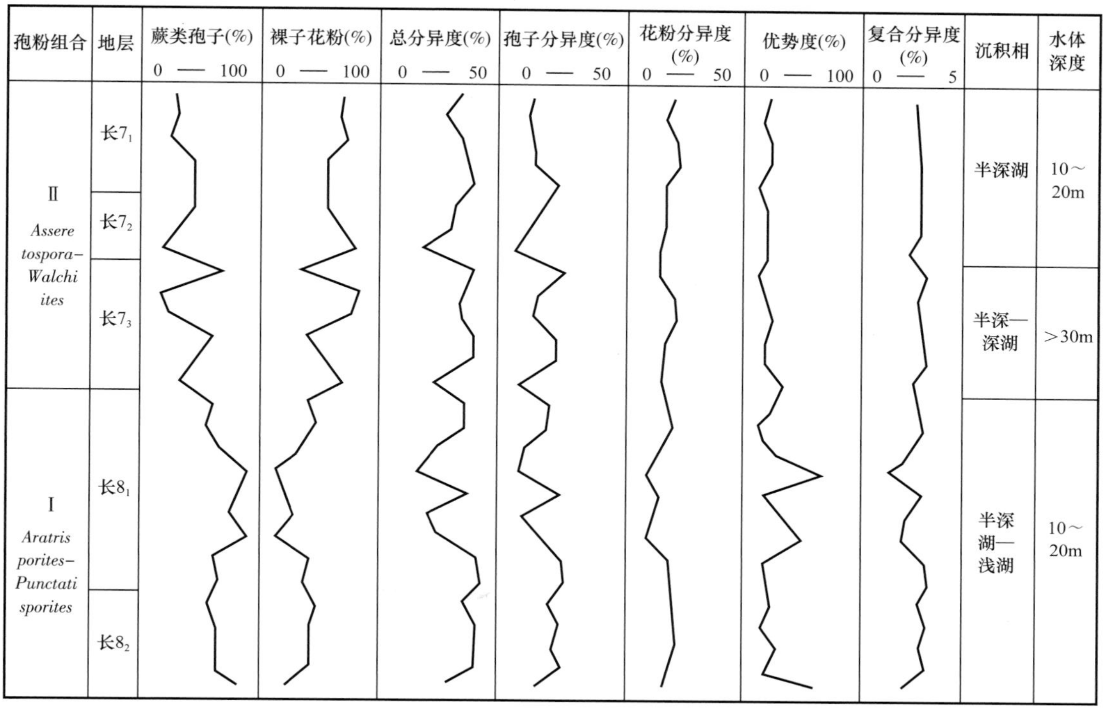

孢粉组合
地层
蕨类孢子(%)
0 — 100
裸子花粉(%)
0 — 100
总分异度(%)
0 — 50
孢子分异度(%)
0 — 50
花粉分异度(%)
0 — 50
优势度(%)
0 — 100
复合分异度(%)
0 — 5
沉积相
水体深度
Ⅱ
Assere tospora–Walchi ites
Ⅰ
Aratris porites–Punctati sporites
长7₁
长7₂
长7₃
长8₁
长8₂
半深湖
10～20m
半深—深湖
>30m
半深湖—浅湖
10～20m

图 4-21　陇东地区长 7—长 8 段孢粉分异度曲线及所反映的古气候变化（据吉利明等，2006，修改）

-27
-26.5
-26
-25.5
-25
-24.5
-24
-23.5
-23
δ13C (‰)
0 3 5 7 9 11 13 15 17 19 21 23 25 27 29 31 33 35 37

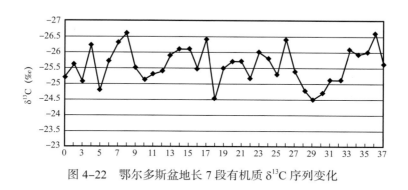

图 4-22　鄂尔多斯盆地长 7 段有机质 $\delta^{13}C$ 序列变化

2. 古盐度恢复

盐度是指介质中所有可溶盐的质量分数，古盐度是指保存于古沉积物之中的盐度。古盐度的确定不仅可以区别海相和陆相环境，而且有助于判断湖盆水体类型和了解生油岩系发育情况。

常用的恢复古盐度方法包括：（1）应用古生物、岩矿和古地理资料定性描述水体盐度；（2）应用常量同位素和微量元素地球化学方法定量划分水体盐度；（3）应用孔隙流体或液相包裹体直接测量盐度；（4）应用沉积磷酸盐黏土矿物资料定量计算古盐度等。

根据第二章中介绍的古环境恢复方法，本书主要采用黏土岩样品微量元素比值法、含量法以及科奇古盐度法对鄂尔多斯长 7 段古盐度进行恢复。得出长 7 段的科奇古盐度值为 0.76～1.68，说明水体为淡水—微咸水。另外，将 59 块样品分长 7_1、长 7_2、长 7_3 亚段进行统计。

通常认为 Sr/Ba 比值大于 1 为咸水，0.6～1 为半咸水，小于 0.6 为陆相环境。鄂尔多斯盆地延长组长 7 段黏土岩 Sr/Ba 比值为 0.18～0.99，其中大于 0.6 的样品有 8 个，平均值为 0.44，B/Ga 比值为 1.32，因此判断延长组长 7 段沉积时为半咸水—淡水环境。从层位上来看，长 7_1 亚段 Sr/Ba 比值平均为 0.24，长 7_2 亚段平均为 0.46，长 7_3 亚段平均为 0.49，显示由长 7_3—长 7_2—长 7_1 亚段的 Sr/Ba 比值逐渐减小（图 4-23），表明长 7_3—长 7_2—长 7_1 亚段沉积过程中湖盆水体盐度逐渐降低。

在陆相沉积环境中的泥岩或页岩中 Th/U 比值很高，而在海水中沉积的泥岩、页岩或石灰岩中 Th/U 比值小于 2。因此，可以利用 Th/U 比值判别水介质性质。样品分析表明，长 7 段黏土岩中 Th/U 最大值为 5.04，最小为 0.19，平均为 2.2，大于 2，判断长 7 段沉积水体为陆相淡水环境；从层位上看，长 7_1 亚段 Th/U 比值平均为 4.1，长 7_2 亚段平均为 2.2，长 7_3 亚段平均为 1.8，可以看出长 7_3—长 7_2—长 7_1 亚段的 Th/U 比值逐渐增大（图 4-23），表明长 7_3—长 7_2—长 7_1 亚段沉积过程中湖盆水体的盐度逐渐降低。

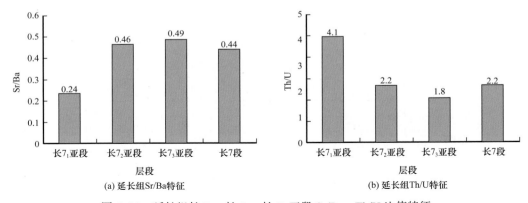

图 4-23　延长组长 7_1、长 7_2、长 7_3 亚段 Sr/Ba、Th/U 比值特征

3. 古水深恢复

只有在一定的古水深的情况下，湖水才可能出现分层。古水深的鉴定标志在方法上主要是依据岩石的沉积特征定性分析、Co 元素定量计算等。

长 7 段沉积期为湖平面最大期，沉积了大套的水平层理发育良好的黑色页岩（图 4-24a）。另外，在岩心上，鱼化石很发育（图 4-24b），证实了当时泥岩和页岩的沉积环境为深湖环境。

张才利等（2011）利用沉积岩中钴（Co）含量推算了长 7 段沉积期最大古水深，得出延长组长 7 段当时古水深范围为 45.39～128.38m。

(a) 盐56井水平层理发育的页岩　　　　　　　　(b) 环317井鱼化石

图 4-24　鄂尔多斯盆地长 7 段深水沉积特征

第四节　长 7 段细粒沉积岩相展布与沉积体系

一、岩相平面展布与纵向演化

针对长 7 段湖盆细粒沉积特征的精细研究，应用工区 295 口探井的综合录井资料及测井—岩性识别结果，分 3 个小层按细砂岩、泥质细砂岩、粉砂岩、泥质粉砂岩、钙质砂岩、砂质泥岩、粉砂质泥岩、泥岩、页岩、凝灰质泥岩共 10 种岩性进行了统计，以下分别对各岩相的平面展布与纵向演化特征进行描述和说明。

长 7 段富有机质页岩总体沿西北—东南方向展布。长 7_3 亚段页岩最为发育，自盆地西北一直延伸到东南，分布范围遍布整个盆地，集中分布在马家滩—姬塬—华池一线，最大厚度达 30m（图 4-25a）；长 7_2 亚段页岩分布范围显著缩小，但仍然具有很大的沉积厚度，集中在姬塬—定边、白豹—华池两个地区，最大厚度为 25m（图 4-25b）；长 7_1 亚段页岩发育范围和厚度进一步缩小，仅塔尔湾地区发育小范围厚层页岩，最大厚度在 18m 左右（图 4-25c）。纵向上来看，长 7 段页岩的发育范围和厚度随时间（湖退）不断缩小，沉积中心逐渐东移。

长 7 段各亚段的泥岩分布基本相当，均具有分布范围广、厚度较大的特点（图 4-26）。通过与页岩分布范围对比可以发现，泥岩与页岩总体呈互补式分布，特别是页岩集中发育的区域，泥岩厚度通常很小。

长 7 段粉砂质泥岩在整个盆地的分布范围较广，平均厚度接近 10m，是较为发育的一种细粒沉积。长 7_3 亚段粉砂质泥岩最大厚度可达 14m，分布在环县、富县地区（图 4-27a）；长 7_2 亚段粉砂质泥岩最大厚度可达 26m，分布在车道、富县两地（图 4-27b）；长 7_1 亚段粉砂质泥岩最厚可达 20m，分布在镇原地区（图 4-27c）。从分布范围来看，粉砂质泥岩主要沿半深湖线以外发育，湖盆中部较少，与页岩的分布基本无重叠。

鄂尔多斯盆地长 7 段发育较大面积的泥质粉砂岩，总体具有向上不断增多的趋势。在平面上，泥质粉砂岩在盆地东北、西南部较为集中，湖盆中部也有较大范围的分

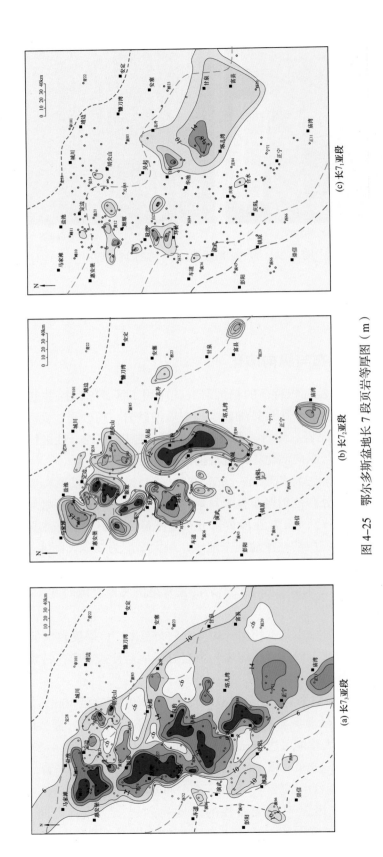

图 4-25　鄂尔多斯盆地长 7 段页岩等厚图（m）

(a) 长7₃亚段　(b) 长7₂亚段　(c) 长7₁亚段

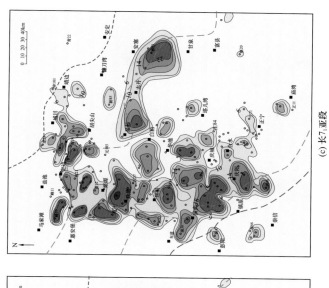

(c) 长7₁亚段

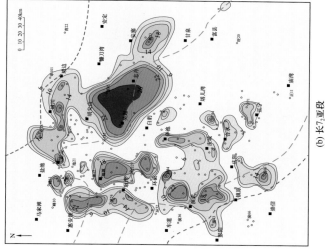

(b) 长7₂亚段

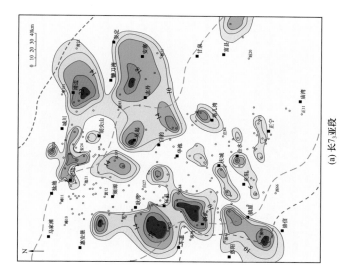

(a) 长7₃亚段

图 4-26　鄂尔多斯盆地长 7 段泥岩等厚图（m）

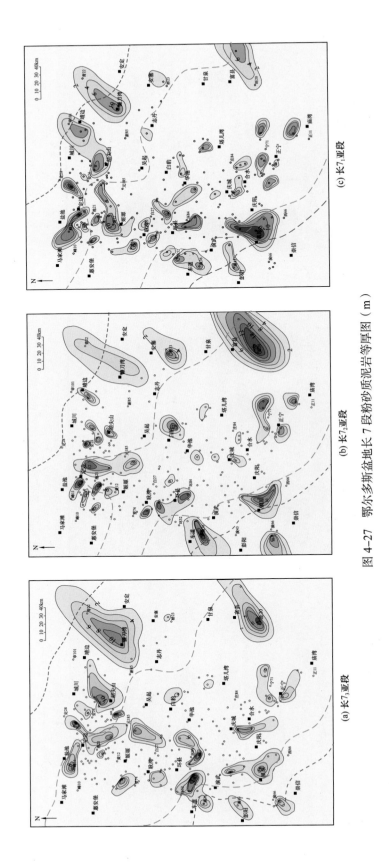

(a) 长7₃亚段　　(b) 长7₂亚段　　(c) 长7₁亚段

图4-27　鄂尔多斯盆地长7段粉砂质砂泥质岩等厚图（m）

布。其中长 7_3 亚段泥质粉砂岩的最大厚度可达 18m，位于吴起、华池、城川和富县地区（图 4-28a）；长 7_2 亚段泥质粉砂岩最大厚度可达 25m，位于城川地区（图 4-28b）；长 7_1 亚段泥质粉砂岩的最大厚度可达 18m，位于镰刀湾、靖边和姬塬地区（图 4-28c）。

细砂岩是鄂尔多斯盆地长 7 段最为发育的岩性之一，总体具有自下而上不断扩大增厚的趋势。长 7_3 亚段细砂岩主要在盆地东北部发育，最大厚度为 16m（图 4-29a）；长 7_2 亚段细砂岩主要集中在盆地东北和西南部，最大厚度为 20m，其中湖盆中部出现大面积细砂岩（图 4-29b）；长 7_1 亚段细砂岩分布范围进一步扩大，并且湖盆中部的细砂岩厚度最大，达 24m（图 4-29c）。细砂岩的分布演化与湖平面下降具有明显的相关性。

从长 7_3 亚段至长 7_1 亚段，研究区细砂岩、粉砂岩的厚度和分布面积明显增加。长 7_3 亚段砂岩主要分布在研究区东北部、北部、西部，分布面积较小，在姬塬—吴起—正宁一带砂岩分布面积小、厚度薄且不连续；长 7_3 亚段粉砂岩分布范围很小，在盆地东北部受曲流河三角洲体系影响的地区发育，湖盆西南部少量发育。长 7_2 亚段砂岩、粉砂岩分布的面积和厚度都有明显增加，尤其是研究区西南部宁县北部砂体进积明显，在姬塬—吴起一带零星发育的砂体厚度也有所增加；长 7_1 亚段砂体进一步向湖盆中心进积，粒度变粗趋势明显，西南部砂体与东北部砂体在盆地中部地区连片发育。

在长 7 段泥岩、页岩均广泛发育，长 7 段贫有机质的暗色泥岩与富有机质的黑色页岩的分布呈互补特征。暗色泥岩从长 7_3 亚段到长 7_1 亚段暗色泥岩的厚度和分布范围呈减小的规律。（见图 2-32）。黑色页岩从长 7 段沉积早期到晚期，其平面分布演化规律与暗色泥岩分布规律一致，长 7_3 亚段沉积期是黑色页岩最为发育的时期，到长 7_1 亚段厚度变薄、范围变小（见图 2-32）。

二、细粒沉积体系特征

长 7 段沉积期，鄂尔多斯盆地各类沉积体系发育，近物源区的辫状河三角洲、远物源的曲流河三角洲、湖泊相及湖底扇等。下面分别就不同沉积体系特征及剖面、平面展布进行介绍。

1. 沉积相类型及特征

1）辫状河三角洲相

辫状河三角洲是辫状河冲积体系进积到稳定水体中形成的，其辫状河分流平原由单条或者几条底负载型河流提供物质，因此沉积物多富含砂砾。受构造运动的影响，长 7 段沉积期鄂尔多斯盆地西缘、西南缘地势较陡坡度较大且邻近物源，发育有辫状河三角洲。

辫状河三角洲平原亚相：该亚相又可细分为主辫状河道微相、辫状分流河道微相、决口扇微相、越岸沉积和间湾沉积等。其中主辫状河道主要由砾石、砂砾组成，具有砾石定向排列、磨圆度高等特点，局部发育大型槽状交错层理和板状交错层理；辫状分流河道的特点是粒度较主河道细，常见冲刷填充交错层理、板状交错层理和大型槽状交错层理；决口扇砂体一般规模较小，发育小型板状、槽状交错层理；分流间湾主要由细粒沉积为主，即泥质、粉砂质沉积。辫状河三角洲平原沉积在研究区发育规模较小，主要集中在离物源

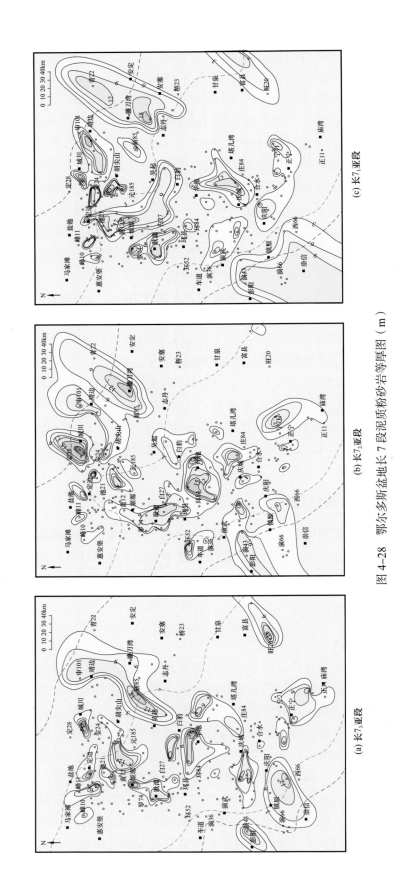

（a）长7₃亚段　　　　　　　（b）长7₂亚段　　　　　　　（c）长7₁亚段

图 4-28　鄂尔多斯盆地长 7 段泥质粉砂岩等厚图（m）

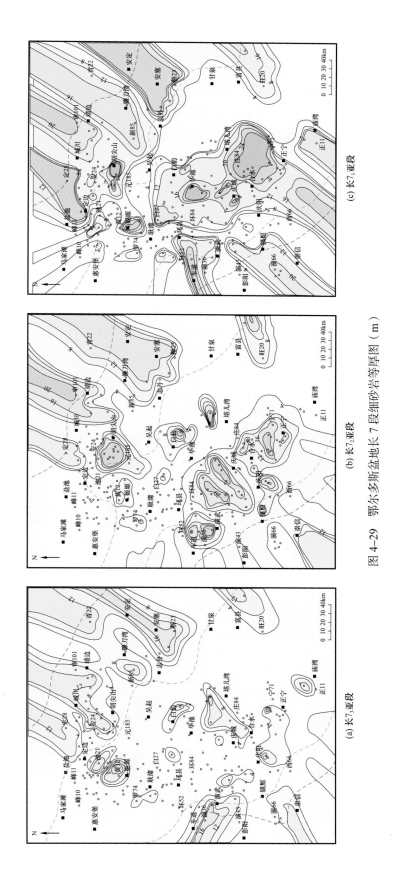

(a) 长7₃亚段

(b) 长7₂亚段

(c) 长7₁亚段

图 4-29 鄂尔多斯盆地长 7 段细砂岩等厚图（m）

区较近的盆地西南部和西部。

辫状河三角洲前缘亚相：该亚相由辫状河分流平原沿陡坡逐渐向湖盆进积与辫状河道横向迁移，两者反复作用的结果，是辫状河三角洲的主体。河口坝砂体不发育，因为河道的频繁改道、迁移使已形成的河口坝砂体受到侵蚀。水下辫状分流河道砂体中具有冲刷面，常见漂浮的泥砾和大型交错层理，滑塌现象也很普遍。前缘远端的砂体与湖泊沉积的泥岩呈互层状，平面上呈席状分布，岩性以细粒沉积物为主，滑塌现象普遍，垂向上位于前缘组合的下部。

辫状河前三角洲亚相：以开阔湖盆中泥页岩为主，泥岩中水平、波纹层理发育，常见壳类、介形虫、鱼类化石，也可见块状构造的砂质重力流沉积。

2）曲流河三角洲相

鄂尔多斯盆地东部、北部、东北部河流离物源较远坡度较缓，形成曲流河，入湖形成曲流河三角洲。曲流河三角洲受湖平面升降的影响非常明显，在湖平面下降半旋回，三角洲砂体进积形成建设性三角洲；湖平面上升半旋回形成退积型三角洲，由于此阶段水体能量较大，三角洲前缘砂体受波浪影响、改造较为明显，形成波状层理、沙纹层理等构造。

曲流河三角洲平原亚相：其骨架由分流河道构成，位于分流河道之间的洼地主要由决口沉积和越岸沉积组成（图4-30a），在分流河道间相对稳定的地方也可以形成暂时性的

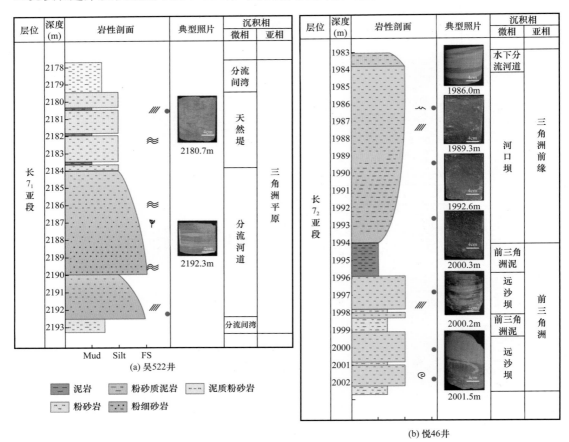

图4-30　岩性综合柱状图及沉积相分析

蓄水洼地，后期可出现大面积的沼泽化，进一步形成煤层。

分流河道砂体在纵剖面上常常呈透镜体状，垂向上具有典型的正韵律二元结构，底部常见冲刷界面和滞留沉积，中下部以细砂岩—粉砂岩为主，可见平行层理、槽状层理等流水痕迹，上部以泥岩为主。天然堤与决口扇是洪水期水量突增河水从分流河道中溢出的产物，天然堤以细粒沉积为主，主要是粉砂岩、泥质粉砂岩，单层厚度较薄（不超过 1.5m），常见小型交错层理和爬升层理，也可见植物化石和动物活动遗迹；决口扇沉积是分流河道向前推进过程中发生决口的产物，为分流河道提供分叉、改道，厚度一般在 2~3.5m，其粒度主要由粉砂—细砂组成比天然堤砂体粗，纵向上可以呈正韵律也可以呈反韵律。分流间湾是一种复合沉积类型，泛指河道间的一切沉积，包括粗粒沉积和细粒沉积，但通常仅指间湾中的泥质物质。

曲流河三角洲前缘亚相：曲流河三角洲前缘亚相是曲流河三角洲中砂体最为发育的区域，该亚相中主要包括 3 种微相：河口坝微相、水下分流河道微相、水下天然提—决口扇微相（图 4-30b）。在剖面上三角洲前缘呈向湖方向倾斜、变厚的楔状体，具有向上变粗的粒序，其下端是三角洲前缘泥质沉积，向上过渡为三角洲前缘砂体，再向上为三角洲平原沉积，构成一个完整的下细上粗的进积三角洲层序。

水下分流河道是三角洲平原分流河道的水下延伸部分，其特点是底界面常常是冲刷面，以细砂、粉砂岩为主，砂岩成分成熟度低但结构成熟度高，粒度概率累计曲线以跳跃式为主，呈三段式。砂岩中可见块状层理、板状交错层理、平行层理、沙纹层理，局部见小型槽状交错层理；剖面上下部与河口坝或天然堤呈冲刷接触，顶部与水下天然堤呈渐变接触（图 4-31）。

河口坝是由河流带来的碎屑物质在河口处由于介质流速降低动量减少堆积而成，也称河口沙坝。随着三角洲砂体向前进积，河口坝主体部分也随之向前推移，纵向上后来的河口坝就会覆盖在前面河口坝尾部或前三角洲泥之上，因此在剖面上河口坝常呈现向上变粗反韵律的特点，部分河口坝的顶部被水下分流河道切割侵蚀。河口坝岩性主要是灰色粉砂岩、细砂岩，砂岩成分和结构成熟度都较低，粒度概率累计曲线一般为三段或者四段式，总体显示改造不彻底的快速堆积；河口坝在垂向上下部发育水平纹理和沙

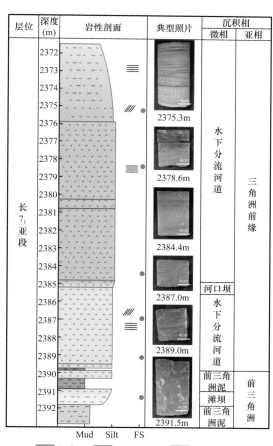

图 4-31 安 144 井岩性综合柱状图及沉积相分析

纹层理，上部发育板状交错层理和平行层理，常发育有滑塌构造和包卷层理，反映沉积时期水体较浅、能量较高。

水下天然堤以粉砂岩、泥质粉砂岩为主，呈透镜体状。决口扇以粉砂—细砂岩为主夹泥质粉砂岩，粒级稍粗，常见底部冲刷，呈透镜体状。两者与水下分流河道连片共生，并向堤外水下分流间湾泥质沉积物过渡。沉积构造类型同三角洲平原天然堤、决口扇沉积相同。

水下分流间湾发育在水下三角洲朵叶体之间，开阔畅通，主要由泥岩夹泥质粉砂岩透镜体组成。水平纹理发育，生物扰动作用强。向下渐变为浅湖泥质沉积。

曲流河前三角洲亚相：位于三角洲前缘末端前方，水体较深。主要沉积暗色、深灰色泥岩、页岩、粉砂质泥岩等，具有水平纹理、透镜状层理和块状层理（图4-31）。自然电位曲线平直、具齿化。

3）湖泊相

湖泊沉积体系在晚三叠世延长组各个段都有发育。根据浪基面、枯水面、洪水面的位置可将湖泊相划分为滨湖亚相、浅湖亚相和半深湖—深湖亚相。

滨湖亚相：岩性为粉砂质泥岩、泥质粉砂岩及粉砂岩等，该区域间歇性出露水面，多具暴露标志，具水平、波状纹理、楔状交错层理，含丰富植物碎片和介壳类碎片，发育倾斜的生物潜穴，自然电位总体呈偏移值不大的锯齿状。

浅湖亚相：位于湖岸开阔的浅水地带，受波浪作用强烈，岩性以暗色、深灰色泥岩、粉砂质泥岩为主，局部沉积粉砂岩等，常见水平层理、波状层理、透镜状层理、脉状层理和沙纹层理等，常见多种底栖生物。以沉积物的受氧化程度和生物的种类及保存完好程度与滨湖亚相区分开。

半深湖—深湖亚相：水体较深，多为还原环境。岩性以暗色泥岩、富有机质页岩为主，常见泥页岩中夹薄层的粉砂岩、砂岩或凝灰岩。主要发育水平层理、波状层理等，常见鱼类化石、藻类球粒等，沉积后多有黄铁矿聚集说明其沉积成岩过程中处于强还原环境（图4-32）。在测井曲线上有高伽马异常、声波高值等标志。

滨浅湖滩坝：其形成可能与高水位背景下河口处沉积物受波浪作用和湖水搬运有关，也可能与面向广阔水域的三角洲前缘砂体受波浪改造就地堆积有关。岩性主要是深灰色泥岩、粉砂质泥岩夹薄层泥灰岩和泥质粉砂岩，见水平层理和直立或水平的生物潜穴构造。

4）重力流沉积

重力流沉积通常发育在半深湖、深湖区域，平面上呈扇形、朵叶体状，剖面上表现为深水泥岩中夹具有递变层理的砂岩，由三角洲前缘和前三角洲的沉积物在外力或自身重力的作用下滑塌再沉积形成的（图4-33）。总体上由夹在半深湖—深湖泥页岩中的粉砂岩、细砂岩、泥质粉砂岩等组成。测井曲线上表现为上下突变接触的指形、箱形或钟形。

在三角洲前缘和前三角洲前部，随前三角洲砂体的不断堆积，易发生重力失稳作用，初始滑塌形成，进而可形成砂质砂屑流、浊流等重力流沉积，同时，可能受到湖泊底流作用改造形成底流改造砂岩。

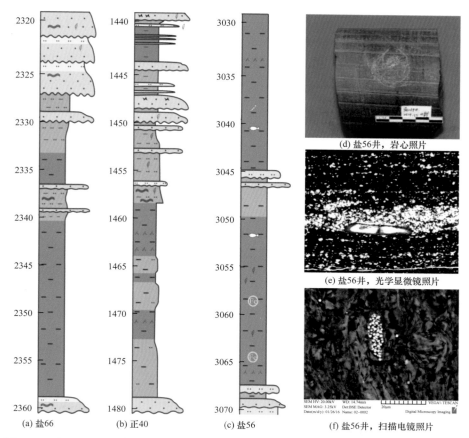

图 4-32 长 7₃ 亚段深湖亚相页岩岩性剖面及岩心照片、光学显微镜照片、扫描电镜照片

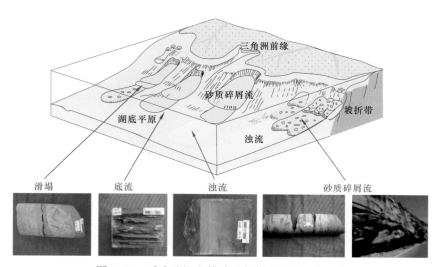

图 4-33 重力流沉积模式（据邹才能等，2009）

主要微相有补给水道、天然堤、辫状水道等。补给水道中主要岩性为细砂岩、粉砂岩、泥质粉砂岩等，底面具有侵蚀面常见滑塌构造。天然堤主要由粉砂岩、泥质粉砂岩组成，常见小型交错层理、水平层理等。辫状水道主要由细砂岩及细砂以下粒度的岩性组

成，可见块状层理、平行层理和不完整鲍马序列。

通常，重力流沉积由多个扇体叠置而成。扇体水道较多，且变迁频繁，主要由细砂岩夹薄层泥岩组成，底部冲刷面清晰，常见泥砾，砂岩一般呈透镜体状，常见粒序层理、平行层理及块状层理及各种底模构造，纵向上呈明显正韵律。测井曲线中自然伽马曲线呈高幅度箱形、钟形、指形及其组合。

2.连井沉积相分析

选取测井岩性解释、测井沉积相解释齐全的单井，结合北东、南西两个主要的物源方向，在工区范围内垂直物源方向和平行物源方向开展了连井沉积相分析。

1）剖面1

垂直物源方向，西北—东南走向，近东北部物源。井位为盐132井—盐154井—盐138井—盐72井—盐167井—池82井—池79井—池216—胡348井—胡280井—新173井—新155井，共12口井（图4-34）。

长7₃亚段整体上为半深湖—深湖沉积。自西北向东南方向，从盐72井开始进入深湖沉积，至池79井开始上段属于半深湖沉积，而长7段底部深湖沉积较稳定，一直持续到新173井，半深湖沉积有水下分流河道砂、远沙坝砂体和河口坝砂体，砂体较厚横向连续，深湖沉积有湖底扇砂体，多以孤立的砂体分布。

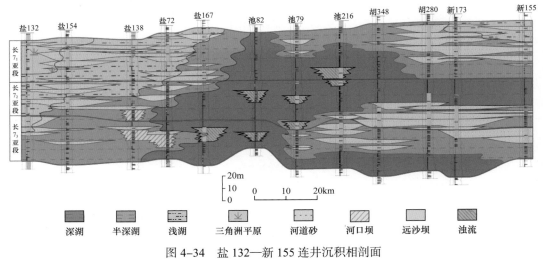

图4-34　盐132—新155连井沉积相剖面

长7₂亚段剖面西北部湖退明显，浅湖水下河道前积增多，深湖相向盆地中心萎缩。从胡348井开始，长7₂亚段底部沉积有厚层河道砂体，随着河道的横向迁移使得长7₂亚段上部以沉积深湖富有机质页岩为主。

长7₁亚段深湖亚相明显萎缩，主要集中在池82井到胡348井，剖面东北部盐132、盐154井出露水面，发育三角洲平原沉积；滨—浅湖亚相面积广大，三角洲前缘水下分流河道向前进积明显，剖面东南部砂体发育，反映局部三角洲建设增强。深湖亚相多为页岩与薄层粉砂岩频繁互层，反映该时期频繁的浊流与深湖页岩互层沉积。

2）剖面 2

平行物源方向，西南—东北走向，分别接受西南、东北两个物源的沉积。井位为罗140井—罗245井—罗234井—罗218井—耿119井—耿200井—池252井—池109井—池216井—安138井—安91井—安87井—郝24井，共13口井（图4-35）。

类似于剖面1，长 7_3 亚段底部深湖相较稳定，向上湖水发生退积。罗140井到罗234井沉积有盆地西南部物源的河道砂体，池216井到郝24井沉积有盆地东北部物源河道砂体，三角洲前缘砂体厚且连续形强，呈高建设性。深湖亚相可见中—薄层湖底扇浊流砂体。

长 7_2 亚段两端的三角洲前缘未有明显进积，深湖相范围基本继承长 7_3 亚段的分布范围，但深湖沉积的稳定性降低，只在长 7_2 亚段底部连续沉积。在耿119井、耿200井、池109井可见垂直剖面沉积的前三角洲泥和远砂坝砂体，在前三角洲朵叶体之间，三角洲砂体未影响到的地方（池252井）沉积深湖—半深湖亚相页岩。东北物源的砂体较为发育，三角洲前缘面积广大，水下分流河道砂体连片。

长 7_1 亚段深湖相面积减少，形成两个沉积中心（罗234井—罗218井、池216井—安138井），其中东北部深湖沉积中心发育较多湖底扇砂体。剖面中部垂直剖面的三角洲前缘（耿119井—池109井）进积明显。剖面东北部（安138井—郝24井）来自东北部物源的三角洲前缘进积明显，主要发育水下河道和河口坝等微相。

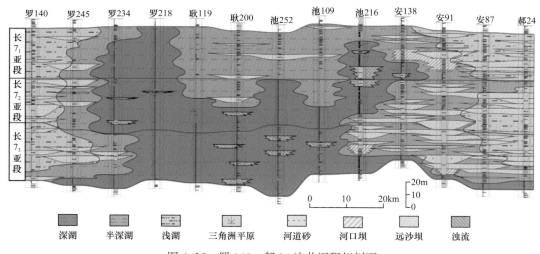

图 4-35 罗 140—郝 24 连井沉积相剖面

3）剖面 3

平行物源方向，西南—东北走向，分别接受西南、东北两个方向物源的沉积。井位为演104井—演204井—里231井—里210井—白178井—白431井—新430井—新164井—杨72井—杨68井，共10口井（图4-36）。

长 7_3 亚段沉积期，东北部物源砂体发育，水下分流河道砂体厚度大、连续性强，在分流河道前段沉积湖底扇砂体。西南部演104井出露水面以三角洲平原漫流沉积的泥质沉积物为主。深湖亚相富有机质页岩厚度大、连续性强，夹有湖底扇砂体。

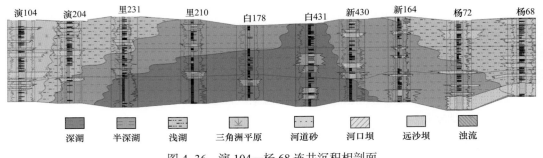

图 4-36　演 104—杨 68 连井沉积相剖面

长 7_2 亚段沉积期，剖面两端物源都发生进积，但在剖面上没有大段水下分流河道的砂体沉积。在剖面两端以河道间泥质、粉砂质沉积为主，泥岩与薄的砂层、粉砂层互层状分布。剖面西南部深湖亚相萎缩明显，在白 431 井上可见相互叠置的厚层湖底扇砂体。

长 7_1 亚段沉积期，剖面两端三角洲进积明显，三角洲前缘面积增加，可见水下分流河道的厚层砂体，砂体之间沉积水下越岸粉砂岩和河道间泥质。深湖亚相萎缩明显，集中在剖面中部、湖盆中心白 431 井处。半深湖亚相主要沉积前三角洲的泥质沉积物和远沙坝的薄层砂体。

3. 平面沉积相展布

长 7 段沉积期相当于层序Ⅲ3 湖侵体系域，伴随着盆地基底的强烈下陷，水体急剧加深，湖盆发育达到鼎盛期。湖岸线大幅度向外扩展。随着湖平面快速上升、湖盆地扩大，环绕湖盆的各种三角洲沉积体系明显向岸退缩；浊积扇体分布范围进一步扩大，连片性增强。

长 7_3 亚段沉积期是整个延长组最大湖泛时期，湖盆面积广大，半深湖—深湖中心位于姬塬—白豹—华池—正宁，呈北西—南东向不对称展布，西北部窄东南方向变宽，三角洲前缘砂体发育，半深湖—深湖亚相发育重力流砂体和泥质沉积物，主要沉积在三角洲前缘前端；但相对其他亚段的重力流砂体厚度、面积小，主要集中在庆阳—宁县地区和白豹—华池地区，东北物源重力流砂体与西南物源重力流砂体平面上没有发生叠置现象（图 4-37）。

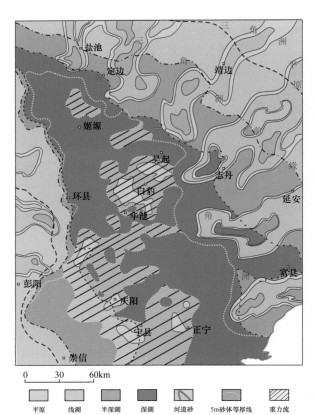

图 4-37　鄂尔多斯盆地延长组长 7_3 亚段沉积相图

长 7₂ 亚段沉积期，西南部及西部三角洲沉积作用增强，砂体进积最为明显，东北部三角洲进积不明显或略有退积，可能与这一时期构造变动或者与该方向物源较远有关。半深湖—深湖沉积面积较长 7₃ 亚段沉积期明显减少，半深湖—深湖沉积中心位于姬塬—白豹—志丹一带，三角洲分流河道砂体较长 7₃ 亚段沉积期更为发育，半深湖—深湖沉积重力流砂体发育。从砂体厚度上可以看出长 7₂ 亚段重力流砂体厚度要大于长 7₃ 亚段重力流砂体厚度，主要分布在吴起—志丹、华池东南部，且两部分物源重力流砂体在湖盆中心纵向上发生叠置（图 4-38）。

长 7₁ 亚段沉积期，湖盆面积继续缩小，深湖中心范围缩小至姬塬、华池、白豹、富县一带，呈北西—南东向的狭窄区域。长 7₁ 亚段沉积期三角洲砂体发育面积进一步扩大，东北部、西南部、南部 3 个方向三角洲都有明显进积，不同物源的前三角洲滑塌形成的重力流沉积在平面上相互叠置，分布面积广，纵向厚度大（图 4-39）。

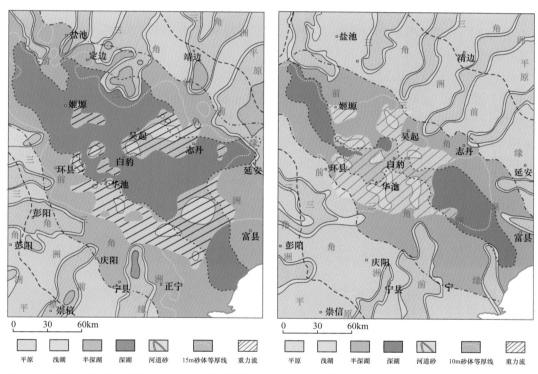

图 4-38　鄂尔多斯盆地延长组长 7₂ 亚段沉积相图　　图 4-39　鄂尔多斯盆地延长组长 7₁ 亚段沉积相图

总体上看，研究区长 7 段主要为三角洲相和湖泊相，湖盆沉积中心主要沿西北—东南方向，由长 7₃ 亚段沉积期的北窄南宽的喇叭形逐渐转变为长 7₁ 亚段沉积期的长条形。物源主要来自东北部、北部、西南部和南部。湖盆外围主要是三角洲沉积，其中三角洲前缘亚相面积广大，随时间推移西南部和南部三角洲进积最为明显，东北部三角洲在长 7₂ 亚段沉积期进积不明显，长 7₁ 亚段沉积期进积明显。湖底扇沉积在前三角洲前端，由下至上湖底扇由点物源为主过渡为线物源为主，沉积厚度逐渐增加，随着湖盆的萎缩不同物源形成的重力流互相叠置的面积增加。

第五节　富有机质页岩沉积模式

长 7 段富有机质页岩中有机质分布具有强烈的非均质性，具有旋回性发育、分段富集的特征。本节通过对长 7 段泥岩或页岩的岩相特征及差异、沉积古环境恢复、平面分布等方面的研究，对长 7 段富有机质页岩沉积模式进行了探讨。

一、泥岩和页岩纵向演化特征

泥岩、页岩的分布和沉积主要受沉积相带和湖盆环境控制。页岩主要沉积在半深湖—深湖静水区，碎屑颗粒少、粒级细、沉积速率慢、生产力高、保存条件好；泥岩主要沉积在滨湖—浅湖及水动力作用强的深水区，碎屑颗粒粗、沉积速率快、有机质多被稀释或降解。

垂向上，可以看到泥岩和页岩一般间互存在，反映了湖盆环境和沉积相带的变化。下面重点通过盐 56 井、环 317 井展开描述。

盐 56 井位于盆地西北部的姬塬地区，连续取心长度达 158m，取心层位包括长 8 段顶部与长 7 段全部，是鄂尔多斯盆地针对长 7 段最为系统的 1 口取心井（图 4-40、图 4-41）。长 8 段沉积期湖盆范围小、水体浅，该地区发育三角洲前缘细砂岩—粉砂岩，随着湖侵的发生，在长 8 段顶部发育浅灰色滨浅湖相泥岩、粉砂质泥岩，并快速进入到长 7 段的深湖页岩。盐 56 井长 7 段以深湖、半深湖页岩、泥岩为主，夹薄层粉砂岩或泥质粉砂岩，反映该地区受外来物源影响较小，总体发育页岩相。长 7_3 亚段以似块状页岩为主，指示其沉积时生产力极高；长 7_2 亚段和长 7_1 亚段以平直纹层页岩为主，表明湖流影响微弱。

黏土矿物含量一般为 50%～70%，石英含量一般为 30%～40%，长石含量在长 7_3—长 7_2 亚段较低，一般小于 5%，长 7_1 亚段长石含量较高，一般可达 10%～20%；有机碳含量一般在 4%～12% 之间，黄铁矿含量一般小于 3%，最高可达 15%。总的来看，长 7_3 亚段页岩 TOC 高、S_2 高、HI 高，反映其沉积时有机质类型更好，以 I 型为主。长 7_2 亚段和长 7_1 亚段则以 II_1 型为主。

环 317 井位于盆地中部的环县地区，连续取心长度达 55m，取心层位包括长 7_3 亚段和长 7_2 亚段（图 4-42）。环 317 井长 7_3 亚段底部主要为似块状页岩；长 7_3 亚段上部受到外来浊流的影响，以泥岩为主、夹薄层粉砂岩或泥质粉砂岩，长 7_2 亚段以块状泥岩为主。

总的来看，长 7_3 亚段沉积页岩段 TOC 高、S_2 高、HI 高、OI 低，反映其沉积时有机质类型更好，以 I 型为主。长 7_2 亚段和长 7_1 亚段则以 II_1 型为主。

二、富有机质页岩形成主控因素

前面提到长 7 段富有机质页岩中有机质分布具有旋回性发育、分段富集的特征。以衣食村剖面为例，在 30m 的范围内，发育 4 个有机质富集段，TOC 从 3.8% 变化到 16.6%（图 4-43）。适宜火山活动、盆地热液发育与低含氧环境是形成"高 TOC"的关键。

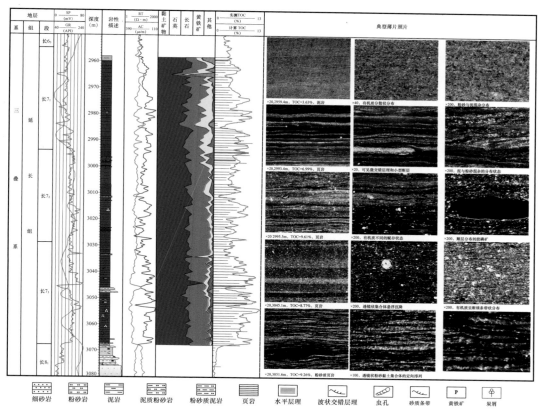

图 4-40　鄂尔多斯盆地盐 56 井三叠系延长组长 7 段组构特征综合分析图

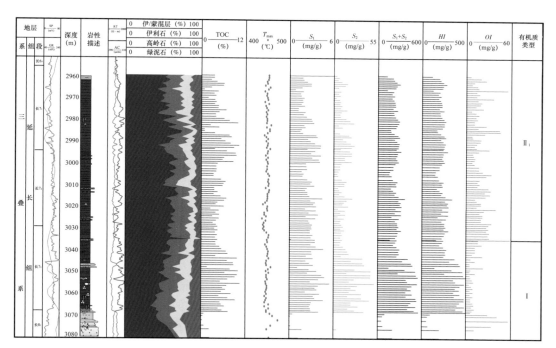

图 4-41　鄂尔多斯盆地盐 56 井三叠系延长组长 7 段地化特征综合分析图

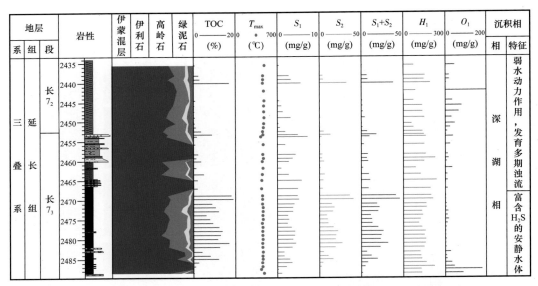

图 4-42　鄂尔多斯盆地环 317 井三叠系延长组长 7 段岩性与地化特征综合分析图

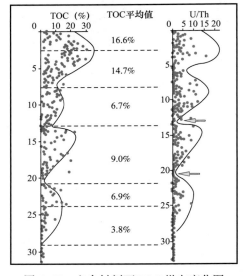

图 4-43　衣食村剖面 TOC 纵向变化图

1. 火山作用

长 7 段页岩中磷元素富集，在长 7 段中发现了大量的蓝藻化石。而蓝藻细菌适宜生存的条件是温度 17～35℃、水体碱性富营养并含有较高的磷元素。另外在长 7 段岩心和薄片观察中，可以看见大量的磷结核和胶磷矿（图 4-44），也证实了磷元素的富集。

通过对长 7 段富有机质页岩的薄片观察发现，存在着多种组构的微体、超微化石。这些生物化石有多种类型，外形上有球形、椭球型等。常常具有胶磷矿和黄铁矿的外壳，内部为有机质。原生的厚的胶磷矿外壳和生物膜壳的快速的黄铁矿化，是长 7 段有机质得以保存的主要影响因素。这些化石的层段在垂向上比较局限，多出现在长 7_3 亚段底部，表现出短暂的"勃发—消亡"的特征，并常常出现在凝灰质纹层附近，证实火山喷发、湖底热液活动等可能为其触发机制。

凝灰岩在长 7 段非常富集，产出的形态及颜色多种多样，有棕红色、黄绿色等。有的凝灰岩与泥岩呈很好的水平互层（图 4-45a、c），而有的呈混杂状态（图 4-45b）。另外，有的凝灰岩可达 1m 左右（图 4-45d）。

(a) 黄15井，黑色透镜状团块为磷结核   (b) 盐66井，透镜状团块为磷结核，大小不一

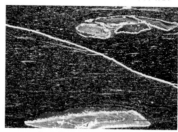

(c) 耿252井，透镜状棕红色胶磷矿   (d) 正70井，球状颗粒为胶磷矿

图 4-44 鄂尔多斯盆地长 7 段磷元素产出状态

(a) 凝灰岩与泥岩互层1   (b) 凝灰岩呈杂乱状

(c) 凝灰岩与泥岩互层2   (d) 厚层凝灰岩（厚度约1m）

图 4-45 鄂尔多斯盆地长 7 段凝灰岩的产出状态

长 7 段普遍存在的火山灰以悬浮和水流形式进入湖盆，为湖盆带来了磷元素等多种营养物质。在衣食村剖面中，共识别出 156 层凝灰岩，U、Mo、Fe、Cu 等元素富集，证实火山灰为有机质富集提供物质基础，结合井下凝灰岩厚度与 TOC 关系研究发现，凝灰岩与 TOC 呈抛物线形关系，其中凝灰岩含量 5%～7% 时对应的页岩 TOC 最高，普遍超过 20%；而凝灰岩厚度过大或者过小，均不利于高 TOC 页岩的形成（图 4-46）。

2. 陆源碎屑供应低

利用 ID-TIMS 测年与米兰科维奇旋回分析，长 7 段富有机质页岩段沉积时限为

0.5Ma，沉积速率为 5cm/ka，小于同期页岩沉积速率 24cm/ka；同时长 7 段页岩 TOC 与 Al_2O_3、稀土总量 $\sum REE$ 负相关，表明长 7 段沉积速率整体偏低，低陆源碎屑补偿速度减小有机质稀释作用，有利于富有机质页岩的形成。

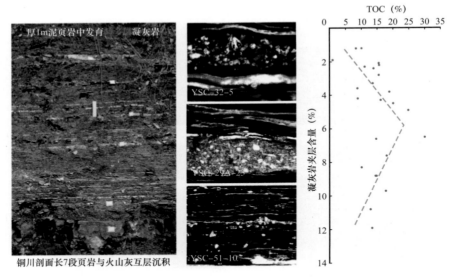

图 4-46　铜川衣食村剖面长 7 段页岩凝灰岩含量与 TOC 关系图

3. 适当的热液作用

在长 7 段页岩中发现了重要的热液矿物，包括自生钠长石、磷锰矿、层状黄铁矿及典型的白铁矿等（图 4-47），同时，主微量元素 Cu、Pb、Zn 含量明显富集，表明富有机质页岩形成时可能存在底部热液活动产生热液矿物。深部适宜的热液活动，可以促进生物勃发，提高有机质产率，形成高 TOC 页岩。

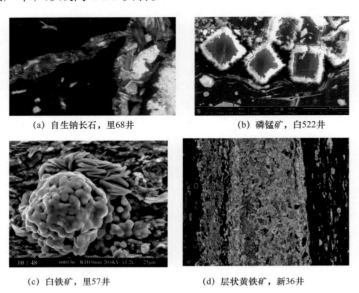

(a) 自生钠长石，里68井　　　　(b) 磷锰矿，白522井

(c) 白铁矿，里57井　　　　(d) 层状黄铁矿，新36井

图 4-47　鄂尔多斯盆地长 7 段页岩典型热液矿物照片

4. 低含氧量环境

利用黄铁矿粒径可对沉积环境中含氧量进行半定量的判别。分析结果表明，在 TOC 相对较高的层段，黄铁矿粒径普遍小于 8μm，平均粒径约 6.5μm，指示了硫化还原环境，对应的 TOC 值介于 8%～20%；在 TOC 相对中值的层段，黄铁矿粒径普遍大于 8μm，平均粒径 10.8μm，指示了贫氧—弱氧的环境，对应的 TOC 值介于 2%～6%。随着黄铁矿粒径的增大，沉积水体中氧含量也逐渐增大，因此，相对较低的含氧量有利于有机质的保存与富集，这对于形成富有机质页岩也具有十分重要的环境指示意义。

三、富有机质页岩成因模式

沉积模式是沉积规律的总结与概括，不同时期不同阶段盆地沉积体系类型及展布特征不同，即沉积模式不同。

在长 7_3 亚段湖泛时期，只有延伸较远的三角洲前缘才能到达坡折带附近，由于自身重力或外界的影响（火山运动、地震等）导致滑塌在其前端形成滑塌浊积体（图 4-48）。

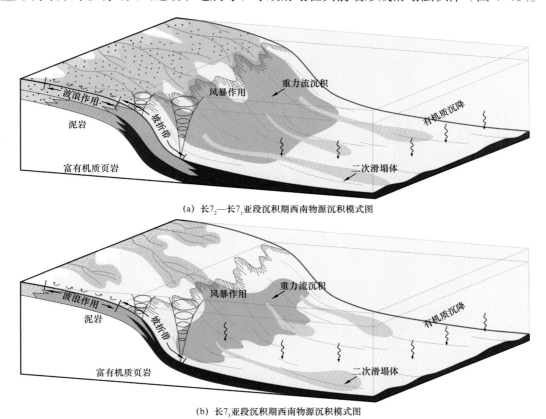

(a) 长7_2—长7_1亚段沉积期西南物源沉积模式图

(b) 长7_3亚段沉积期西南物源沉积模式图

图 4-48　鄂尔多斯盆地长 7 段沉积模式图

长 7_2、长 7_1 亚段沉积期物源砂体的供应逐渐增加，在三角洲前缘连片，能够延伸至坡折带附近的三角洲砂体数量增加，其前端滑塌形成的重力流沉积也由原先的点物源过渡为线物源（图 4-48）。重力流的发育受坡折带控制明显，首先坡折带附近由于坡度大砂体稳定程度低，最容易发生滑塌现象，其次坡折带底部是重力流砂体的主要堆积区域，再者沉积于坡折带上的砂体不稳定，受外界的触发机制影响可发生二次滑塌现象；在坡折带以内的湖盆中心位置是富有机质页岩的主要沉积区域，有机质沉积速率缓慢，与重力流沉积的砂体和泥岩在纵向上叠置，以薄互层的形式沉积。

泥岩、页岩的分布和沉积主要受沉积相带和湖盆环境控制。由于富有机质页岩是有机质含量很高、砂质含量极低的细粒沉积，所以需要一个相对稳定的还原环境，故一般都发育在湖盆最深的位置，与之伴生的还有少量纹层状泥岩，其分布范围又受到沉积相带、水深、缺氧环境、湖流等因素的共同控制。依据系统研究，认为鄂尔多斯盆地三叠系延长组长 7 段富有机质页岩为"混源沉积"模式（图 4-49），其中沉积相带、火山灰、盆底热液等在湖相富有机质页岩形成过程中发挥了重要作用。

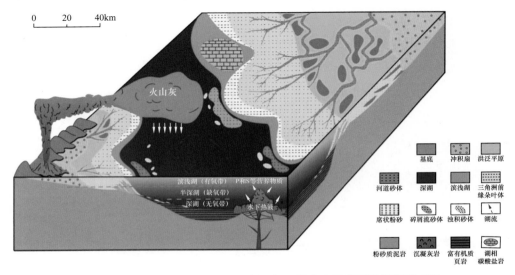

图 4-49　鄂尔多斯盆地三叠系延长组长 7 段富有机质页岩沉积模式图

深湖亚相宁静水体页岩分布区内，页岩为主，总有机碳含量高，Ⅰ型干酪根。砂质碎屑流背景深湖亚相页岩分布区内，页岩、砂岩互层，总有机碳含量高，Ⅰ型、Ⅱ₁型干酪根，受重力流影响。前三角洲背景半深湖相页岩分布区内，泥岩、粉砂质泥岩为主，总有机碳含量低，Ⅱ型干酪根为主，喷流为主。河流—三角洲平原碳质页岩分布区内，碳质泥岩为主，总有机碳含量高，Ⅱ、Ⅲ型干酪根为主。

泥岩发育位置相对较为广泛，深湖—半深湖环境可以发育富有机质泥岩，滨浅湖环境可以发育粉砂质泥岩或含粉砂泥岩，三角洲前缘的分流间湾内也可发育带牵引构造的泥岩，而三角洲平原的河漫沼泽内，为褐煤形成提供还原的环境的黑色泥岩也含有较高的有机质含量。粉砂岩和泥质粉砂岩是由入湖水体带来的粉砂级颗粒形成，入湖水体常常受到三角洲前缘回流的作用，在浅湖区沉积。当发生洪水或垮塌等重力流触发机制时，若能够经历较长的搬运距离，便会在最前端形成粉砂质或泥质粉砂岩为主的浊流沉积。细砂岩以砂质碎屑流的形式进入湖盆中央，形成大面积的叠置砂体。

第五章 典型半咸水湖盆细粒沉积

众所周知，矿化度在 1.0～50.0g/L 的湖泊称为咸水湖，其中矿化度在 1.0～35.0g/L 的湖泊又称为半咸水湖或微咸水湖。现代半咸水湖多为内陆封闭型湖泊，其形成或与海水相通，或在半干旱、干旱气候下，主要分布在非洲、美洲及亚洲高原地区。世界上最大的咸水湖——里海，矿化度在 0.2～13g/L 之间，实为半咸水湖，里海与咸海、地中海、黑海等，原来都是古地中海海盆的一部分，后经过海陆演变，古地中海逐渐缩小，形成现今轮廓。中国的半咸水湖主要分布在干旱、半干旱的西部地区，常说的青海湖、色林错、纳木错、扎日南木错、乌伦古湖这中国五大咸水湖，严格意义上均为半咸水湖，如青海湖，2013 年 8 月监测的数据显示其矿化度为 12.32g/L。

地质历史时期的半咸水湖成因与现今半咸水湖类似，主要分布在干旱、半干旱气候环境下亚热带—温带，或与洋古盆部分连通，如白垩纪的松辽盆地和古近纪的渤海湾盆地（陈世悦等，2017；李成凤和肖继风，1988）。半咸水湖与淡水湖相比，盐度增加，沉积物虽仍以碎屑岩为主，但碳酸盐岩含量较淡水湖沉积物有所增加。本章以松辽盆地上白垩统青山口组为例，解剖半咸水湖盆细粒沉积的岩相特征、古环境条件及沉积成因模式，并分析不同沉积体系的油气勘探意义。

第一节 松辽盆地青山口组区域地质概况

松辽盆地是中国东北部具有断坳双重结构的中—新生代大型陆相含油气盆地，于白垩纪形成的亚洲古陆上最大的湖盆。盆地内坳陷期两次大规模湖侵阶段，湖盆中心沉积了青山口组和嫩江组 2 套富有机质的深湖黑色泥页岩，为松辽盆地大面积含油奠定了坚实的物质基础，也是研究湖相细粒沉积的重要地区。本章以青山口组作为半咸水湖盆的典型代表，介绍细粒沉积特征、成因模式及与之相关的油气藏勘探类型（邹才能，2015；康玉柱，2016）。

一、盆地构造演化

松辽盆地总面积为 $26 \times 10^4 km^2$，整体呈北北东向展布、具"菱形"外貌。盆地以上古生界石炭—二叠系变质岩和花岗岩为基底，基底之上依次沉积了中生界侏罗系、白垩系、新生界古近—新近系和第四系。

松辽盆地构造演化可分为热隆张裂期、伸展断陷期、热沉降坳陷期和构造反转期 4 个演化。热隆张裂期松辽盆地开始形成雏形，伸展断陷期充填以陆相含煤火山建造为主，热沉降坳陷期统一的汇水中心形成，稳定沉降背景下沉积一套湖相细粒沉积为主的地层，青山口组就沉积于此时期；构造反转期形成了大量的逆冲反转构造，基本奠定了现今构造的基本格局。

二、地层发育特征

松辽盆地的沉积地层呈"下断上坳"特征。断陷期地层有中—上侏罗统和下白垩统，各个断陷可对比性较差；坳陷期地层有上白垩统、古近—新近系及第四系。主要地层的岩性特征、沉积厚度及与地震波组对应关系见表5-1。必须强调，白垩系是松辽盆地的最主要的沉积地层。

松辽盆地白垩系可划分为两个完整的二级层序，其中下部二级层序基本由泉头组和青山口组组成。泉头组三段—青山口组一段为下部二级层序的水进体系域，青山口组一段中下部是最大洪泛期的沉积物，湖盆范围急剧扩张，水体迅速变深，沉积了广泛分布的有机质丰富的深湖暗色泥岩，为松辽盆地主力生油层。青山口二、三段为下部二级层序的高位体系域，湖盆范围逐渐缩小，水体变浅，发育一系列三角洲沉积体系，自北、西、西南3个方向向湖盆中心推进，在纵向上形成进积型沉积序列。青二段总体沉积环境与青一段类似，沉积中心仍发育深湖—半深湖沉积，但湖相泥岩分布范围较小，砂体分布范围扩大。青三段沉积环境发生较大变化，湖盆水体退缩更加明显，盆地主体演变为滨浅湖环境。

三、沉积背景

松辽盆地青山口组形成于松辽盆地演化的坳陷期。青一段沉积期整体表现为快速湖侵的过程，湖盆中心沉积了一套富有机质的深湖黑色泥岩，为坳陷期最为主要的烃源岩；从青二段沉积中、晚期开始，湖盆以水退为主，湖泊面积逐渐缩小。

青山口组沉积期，盆地主要发育绥化、青岗、北安、讷河、齐齐哈尔、英台、白城、通榆、保康、怀德、长春及榆树共12支水系（图5-1），湖区面积大、水动力较强，全盆地具有统一的汇水中心，湖盆坡折带较为发育并对湖岸线的展布具有重要的控制作用，沉积相带的分布呈环带状展布。该时期主要发育5类沉积体系，分别是：（1）冲积扇—辫状河—曲流河—三角洲沉积；（2）冲积扇—辫状河—辫状河三角洲沉积；（3）扇三角洲沉积；（4）滨浅湖滩坝砂沉积；（5）重力流沉积。研究表明，坳陷湖盆在盆地的不同位置有不同的沉积体系，沉积相分布总体有以下规律：在盆地长轴方向，讷河、北安、榆树、保康和怀德等水系以冲积扇—辫状河—曲流河—三角洲沉积体系为主，相序发育完整；在盆地短轴方向，白城和齐齐哈尔水系以冲积扇—辫状河—辫状河三角洲沉积为主，英台水系以扇三角洲沉积为主；各大水系的三角洲之间分布大面积的滨浅湖滩坝砂沉积和湖湾沉积，虽然其砂体来源于周围三角洲，但其沉积特点有别于三角洲；重力流主要分布在各大水系三角洲的前缘，尤其是龙虎泡及红岗阶地。

表 5-1　松辽盆地地层综合简表

地层系统 系	统	组	段	地震波组反射界面	厚度(m)	岩性简述	油层 组合	油层 名称	油层 代号	相序	湖盆演化
第四系			Q		10~150	黏土、砂土及砂砾层				沼泽河流	萎缩阶段
新近系		泰康组	Nt		0~160	灰绿、黄绿色泥岩与砂岩、砾岩互层				沼泽河流	
		大安组	Nd		0~140	黄灰、灰色泥岩					
白垩系	上统	明水组	K_2m	T_0	0~600	灰绿色泥岩与灰色、灰绿色粉砂岩、泥质粉砂岩互层	浅部含油组合	明水	M	滨浅湖	
		四方台组	K_2s	T_{03}	0~400	紫红色泥岩、灰色细砂岩、粉砂岩，下部砖红色砂泥岩				河流	
		嫩江组	K_2n_5		0~225	深灰色泥岩，夹紫红、灰色泥岩、泥质粉砂岩	上部含油组合	黑帝庙	H	三角洲、滨浅湖	坳陷阶段
			K_2n_4		0~350	灰黑色泥岩，夹紫红、棕红色泥岩、泥质粉砂岩					
			K_2n_3		0~145	灰色、黑色泥岩、泥质页岩					
			K_2n_2		0~180	灰黑色泥岩为主，中部夹油页岩和劣质油页岩				半深、深湖	
			K_2n_1	T_1	0~120	灰绿、紫红色泥岩和灰白色含钙质粉砂岩、细砂岩互层		萨尔图	S		
		姚家组	K_2y_{2+3}		0~100	紫红色泥岩、灰白色粉砂岩、泥质粉砂岩	中部含油组合	葡萄花	P	三角洲、滨浅湖	
			K_2y_1	T_1^1	0~60						
		青山口组	K_2qp_3		0~370					滨、浅湖	
			K_2qp_2		30~190	紫红色泥岩、页岩夹油页岩		高台子	G		
			K_2qp_1	T_2	25~150	灰黑色泥岩、页岩夹油页岩					
	下统	泉头组	K_1q_4		0~1000	灰色、黑色泥岩、泥质粉砂岩	下部含油组合	扶余	F	河流	

- 175 -

地层系统				地震波组反射界面	厚度（m）	岩性简述	油层			相序	湖盆演化
系	统	组	段				组合	名称	代号		
白垩系	下统	泉头组	K_1q_3		0~1000	棕红色、紫红色泥岩，粉砂岩与细砂岩互层	下部含油组合	杨大城子	Y	河流	坳陷阶段
			K_1q_2			褐红色泥岩，灰白色砂岩		农安	N	泛滥平原	
			K_1q_1	T_3	0~1800	紫红色泥岩与砂砾岩互层					
		登娄库	K_1d	T_4		上部灰绿、灰褐色泥岩，下部砂砾岩夹紫红色、深灰色泥岩及少量凝灰岩	深部含油气组合			滨湖	裂合阶段
		营城组	K_1yc	T_4^1	0~900	上部火山碎屑岩及砂岩，粉砂岩、黑色泥岩，下部安山玄武岩，火山角砾岩及砂砾岩夹煤层				山前平原	
		沙河子组	K_1sh	T_4	0~800	深灰色、灰黑色泥岩，灰白色砂岩，粉砂岩及少量凝灰岩				陆源碎屑含煤建造	
		火石岭组	K_1hs	T_5	0~800	凝灰岩、安山岩、凝灰质角砾岩，玄武岩，粉砂岩及凝灰质砂砾岩，与下伏地层呈不整合接触				湖沼沉积	
侏罗系	中统	白城组	J_2b		125~250	灰绿色、灰白色砂岩，砂砾岩，灰黑色泥岩，粉砂岩夹灰色、灰紫色凝灰岩及薄煤层，底部常见有凝灰质砾岩				冲积、火山喷发	
基底石炭及二叠系					600~7200	黑色板岩，结晶灰岩等，夹肉红色花岗岩及黑色云母花岗岩				山间盆地型沉积	

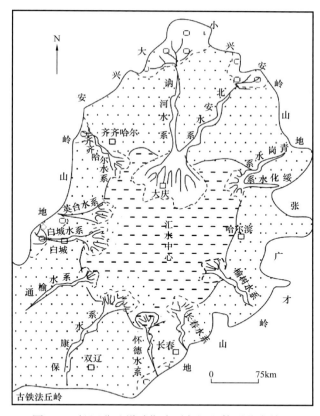

图 5-1 松辽盆地坳陷期水系与沉积体系分布简图

四、含油气组合

根据松辽盆地沉积地层的有机地球化学资料，全盆地主要发育下白垩统的沙河子组和营城组、上白垩统的青山口组及嫩江组共3套生油层系，青山口组和嫩江组是盆地内中浅层最主要的生油层系。其中，青一段、嫩一段是最好的生油层，同时也是重要的区域盖层；青二、三段和嫩二、三段是较好的生油岩。下白垩统的生油层系主要分布在早白垩世形成的断陷之中，在该期形成的断陷内均广泛分布有由沙河子组和营城组所组成的生油层系。在盆地坳陷期，由青山口组和嫩江组所组成的生油层系广布全盆地，是盆地内各凹陷区最重要生油层系与主要油气源岩层。同时，根据松辽盆地油气勘探和生产实践，以及各产层的油气性质和来源，可将盆地自下而上划分为5套含油气组合（表5-1）。

在青一段与嫩一段两个最大洪泛期之间湖盆阶段性地扩张和收缩，形成了青山口组高位体系域三角洲、姚一段低位体系域三角洲和姚二、三段湖侵早期体系域三角洲砂体，它们分别又由若干次一级的湖进—湖退高频层序构成，松辽湖盆的频繁变化的高频层序特征控制次一级储盖组合。这种频繁的湖平面变化与沉积物供应速率的变化，相应导致湖岸线和三角洲朵叶体的频繁摆动，因而在纵向上形成砂、泥岩频繁交互（特别是三角洲前缘相带区），组成多个次一级储盖组合，加之三角洲前缘水下分流河道及河口坝砂体在空间上分布侧向尖灭，因此有利于岩性圈闭的形成。

第二节　青山口组细粒沉积岩特征

一、岩矿特征与化学组成

青山口组岩性主要为厚层泥页岩夹薄层粉砂岩，黑色页岩矿物成分主要为长英质陆源碎屑矿物、碳酸盐和黏土矿物，少量黄铁矿、菱铁矿和锰矿物。以其中石英含量介于19%～44%，平均为30.9%；长石含量介于4%～22%，平均为13.5%；黏土矿物含量介于11%～56%，平均为43.8%；碳酸盐岩矿物（方解石、铁白云石）含量变化范围较大，介于0～65%，平均为7.64%，主要为方解石。青山口组页岩的长石含量较高，黏土含量较低。X衍射显示，黏土矿物以伊/蒙混层为主，含量约85.9%，伊利石含量为7%，还有少量高岭石和绿泥石。与海相页岩相比，青山口组页岩的石英含量较低，这与海相页岩含丰富的自生石英，而青山口组页岩为陆源碎屑成因的石英有关。与鄂尔多斯盆地长7段相对，青山口组长英质矿物含量高，黏土矿物与黄铁矿含量偏低，可能与松辽古湖盆陆源碎屑注入能力强、水体还原程度略低有关（表5-2）。

表 5-2　国内外含油气盆地黑色页岩矿物成分对比

成分组成	石英（%）	长石（%）	黏土矿物（%）	碳酸盐（%）	黄铁矿（%）
松辽盆地青山口组页岩	31	13.58	43.82	7.64	3.61
鄂尔多斯盆地长7段页岩	29	9.2	49	5.5	7.3
四川盆地龙马溪组页岩	42	8	45.6	3.2	1.5
沃斯堡盆地Barnett硅质页岩	45	7	35	8	5

黄铁矿是富有机质页岩中的重要矿物类型，对沉积环境具有一定的指示意义。通常认为沉积环境还原性越强，总有机碳含量越高，黄铁矿单晶直径越小（见表4-1）。青山口组黄铁矿含量介于1%～29.9%，平均为3.61%。扫描电镜下观察到黄铁矿顺层分布，以单晶、莓球状和二者集合体的形态存在，与黏土矿物共生。单晶直径为1～8μm，呈立方体、八面体和五角十二面体，常以集群形式充填在介形虫等生物的壳体或生物碎片中。莓球状黄铁矿直径为5～15μm，与单晶混合分布，成群出现，这种集合体被认为是一种菌落。

青山口组优质烃源岩的微量元素测试结果显示，Mo的平均含量为5.56μg/g、V的平均含量为104.2μg/g，Cu的平均含量为44.1μg/g，U的平均含量为5.43μg/g，Pb的平均含量为31.5μg/g。与长7段优质烃源岩中Mo、U、Cu、Pb等微量元素相比数值普遍偏低，青山组页岩中的生命元素低于鄂尔多斯长7段页岩，表明两个湖盆生产力存在较大的差异。从哈14井微量元素与TOC的匹配关系可以看出，2073m发育富有机质页岩，与其共生的元素组合为U—Mn—V—Zn—Al组合；2064m处发育鲕粒灰岩，共生的元素组合为P—Ba—Sr（图5-2）。

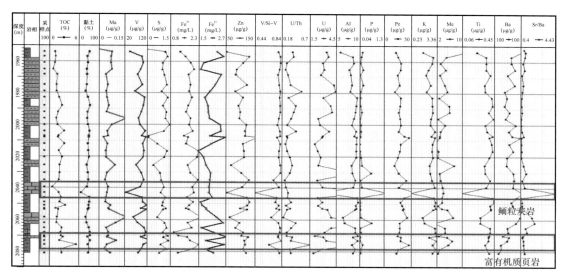

图 5-2　哈 14 井青山口组页岩微量元素纵向变化特征

二、有机地化特征

通过对青山口组 254 块样品地化分析表明，黑色页岩的 TOC 平均值为 2.67%，主要的区间分布在 1.5%～2.5% 之间（图 5-3），按照国外烃源岩划分标准，属于好—很好烃源岩。

根据干酪根热解色谱分析和镜下鉴定，青一段干酪根属于腐泥型，H/C 原子比在 1.5 以上；青二、三段干酪根属于混合型，H/C 原子比在 1.0～1.5 之间。横向上，深湖黑色泥岩中的干酪根属于腐泥型，泛滥平原和沼泽泥岩属于腐殖型，中间属于混合型。

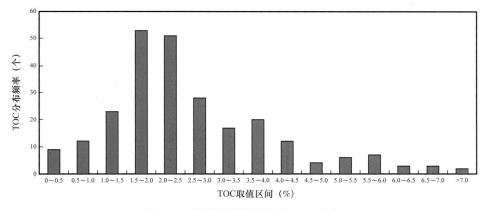

图 5-3　松辽盆地黑色页岩 TOC 分布

对哈 14 井深湖泥页岩热解色谱分析显示，主峰碳数主要为轻烃，说明其母质主要来源于湖相低等生物（图 5-4）。多井正烷烃数据对比显示，从边缘相—湖相不同环境下的有机质有着明显的差别。靠近湖盆边缘相的样品主峰偏后，OEP 增大，而向湖区主峰偏前，OEP 减小。反映湖盆边缘主要接受陆源高等植物，湖盆中心主要接受藻类等水生生物有机质的特征。

青一段中的腐泥质主要由藻类体和矿物沥青质组成，藻类体含量为1.0%～7.87%，一般在3%以上，这些藻类体主要为无结构藻类体（图5-5），是各种藻类降解或者不完全降解的产物，显微镜下不能判断其生物结构。

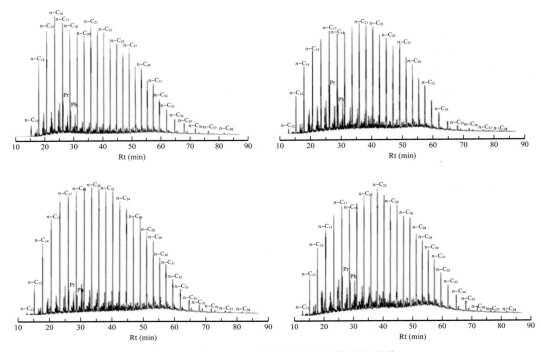

图5-4　哈14井4块样品正烷烃分布特征图谱

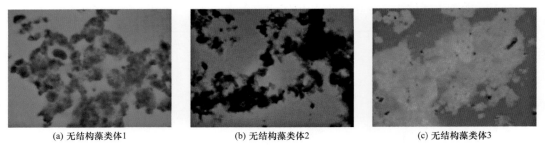

(a) 无结构藻类体1　　　　　　　(b) 无结构藻类体2　　　　　　　(c) 无结构藻类体3

图5-5　青山口组有机质有机显微组分镜下特征

三、微观沉积构造

页岩的纹层构造是非常重要的微观结构特征之一，它能反映水体深浅、沉积过程、湖盆生产力等诸多沉积因素。经15口井100多个页岩薄片的镜下观察，总结出松辽盆地青山口组富有机质页岩中的沉积构造主要有3种。

1. 纹层构造

青山口组页岩纹理丰富，包括水平纹层和波状纹层，纹层厚度介于0.2～0.6mm，从横向连续性可分为连续纹层和断续纹层。纹层的成因是沉积物成分、粒度和有机质含量的不同造成的，一般具有二元或三元结构，二元结构为粉砂与黏土或有机质形成互层，三元结构为粉砂、黏土或有机质和生物碎屑形成互层。暗色矿物或有机质呈现薄层断续或连续波状纹层，介壳则呈厚度不一的连续波状纹层。碳酸盐纹层色浅，白色或者褐黄色纹层，叠瓦状连续分布，由介形虫残骸堆积而成，单层厚度为0.03～0.10mm（图5-6）。在介形虫残骸叠加的缝隙之间，夹有富含铁质或者锰矿物的黑色纹层，混有少量稍粗粒方解石及少量铁白云石。气候和沉积环境变化影响水体温度、盐度、粉砂含量和浮游生物的种群与数量，造成输送沉积物变化，形成多种纹理。

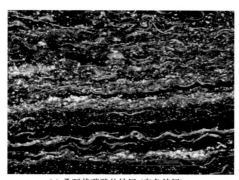 

(a) 叠瓦状碳酸盐纹层 (白色纹层)，大61井，1937.8m

(b) 叠瓦状碳酸盐纹层 (白色纹层)，哈14井，2046m

图5-6 青山口组碳酸盐纹层典型薄片照片

2. 微型交错层理

过去认为页岩是在相对安静缺氧的底水环境中通过悬浮沉降作用沉积的，大量分布的平行纹层、波状纹层以及底面冲刷充填构造表明页岩的形成环境具备一定水动力能量，底流较为发育。底流可能是风暴或者波浪激发的重力流或者牵引流。现代泥质粒度分析表明，大多数直径小于10μm的颗粒以絮凝物形式沉积，直径大于10μm的颗粒则主要以单独颗粒形式沉降，絮凝过程有助于在海洋环境中长距离输送大量泥质沉积物。Schieber（2011）通过水槽实验成功模拟了页岩中的波状纹层和透镜状纹层的形成过程，实验显示页岩中的波状纹层与砂岩中波状层理的形成机制相似，说明页岩形成过程中存在微弱的水动力条件。

青山口组泥岩或页岩中发现较多的微型交错层理，说明其沉积环境不是静止的，而是底流发育的动荡环境。青山口组黑色页岩中存在微米级的波状纹层（图5-6b）、透镜状层理（图5-7a）、交错层理、粒序层理（图5-7b、d）以及底面冲刷充填构造（图5-7b、c、d）。这些沉积构造除了与深水区的浊流有关，还可能与海水入侵形成的底流有较大关系。

3. 生物扰动构造

生物扰动构造在青山口组泥岩中非常常见，特别是青二、三段的顶部。按照生物扰动的程度，可分为保留少量层理的生物扰动以及斑块—均质的生物扰动。图5-8a为保留少量层理的生物扰动构造，其形成环境为水体突然加深或者沉积物迅速掩埋，生物体迅速逃逸产生的垂直逃逸迹，破坏了局部的纹层，但仍可看出原始的沉积纹层。图 5-8b 为斑块—均质的生物扰动。当时的环境利于生物生存活动，生物基本改变了原始沉积面貌，原始沉积结构已经看不出来。

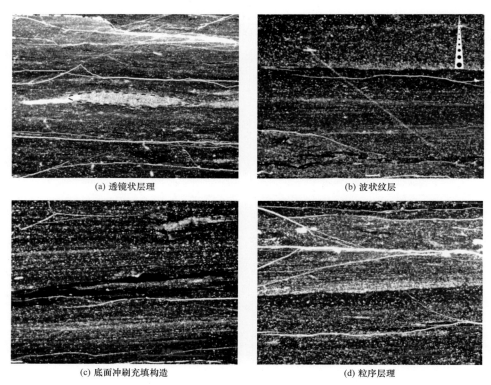

(a) 透镜状层理

(b) 波状纹层

(c) 底面冲刷充填构造

(d) 粒序层理

图 5-7　青山口组微型交错层理典型薄片照片

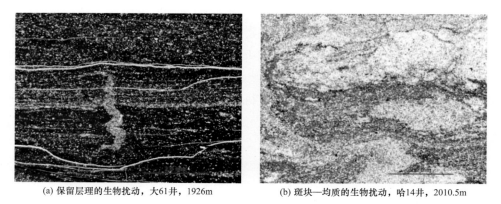

(a) 保留层理的生物扰动，大61井，1926m

(b) 斑块—均质的生物扰动，哈14井，2010.5m

图 5-8　青山口组页岩生物扰动构造典型薄片照片

四、岩相划分与特征

在页岩油气的开发过程中，只有总有机碳含量大于 2%，处于热成熟生油气窗内的页岩被称作有效页岩，能够满足商业开发的要求。研究区黑色页岩以陆源碎屑、黏土矿物和碳酸盐为主要成分，总有机碳含量为0.5%～5.5%，首先以总有机碳含量2%为界，划分出富有机质页岩和贫有机质泥岩，再根据矿物成分、沉积构造、生油潜力等指标，将进一步青山口组细粒沉积划分为6种岩相（表5-3）。矿物成分及总有机碳含量可以通过测井曲线计算得出，因此这种划分方案有利于开展岩相空间预测，对页岩油勘探选层具有参考价值。

表5-3 青山口组细粒沉积岩相划分表

类型	亚类	黏土质含量（%）	沉积构造	TOC（%）	产油潜率（mg/g）
富有机质页岩	黏土质页岩	>50	纹层不明显	2.97（2.36～5.87）	11.95（9.28～17.9）
	长英质页岩	<50	纹层发育	2.76（2.04～5.47）	10.70（7.68～13.9）
	含生屑长英质页岩	<50	纹层发育	2.39（2.05～2.73）	10.29（7.69～13.5）
贫有机质泥岩	介壳灰岩	<60	无纹层	1.61（0.51～1.88）	7.23（5.14～11.2）
	长英质泥岩	<60	生物扰动	1.51（1.07～1.96）	6.47（2.76～9.29）
	含生屑长英质泥岩	<60	生物扰动	1.26（1.23～1.43）	4.66（3.91～5.76）

注：数据格式——平均值（最小值～最大值）。

1. 富有机质黏土质页岩

发育在青一段底部，内部结构均一，纹层不明显。黏土矿物含量大于60%，发育微弱的水平纹层，富含黄铁矿，个别样品黄铁矿含量大于20%。有机质显黄褐色—黑褐色线纹状、团粒状零散分布（图5-9a）。富有机质黏土质页岩由悬浮的有机质与黏土矿物形成的凝絮物缓慢沉降形成，在压实作用下有机质与暗色矿物顺层定向排列，岩心多发育页理。总有机碳含量高，介于2.36%～5.87%，平均为2.97%，产油潜率为9.28～17.9mg/g，平均为11.95mg/g。

2. 富有机质长英质页岩

发育在青一段中下部、青二段底部，由黏土和陆源砂组成，黏土质含量小于50%，长石和石英含量为40%～60%。陆源砂为粉砂和少量细砂，成分为石英、长石和少量岩屑，多呈棱角状、次棱角状，零散定向分布。黏土呈显微鳞片状，成层性好，总有机碳含量较高，介于2.04%～5.47%，平均为2.76%，仅次于富有机质黏土质页岩。产油潜率介于7.68～13.9mg/g，平均为10.7mg/g。页岩中发育大量的微米级层理构造（图5-9b），包括由粉砂形成的透镜状层理，由浅色粉砂层、深褐色黏土层以及暗色矿物和有机质形成的水平纹层、断续和连续波状纹层，由粉砂向黏土递变形成的粒序层理（图5-7b、d），后期沉积的粉砂在下部黏土层上形成冲刷充填构造（图5-7b、c、d）。

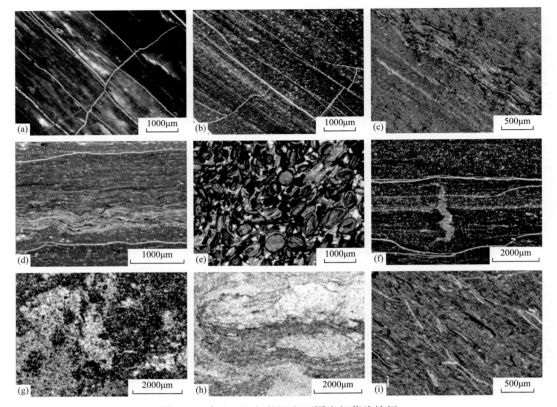

图 5-9　青山口组细粒沉积不同岩相薄片特征

（a）富有机质黏土质泥岩，SL-38，2078.5m，青一段；（b）富有机质长英质页岩，发育微米级交错层理，SL-7，2012m，青二段、青三段；（c）富有机质含生屑长英质页岩，生屑为介形虫壳体，呈层状分布，SL-13，2065.2m，青一段；（d）富有机质含生屑长英质页岩，介形虫纹层与有机质、暗色矿物形成连续的波状纹层，SL-13，2065.2m，青一段；（e）贫有机质介壳灰岩，介壳被方解石和黏土矿物充填，SL-24，2043m，青一段；（f）贫有机质长英质泥岩，发育生物潜穴，SL-25，2046.1m，青一段；（g）贫有机质长英质泥岩，发育斑块状生物扰动构造，SL-9，1982.9m，青二段、青三段；（h）贫有机质长英质泥岩，发育团块状生物扰动构造，SL-6，1968.4m，青二段、青三段；（i）贫有机质含生屑长英质泥岩，块状构造，生屑和暗色矿物零散分布，SL-1，1952.4m，青二段、青三段

3. 富有机质含生屑长英质页岩

由大量黏土、生物碎屑组成，含少量陆源粉砂、细砂，发育微波状纹层，表明其沉积时具有微弱的水动力条件。部分粉砂呈似条带状、透镜状。生物碎屑主要为介形虫壳壁，呈半月状，局部富集成层，厚度约 500nm（图 5-9c）。介形虫纹层与有机质、暗色矿物形成连续的波状纹层，中间夹有少量陆源碎屑和黏土矿物（图 5-9d）。有机质含量介于 2.05%～2.73%，平均为 2.39%。产油潜率介于 7.69～13.50mg/g，平均为 10.29mg/g。

4. 贫有机质介壳灰岩

青一段底部还夹有一层介壳灰岩，厚度约 0.3m，为黑色泥岩中的夹层，由生屑、鲕粒、亮晶胶结物、陆源砂和黏土质组成。鲕粒主要呈椭圆、近圆状，直径为

0.15～1.50mm，多见同心纹层，有的核心为介形虫。生物碎屑主要为介形虫，呈纹层状富集，部分零散分布在鲕粒纹层内，被方解石及少量锰矿物充填（图5-9e）。亮晶胶结物为方解石，他形粒状，大小一般0.03～0.30mm，填隙状分布。陆源砂主要为小于0.25mm的石英、长石，棱角—次棱角为主，零散分布。总有机碳含量介于0.51%～1.88%，平均为1.61%。产油潜率介于5.14～11.2mg/g，平均为7.23mg/g。

5. 贫有机质长英质泥岩

发育在青二、三段，由陆源砂、黏土质和少量锰矿物组成，黏土级别颗粒含量小于60%，陆源砂含量介于15%～40%，生物扰动构造发育。生物扰动构造按照扰动强弱可分为三类：一类是生物扰动作用弱，宿主岩石保持原始的纹层，页岩纹层发育，内部有长度约2mm的肠状生物潜穴，未破坏原始层理（图5-9f）；二类是生物扰动构造较强，原始层理不清晰，呈现斑块状或团块状（图5-9g）；三类是生物扰动构造非常强烈，原始纹层全部破坏，页岩呈现"均质"（图5-9h）。从沉积环境角度分析，生物扰动指示底水含氧程度较高，同时浊流等事件性沉积发育的频次低，使得底栖生物有相对安静的生存环境，但不利于有机质聚集保存。总有机碳含量介于1.07%～1.96%，平均为1.51%，产油潜率介于2.76～9.29mg/g，平均为6.47mg/g。

6. 贫有机质含生屑长英质泥岩

发育在青二、三段，由陆源砂、黏土质、生屑组成，黏土级别颗粒含量小于60%，生屑含量介于5%～25%，见块状结构（图5-9i），生物扰动构造发育。总有机碳含量介于1.23%～1.43%，平均为1.26%。产油潜率介于3.91～5.76mg/g，平均为4.66mg/g。

总体看来，青山口组纵向上由厘米级长英质泥页岩、含生屑长英质泥页岩和介屑灰岩组成薄互层，岩相频繁变化，非均质性极强。有机质的丰度在垂向上变化很大，导致有机碳的分布也有较大的离散性。富有机质页岩相分布在青一段和青二、三段底部，贫有机质泥岩发育在青二、三段上部，反映了随着水体变浅，湖盆的收缩，富有机质页岩相向贫有机质泥岩转变的过程。

第三节　青山口组沉积期古环境恢复

岩相和总有机碳含量的变化与青山口组沉积期的古沉积环境紧密相关，反映古盐度、古氧化还原条件、水动力条件等在内的多重指标的变化。本节借助微量元素、生物标志化合物、沉积构造等多种证据，对青山口组沉积期古沉积环境进行了恢复。

一、古生产力恢复

定性恢复古湖泊生产力的指标有很多，针对松辽盆地青山口组页岩，采用了总有机碳含量及有机碳稳定同位素、微量元素U、Mo、Mn的相对丰度等方法。

1. 有机碳及稳定同位素

总有机碳含量在青山口组各地层中的情况如下，青一段 TOC 为 0.54%～5.47%，平均为 2.28%；青二、三段下部 TOC 为 1.35%～3.02%，平均为 2.13%；青二、三段上部 TOC 为 0.51%～1.96%，平均为 1.23%。单纯根据总有机碳含量，古湖泊生产力演化趋势为青一段＞青二、三段下部＞青二、三段上部。

有机碳稳定同位素 $\delta^{13}C$ 值大小与有机质来源密不可分，青山口组泥岩中有机质来源以湖相水生植物为主，那么有机碳稳定同位素 $\delta^{13}C$ 与古生产力关系如下：湖泊内植物进行光合作用时优先吸收 $^{12}CO_2$，因此形成的有机质含有较多的 ^{12}C，导致泥岩中有机碳稳定同位素 $\delta^{13}C$ 值偏轻，也就是说生产力越高，生成的有机质越多，$\delta^{13}C$ 值就越负。青一段 $\delta^{13}C$ 的平均为 $-29.5‰$；青二、三段下部 $\delta^{13}C$ 平均为 $-28.9‰$；青二、三段上部 $\delta^{13}C$ 平均为 $-27.7‰$。

2. 微量元素 U、Mo 含量

许多研究者在不同的海区或者流域均证实了缺氧还原条件下细粒沉积物对 U、Mo 等氧化还原敏感性元素的"粒控效应"微弱，这些元素会发生自生沉淀，在沉积物中富集排除了细粒沉积物对微量元素的"粒控效应"，有必要了解这些元素在湖水中的生物地球化学行为及其迁移、沉淀机理。

湖泊沉积物中 U 元素的富集和有机质有很大关系：在还原性的底层水体中，死亡后降落至湖底的浮游生物遗体会与溶解态的 U 发生络合，形成有机络合物沉淀并埋藏在沉积物中，保存下来。因此，底层水为还原状态的前提下，沉积物中 U 为自生 U，其含量一定程度上反映了湖泊表层水体产生的有机质的量，即湖泊生产力。Mo 在湖泊底部水体极度还原的硫化条件下，易与硫离子结合进入沉积物，并且其通量与有机碳的堆积速度近似成正比，因此 Mo 在缺氧的硫化条件下可以作为生产力的指标。此外，与陆生植物相比，湖泊或者海洋中菌藻类更富集 Mo，沉积物中 Mo 峰值的出现表明在峰值出现的前期沉积物中堆积了大量的从表层水体输入的有机质，即极高的水体表层生产力。

U 元素在青一段中含量范围为 1.93～8.7μg/g，平均为 3.98μg/g；青二、三段为 2.08～4.41μg/g，平均为 3.16μg/g。Mo 在青一段中含量范围为 1.42～7.48μg/g，平均为 4.19μg/g（图 5-10）；青二、三段为 1.39～6.06μg/g，平均为 3.62μg/g。Mn 在青一段中含量范围为 0.027～0.159μg/g，平均为 0.066μg/g；青二、三段为 0.039～0.101μg/g，平均为 0.059μg/g。青一段中 U、Mo 含量均最高，青二、三段下部开始降低，至上部时，各元素含量较低，展示了古生产力演化特征为青一段＞青二、三段下部＞青二、三段上部。

二、古氧化还原环境恢复

1. 饱和烃中的姥烷和植烷

烃源岩中含量多，分布最广的类异戊二烯烃是 iC_{19} 的姥鲛烷和 iC_{20} 的植烷，它们主要

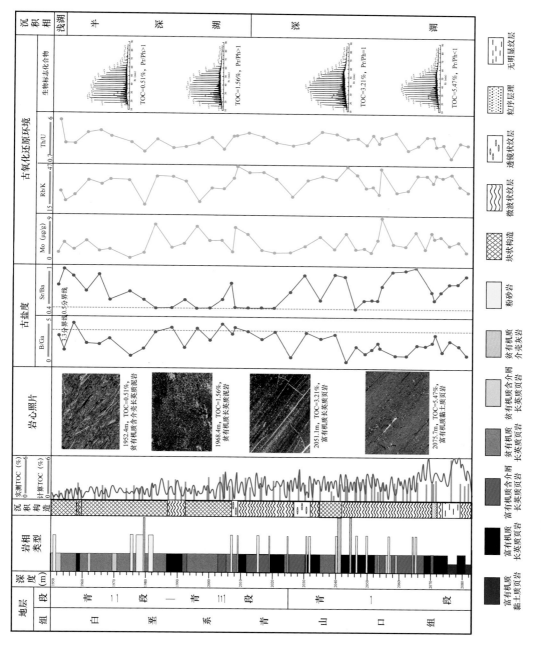

图 5-10 SL-1 井岩相、TOC 纵向分布与古环境指标分布特征（据王岚等，2019）

来源于叶绿素的植醇侧链，属色素生源。在湖泊里能保存在沉积物中的是那些不溶于水且不能透过细胞膜的色素，因此，色素是反映古环境的比较敏感的指标。在弱氧化环境条件下，植醇侧链氧化脱羟转化成姥鲛烷，在缺氧的还原条件下，植醇侧链断裂产生植醇，植醇被还原为二氢植醇，然后脱水形成植烷，所以，姥鲛烷、植烷及其 Pr/Ph 常作为判断原始沉积环境氧化、还原条件及介质盐度的标志（表 5-4）。

表 5-4　不同沉积相 Pr/Ph 特征（据梅博文等，1980）

沉积环境	烃源岩类型	水体环境	Pr/Ph	特征
咸水深湖亚相	膏岩、石灰岩、泥灰岩、黑色泥岩	强还原	0.2～0.8	植烷优势
淡水—半咸水深湖亚相	大套富含有机质的黑色泥岩类油页岩	还原	0.8～2.8	姥植均势
淡水湖泊亚相	煤层、油页岩、黑色页岩互层	弱氧化还原	2.8～4.0	姥鲛烷优势

青山口组青一段至青二、三段沉积期 Pr/Ph 介于 0.83～1.73，Pr/C_{17} 介于 0.10～0.50，Ph/C_{18} 介于 0.09～0.38（表 5-5，图 5-10）。按照不同沉积相 Pr/Ph 变化，青山口组沉积期沉积物中姥植均势，处于淡水—半咸水湖相还原环境中。但按照时代由老到新，青一段至青二、三段沉积期，Pr/Ph、Pr/C_{17}、Ph/C_{18} 值呈现出由低到高的变化，表明该时期古湖泊底部水体的还原程度由强到弱：青一段沉积期，强还原；青二、三段沉积期，中还原。青山口组沉积期地层中岩石样品的饱和烃色谱特征可以反映出随着地层由老到新，湖水由深到浅，姥鲛烷相对含量逐渐增加，植烷相对含量逐渐减少。

表 5-5　青山口组泥页岩不同沉积相 Pr/Ph 特征

时期	深度（m）	岩石类型	Pr/Ph	Pr/C_{17}	Ph/C_{18}	沉积环境	水体环境
青二、三段沉积期	1950.2	灰色泥岩	1.73	0.50	0.38	滨浅湖	还原
青二、三段沉积期	1968	灰色泥岩	1.57	0.16	0.14	半深湖	还原
青二、三段沉积期	2008.5	黑色页岩	1.02	0.11	0.23	半深湖	还原
青一段沉积期	2051	黑色页岩	0.98	0.13	0.10	深湖	还原
青一段沉积期	2075.8	黑色页岩	0.83	0.10	0.09	深湖	强还原

2. 生物标志化合物

岩石中生物标志化合物，也称作分子化石，是指存在于沉积物和沉积岩石中，分子结构与特定生物类别的分子结构之间有明确联系的有机化合物，主要是脂类，如甾烷、萜类和烯酮等。生物遗体在水体中下沉时，大多数蛋白质、核酸和糖类被生物分解成二氧化碳和水。随着沉积物堆积和还原条件的出现，残余有机质被厌氧微生物进一步降解，只有很小一部分抗降解能力强的分子，如脂类和许多结构大分子免遭矿化，并随沉积物一起保存下来，这就是"生物标志化合物"。随沉积物深埋和成岩作用，生物标志化合物的结构会发生变化，形成稳定的地质构型。生物标志化合物的最重要特点是化合物骨架的继承性，裂解、重排、异构化和芳构化等反应都不会改变它们的基本骨架，从而传递了生物先体的组成信息，成为古环境评价的有效手段。饱和烃中的 C_{31}—C_{35} 藿烷的碳数分布特征、伽马蜡烷的出现、重排藿烷和重排甾烷的分布特征以及芳香烃中二苯并噻吩 / 菲值均可用于古沉积环境的评价。

青二、三段黑色泥岩中，C_{31}—C_{35} 藿烷分布较完整，含量较高，C_{35} 藿烷含量相对增高，反映青二、三段沉积期泥岩沉积环境的还原强度较大，使 C_{34} 四升藿烷和 C_{35} 五升藿烷得到较好的保存。青一段黑色泥岩中，C_{31}—C_{35} 藿烷分布完整，整体含量较青二、三段还要高，C_{35} 藿烷含量更是增高（图 5-10），这种特征指示了青一段沉积期湖泊底部水体为强还原环境；25—降藿烷的缺失，说明有机质生物降解作用微弱。

伽马蜡烷是一个 C_{30} 的五环萜烷，主要存在于原生动物四膜虫醇中，而四膜虫醇来源于某些原生动物、具光合作用的细菌。以往高含量的伽马蜡烷常被当作水体高盐度的判别参数，后来，通过热模拟实验、单体烃同位素提出并证实伽马蜡烷是水体分层的生物标志化合物。水体分层能阻挡水体在纵向上的对流，造成水体底部和沉积物中因沉积有机质的微生物降解作用持续而缺氧，使之处于强还原状态。伽马蜡烷指数在青二、三段泥岩中为 1.29，青一段为 2.15，这种情况说明青二、三段至青一段沉积期湖泊为半咸—咸水环境。说明整个青山口组沉积期古湖泊水体都处于分层状态，湖底为缺氧环境。

3. 微量元素分析

用微量元素来恢复古底层水的氧化还原环境已经得到广泛应用，尤其是氧化还原敏感性元素的应用更是受到较高程度的研究。氧化还原敏感性元素（RSE）主要包括 U、Th、V、Cr、Ni、Mo、Cd、Mn 等过渡性金属元素，它们在现代底层海水或者底层湖水中具有一些共同的沉淀富集机制：正常溶解氧条件下，以溶解态稳定存在于底层水体中；当底层水处于缺氧或者无氧条件时发生还原，根据缺氧程度强、弱，依次沉淀在沉积物中；持续还原条件下，RSE 在沉积物中稳定存在。因此沉积物中的 RSE 对古底层水体的氧化还原条件具有一定的指示作用。利用 Th/U、Rb/K、V/Cr、V/（V+Ni）的比值来定量化氧化还原环境。

一般认为高能环境下 Th 和 Rb 的含量高于低能环境，K 易被黏土矿物吸附，U 的含量与有机质的还原作用密切相关，因此 Th/U 比值以及 Rb/K 比值对氧化还原环境具有很好的响应。SL-1 井 Th/U 比值分布在 1.42～5.29 之间，平均为 3.2，整体由下至上呈逐渐增高的趋势。Rb/K 比值分布在 17.9～52.4 之间，平均为 35.6，整体由下至上呈逐渐降低的趋势。表明自下而上水体逐渐变浅，还原性逐渐减弱的过程。生物标志化合物资料也证实了这一点，样品 A、B 的 Pr/Ph 比值小于 1，表现为植烷优势，属于强还原环境；样品 C、D 的 Pr/Ph 比值均大于 1，属于弱还原到氧化环境（图 5-10）。

微量元素 Mo 也被认为是反映氧化还原条件的敏感因素。SL-1 井 Mo 含量介于

1.39～11.1μg/g，平均为4.08μg/g（图5-10）。下部富有机质页岩层段Mo含量高，分布在1.41～11.1μg/g之间，平均为4.37μg/g。上部贫有机质泥岩段质量Mo含量分布在1.39～4.48μg/g之间，平均为2.98μg/g，与下部差异较大，表明沉积环境由贫氧变为氧化环境。

V/（V+Ni）比值能有效反映沉积时氧化还原条件，高的V/（V+Ni）比值0.83～1为静水厌氧环境，中等比值（0.57～0.83）为贫氧环境，0.46～0.57为氧化环境，小于0.46为强氧化环境。青山口组泥岩V/（V+Ni）平均为0.77，属于贫氧环境。青二、三段泥岩中V/Cr比值在2.57～1.89之间，V/（V+Ni）比值在0.82～0.77之间；青一段泥岩中V/Cr比值在1.82～3.19之间，V/（V+Ni）比值在0.84～0.44之间。青二、三段微量元素比值特征反映了该时期湖泊底部水体含氧量开始降低，至青一段沉积期V/Cr比值最高达到了3.19，所以这个时期古湖水体含氧量已经很低，为厌氧环境。

综合生物标志化合物、微量元素等各项参数，揭示了松辽盆地青山口组沉积期，湖泊底部水体均处于分层、缺氧的状态，只不过缺氧程度不同，导致还原程度不同，青二、三段为中还原环境，青一段为强还原环境。

三、古盐度恢复

Ba/Ga比值、Sr/Ba比值是古湖泊水体盐度判别的有效指标。研究认为，Ba/Ga比值大于3.3为咸水环境，Sr/Ba比值小于0.5为淡水环境，Sr/Ba比值介于0.5～1.0为半咸水环境，Sr/Ba比值大于1.0为咸水环境。SL-1井Sr/Ba比值分布在0.5～4.4之间，平均为0.9，均指示了半咸水环境。B/Ga比值分布在0.6～4.3之间，平均为2.54，部分样品点大于3.3，指示盐度在淡水和咸水之间变化，与青山口组沉积期间歇性海侵有关（图5-10）。

姥鲛烷、植烷及Pr/Ph比值也可作为判断水介质盐度的标志。青山口组沉积期沉积物中姥植均势，处于淡水—半咸水湖相还原环境中。

四、古气候恢复

陆地植被对气候反应灵敏，孢粉是其生殖器官，是研究古气候的基础。因此，在讨论青山口组沉积期的古气候演化时，需要了解该沉积时期孢粉所反映的盆地内气候背景。张立平等、黄清华等以及高瑞琪等许多研究者对松辽盆地的孢粉学进行了详细的研究，系统地恢复了盆地的古气候。

在泉四段沉积末期，气候逐渐转变为温暖潮湿。青一段沉积期孢粉植被以针叶林为主，其次为常绿阔叶林，反映了一种降温的趋势，干湿度表现为半湿润；青二、三段沉积期，孢粉植被以常绿阔叶林为主，草本类型次之，反映了古气候的突然升温事件，此时气候已演变为湿润热带气候。姚一段沉积期孢粉植被与青二、三段沉积期相似，依然反映了湿润热带气候。孢粉特征反映的泉四段沉积末期至姚一段沉积早期气候演变过程为亚热带、半湿润—亚热带、半湿润—热带、湿润—热带、湿润。以孢粉资料反映的古气候为基础，结合湖泊内水生生物发育演化特征，讨论泉四段顶至姚一段底沉积期古生产力对古气候的反馈或者控制作用。

泉四段沉积末期，湖水表面水生生物不发育，古生产力较低；青一段沉积期，气候温度较高，湖水表层浮游生物繁盛，古生产力逐渐升至最高；青二、三段沉积早期气温仍然较高，但呈现降温的趋势，湖水表层浮游生物的生物量逐渐减少，水生大型植物逐渐发育，古生产力仍然较高，但呈现降低的趋势；青二、三段沉积晚期气温降低，湖水表层生物量减少，古生产力降低；姚一段沉积早期，气温曾经降到最低，但又有回升迹象，湖泊表层浮游生物的生物量有所增加，水生大型植物以沉水植物类型为主，古生产力仍然较低。

第四节　青山口组细粒沉积岩分布规律与成因模式

一、青山口组细粒沉积岩展布

白垩系青山口组沉积期，受到晚期燕山运动的影响，松辽盆地发展处于极盛时期，基底沿大断裂持续沉降，沉积补偿作用相对较弱，形成面积宽广的古湖盆。盆地在湖泊中央始终存在齐家—古龙—长岭这一长条形的深水凹陷，为有机质大量聚集和保存提供了场所。

松辽盆地北部青山口组厚度、泥页岩厚度的平面分布研究发现，青山口组沉积时应存在东西两个沉积中心（图5-11）。无论是青山口组还是青一段及青二、三段泥岩的厚度均呈现出三肇凹陷东南厚（包括朝长及王府凹陷）、长垣及以西的齐家—古龙凹陷厚，而三肇凹陷中央较薄的特点，反映三肇凹陷青山口组在沉积时可能处于相对高的部位。

对青一段观察表明，青一段中央凹陷区几乎全部为暗色泥岩，厚度为40～100m，但在盆地的边部，砂岩层占地层的比例增加，暗色泥岩不十分发育。朝阳沟阶地、长春岭背斜带、宾县王府凹陷和齐家—古龙凹陷暗色泥岩十分发育，最大厚度达到120m。从厚度平面图上可以看出与青山口组厚度变化规律相似，在三肇凹陷中部青一段烃源岩的厚度相对较小，在40～60m，而向东南部的朝长阶地及王府凹陷，厚度明显增加，一般在60～100m，三肇凹陷西部的长垣和齐家—古龙凹陷青一段泥岩的厚度一般在60～110m，而青一段沉积期深湖亚相的范围已经覆盖了整个中央坳陷区，区内受到陆源碎屑影响较小，这种泥岩沉积厚度的变化，可能反映出在青一段沉积期古松辽湖泊沿三肇北东—南西，有一个古隆起，使得该带接受沉积较少，地层厚度薄，而在其左右分别形成了两个沉积中心。

二、有机质富集控制因素

根据微体生物化石种类、数量以及磷、氮、硫等营养元素含量研究，古松辽湖泊为富营养半咸水湖盆，甲藻、蓝藻、绿藻等浮游生物和陆地热带植物提供了大量有机质来源。通过沉积特征解剖与古环境恢复，认为古沉积环境、海侵事件是青山口组有机质富集的关键因素。

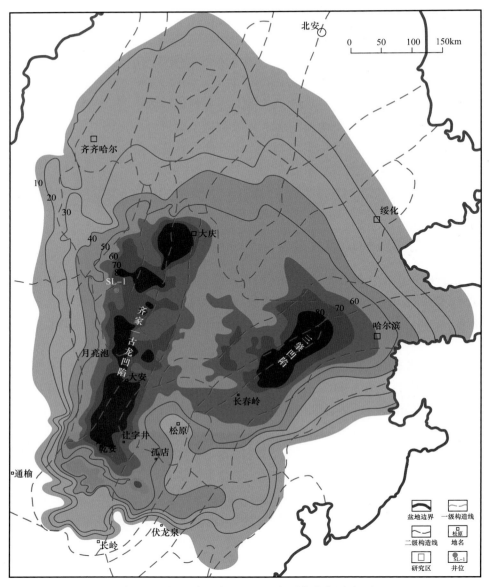

图 5-11　松辽盆地青山口组泥岩厚度分布图（m）

1. 弱还原—还原环境

　　由于有机质的富集在垂相上变化很大，从而导致有机碳的分布也有较大的离散。通过哈14井青山口组（1952.4～2081m）页岩分析，TOC 在 0.51%～5.47% 之间波动，显示出强烈的非均质性。共发育 4 个富有机质页岩段（TOC > 2%），青一段底部 2063～2081m 发育厚度为 18m 的富有机碳页岩段，总有机碳含量最高值为 5.47%，纹层发育；青二段 2012～2030.5m 发育厚度为 18m 的富有机碳页岩段，总有机碳含量最高值为 3.02%，纹层发育；而青三段顶部总有机碳含量普遍小于 2%，最小值为 0.54%，生物扰动构造发育（图 5-12）。

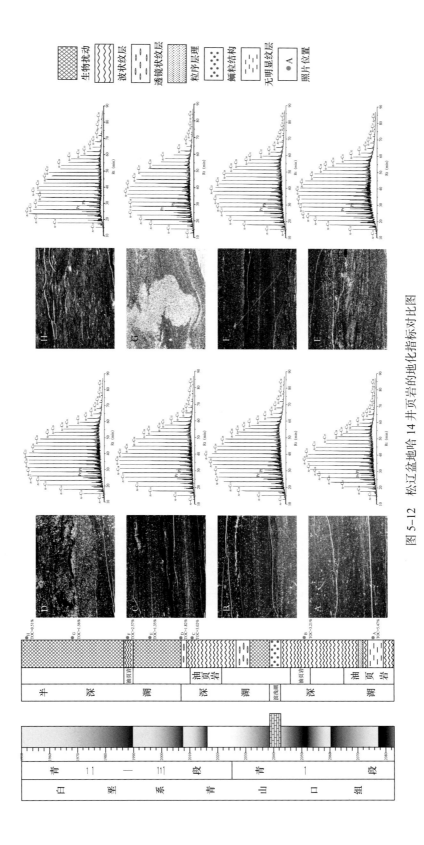

图 5-12　松辽盆地哈 14 井页岩的地化指标对比图

总有机碳含量非均质性与沉积环境具有较强相关性，还原环境有利于有机质富集。青山口组沉积期由早到晚，水体逐渐变浅，底水含氧量逐渐增高，由较强的还原性环境演化为弱还原环境。选取 TOC 大于 2% 和 TOC 小于 2% 的样品，对比其沉积组构和生物标志化合物。样品 A 的 TOC 为 5.47%（图 5-12），无明显层理构造，表明形成于安静贫氧的底水环境中，有机质通过与黏土矿物结合悬浮沉降保存。样品 B、C、F 的 TOC 均大于 2%，发育平行层理、波状层理、底部侵蚀构造等表征底流的显微沉积构造，形成于底流发育的底水环境中，处于相对缺氧的还原环境。样品 D、E、G 发育不同程度的生物扰动构造，表明其所处的环境为具有一定溶氧量的弱还原环境。样品 H 发育在青三段的顶部，虽无明显的生物扰动构造，在沉积相带上已位于三角洲前缘部位，有机质输入量降低，TOC仅为 0.51%。

生物标志化合物对比也证实了这一点，样品 A 的 Pr/Ph 比值为 0.8，表现为植烷优势，属于强还原环境；样品 B、C、F 的 Pr/Ph 比值均≤1，属于还原环境。D、E、G、H 的 Pr/Ph 比值均大于 1，属于弱还原环境（图 5-11）。

2. 海水入侵

海水入侵有利于提高湖盆生产力，促进水体分层。青山口组黑色页岩的最主要特征是暗色泥岩和油页岩层序中具薄层粉砂质夹层，粉砂岩中具各种牵引流构造且在斜坡相带中发育同沉积滑塌层，反映其明显地受周期性底流作用的影响。

黑色页岩层序的同位素组成和环境地化指标特征均说明，这种周期性底流的出现与周期性的海水注入有密切联系。其中最明显反映水体盐度的指标就是硼元素含量。通过对盆地多口井硼元素含量的分析，发现哈 14 井、徐 11 井、葡 53 井和查 19 井均存在硼异常，说明海侵的范围波及齐家—古龙凹陷、三肇凹陷和长岭凹陷的边缘，覆盖盆地三分之二的区域（图 5-13）。

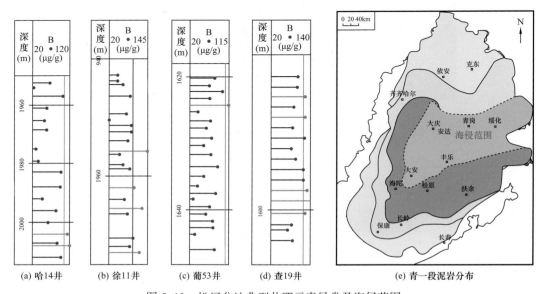

图 5-13　松辽盆地典型井硼元素异常及海侵范围

海水侵入能够带来大量的营养物质，造成湖盆水体富含营养，水生低等生物如藻类大量繁殖，极大地提高了湖盆生产力。这些环境地化指标的变化与海平面的波动趋势相吻合，青山口组深湖黑色页岩层序中的粉砂质浊积岩夹层，近年已经引起许多研究者的注意，其成因多解释成温潮气候期的季节性泄洪作用，王璞珺等（2002）通过生物事件和矿物特征的系统分析推测松辽白垩纪湖盆的盐度分层与海水注入形成的底流有关。根据黑色页岩的沉积层序和环境地化特征及其与海平面升降的关系，认为青山口组沉积期除泄洪作用外，周期性海水注入是形成底流的重要因素。海水的盐度、密度和有机丰度均较相应的淡水高，从而导致水体分层，使底层水呈厌氧状态，有利于黑色页岩的形成与保存。

三、富有机质页岩沉积模式

青一段沉积早期，快速沉降使湖盆迅速扩张，水域面积广，陆源碎屑注入相对少。沉积物以黏土质页岩为主，缺乏生物扰动，表明其形成于风暴浪基面之下极其安静的深水环境，沉积作用以黏土及有机质凝絮体悬浮沉降为主。由于湖海沟通，富盐和硫等营养成分持续进入湖盆中造成藻类勃发，湖泊生产力最强（曹文心，2016；曹怀仁等，2017）。深湖底部受到地形和水体循环的限制造成底水缺氧，形成了盐度较高、富硫的强还原环境，是富有机质页岩发育的最佳环境。大量可代谢的有机质在底部水体出现硫酸盐的还原作用，释放出 H_2S，形成稳定生物聚合物来促进有机质的保存，SL-1 井青一段底部富有机质黏土质页岩的总有机碳含量高达 5.87%。随着湖盆面积缩小，盆地周边水系向湖盆中心推进，深水沉积物中陆源碎屑物质增多，沉积作用形成以周期性底流和事件性浊流搬运为主，悬浮沉降为辅的组合模式（图 5-14a）。底流的触发机制包括温盐差异、风力驱动等，可在深水区通过牵引作用搬运细粒碎屑物质（Shanmugam，2000）。页岩中毫米级别的沙纹交错层理、波状层理、透镜状纹层、小型冲刷面、底面冲刷充填构造以及定向排列的介屑均可佐证底流的存在。虽然流体搅动对自生有机质起了稀释作用，但浊流和底流带来的大量陆源有机质，同时快速沉积加速有机质埋藏，通过有机质大量供给和迅速埋藏保证了页岩中有机碳丰度。SL-1 井青一段中上部岩相为富有机质长英质页岩与富有机质含介屑长英质页岩互层，夹厚度小于 0.2m 的粉砂岩薄夹层，总有机碳含量最高达 3.02%。

青二、三段沉积晚期，湖盆水体变浅，三角洲大面积推进，半深湖向浅湖过渡，碎屑物质大量注入，由缺氧的还原环境变为氧化环境。沉积物为贫有机质粉砂质泥岩、生屑粉砂质泥岩互层，夹厚度小于 0.5m 的薄层粉砂岩。水体有一定溶氧量，适宜底栖生物发育，生物扰动构造发育，不利于有机质保存，TOC 普遍小于 2%（图 5-14b）。

青山口组的沉积环境变化控制着黑色页岩的岩相和总有机碳含量。青一段沉积期湖盆面积大，水体深，虽然有底流和浊流作用，仍保持较强的还原环境，形成一套富有机质细粒沉积物，发育各种纹层。青二、三段随着湖平面下降，三角洲注入能力增强，贫氧环境受到破坏，有机质保存条件变差，岩相向贫有机质细粒沉积转变。

四、不同相带页岩特征对比

青山口组沉积相带呈不规则半环带状展布，由外向里依次为冲积平原亚相—三角洲平原亚相—滨浅湖—半深湖—深湖亚相。北部物源形成规模最大、最重要的一条水系，其形成的三角洲前缘相带向南最远可延至泰康—喇叭甸地区。其次为保康水系形成的三角洲前缘向北可延伸至乾安地区，古龙凹陷地区主要为滨浅湖和半深—深湖亚相。松辽盆地从青一段到青二、三段发育了超大面积的古湖泊，并且古龙凹陷一直为深水坳陷湖盆中心。

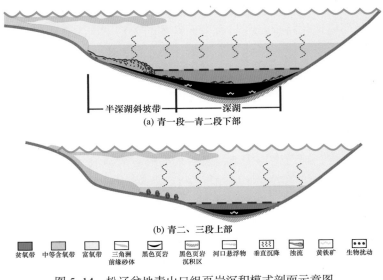

(a) 青一段—青二段下部

(b) 青二、三段上部

图 5-14　松辽盆地青山口组页岩沉积模式剖面示意图

松辽盆地的黑色页岩可划分 4 个相带（图 5-15）：（1）深湖亚相以细粒悬浮沉降为主，岩相为黏土质页岩和少量粉砂质页岩，黄铁矿含量高（5%），TOC 平均大于 3%，水平纹层和波状纹层发育；（2）半深湖斜坡亚相底流活动较强，岩性为粉砂质黏土岩和生屑粉砂质页岩，黄铁矿含量低，TOC 平均为 2.21%，波状纹层发育；（3）湖湾亚相水体安静，岩性为粉砂质页岩和黏土质页岩，黄铁矿含量高，TOC 平均为 3.03%；（4）前三角洲亚相湖流发育，岩性为粉砂质泥岩、生屑粉砂质泥岩和少量粉砂质页岩，TOC 平均为 1.88%。总的看来，四种相带形成的页岩 TOC 值为深湖亚相＞半深湖斜坡亚相＞湖湾亚相＞前三角洲亚相。

1. 深湖亚相

青山口组深湖页岩主要分布于齐家—古龙凹陷和三肇凹陷内部。页岩质纯，呈深黑色，厚度较大，连续厚度可达 70m，青一段底部一般发育厚度约 10m 的油页岩。岩性主要为含锰磷黏土质页岩和少量的粉砂质页岩，黏土含量高，石英含量低，黄铁矿含量高，页岩平均 TOC 值较高。以葡 53 井为例（图 5-16），该井位于齐家—古龙凹陷中央，发育一套黑色页岩、暗色泥岩夹薄层碳酸盐岩。页岩黏土含量为 44.9%，石英含量为 29.7%，碳酸盐岩含量为 8.41%，黄铁矿含量为 5.3%，TOC 介于 0.11%～8.76%，平均为 3.41%。在松辽盆地这种大型湖盆中，深湖亚相水体安静，细粒物质主要以悬浮沉积的形式堆积，同时水体分层性好，还原条件优越，因而有利于藻类、水生低等生物等生油母质埋藏并向干酪根转化。因此深湖相是富有机质页岩发育的最有利相带。

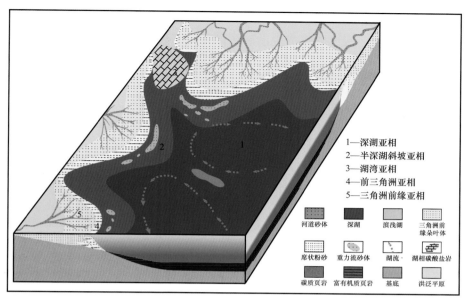

图 5-15　松辽盆地青山口组页岩沉积模式

图例：
1—深湖亚相
2—半深湖斜坡亚相
3—湖湾亚相
4—前三角洲亚相
5—三角洲前缘亚相

河道砂体　深湖　滨浅湖　三角洲前缘朵叶体

席状粉砂　重力流砂体　湖流　湖相碳酸盐岩

碳质页岩　富有机质页岩　基底　洪泛平原

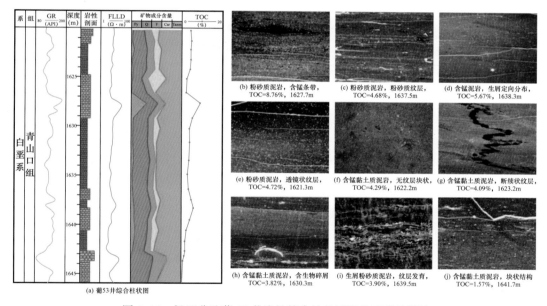

(a) 葡53井综合柱状图

(b) 粉砂质泥岩，含锰条带，TOC=8.76%，1627.7m

(c) 粉砂质泥岩，粉砂质纹层，TOC=4.68%，1637.5m

(d) 含锰泥岩，生屑定向分布，TOC=5.67%，1638.3m

(e) 粉砂质泥岩，透镜状纹层，TOC=4.72%，1621.3m

(f) 含锰黏土质泥岩，无纹层块状，TOC=4.29%，1622.2m

(g) 含锰黏土质泥岩，断续状纹层，TOC=4.09%，1623.2m

(h) 含锰黏土质泥岩，含生物碎屑，TOC=3.82%，1630.3m

(i) 生屑粉砂质泥岩，纹层发育，TOC=3.90%，1639.5m

(j) 含锰黏土质泥岩，块状结构，TOC=1.57%，1641.7m

图 5-16　松辽盆地葡 53 井岩性综合柱状图及典型薄片照片

2. 半深湖斜坡亚相

半深湖斜坡区水动力较强，泥质浊流沉积频率高，浊流带来的大量有机质得以快速埋藏，使有机质迅速与上部存在有氧降解的区域隔离开，从而保存下来，弥补了还原环境较弱这个缺陷，因此局部层段也能形成含有较高 TOC 值的页岩。这一地区形成的页岩纯度比深湖相略差，主要岩性为粉砂质页岩和少量的黏土质页岩夹生屑粉砂质页岩。以哈 14 井为例，页岩黏土含量为 47%，石英含量为 30%，黄铁矿含量低于 2.08%，TOC 区间介于 0.51%~5.47%，平均为 2.21%（图 5-17）。半深湖斜坡相形成的页岩常与碳酸盐岩形成互层。除了深湖亚相，半深湖斜坡部位也是富有机质页岩发育的有利相带。

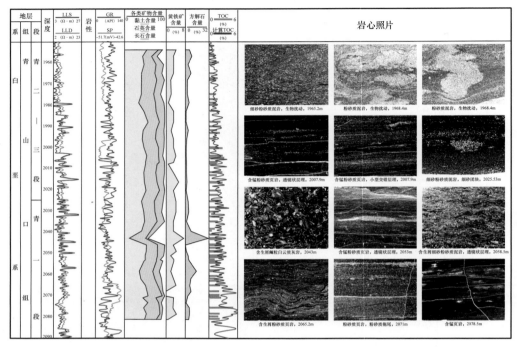

图 5-17　松辽盆地哈 14 井岩性综合柱状图及典型薄片照片

3. 湖湾亚相

指湖泊浅水带受弯曲湖岸限制形成的半封闭区域，湖湾内水体浅而静，大部分地区处于水下，其页岩与半深湖斜坡相页岩极其相似。但随季节变化，其水域范围和深度变动较大，易暴露于水面之上，故其沉积物兼有滨浅湖亚相的一些特点。

4. 前三角洲亚相

形成的泥页岩主要岩性为粉砂质泥岩夹少量的生屑粉砂质泥岩，黏土含量低、石英长石等陆源碎屑含量高，同时黄铁矿含量低，菱铁矿含量高，表明其还原条件较弱，水体较浅。页岩 TOC 值介于 0.39%~4.62%，平均为 1.98%。因此不属于富有机质页岩发育的有利相带。

第五节　青山口组沉积体系与油气勘探领域

一、细粒沉积体系类型

松辽盆地青山口组细粒沉积主要为分布在滨浅湖和半深湖—深湖体系。滨浅湖沉积主要受湖浪、环流和沿岸流等控制，发育波浪改造型三角洲前缘及三角洲前缘外侧或三角洲之间的砂质滩坝和介壳滩2种类型的滩坝沉积。半深湖—深湖区主要包括重力流沉积和底流改造沉积，富有机质泥页岩与重力流砂体、底流砂体、碳酸盐岩呈互层展布，形成良好的源储配置，底流改造砂、浊积岩和碳酸盐岩不仅本身可作为储层，同时也提高了泥页岩脆性矿物的含量，可形成致密油气藏、油页岩和泥页岩油气藏等多种类型的非常规油气藏。

根据岩性、沉积构造、沉积作用机理的不同，并结合沉积相与油气的关系，将松辽盆地青山口组半深湖—深湖区划分为油页岩、深湖泥、底流改造砂、介壳滩、浊积岩以及块体搬运沉积共6种沉积微相（图5-18、图5-19），并总结出不同微相在岩心、测录井及地震上的识别标志（图5-18）。青山口组泥页岩的岩石学特征在前面章节已经做了详细介绍，这里不再赘述。下面重点介绍滩坝沉积、深水重力流与底流改造砂岩的沉积特征。

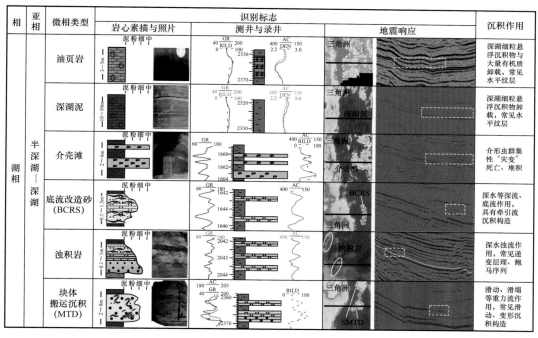

图5-18　松辽盆地半深湖—深湖区细粒沉积体系的微相

二、滩坝沉积特征

滩坝砂是碎屑岩盆地中油气藏勘探的有利储集体之一，松辽盆地滨浅湖发育的砂质沿岸坝沉积规模较大，是下步勘探的有利领域，主要分布在各大水系之间的湖湾区。滩坝相岩性以粉砂岩和介形虫灰岩为主，常见波状、楔状及平行层理等牵引流沉积构造，泥岩颜色表现为灰黑色，砂地比为10%～30%。松辽盆地滨浅湖区还发育混积型、水下古隆型和点状3类介壳滩，主要分布在青山口组环坳带，也是特别值得关注的勘探类型。

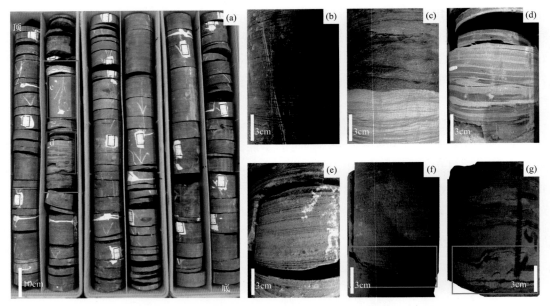

图 5-19 松辽盆地深水细粒沉积体系的典型岩心照片

（a）厚层暗色泥岩中夹薄层发育牵引流沉积构造的砂岩；（b）暗色泥岩，水平纹层；（c）介壳滩混积岩；
（d）底流改造砂中的透镜状层理、脉状层理；（e）底流改造砂中的平行层理；（f）砂质块体搬运沉积底部剪切面；
（g）砂质块体搬运沉积底部滑动变形构造

1. 沿岸坝沉积特征

沿岸坝以细砂岩和粉砂岩为主，岩性主要为岩屑长石砂岩和长石岩屑砂岩，砂岩成分成熟度较低，结构成熟度高。砂岩中石英平均体积分数为 30%，长石体积分数为 37%，岩屑体积分数为 33%，成分成熟度约为 0.33。砂岩颗粒分选好—中等，磨圆为次棱，接触方式点状、点—线接触为主，颗径主要分布在 0.08~0.25mm，砂岩结构成熟度中等。

沿岸坝为高能环境下的滨岸沉积，主要发育平行层理、双向交错层理、透镜状层理、波状层理等相互共生（图 5-20），偶见少量具滑塌变形构造的粉细砂岩。浪成的波纹交错层理最为常见且岩心中沉积纹层倾向具有双向性的特点，反映双向水流的存在，但纹层的规模相对较小。另外沿岸坝普遍发育单层厚 5~15cm 的介形虫层。值得注意的是，该区虽然以浅水构造为主，但不发育三角洲前缘分流河道中常见的冲刷—充填构造，表明沿岸坝是远离三角洲的沉积。砂质滩坝在测井曲线上常呈箱形、漏斗形，总体具有低自然伽马、高电阻率特征。

2. 介壳滩沉积特征

松辽盆地青山口组既发育原地堆积的介壳滩，也发育再搬运改造的混积型介壳滩。前者为介形虫层与深湖泥岩互层产出，即广义的混合层系，此类介壳滩为介形虫死亡后原地堆积形成，无后期底流或重力流改造作用；后者为介形虫层受后期底流或重力流改造，与陆源碎屑、泥质以不同比例混积而成，即所谓的狭义混积岩。介壳滩单层厚度为

5～200cm，混合层系的累计厚度最大可达 20m。介壳滩具有敏感的测井响应特征，测井曲线形态为指状，总体具有低自然伽马、高电阻率、低声波的特征。介壳滩混合层系具有高频、极强振幅、连续的地震响应特征，在平面地震属性切片上，介壳滩表现为沿正断层上升盘凸起区或水下古隆起分布的强振幅异常（图 5-18）。

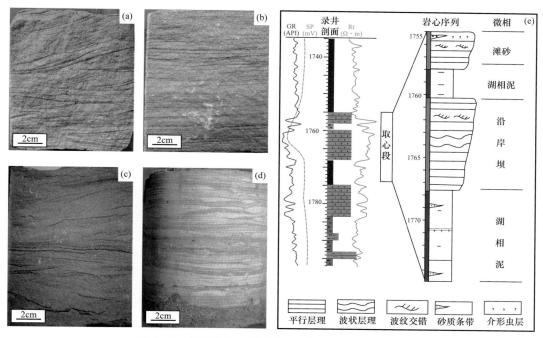

图 5-20 松辽盆地南部青山口组沿岸坝的沉积特征

（a）H40 井，1544.60～1544.90m，波状交错层理、平行层理；（b）H40 井，1545.0～1545.4m，平行层理；（c）H60 井，1759.70～1759.80m，波纹交错层理；（d）U38 井，1840.75～1840.95m，透镜状层理，底部为介形虫层；（e）H60 井滨浅湖沉积相特征

3. 滩坝分布规律

滩坝的形成及分布除受盆地沉降速率和沉积速率的均衡制约之外，构造运动、古地形、河流方向、湖岸线展布、气候及季节性变化、湖平面升降以及沉积基准面变化也是重要的影响因素。但主控因素为构造运动、水动力和古地形条件，上述因素共同决定了坝体的时空分布特征。

松辽盆地南部沿岸坝和介壳滩在平面上均主要分布在中央环坳带各水系之间的湖湾区，整体呈环形带状展布。目前在海坨子—大麻苏湖湾区及通榆和保康水系之间的湖湾区都发现了平行湖岸线展布的沿岸坝沉积（图 5-21）。松辽盆地西部和南部沿岸坝的沉积特征具有很大的差异性，海坨子—大麻苏地区的沿岸坝具有砂岩厚度大、相带较窄的特点，该湖湾的沿岸坝最厚可达 12m，坝体宽度仅有 5～8km；但西南湖湾区坝体变宽，一般呈4～5 排展布，砂岩厚度相对较薄，为 3～5m 的互层。Soreghan 和 Cohen（1996）研究了Tanganyika 陆相湖盆现代滩坝沉积，也认为浅水滩坝在陡坡带的宽度仅数十米至数百米，而缓坡带宽度稍宽。沿岸坝这种平面分布特征，反映了坡折带对湖岸线的控制作用。在坳陷湖盆中，盆地沿长轴方向为缓坡，而在短轴方向一般为陡坡，不同坡降对湖平面升降变化具有不同的敏感性。在湖平面幕式升降过程中，长轴方向由于地形平坦，湖岸线迁移范围较大，因此形成了多排分布的沿岸坝沉积；在陡坡部位，由于存在湖盆坡折带，湖岸线的迁移范围比较狭窄，坝体沉积位置相对稳定，因此沿岸坝具有厚且窄的特征。

沿岸坝主要发育在青一段和青二段，青三段由于湖盆坳陷加剧，加之气候干旱，湖泊水动力较弱，不宜形成大规模的滩坝沉积，另外由于地形变陡，早期在环坳带形成的滩坝砂体往往被重力流所破坏。在层序格架内，沿岸坝主要分布在中短期旋回的下降期，与车镇凹陷沙二段坝体的分布具有相似性，在短期基准面下降期，沿岸坝砂体呈进积叠加样式，砂层厚度较大，"坝"砂比较发育；在基准面上升期，滩坝砂体呈退积叠加样式，层数多，但单层厚度较薄，"滩"砂较为发育。

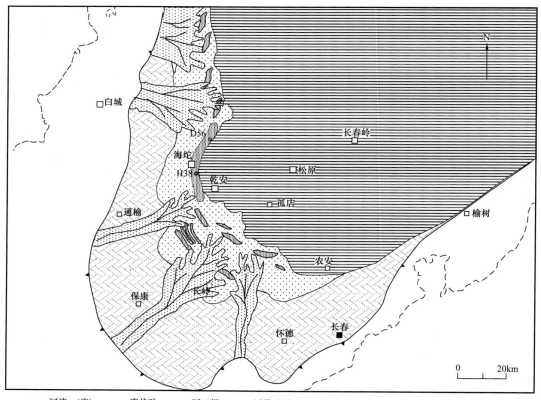

图 5-21 松辽盆地南部青一段Ⅱ砂组沉积相图

三、深水重力流沉积的沉积特征

松辽盆地三角洲前缘外侧沉积物因重力失稳沿坡折带滑动而形成众多深水重力流沉积，此类细粒沉积体呈透镜状分布于青山口组湖相泥岩中，具有源内成藏的优势，勘探潜力巨大。松辽盆地深水重力流沉积主要为块体搬运沉积和浊积岩（表5-6），其中块体搬运沉积包括滑动岩、滑塌岩、碎屑流岩共3类重力流沉积。

表 5-6 松辽盆地重力流分类、流体性质、搬运机制和识别标志

搬运方式	岩石类型	形成过程示意简图	沉积物浓度（%）	流态	力学、流变学特征	支撑和沉积机制	识别标志		
							沉积构造	粒度	地震
块体流	滑动岩		固体	层流	脆性形变弹性形变	沿着剪切面发生滑动	无明显的内部形变，保留原始的层理和构造，但常发生强烈旋转	不仅有重力流的粒度分布特征，同时还有牵引流的粒度分布特征	薄层：内部振幅和频率变化很快；厚层：内部空白（透明）反射、弱振幅、乱岗状的反射、常具不规则的顶界面、底部侵蚀构造发育、平面上常见挤压脊
	滑塌岩				塑性形变	沿着剪切面发生滑塌	内部同沉积变形非常发育，如滑塌变形构造和包卷层理等		
	碎屑流积岩		>50①	层流	宾汉流体	基质强度等多种支撑，"冻结"式块状沉积	块状砂岩为主，发育泥岩漂砾		
浊流	浊积岩		<23②	紊流	牛顿流体	湍流支撑，悬浮沉降	发育粒序层理	表现为近直线形或圆弧形	无法识别

注：① 浊流浓度据 Middleton 和 Hampton（1973）。
② 碎屑流浓度据 Coussot 等（1996）。

1. 块体搬运沉积

深水块体搬运沉积发育于大套暗色泥岩之中，单期厚2～8m。其中暗色泥岩色深质纯，属于典型的半深湖—深湖泥。根据块体搬运沉积本身的岩性不同，又可以分为砂质块体搬运沉积（SMTD）和泥质块体搬运沉积（MMTD）两类。砂质块体搬运沉积呈透镜状分布于暗色泥岩中，砂岩顶部和底部发育滑动剪切面和滑动变形构造（图5-19f、g），但是砂岩内部并未变形，具有较好的分选、磨圆性，属于三角洲前缘沉积物因重力失稳诱导整体粘结性块体滑动，在坡折带附近形成的沉积体。块体搬运沉积除顶、底发生剪切变形作用以外，其内部基本继承了块体搬运作用之前的三角洲前缘高能环境砂岩的结构特征，具有良好的原生孔渗特征。泥质块体搬运沉积与砂质块体搬运沉积具有相似的成因机理，只是原始的沉积物为前三角洲泥或湖湾泥。砂质块体搬运沉积的测井曲线呈箱形或钟形，具有高频、中振幅的地震响应特征，在平面地震属性切片上呈近似与湖岸线垂直的中振幅团块状异常。

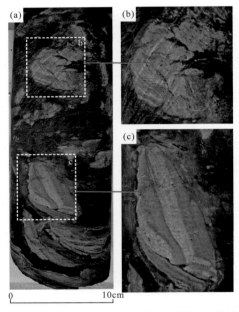

图 5-22　松辽盆地滑动和滑塌岩的沉积特征
（a）泥岩中的滑动岩；（b）泥岩中的滑塌岩；
（c）旋转的滑动岩，碎块发育平行层理

1）滑动岩

滑动岩一般无明显的或者大规模的内部形变，即在滑动的过程中保留了原始的层理和构造特征。滑动岩在松辽盆地的湖相泥岩及重力流砂体中普遍存在，并与围岩的岩性和沉积特征截然不同（图5-22），滑动岩内部常发育平行层理、透镜状层理、波状层理和交错层理等浅水沉积构造，但普遍发生了不同程度的旋转（图5-22c），滑动岩的"母岩"均来自三角洲前缘或者滨浅湖沉积，在其滑动过程中，块体发生了破碎及旋转。因此，在力学性质上滑动岩以弹性形变和脆性形变为主。

2）滑塌岩

滑塌岩最显著的特征是其内部发育大规模的同沉积形变或者软沉积变形，常见包卷层理（图5-23a）、滑塌变形构造（图5-23b）、布丁构造（图5-23c）、泄水构造（图5-23d）、小型同沉积断裂（图5-23d）、液化构造、重荷模、碟状构造、小型褶皱等，底部偶见火焰状构造。在松辽盆地，滑塌岩分布极为广泛，在相带上主要分布在三角洲、近岸水下扇和缓坡湖底扇的前缘外侧。滑塌岩的岩性一般为砂岩和粉砂岩，在有些岩心中存在滑塌岩和滑动岩共存的现象（图5-22），说明二者在空间上可以相互转化。二者在沉积和力学性质上存在很大差异性，滑动岩发生强烈的旋转，但保留了原始的层理和构造特征，以脆性和弹性形变为主；滑塌岩存在强烈的同沉积变形，为典型的塑性形变。

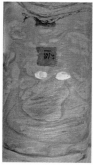

(a) 包卷层理及滑塌变形构造　　(b) 滑塌变形构造　　(c) 布丁构造　　(d) 泄水构造

图 5-23　松辽盆地滑塌岩的沉积特征

3）碎屑流岩

碎屑流是一种高黏度的层流。Shanmugam 等（2000）进一步把碎屑流划分为砂质碎屑流和泥质碎屑流，并将砂质碎屑流定义为在黏性和非黏性碎屑流之间的连续作用过程，从流变学特征看属于塑性流，其沉积物支撑机制包括基质强度、分散压力和浮力，顶部具有或不具有紊流云团。其特征是层状流，颗粒浓度中等—较高，泥质含量低—中等，没有准确的颗粒浓度和基质含量数据，因为它们随着粒度和组分的变化而变化，常见有细粒砂岩。

松辽盆地碎屑流的沉积特征主要有：（1）大规模发育块状层理的粉细砂岩（图 5-24a），有的非均质性极强，岩心上具有不均匀的含油特征，而有的具有均匀含油的特点（图 5-24b）；（2）存在大量的泥岩撕裂屑（图 5-24c），泥岩碎屑粒径为 0.5～10cm，有的泥岩碎屑分布在剪切面的上面，与剪切面近于平行或者低角度相交，排列具有一定的定向性（图 5-24d），而有的泥岩碎屑杂乱分布在砂岩的中部和顶部，泥岩碎屑的分布特征既说明砂质碎屑流为层流，也反映了砂质碎屑流为整体"冻结式"的沉积过程；（3）在碎屑流岩中常发育漂浮的生物碎屑及混杂少量的植物根茎化石和介形虫壳体碎片；（4）砂质碎屑流的内部可伴有少量交错层理和波纹层理等。除砂质碎屑流外，松辽盆地还发育泥质碎屑流。泥质碎屑流是一种以泥质为主（泥质含量＞85%），含有少量不规则泥砾、粉砂质泥岩和砂质团块的塑性流。

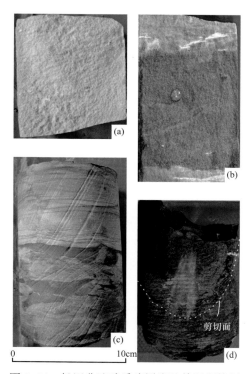

图 5-24　松辽盆地砂质碎屑流及其沉积特征
（a）块状砂岩；（b）块状砂岩均匀含油，滴水成珠状；
（c）泥质粉砂岩中漂浮的泥碎屑；（d）泥岩碎屑与剪切面
近于平行或者低角度斜交

2. 浊积岩

浊积岩的可靠识别标志是发育正递变层理，形成细砂—泥基质韵律。在松辽盆地可识别出多期浊积岩，说明浊流作用具有频繁发育的特点。深水浊流作用岩心上为底部突变的正粒序，发育递变层理、不完整鲍马序列，岩性主要为细砂岩、粉砂岩和泥质粉砂岩，偶尔可以见到一些砂砾岩。单层厚度为 $0.1\sim1m$，测井曲线多呈钟形或指形。地震剖面上响应特征不明显，平面地震属性切片可见中振幅异常。

3. 重力流沉积的地震反射特征

松辽盆地典型浊积岩的厚度一般不超过 $1m$，明显小于地震的最小分辨率（$1/4\lambda$）。因此从理论上讲，薄层浊积岩在地震上没有典型的反射特征。

大陆边缘的深水块体搬运沉积在地震剖面上主要表现为弱振幅、杂乱、透明、丘状反射特征。通过对松辽盆地块体搬运沉积地震内部反射结构和地震外形的研究，认为陆相盆地与大陆斜坡发育的块体搬运沉积在地震反射特征上既有相似性，又存在一定的差异性。陆相湖盆块体搬运沉积的地震响应特征主要有：（1）厚层块体搬运沉积（厚度>20m）整体具有空白反射、透明反射、弱振幅及乱岗状的反射特征（表5-7）；在内部，有时存在较为连续的强振幅反射；在底部和顶部，常发育侵蚀构造、冲刷构造、下切谷和不规

表5-7 陆相湖盆主要沉积体系的地震响应特征和识别标志

沉积体系		地震外形和内部反射结构	地震剖面
半深湖—深湖		席状，弱—中强振幅，内部通常为平行、亚平行结构	
滨浅湖		席状，中强—强振幅，内部常为亚平行结构，偶尔可见到超覆及削截等现象	
三角洲前缘		楔状，前积反射结构	
块体流	厚层	楔状和丘状，空白反射、透明反射、乱岗状反射，底部常具侵蚀结构，顶面不规则	
	薄层	充填状，眼球形	

则的顶界面；沿块体流动方向，常发育刺穿构造。由此可见，在反射结构、内部及外部形态等方面，块体搬运沉积与三角洲及滨浅湖、半深湖—深湖亚相的反射特征截然不同。

（2）薄层块体搬运沉积（厚度＜20m）一般具有充填状的外形及眼球状的内部反射结构（表5-7），内部振幅和频率变化相对较快，反映了事件沉积的特点。

四、深水底流沉积的沉积特征

深水沉积体系存在成因和沉积特征截然不同的两类砂岩，除重力作用形成的重力流砂体外，深水等深流、风力驱动底流等作用改造深水块体搬运沉积或浊积砂岩，形成近似与斜坡方向平行、与暗色泥岩互层产出的条带状薄层砂岩，即底流改造砂岩。底流改造砂岩（Bottom Current Reworked Sands，BCRS）几乎遍布全球深海环境，是海相盆地重要的油气储层之一。湖盆中底流亦很发育，底流改造砂岩也是尤为重要的油气勘探领域。

1. 岩石学特征

底流改造砂岩主要岩性为泥质粉砂岩，其次为粉砂岩，颜色均以灰白色为主（图5-25a—i）。据统计，粉砂岩中岩屑含量高，平均为37%，最高达45%；石英平均含量为35%，最高可达50%；长石平均含量28%，最高含量可达36%。单砂层厚0.5～280cm，平均厚度通常小于10cm，但层数众多，每米岩心可以高达20～40层（图5-25i）。底流改造砂岩可分布在湖盆中心，离湖岸线最远可达100km以上，且越靠近湖泊中心，层数有变少的趋势。

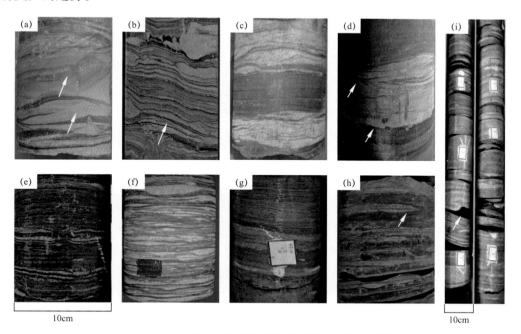

图5-25　松辽盆地底流改造砂岩沉积构造特征（据潘树新等，2014）

（a）H66，青三段，丘状交错层理；（b）Ha58，青一段，压扁层理及双面泥岩层理；（c）F84，青一段，波纹层理及泥岩夹层；（d）Y391，青二段，交错层理及泥岩夹层，砂岩底部发育冲刷面；（e）QP1，青一段，透镜状层理；（f）H70青三段，透镜状层理；（g）QP1，青一段，逆粒序砂岩，顶面突变接触；（h）Ha14，青一段，饥饿层理；（i）H65，青一段，多层分布的底流，局部可见重力流沉积

2. 沉积构造特征

底流改造砂岩虽然发育于深水环境，但是具有牵引与悬浮过程交替作用的特征，发育交错层理、透镜状层理、平行层理、爬升层理等牵引构造（图5-19a、d、e，图5-25b-f），但是与砂质块体搬运沉积不同，少见滑动、滑塌构造，强侵蚀构造极为发育。任何流体流经沉积物表面时，只要达到一定的速度都会形成各种侵蚀构造，因此侵蚀构造是识别流体（包括底流）的重要标志。研究区常见的侵蚀构造有冲刷面和截切构造等，冲刷面是底流强烈地冲刷下伏地层所致，通常凹凸不平（图5-25d），其凹凸程度反映了底流作用的强弱；截切构造是研究区另外一种较常见的侵蚀构造，截切后的顶面极不平整，截切角度较大并不光滑，形成了不规则的剪切面（图5-26a）。毋庸置疑，截切构造是较强底流影响湖底沉积的有力证据。

波纹交错层理、透镜状层理、脉状层理和双面泥层理常见，主要由往返底流或单向底流作用所产生。丘状交错层理在研究区较为常见，丘高2～5cm不等，向上凸起一般呈圆丘状（图5-25a），丘状交错层理常被认为是风暴岩特有的沉积构造，笔者认为风暴岩也是一种底流沉积，这种底流的水体可能比较振荡。

在粒序层理方面，底流改造砂岩既有正粒序层理，也有反粒序层理。正粒序砂岩一般位于冲刷面之上，厚5～20cm，是底流动力筛选的必然结果。逆粒序砂岩的形成可能与往复作用的底流有关，这类砂岩的顶面一般呈突变接触（图5-25g）；底流改造砂中常见泥岩夹层（图5-25a、d），主要为悬浮泥岩与砂岩差异沉降而形成。

3. 底流与重力流的交互作用

底流和重力流可以交互作用于湖盆深水沉积体系，从而形成极为复杂的岩相组合。交互作用可以是不同流体机制交替主导某段地质历史时期的沉积作用，也可以是在同一地质时期内两种沉积作用同时作用形成沉积物（图5-26）。

在松辽盆地青山口组深水沉积体系，取心资料也揭示了重力流与底流具有间歇性发育和交互作用的特点，因此造成深水重力和底流改造砂岩具有不同的时空组合关系（图5-26）。在有些地区，早期以发育块状砂岩和滑塌变形构造的重力流沉积为主，晚期突然变为发育牵引流构造的底流改造砂岩，两类砂体之间存在明显的削截面，说明晚期底流对前期重力流沉积具有重要的改造作用（图5-26a）。有些探井早期为反旋回、发育平行层理的底流改造砂岩，而晚期转变为递变层理的浊积岩（图5-26b），说明重力流和底流可以交替出现在同一地区。有些岩心也反映了重力流和底流同时作用于沉积物的特点，如底流改造砂岩出现了布丁构造（图5-26c）和砂岩的液化等重力流沉积构造（图5-26d）。由此可见，深水体系中重力流与底流的交互作用是一个此进彼退的过程，二者随时空的变化而形成了不同的岩相组合。

需要强调的是，上述岩心标志没有一个是底流沉积物所特有的。但湖泊底流改造砂岩具有与湖相暗色泥页岩呈互层展布、细粒、发育牵引流构造和常与重力流交替出现共4个基本特征。因此需要综合判断并结合对区域沉积环境的认识，才能正确识辨是否为底流改造砂岩。

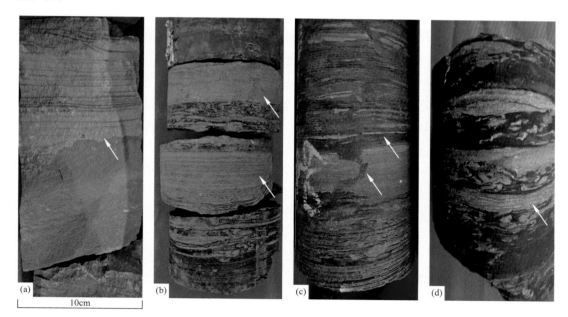

图 5-26　底流和重力流的交互作用

（a）Y661，青二段，截切构造，下为局部发育滑塌变形构造的块状砂岩，上部发育平行层理；（b）YX58，青一段，下部为具平行层理、反旋回的底流砂岩，上部为具递变层理的浊积岩；（c）YX58，青一段，平行层理砂岩，具撕裂特征；（d）Y391，青二段，泥岩中夹多套砂岩，砂岩底部均发育液化构造，但层理构造完全不同，下部砂岩发育平行层理，上部的几套砂岩则发育透镜状层理和不规则的泥岩夹层

4. 测井与地震响应

在测井曲线上，底流改造砂岩多呈指状，具有低自然伽马、低声波、高密度的特征。由于底流改造砂岩与深湖泥互层产出，两者之间的波阻抗差较大，因此底流改造砂岩发育层段具有高频、中—强振幅的地震响应特征，在平面地震属性切片上（研究工区内的地震切片分辨率可达 1m），底流改造砂岩通常表现为条带状（与三角洲前缘近似平行）中—强振幅异常。

五、细粒沉积体系分布与油气藏

1. 细粒沉积体系分布

以松辽盆地英台地区为例，青山口组细粒沉积以扇三角洲前缘和湖泊沉积为主，可以划分为 4 个长期旋回（图 5-27、图 5-28）。在浅水区，扇三角洲前缘进积与退积旋回明显，浅水砂体发育，主要微相类型有河口坝、席状砂及水下分流河道；在深水区，岩相类型众多，但主要为黑色和灰色泥页岩，泥页岩与地层比达到 90% 以上，局部层段可达 100%。细粒泥页岩一般与砂质块体搬运沉积、浊积岩、底流改造砂岩、介形虫层呈互层分布，但上述岩相与地层比一般不超过10%。深水重力流主要发育于退积型三角洲前缘外侧，此时湖岸线向湖泊方向运动，三角洲前缘沉积物在外力触动下易于在坡折带发生重力失稳，沿坡折带滑动、滑塌至斜坡下部形成大量的重力流沉积；底流砂可以分布在层序格架内；油页岩只分布在青一段底部的MCS1层序；介形虫主要分布在中期旋回的下降半旋回，目前普遍认为油页岩主要形成于半深湖—深湖环境，稳定的水体环境为油页岩的形成提供了物质基础和有机质保存的条件，深湖区域的分布范围决定了油页岩发育的最大范围。但青山口组的油页岩主要分布在MSC1层序，尽管其他层序的湖泊面积和水体深度可能大于MSC1层序，但均未发现大规模的油页岩的沉积。目前不少学者认为，青一段底部的油页岩可能与白垩纪的缺氧事件有关。

平面上，半深湖—深湖泥广泛分布于各层序，油页岩仅分布于青一段底部的MCS1层序（图5-29）。底流改造砂岩呈长条状，近似平行于湖岸线分布（图5-30—图5-32）；介壳滩呈团块状散布于整个深水区；块体搬运沉积呈舌形、近似垂直于湖岸线分布。

2. 滩坝油气藏

松辽盆地南部湖湾区或水系间的滨浅湖砂体尤其是沿岸坝分布范围极为广泛，坝体规模大、物性好，成藏有利，是岩性油气藏勘探的新领域。沿岸坝在湖湾区叠加连片分布，范围较广，坝体物性较好，孔隙度一般为15%～22.7%，平均为19.5%，渗透率一般为12.03～53mD，平均为29.9mD。

青一、二段沉积时期，中央坳陷带分布大面积的厚层暗色泥岩，暗色泥岩厚达70～240m，干酪根以Ⅰ型为主，同时也有少量Ⅱ$_1$和Ⅱ$_2$型。总有机碳含量为1%～5%，最高可达13%。烃源岩成熟度较高，R_o为0.7%～1.2%。生烃潜力巨大，保证了沿岸坝成藏所需的烃类流体。

青一、二段沿岸坝往往毗邻生烃凹陷，与烃源岩大面积接触，近源和源内充注从而形成自生自储式的原生油气藏。沿岸坝近年来在吉林探区获得很大突破，先后有多口探井获得高产工业油气流。坝体主要有3种类型的圈闭（图5-33）：（1）坝主体反向断层遮挡的断鼻—岩性圈闭，此类圈闭都能获得高产工业油气流，不具备反向断层遮挡条件，主坝体很难形成纯岩性油气藏；（2）第二种圈闭为坝体边缘的直坝和斜坝，平面上形态多样，砂体在剖面上呈透镜状，数量众多，易于形成源内油气藏；（3）第三类圈闭为坝体边缘的砂岩上倾尖灭型油气藏，在沉积后期由于构造抬升，常形成上倾尖灭型圈闭，这类圈闭主要分布在红岗—大安向斜区。

3. 深水非常规油气藏

作为非常规油气勘探最主要的对象，深水沉积不仅发育烃源岩层且还发育储层，深水区不同岩相形成了不同类型的油气藏，目前在深水沉积体系中已经发现了"源储一体"的致密油气藏、油页岩油和（裂缝性）泥页岩油气藏。

1）油页岩

油页岩在垂向上常与深湖泥互层产出，单层厚度为3～5m，平面上相对较为连续。在

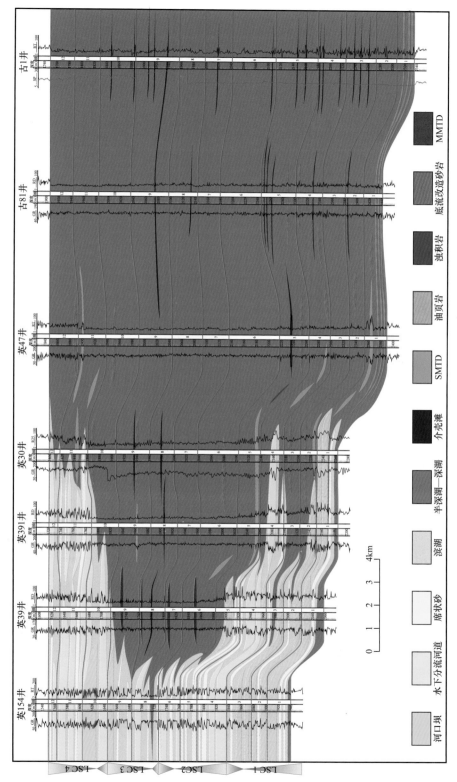

图 5-27　松辽盆地英台水系沉积相和岩相剖面图（东西向）

图例：河口坝　水下分流河道　席状砂　滨湖　半深湖—深湖　介壳滩　SMTD　油页岩　浊积岩　底流改造砂岩　MMTD

0　1　2　3　4km

LSC1　LSC2　LSC3　LSC4

英154井　英39井　英391井　英30井　英47井　古81井　古1井

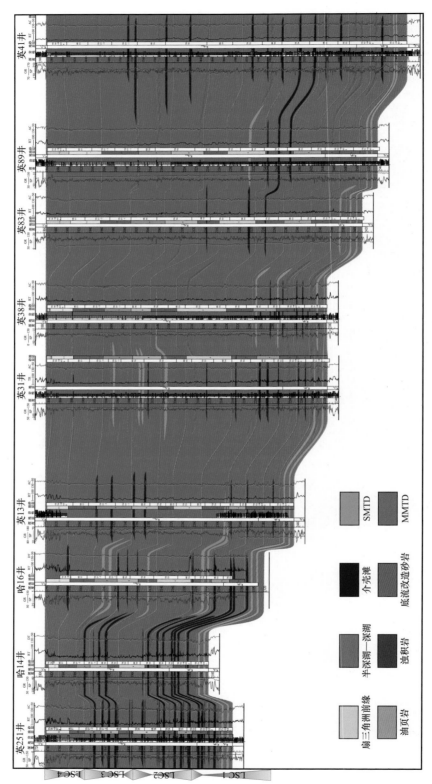

图 5-28 松辽盆地英台水系沉积相和岩相剖面图（南北向）

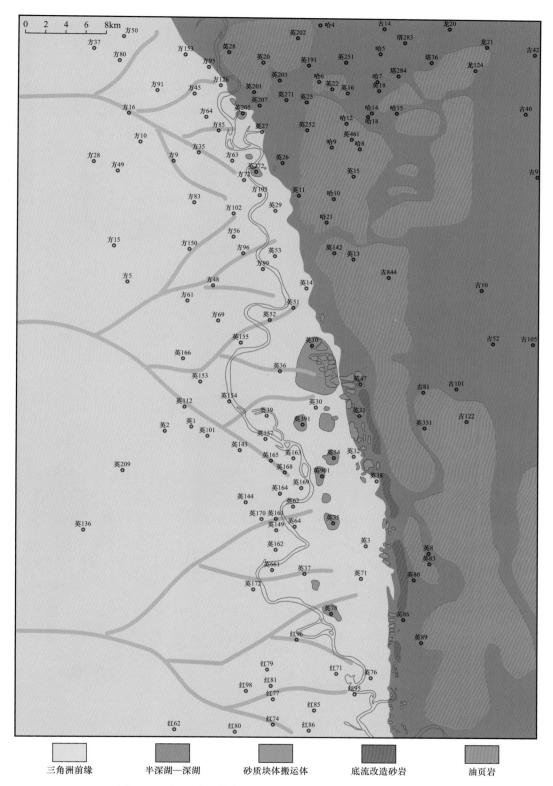

图 5-29 松辽盆地英台地区青山口组 MSC1 层序沉积微相图

三角洲前缘　　半深湖—深湖　　砂质块体搬运体　　底流改造砂岩　　油页岩

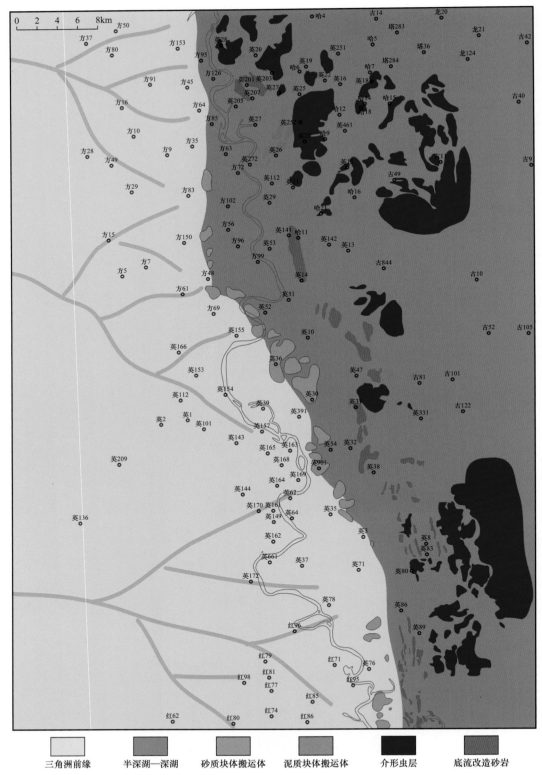

图 5-30 松辽盆地英台地区青山口组 MSC2 层序沉积微相图

三角洲前缘　　半深湖—深湖　　砂质块体搬运体　　泥质块体搬运体　　介形虫层　　底流改造砂岩

图 5-31　松辽盆地英台地区青山口组 MSC4 层序沉积微相图

三角洲前缘　　半深湖—深湖　　砂质块体搬运体　　泥质块体搬运体　　介形虫层　　底流改造砂岩

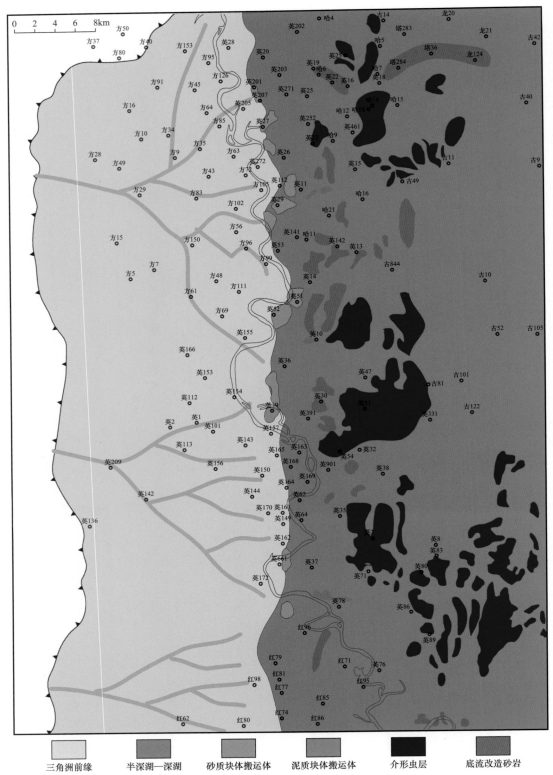

图 5-32　松辽盆地英台地区青山口组 MSC9 层序沉积微相图

三角洲前缘　　半深湖—深湖　　砂质块体搬运体　　泥质块体搬运体　　介形虫层　　底流改造砂岩

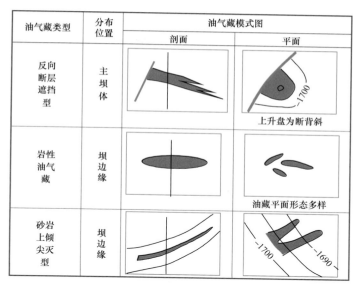

图 5-33　坝体圈闭类型分析

测井曲线上，油页岩多表现为高自然伽马、高电阻率、高声波时差、低密度的特征；由于油页岩与深湖泥互层产出，两者之间的波阻抗差极大，因此油页岩层段具有高频、强振幅、连续的地震响应特征（图 5-18）。

油页岩是油页岩油勘探的主要目标。在松辽盆地青山口组和鄂尔多斯盆地均分布大面积的油页岩，资源品位总体偏差且埋藏较深，松辽盆地的东南隆起带是油页岩勘探的有利区带。

半深湖—深湖泥岩为细粒悬浮沉积物在半深湖—深湖的静水区卸载而形成，横向分布稳定，垂向厚度大，单层厚度为 10~50m。在测井曲线上，自然伽马值较高、自然电位曲线为靠近基线的平滑线。厚层块状湖相泥具有低频、弱振幅、不连续的弱反射或无反射特征（见图 5-18）。

2）页岩油气藏

页岩油气藏是指赋存于富有机质纳米级孔喉或页岩裂缝中的油气藏，油气原位滞留，基本未经历运移，与经过短距离运移的致密油气藏不同。尽管页岩油气藏一般都是大面积分布的连续性油气藏，但由于大规模压裂技术的需求，有机质含量高同时脆性矿物含量较高的地区，才是页岩油气藏勘探的"甜点"。以古龙地区为例，在纯页岩分布区，页岩中的石英含量仅为 30%~35%，脆性矿物指数仅为 45~55；而在浊积岩、底流改造砂岩和碳酸盐岩（介壳灰岩）分布区，石英或者碳酸盐岩的含量可达 45% 以上，脆性矿物指数可以达到 60 以上。因此浊积岩、底流改造砂岩和碳酸盐岩分布区或者分布层段是"又脆又甜"的非常规勘探的"甜点"目标，上述地区更有利于天然裂缝及后期压裂改造缝的形成。

页岩中主要发育有机质孔、黏土矿物粒间孔、自生黄铁矿颗粒间孔及微裂缝。有机质孔为有机质团块生烃之后残留的孔隙，分布于热演化程度较高的有机质团块内部，形态不规则（图 5-34b），孔隙大小一般介于 0.2~1.5μm，较为发育，连通性一般；黏土矿物晶间孔隙分布于黏土矿物薄片或胶结物晶体之间，呈规则长条状（图 5-34a、i），孔隙大小为 60～150nm，较为发育，连通性较差，多呈孤立状；自生黄铁矿颗粒间孔分布于莓状黄铁矿颗粒之间，形状规则（图 5-34c、d、e、f），孔隙大小为 0.8～4.5μm，连通性好；微裂缝分布于基质或黏土矿物中，呈弯曲线状（图 5-34d、g、i），裂缝宽度为 0.2～3.0μm，极为发育，连通性好。

3）致密油气藏

致密油是指以吸附或游离状态赋存于生油岩中，或与生油岩互层、紧邻的致密砂岩、致密碳酸盐岩等储集岩中，未经过大规模长距离运移的石油聚集。根据储层的类型和成因机制，坳陷湖盆深水区的致密油气藏可以分为 3 种类型：（1）湖盆重力流砂岩致密油气藏；（2）底流改造砂岩致密油气藏；（3）湖相碳酸盐岩致密油气藏。重力流砂体在大型坳陷湖盆深水区广泛发育，其中砂质碎屑流厚度大、分布最广，源内成藏，含油气饱和度高，具规模勘探价值。

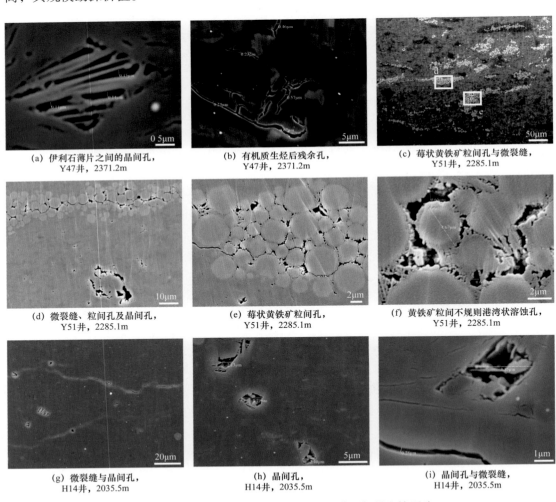

(a) 伊利石薄片之间的晶间孔，
Y47井，2371.2m

(b) 有机质生烃后残余孔，
Y47井，2371.2m

(c) 莓状黄铁矿粒间孔与微裂缝，
Y51井，2285.1m

(d) 微裂缝、粒间孔及晶间孔，
Y51井，2285.1m

(e) 莓状黄铁矿粒间孔，
Y51井，2285.1m

(f) 黄铁矿粒间不规则港湾状溶蚀孔，
Y51井，2285.1m

(g) 微裂缝与晶间孔，
H14井，2035.5m

(h) 晶间孔，
H14井，2035.5m

(i) 晶间孔与微裂缝，
H14井，2035.5m

图 5-34　松辽盆地青山口组页岩样品的典型扫描电镜照片

深湖重力流致密油在鄂尔多斯盆地延长组和松辽盆地青山口组均有发现，其中以鄂尔多斯盆地上三叠统延长组长 6—长 7 段致密油最为典型。厚层底流改造砂岩也可以形成致密油气藏，松辽盆地底流改造砂岩尽管平均厚度较小，但最厚可达 2.8m，一些粉砂质底流砂岩物性相对较好，孔隙度最高可达 9.9%，渗透率可达 1.98mD，岩心上普遍具有油浸的特征，这类储层在盆地中心、斜坡部位可能大面积分布，储量丰度高，易形成源内致密油气藏。松辽盆地发育白云岩、鲕粒滩及介壳灰岩等多种类型的湖相碳酸盐岩，其中深湖区古隆起带发育的介壳灰岩有望成为下一步勘探的重要领域。据不完全统计，已有近 6 口井在介壳灰岩中获得工业油气流，最高产油量达 3.9t/d，最高产气量达 $7.2 \times 10^4 m^3/d$，单个介壳灰岩面积可达 5～20km²，厚 3～8m，勘探和认识程度极低，有望培植成老探区新的勘探领域。

第六章　典型咸水湖—盐湖细粒沉积

矿化度在 1.0～50.0g/L 的湖泊称为咸水湖，矿化度大于 50.0g/L 的湖泊称为盐湖，盐湖往往是咸水湖持续咸化的最终阶段。最为知名的盐湖莫过于死海，其矿化度在 300～322g/L 之间，水体上部 35m 盐度在 30%～40% 之间，过渡区之下氯化钠完全饱和，盐从水体中沉淀到海底。美国的大盐湖是北美洲最大的内陆盐湖，其矿化度在 150～288g/L 之间，是更新世陆内淡水湖 Bonneville 湖的残迹湖，曾是现今大盐湖面积的 10 倍。

咸水湖多为干旱—半干旱气候条件下的内陆封闭湖，随着蒸发作用的持续，湖盆可继续咸化为盐湖。这类湖盆因矿化度高，各种盐类矿物在湖盆演化过程中结晶析出，因此多为碎屑岩与碳酸盐岩的混合产物，有时还可发育盐矿。中国陆相湖盆沉积中发育较多的咸水湖—盐湖，如古近纪的柴达木盆地、二叠纪的准噶尔盆地等。本章以准噶尔盆地玛湖凹陷风城组和吉木萨尔凹陷芦草沟组作为盐湖、咸水湖盆的典型代表，进行细粒沉积特征解剖。

第一节　准噶尔盆地二叠系区域地质概况

准噶尔盆地位于中国西北部地区，为坳陷—前陆叠合盆地，面积约 $1.34 \times 10^5 km^2$，油气资源丰富。目前盆地油气勘探主要集中于上二叠统以浅地层，中、下二叠统因埋深大而一直未得到足够的重视。近年，随着勘探的深入，以下二叠统风城组、中二叠统芦草沟组为优质烃源岩的勘探层系不断取得新突破。

一、区域构造背景

准噶尔盆地属于阿尔泰造山带（也称中亚造山带）的一部分，从板块构造理论的角度来看，隶属于哈萨克斯坦—准噶尔板块（肖序常等，1992）。准噶尔盆地由于经历了多期次、多旋回构造运动，在盆内形成了不同时期不同构造格局的复杂叠加，造成学者们对于盆地构造单元划分的不同认识。目前普遍采用的是杨海波等（2004）所提出的划分方案，将准噶尔盆地划分为 6 个一级构造单元和 44 个二级构造单元（图 6-1）。

二、盆地与构造演化

准噶尔盆地是一个大型叠合型盆地，目前对其演化阶段的认识，存在一定分歧（表 6-1）。吴庆福等（1986）认为准噶尔盆地分别经历了二叠纪裂陷、三叠纪—古近纪坳陷，以及新近纪—第四纪收缩—整体上隆三个演化阶段。赵白等（1992）提出盆地二叠纪断陷期、三叠纪断坳期、侏罗纪—古近纪坳陷发育期、新近纪—第四纪萎缩上隆期四阶段演化模式。蔡忠贤等（2000）强调准噶尔盆地经历了早二叠世的裂谷期、晚二叠世的伸展坳陷期、三叠纪至古近纪的克拉通内盆地期，以及新近纪—第四纪由于印度板块与欧亚板块碰撞造成的再生前陆期。陈新等（2002）则主张准噶尔盆地自晚古生代以来的演化可划分为二叠纪—三叠纪周缘前陆盆地、侏罗纪—古近纪陆内坳陷盆地和新近纪以来的再生前陆盆地3个阶段，它们分别受到中—晚海西运动、印支—燕山运动和喜马拉雅运动的控制。吴孔友等（2005）提出准噶尔盆地经历了石炭纪碰撞—成盆阶段（盆地雏形）、二叠纪压陷—挠曲阶段、三叠纪挠曲—坳陷阶段、侏罗纪—古近纪坳陷—沉降阶段以及新近纪以来的再生前陆盆地阶段。除此之外，还有大批学者对准噶尔盆地的演化阶段提出了相应的解释模型，但基本上都与以上代表性观点具有较大的相似性或可类比性（陈书平等，2001；陈发景等，2005；方世虎等，2006；李丕龙等，2010；何登发等，2012）。

综上所述，前人对于准噶尔盆地演化阶段在认识上存在普遍争议的是二叠纪的盆地属性：一派学者认为是伸展背景下的裂陷、裂谷或断陷盆地（吴庆福等，1986；赵白等，1992；蔡忠贤等，2000）；而另一派则主张挤压背景下的前陆盆地观点（张义杰等，1996；陈新等，2002；吴孔友等，2005）；近年有学者提出二叠纪早期伸展、晚期挤压反转的观点（孟家峰等，2009；何登发等，2018）。另一方面，前人对于准噶尔盆地演化的其他方面认识趋同：从二叠纪—三叠纪盆地性质总体发生了较大变化；三叠纪—古近纪总体为坳陷盆地背景；以及新近纪以来，受喜马拉雅运动的影响，发育了再生前陆盆地等（贾承造等，2005）。

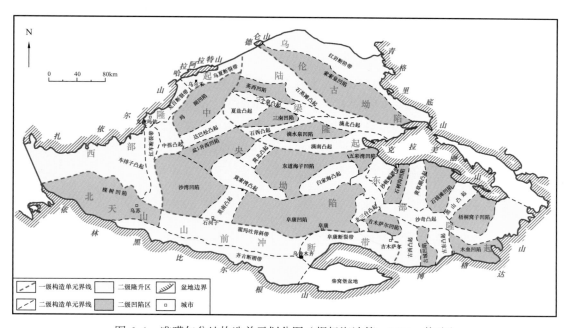

图 6-1　准噶尔盆地构造单元划分图（据杨海波等，2004，修改）

表 6-1 准噶尔盆地演化阶段不同划分方案

地质时代	吴庆福（1986）	赵白等（1992）	张义杰等（1996）	蔡忠贤等（2000）	陈新等（2002）	吴孔友等（2005）	新疆油田（2017）
第四纪	收缩—整体上隆期	萎缩上隆期		再生前陆期	再生前陆盆地期	再生前陆盆地阶段	再生前陆盆地阶段
新近纪							
古近纪	坳陷期	坳陷期	新前陆盆地阶段	克拉通内盆地期	陆内坳陷盆地期	坳陷—沉降阶段	陆内坳陷盆地阶段
白垩纪							
侏罗纪			构造活跃			挠曲—坳陷阶段	
三叠纪	裂陷期	断坳期	泛盆沉积阶段 / 剥蚀夷平超覆沉积阶段	伸展坳陷期			
二叠纪		断陷期	前陆盆地形成阶段	裂谷期	周缘前陆盆地期	压陷—挠曲阶段	前陆盆地阶段
石炭纪					地体拼贴盆地雏形	碰撞—成盆阶段	地体拼贴盆地雏形

1. 玛湖凹陷构造演化

玛湖凹陷位于准噶尔盆地西北缘，紧邻哈拉阿拉特山，是受达尔布特逆冲断裂带的控制而形成的叠合型凹陷。玛湖凹陷在构造上具继承性，先后经历多期构造运动影响，其中，海西运动早期构造运动强烈，对沉积的控制作用较强。在海西运动晚期，西斜坡区受西北缘前陆控制影响，发育多级阶地构造；西斜坡北部受哈拉阿拉特山影响，发育三级冲断构造；西斜坡中部受扎伊尔山影响，发育多级阶地构造，但幅度减小。东斜坡区二叠系发育齐全，但由于陆梁隆起相对抬升，隆起高部位的下二叠统佳木河组、风城组及中二叠统夏子街组缺失，在隆起边缘处见薄层沉积。二叠纪末期，陆梁隆起进一步抬升，上二叠统上乌尔禾组向隆起方向逐层尖灭。南部受中拐凸起影响，发育北西走向的断裂。印支运动期间相对较稳定，三叠系广泛沉积，地层厚度差异不大。

2. 吉木萨尔凹陷构造演化

吉木萨尔凹陷为准噶尔盆地东南缘的一个西断东超型箕状凹陷，凹陷形成以来经历了多期次的构造运动，这些构造运动控制了盆地的沉降历史及沉积过程。石炭纪末期受晚海西运动的影响，吉木萨尔断裂开始形成，北部和东部的奇台凸起和古西凸起表现为活动上升，致使吉木萨尔凹陷与博格达山前凹陷及阜康凹陷水体贯通。作为一个相对独立的沉积单元，中二叠世早期，盆地内构造运动强度减弱，进入稳定沉降阶段，盆地此时进入陆相湖盆沉积发育的鼎盛期。晚二叠世吉木萨尔凹陷发展为博格达山前凹陷的东北斜坡，晚二叠世至早三叠世稳定沉积。三叠纪末期的印支构造运动使凹陷东部奇台凸起强烈上升，造成凹陷东部斜坡区的三叠系、二叠系遭受不同程度剥蚀，侏罗系与下伏地层呈不整合接触。

三、地层发育特征

准噶尔盆在前石炭系褶皱基底之上形成了上万米厚的石炭系—第四系沉积，这里重点介绍二叠系在准噶尔盆地的发育情况。准噶尔盆地不同的地区有不同的地层划分系统，盆地西北缘和腹部地层对比关系较好，使用同一套地层命名系统。盆地南缘和东部地区地层对比关系较好，中二叠统及以深地层命名尚未统一。西北缘与腹部发育下二叠统风城组，与南缘的塔什库拉组、东部的金沟组上部可对比；东南缘的中二叠统芦草沟组，与准东平地泉组下部、西北缘和腹部下乌尔禾组下部可对比（表 6-2；新疆油田石油地质志编写组，1993；马丽芳，2002）。

表 6-2　准噶尔盆地石炭系—三叠系对比

地层			西北缘	腹部	南缘	东部
界	系	统	组	组	组	组
中生界	三叠系	上统	白碱滩组（T_3b）	白碱滩组（T_3b）	郝家沟组（T_3hj）	郝家沟组（T_3hj）
					黄山街组（T_3h）	黄山街组（T_3h）
		中统	克拉玛依组（T_2k）	克拉玛依组（T_2k）	克拉玛依组（T_2k）	克拉玛依组（T_2k）
		下统	百口泉组（T_1b）	百口泉组（T_1b）	烧房沟组（T_1s）	烧房沟组（T_1s）
					韭菜园子组（T_j）	韭菜园子组（T_j）
古生界	二叠系	上统	上乌尔禾组（P_3w）	上乌尔禾组（P_3w）	梧桐沟组（P_3wt）	梧桐沟组（P_3wt）
					泉子街组（P_3q）	泉子街组（P_3q）
		中统	下乌尔禾组（P_2w）	下乌尔禾组（P_2w）	红雁池组（P_2h）	平地泉组（P_2p）
					芦草沟组（P_2l）	
			夏子街组（P_2x）	夏子街组（P_2x）	井井子沟组（P_2j）	将军庙组（P_2j）
					乌拉泊组（P_2w）	
		下统	风城组（P_1f）	风城组（P_1f）	塔什库拉组（P_1t）	金沟组（P_j）
			佳木河组（P_1j）	佳木河组（P_1j）	石人子沟组（P_1s）	
	石炭系	上统			奥尔吐组（C_2a）	六棵树组（C_2l）
			石钱滩组（C_2s）		祁家沟组（C_2q）	石钱滩组（C_2s）
					柳树沟组（C_2l）	巴塔玛依内山组（C_2b）
		下统				滴水泉组（C_1d）
						塔木岗组（C_1t）

1. 玛湖凹陷二叠系发育特征

玛湖凹陷二叠系从老到新依次为下二叠统佳木河组（P_1j）与风城组（P_1f）、中二叠统夏子街组（P_2x）与下乌尔禾组（P_2w）以及上二叠统上乌尔禾组（P_3w）共5套沉积（图6-2）。

下二叠统佳木河组（P_1j）：岩性复杂，主要为安山岩、安山玄武岩等火山熔岩以及凝灰质碎屑岩（棕红色、灰绿色、紫灰色）等。该组火山岩储层发育，地层厚度为1000～2000m。

下二叠统风城组（P_1f）：岩性以泥质岩、云质岩类、凝灰质岩类等为主，夹薄层砂砾岩、砂岩、粉砂岩，盆缘地区砂砾岩、火山碎屑岩更为发育。自下而上可分为风一段（P_1f_1）、风二段（P_1f_2）和风三段（P_1f_3）。风一段，尤其是凹陷东北部夏子街地区，以火山碎屑岩—沉火山碎屑岩为主，向上依次发育富有机质泥页岩、白云岩及云质岩类。风二段沉积期凹陷中部发育云质岩和含盐岩。风三段以云质岩类、泥质岩为主，顶部发育陆源碎屑岩，越靠近扎伊尔山山麓碎屑岩含量越高，粒度越大。风城组为玛湖凹陷的主力生油层，地层厚度为400～800m。

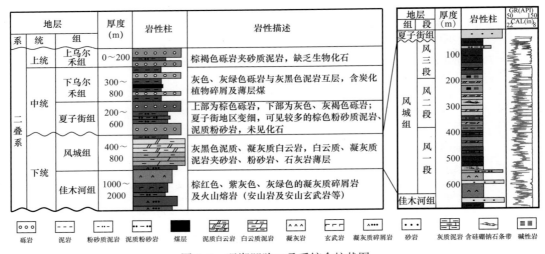

图6-2 玛湖凹陷二叠系综合柱状图

中二叠统夏子街组（P_2x）：上部为棕色砾岩，下部为灰色、灰褐色砾岩。夏子街地区岩石粒度变细，可见较多的棕色粉砂质泥岩、泥质粉砂岩，未见化石，为一套快速堆积的山麓洪积扇体沉积。夏子街组砂砾岩储层发育，地层厚度为200～600m。

中二叠统下乌尔禾组（P_2w）：主要分布在克百断裂带、乌夏断裂带及夏红北断裂下盘。岩性为灰色、灰绿色砾岩与灰黑色泥岩互层，含炭化植物碎屑及薄层煤，为山麓河流洪积—湖泊沉积。下乌尔禾组砂砾岩储层发育，地层厚度为300～800m。

上二叠统上乌尔禾组（P_3w）：上二叠统在西北缘只发育上乌尔禾组一套地层，且残余地层只分布在乌尔禾—夏子街地区构造低部位。岩性为棕褐色砾岩夹砂质泥岩，缺乏生物化石资料，为快速堆积的山麓洪积扇体堆积。上乌尔禾组分布较局限，地层厚度小于200m。

西北缘下二叠统两套地层沉积时,盆地具有明显隆坳分割的格局,因此其厚度在盆地不同位置差异较大,但总体具有西厚东薄的地层分布特征。中二叠统沉积范围较下二叠统明显增大,上二叠统沉积分布局限。

2.吉木萨尔凹陷二叠系发育特征

吉木萨尔凹陷在中二叠世早期发生了稳定沉降,在石炭系基底上发充了较为连续的二叠系沉积,自老到新分别为下二叠统石人子沟组（P_1s）与塔什库拉组（P_1t）、中二叠统乌拉泊组（P_2w）、井井子沟组（P_2j）、芦草沟组（P_2l）与红雁池组（P_2h）、上二叠统泉子街组（P_3q）与梧桐沟组（P_3wt）。

井井子沟组:岩性主要为蓝灰色、灰绿色夹灰黄色凝灰岩、凝灰质砂岩、泥岩夹砂岩、泥页岩等,以凝灰岩发育为典型特征,与上覆油页岩为主的芦草沟组整合过渡。厚540～1589m（新疆维吾尔自治区地质矿产局,1999）。

芦草沟组:主要岩性为灰黑、黑色、褐灰色页岩、油页岩、粉砂岩夹白云岩及少量砂岩,含双壳类、介形类等化石。油页岩发育为芦草沟组典型特征,下与井井子沟组整合接触,以凝灰岩消失、油页岩出现为界,厚90～1102m（新疆维吾尔自治区地质矿产局,1999）。吉木萨尔凹陷内芦草沟组厚度达到100～400m,主要发育泥页岩、泥质粉（细）砂岩、白云质粉（细）砂岩等。

梧桐沟组:岩性以灰绿色、黄绿色中细粒砂岩、粉砂岩夹泥岩为主,也见有砂砾岩和砾岩。含植物、双壳类、介形类等化石（新疆维吾尔自治区地质矿产局,1999）。凹陷内梧桐沟组分为上下两段,上段为中厚层泥岩夹薄层砂岩,主要发育滨浅湖沉积;下段微中厚层浅灰色细砂岩、粉砂岩与含砾不等粒砂岩,以扇三角洲、三角洲沉积为主（刘春慧等,2007;王厚坤等,2010）。

四、勘探现状

准噶尔盆地中—下二叠统的油气勘探已近半个世纪,但以细粒沉积为主要目标的非常规油气勘探开展时间很短。2010年至今,新疆油田先后在吉木萨尔凹陷、玛湖凹陷、沙帐断褶带等地多口钻井芦草沟组、风城组、平地泉组均见到不同程度的油气显示。尤其芦草沟组白云质泥页岩、风城组黑色泥页岩有机质丰度高,具有较高的生烃潜力,探井在黑灰色泥页岩与细粒白云质岩类互层均见良好油气显示,具备形成源内页岩油富集的可能性。

1.玛湖凹陷勘探现状

玛湖凹陷勘探历史悠久,20世纪50年代,以构造勘探思路,即"断裂控制油气富集带"的地质认识为基础,建立复式逆掩断裂带成藏模式,发现克拉玛依油田,形成$15 \times 10^8 t$级的克乌断裂带百里大油区（匡立春等,2014）。1955—1989年,盆地油气勘探集中在西北缘断裂带地区。20世纪80年代末,油气勘探开始"跳出断裂带,走向斜坡区"。近 10 余年来，玛湖凹陷油气勘探持续取得重大突破，发现了 10×10^8t 级砾岩大油区（匡立春等，2014；雷德文等，2014；支东明等，2018；唐勇等，2019）。近期又在上乌尔禾组发现大型砾岩油藏，在中—下二叠统火山岩和页岩中获得新的油气发现，老井复查在侏罗系等层系获得工业油流，玛湖凹陷呈现多层系含油、多类型储层共生、多种油气藏共存的格局。目前玛湖凹陷的三大勘探领域——石炭系—下二叠统大构造油气藏群、下二叠统风城组致密油及下三叠统百口泉组扇控大面积岩性油气藏群，主力烃源岩层系均为下二叠统风城组。

2. 吉木萨尔凹陷勘探现状

吉木萨尔凹陷的勘探始于 20 世纪 50 年代，钻井集中在凹陷的东部斜坡区，以二叠系梧桐沟组为主要目标层，仅在吉 3 井二叠系有稠油显示。1990 年前后在凹陷东南部发现梧桐沟组重质油藏，产量低，随后勘探处于停滞状态。21 世纪以来，新疆油田调整勘探思路，对吉木萨尔凹陷开展非常规油气勘探。2011 年部署吉 25 井，在芦草沟组获日产油 18.25t 的工业突破，证实了吉木萨尔凹陷为芦草沟组页岩油勘探的有利区。此后，针对吉木萨尔凹陷实施页岩油探井开采试验，一批工业油流井再获突破，促使页岩油的勘探再上一个台阶。尤其吉 174 井，实施全井段取心、多系列测井、实验分析等形成系统基础资料，建立了该区页岩油"七性"关系评价"铁柱子"。通过多年对芦草沟组页岩油的探索，2019 年，确立吉木萨尔凹陷为国家级陆相页岩油勘探开发示范区，也揭开了准噶尔盆地页岩油勘探大幕（支东明，2019）。

第二节　玛湖凹陷风城组岩相特征

玛湖凹陷下二叠统风城组岩性极其复杂，可见碎屑岩、碳酸盐岩、与火山作用相关的熔岩和火山碎屑岩等，这些岩石混积形成的混积岩——既包括陆源碎屑岩、火山碎屑岩、碳酸盐类等以不同比例混合形成的狭义混积岩，也包括陆源碎屑岩与碳酸盐类、陆源碎屑岩与火山碎屑岩、火山碎屑岩与碳酸盐类频繁交替形成的广义混积岩。

对于玛湖凹陷风城组的沉积环境，学术界存在很多争议。20 世纪 80 年代以前，研究多倾向将其定为海湾亚相、残留海相（尤兴弟，1986），之后随着钻测井、地震资料的增加，以及区域构造—沉积演化研究的深入，对于玛湖凹陷风城组为咸化湖盆沉积的认识已达成共识（Bian 等，2010）。2010 年以来，在玛湖凹陷风城组发现多种指示碱性环境及热液作用的矿物，这一沉积特征与美国绿河组碱湖沉积和现代碱湖沉积特征十分相似，因此，近几年相继有学者提出风城组为碱湖（一种特殊的咸化湖）沉积的观点（曹剑等，2015）。

一、岩矿特征

风城组矿物组成以石英、长石、方解石、白云石为主，可见硅硼钠石、碳钠镁石等不常见矿物。黏土含量很少，黏土矿物以蒙脱石为主。石英含量为 3%～45%，平均值为 27%。长石以斜长石为主，斜长石含量为 3%～27%，平均值为 14%，钾长石含量为 3%～19%，平均值为 6%。方解石含量为 2%～48%，平均值为 15%，在富含碱性矿物的岩石中几乎未见方解石。白云石含量差异大，为 4%～80%，平均值为 30%。此外还存在指示热液作用的硅硼钠石、代表碱性环境的碳钠镁石等。其黏土含量小于 10%，高长英质、低黏土含量说明风城组风化作用以物理风化为主，化学风化作用不明显。黄铁矿含量为 2%～10%，平均值为 5%，主要分布在风二段。

整体上风城组表现为富长英质、贫黏土矿物、火山碎屑含量丰富的特征。根据矿物成分与含量，以陆源碎屑、碳酸盐及火山碎屑为三端元作三角图解进行分析（图 6-3）。自下而上，风一段以火山碎屑、陆源碎屑为主，含少量碳酸盐矿物；风二段碳酸盐矿物明显增多；风三段则以陆源碎屑为主。以 FN1 井为例（图 6-4），风一段以砂砾岩、粉砂岩、火山岩、凝灰质碎屑岩为主，长石矿物占主导；风二段主要是云质岩类、泥质岩，白云石、方解石矿物占比高；风三段分布砂砾岩、粉砂岩，以长英质矿物为主。

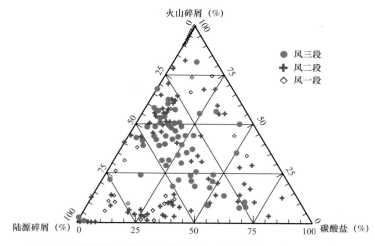

图 6-3　玛湖凹陷风城组陆源碎屑—火山碎屑—碳酸盐三端元图

（图中成分为质量分数）

二、岩相类型与特征

通过岩心观察、显微镜下鉴定，可将风城组岩相划分为 6 种主要类型，分别为火山碎屑岩—沉火山碎屑岩、富有机质泥岩、白云岩及云质岩类、含碱性矿物盐岩相、富硅硼钠石岩类及陆源碎屑岩相（图 6-5；张志杰等，2018）。其中，火山碎屑岩—沉火山碎屑岩相是指火山碎屑含量大于 25%，物源来自火山岩，原地或近距离搬运；而陆源碎屑岩相则指陆源碎屑岩中的火山碎屑含量小于 25%，通常有一定的搬运距离。

1. 火山碎屑岩—沉火山碎屑岩相

准噶尔盆地西北缘物源区广泛分布有石炭纪—早二叠世的岩浆岩，包括侵入岩、火山岩和火山碎屑岩。盆地内钻井也揭示风城组含有大套熔岩、火山碎屑岩和沉火山碎屑岩，多见于风一段，分布在凹陷东北部和西部。FN1 井岩心可见大段的火山碎屑岩或沉火山碎屑岩，常见棱角状砾石杂乱分布，具不明显正粒序结构，为杂基支撑，基质为凝灰质（图6-6a），可能为火山碎屑流或降落型火山碎屑沉积。显微镜下可见砂岩和粉砂岩中含大量火山岩屑（图6-6b、c）。其中，安山岩、粗面岩、玄武岩和辉绿岩等约占6%，以粗面—安山岩屑和玄武—安山岩屑（图6-6d、e）最为常见。此外，一些半深湖—深湖亚相富有机质页岩中还可见保存完好的火山灰夹层，厚度通常在2mm左右（图6-6f）。

常量元素数据统计表明，风城组火山岩偏碱性，11块凝灰岩中有8块为碱性岩。风城组中这种偏碱性的凝灰岩与现代东非大裂谷Natron湖及美国西部始新统绿河组火山岩非常相似，说明碱性火山岩可能为碱湖的形成提供了物质来源。

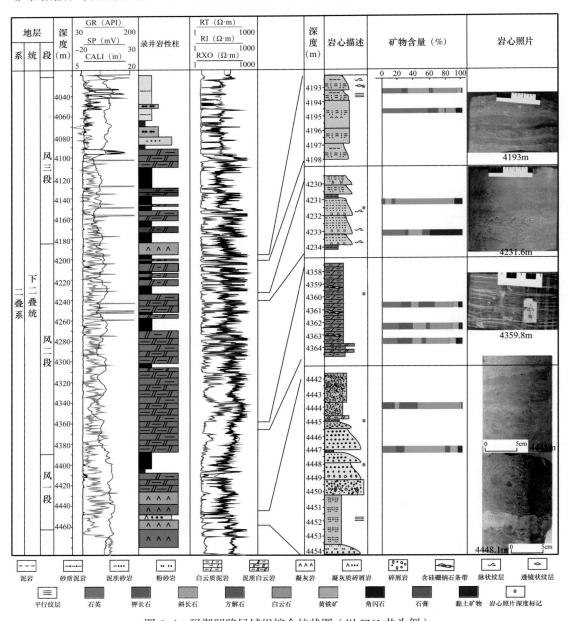

图6-4 玛湖凹陷风城组综合柱状图（以FN1井为例）

火山碎屑岩—沉火山碎屑岩相主要分布在风一段底部，但在玛湖凹陷东北部风城组几乎整体发育该岩相，岩心上可见火山碎屑杂乱分布，或见于泥岩夹层中。风城组火山岩偏碱性，镜下可见大量蚀变残余的钾长石、钠长石，推测火山岩发生水解溶蚀作用，为水体提供 Na^+。

岩相类型		岩心照片	显微照片	特征描述	主要层位	井位置	沉积特征
火山碎屑岩—沉火山碎屑岩		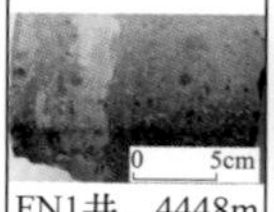 FN1井，4448m	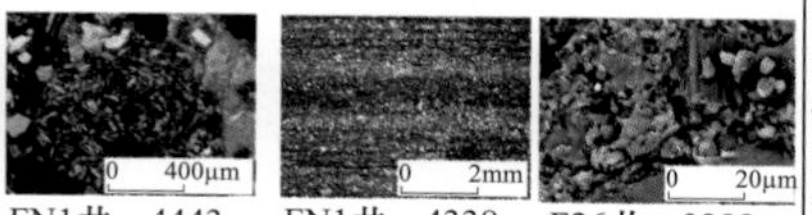 FN1井，4443m；FN1井，4338m；F26井，3298m	常见棱角状砾石杂乱分布，杂基支撑；镜下见砂岩中含火山岩岩屑；电镜下见蚀变残余的钾长石、钠长石	风一段	凹陷东北、西南处（F7、FN1、X72、B22等）	富基性火山碎屑，呈杂乱状、块状、薄层状赋存
富有机质泥岩	富有机质云质泥岩	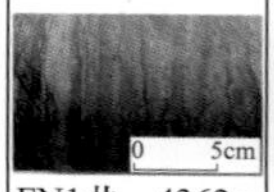 FN1井，4362m	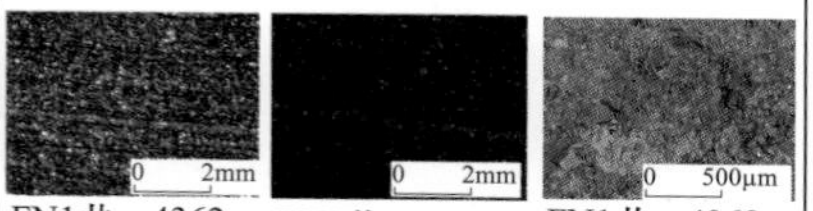 FN1井，4362m；FN1井，4362m；FN1井，4362m	浅灰色，纹层发育；阴极发光下分散分布的泥微晶白云石，电镜下见片状黏土、有机质条带和分散或顺纹层分布的黄铁矿	风一段—风二段	除东北、西南角外均有分布	富有机质纹层发育，常与云质岩类互层
	富有机质灰质泥岩	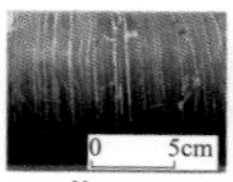 FN1井，4363m	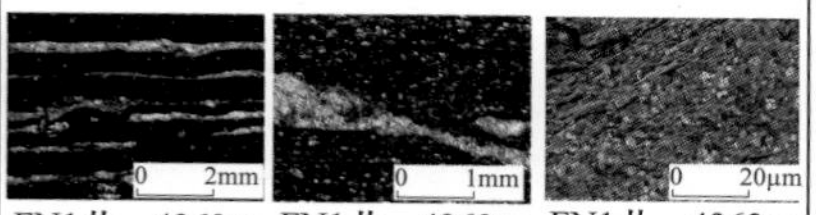 FN1井，4363m；FN1井，4363m；FN1井，4363m	深灰色，纹层发育；镜下方解石纹层发生白云石化和塑性变形；基质泥质纹层中有片状黏土矿物、条带状有机质及黄铁矿晶粒			
白云岩及云质岩类		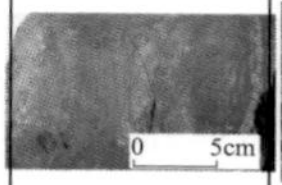 F26井，3298m	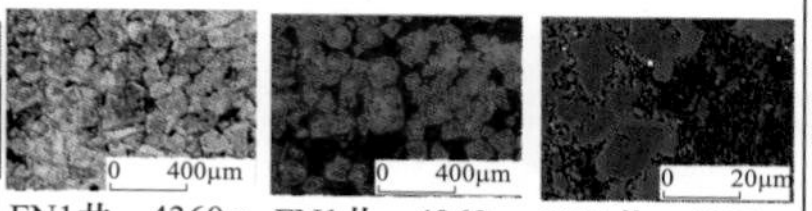 FN1井，4360m；FN1井，4360m；FN1井，4361m	呈褐黄色薄层状、条带状和纹层状；单偏光下见雾心亮边结构，染色见白云石部分含铁，少量被方解石交代；电镜下可见铁白云石构成白云石最外一层环带；阴极发光下可见多期环带	风二段	除东北、西南角外均有分布	分布广，常与泥岩互层
含碱性矿物岩		 F26井，3302m；FN5井，4066m 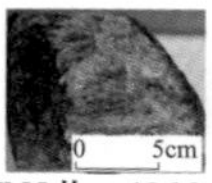	 FN5井，4066m；FN5井，4066m；F26井，3302m；FN5井，4066m；FN5井，4069m；FN5井，4066m	浅黄、浅灰白色，常呈纤维状或条带状；主要成分为天然碱、碳氢钠石、碳酸钠钙石、氯碳钠镁石等；各矿物间有不同程度的交代现象，镜下可见明显生成顺序：硅硼钠石→天然碱→碳酸钠钙石→氯碳钠镁石	风二段	靠近凹陷中心处（FN5、AK1、F26、FN7等）	多种钠碳酸盐矿物共生，常上覆于富有机质泥岩，有利于有机质的保存
陆源碎屑岩		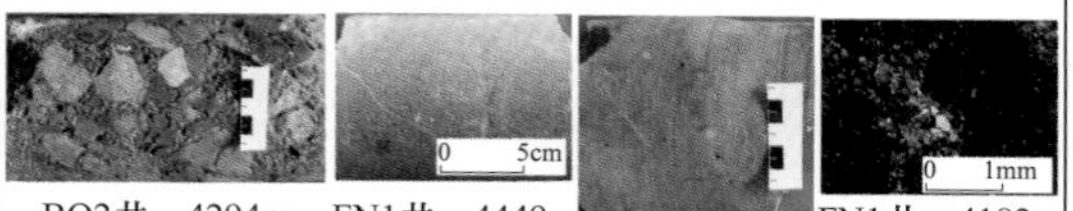 BQ2井，4294m；FN1井，4449m；FN1井，4449m	FN1井，4182m	岩性为细粒的粉砂—中砂岩、粗粒的含砾砂岩—砾岩见陆源碎屑夹有火山碎屑	风三段	山前（白26、克87等）	风城组沉积后期湖退，陆源碎屑供给充足
富硅硼钠石岩类		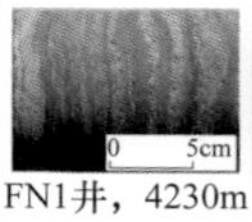 FN1井，4230m；FN1井，4070m 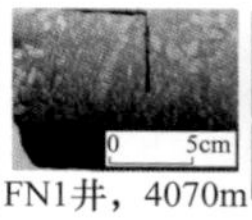	 FN1井，4230m；FN1井，4238m；FN5井，4072m；FN1井，4230m；FN1井，4238m；F26井，3298m	呈条带状、斑状和角砾状；镜下可见完好的晶形，如楔状、菱板状或花状，亦可呈胶结物充填于粒间或交代颗粒；其分布广泛，既可与碱性矿物共生，也可与方解石和白云石共生，还可呈胶结物充填于砂岩、粉砂岩和泥岩，或与其中的微晶石英共生	风城组	靠近断裂处（FN8、FN3、F26、FN7等）	与碱性矿层或云质岩类共生，常发育在断裂附近，为热液作用的产物

图6-5 准噶尔盆地玛湖凹陷风城组主要岩相类型及沉积特征综合分析图

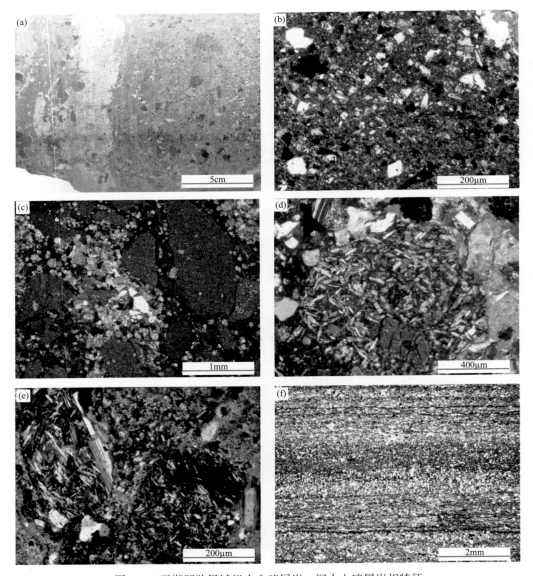

图 6-6　玛湖凹陷风城组火山碎屑岩—沉火山碎屑岩相特征

（a）富含火山碎屑的岩心样品，FN1 井，4448m；（b）凝灰岩，F26 井，3299m，正交偏光；（c）凝灰质砂岩，正交偏光，FN1 井，
4182m；（d）玄武—安山岩岩屑，浅紫色颗粒为橄榄石，FN1 井，4443m，正交偏光；（e）粗面—安山岩岩屑，FN1 井，4445m，
正交偏光；（f）火山灰夹层，FN1 井，4338m，正交偏光

　　火山碎屑岩—沉火山碎屑岩相主要岩性为玄武岩、凝灰岩及向沉积岩过渡的凝灰质
粉砂岩、凝灰质砂砾岩。对 MH5 井 20m 长的玄武岩岩心测井响应分析，其特征表现为
RT、RI 箱状高值，明显高于上下正常碎屑岩及凝灰质碎屑岩测井值，RXO 与 RT、RI 分
离，GR 为箱状低值，SP 负偏移（图 6-7a）。多口取心井底部可见凝灰岩，厚度不一，
其中 FN14 井可见约 20m 的凝灰岩。RT、RI、RXO 为箱状高值，GR 表现为中—高值
（图 6-7b）。由于火山岩沉积区多靠近哈拉阿拉特山前，常混入陆源碎屑，因此多见凝灰
质粉砂岩、凝灰质砂砾岩。这些凝灰质碎屑岩 RT、RI 表现为齿状中—低值，明显低于玄

武岩（图 6-7a）、凝灰岩（图 6-7b），和凝灰岩相比，GR 明显降低（图 6-7b）。这是由于从基性岩到酸性岩，金属元素含量减少，二氧化硅含量增加，自然放射性强度逐渐增强，且由于密度减小，致密程度降低，电阻率相应也降低（冯玉辉等，2016）。

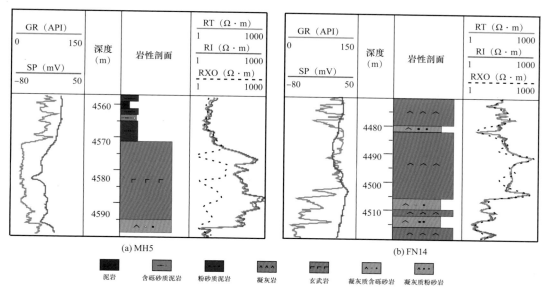

图 6-7　玛湖凹陷风城组火山碎屑岩—沉火山碎屑岩、陆源碎屑岩相岩电特征

2. 富有机质泥页岩相

富有机质泥页岩相是风城组最重要的岩相类型之一，也是准噶尔盆地西北缘最重要的烃源岩之一，据统计由其组成的烃源岩分布面积达 8000km²，厚度为 50～400m。该岩相在整个凹陷广泛分布，多发育于风一段沉积末期。与二叠系另两套烃源岩层佳木河组和乌尔禾组相比，风城组烃源岩品质无论从 TOC（图 6-8a）、氢指数（图 6-8b）还是生烃潜力（图 6-8c）都明显较好。该类岩相可进一步根据纹层的矿物组成划分为富有机质云质泥页岩相和富有机质灰质泥页岩相两类，其中富有机质灰质泥页岩相烃源岩质量更优。

富有机质云质泥页岩纹层矿物组成以白云石为主，滴酸基本不见起泡。岩心呈浅灰色，纹层不同程度发育，常见浅色含云粉砂纹层或薄层，与泥质纹层交互（图 6-9a、b）。含云粉砂纹层在显微镜下可见复杂的粒序结构和丰富的陆生植物碎片，在扫描电镜下可见溶蚀或蚀变残余的长石碎屑以及自生的白云石和石英（图 6-9c）。

综合推测富有机质云质泥页岩相沉积于洪水影响显著的滨浅湖环境。频繁的（季节性）洪水不同程度地影响了湖水的分层，导致湖底氧化—还原环境交替变化，不利于有机质的保存，总有机碳相对偏差，通常在 1% 左右。这也是富有机质云质泥页岩相生物标志化合物具有高胡萝卜烷和较高的 Pr/Ph 比值的原因。富有机质云质泥页岩中白云石主要是在较好的渗滤条件下，高 Mg^{2+}/Ca^{2+} 湖水交代早期的泥微晶方解石、高镁方解石或文石等形成。

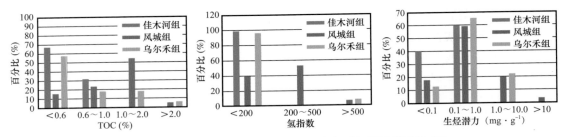

图 6-8 玛湖凹陷风城组与佳木河组、乌尔禾组烃源岩质量对比

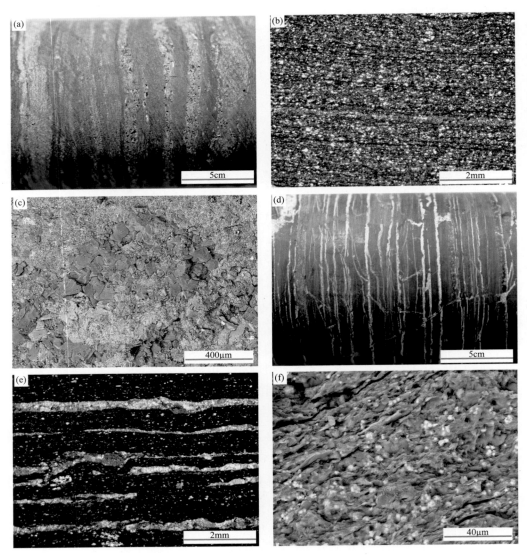

图 6-9 玛湖凹陷 FN1 井风城组富有机质泥页岩相特征

（a）富有机质云质泥页岩，4362m；（b）粉砂—泥质纹层，含深色片状陆源植物碎屑，4362m，单偏光；

（c）粉砂岩纹层中的长石碎屑、白云石和石英晶粒，扫描电镜，4362m；（d）富有机质灰质泥页岩，4363m；

（e）方解石纹层（因茜素红＋铁氰化钾染色呈浅红色，未染色者为白云石）和发育细纹层的富有机质基质，4363m，单偏光；

（f）片状黏土矿物、有机质条带及分散状和沿纹层分布的黄铁矿，扫描电镜，4363m

富有机质灰质泥页岩纹层矿物组成以方解石为主，滴酸起泡明显。岩心呈深灰色，纹层较发育，可见灰白色方解石纹层与泥质纹层交互（图6-9d），少见洪水影响形成的浅色含云粉砂纹层，偶见浅灰色火山灰纹层。富有机质灰质泥页岩在显微镜下可见细粒基质中有规则状方解石纹层分布（图6-9e），不同程度发生塑性变形，且周围有机质纹层也有明显弯曲变形（图6-9e），表明方解石纹层形成于同沉积期。此外，方解石纹层发生不同程度白云石化，表明有成岩改造影响。在扫描电镜下可见泥质纹层中有片状黏土矿物、条带状有机质及呈分散状或顺层聚集分布的黄铁矿晶粒（图6-9f）。

综合判断富有机质灰质泥页岩相沉积于洪水影响较弱的半深湖—深湖区，湖水分层且稳定，湖底为还原环境，有机质保存较好，总有机碳含量通常在1.6%左右。纹层越密集的岩心，颜色越暗，总有机碳含量越高。富有机质泥页岩中方解石纹层由湖水中直接沉淀出的泥微晶方解石、高镁方解石和少量文石构成，并在准同生期发生塑性变形，局部因高Mg^{2+}/Ca^{2+}湖水渗滤发生不同程度的白云石化，包括方解石纹层的部分白云石化和基质中泥晶方解石的完全白云石化。

富有机质泥页岩相广泛分布于玛湖凹陷，岩心可见白色条带发育，风城组富有机质泥页岩常与泥质白云岩互层，见于FN14井风三段厚约9m的岩心。从测井曲线上看，富有机质泥页岩RXO较碱性矿物及含盐岩为块状高值，RT、RI及RXO低于泥质白云岩，GR无明显规律，SP基本处于基线附近（图6-10）。

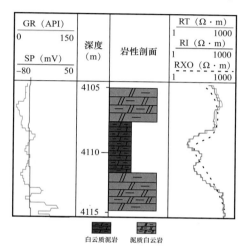

图6-10　玛湖凹陷风城组富有机质泥页岩相岩电特征

3. 白云岩及云质岩类岩相

钻井揭示玛湖凹陷风城组二段发育白云石、泥质白云岩、白云质粉砂岩等。白云岩可呈条带状、纹层状、斑状、透镜状和分散状分布。岩心可见褐黄色薄层状、条带状和纹层状白云岩（图6-11a）。显微镜下可见泥粉晶和中细晶白云石。前者广泛分布于泥页岩、砂岩和粉砂岩中，在阴极发光下，泥质纹层中可见大量分散分布的泥微晶白云石（图6-11b），在扫描电镜下可见片状黏土、有机质条带和分散状或顺纹层分布的黄铁矿。后者可呈聚集状或孤立状分布于粉砂岩和砂岩中，单偏光下可见雾心亮边结构（图6-11c、e），用茜素红＋铁氰化钾混合液染色可见白云石部分含铁，并有少量被方解石交代（图6-11h）；扫描电镜下可见铁白云石构成白云石最外一层环带（图6-11g）；阴极发光下可见多期环带（铁白云石环带不发光；图6-11d、f）。

综合薄片、阴极发光和扫描电镜分析认为：泥微晶白云石由早期沉淀的方解石、高镁方解石、文石和原白云石在同生期或浅埋藏期发生白云石化（由原生白云石有序转化）形成，主要受碱湖水的Mg^{2+}/Ca^{2+}控制，高Mg^{2+}/Ca^{2+}湖水可直接沉淀原生白云石，或渗入湖底沉积物中使早期沉淀的方解石、高镁方解石和文石发生白云石化；中细晶白云石由早期

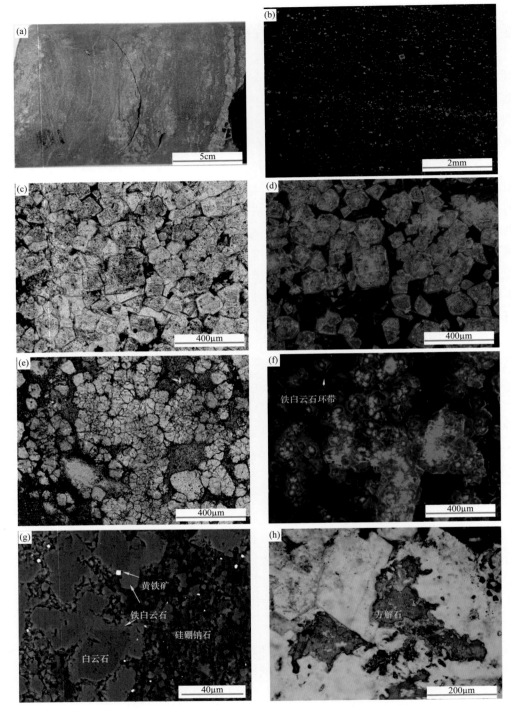

图 6-11　玛湖凹陷风城组白云岩及云质岩类岩相特征

（a）岩心中条带状、斑状白云岩，F26 井，3298 m；（b）纹层状云质泥岩，阴极发光，可见分散状橙红色泥微晶白云石，FN1 井，
4361m；（c）斑状白云石，单偏光，FN1 井，4360 m；（d）c 照片阴极发光，可见多期白云石环带，铁白云石环带不发光；
（e）细晶白云岩，晶间浅色充填物为硅硼钠石，暗色为残余岩屑，单偏光，FN1 井，4125 m；（f）e 照片阴极发光，
可见白云石环带结构，铁白云石不发光，硅硼钠石发暗色光；（g）灰色白云石普遍具浅色铁白云石环带，深色为充填粒间和
交代颗粒的硅硼钠石，扫描电镜，FN1 井，4361 m；（h）方解石交代白云石，单偏光，FN1 井，4237 m

方解石为主的质点在埋藏期发生白云石化和（含铁白云石）环带胶结形成；去白云石化可能因成岩期热液（深部循环水）带来富 Ca^{2+} 流体对白云石改造形成。

风城组广泛发育白云岩及云质岩类岩相，多与富有机质泥页岩相互层。录井资料显示，F7 井风城组底部约有近 60m 厚的纯净白云岩，由于没有取心资料，本书不讨论风城组纯净白云岩的测井响应。泥质白云岩常与碱性矿物或富有机质泥页岩互层，RXO 表现为尖峰状高值，GR 表现为块状中值，CALI 无扩径现象。RT、RI 及 RXO 高于白云质泥岩（图 6-10）。

4. 含碱性矿物岩相

含碱性矿物岩相是风城组最具特征的岩相，包括钠碳酸盐岩、钠钙碳酸盐岩和钠镁碳酸盐岩等。岩心观察、薄片鉴定、扫描电镜能谱以及 X 衍射分析表明（图 6-12），玛湖凹陷风城组碱性矿物岩既有层状原生的，也有斑状、条带状次生的，多位于风二段，分布在凹陷中央。

原生层状含碱性矿物岩在岩心上呈浅黄、浅灰白色（图 6-12a），在纵向上与深色块状含盐—盐质粉砂岩和泥岩交替分布，主要矿物组成为天然碱、碳氢钠石及碳酸钠钙石（图 6-12a—d），其中，天然碱呈束状、纤状（图 6-12a、d），碳氢钠石呈板片状（图 6-12a、c），碳酸钠钙石呈等轴状（图 6-12c），各矿物间有不同程度的交代现象（图 6-12c、d）。可能受钻井取心数量限制，层状碱性矿物仅见于 FN5 井（取心长约 8m），其他多以薄层或纹层状产出（F26 井），但 FN5—FC1—F7 井区录井资料和测井相分析均可见累计厚度达上百米的层段内有大量的层状含碱性矿物分布。根据风城组硅硼钠石中包裹体冰点计算得到当时水体平均盐度为 19.22%，达到了咸化湖盐度（表 6-3），表明风城组含碱性矿物岩的形成可能与周期性的干旱有关，受轨道周期引起的温带干旱—半干旱气候旋回控制。

表 6-3 玛湖凹陷风城组硅硼钠石包裹体均一温度、冰点测量及盐度计算

均一温度（℃）	97	90.5	86	12	95	73	81	78	87	84	102	107	108	154	136	143
冰点（℃）	5.3	−6.1	7.5	−11.0	−17.3	−11.9	−18.4	−13.5	−12.7	−16.1	−16.1	−17.6	−11.8	−13.8	−11.9	−20.7
w（NaCl）	8.3	9.3	11.1	15.0	20.7	16.0	21.5	17.5	16.7	19.7	19.7	20.9	15.9	17.7	16.0	23.2

注：盐度计算公式为 $w(NaCl) = 1.76958D - 0.042384D^2 + 0.00052778D^3$，$w(NaCl)$—相当于 NaCl 溶液质量分数，即盐度，%；$D$—冰点，单位为摄氏度（℃）；样品深度为 3800~4200m。

含次生碱性矿物岩多呈斑状或条带状分布，常见天然碱、碳酸钠钙石、碳氢钠石、碳钠镁石、氯碳钠镁石，偶见磷钠镁石、丝硅镁石和菱水碳铁镁石等（图 6-12e—h）。此类岩石多形成于成岩期，或由同生期沉积遭受强烈的成岩改造形成，不同矿物的形成和分布受温度、压力、含水量和 CO_2 分压等因素控制。微观分析常见天然碱、碳氢钠石、碳酸

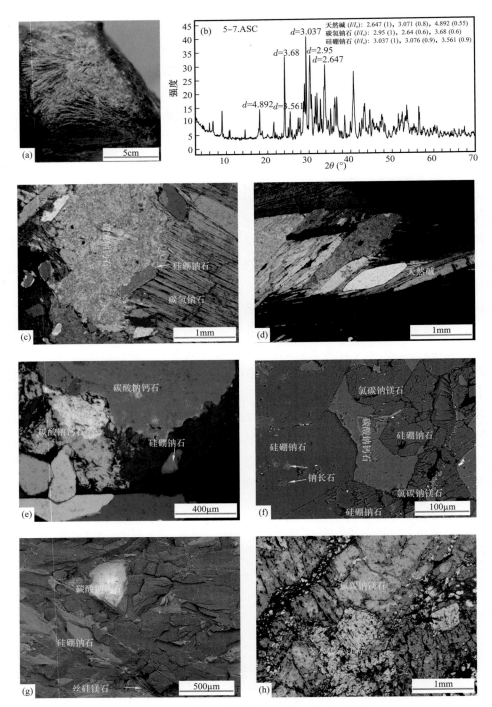

图 6-12　玛湖凹陷风城组含碱性矿物岩相特征

（a）碳氢钠石和天然碱共生，FN5 井，4066 m；（b）a 的 XRD 图谱；（c）碳酸钠钙石、碳氢钠石及硅硼钠石共生，FN5 井，4066m，正交偏光；（d）天然碱和硅硼钠石共生，FN5 井，4066 m，正交偏光；（e）碳酸钠钙石、氯碳钠镁石及硅硼钠石共生，氯碳钠镁石交代碳酸钠钙石和硅硼钠石，FN5 井，4066 m，正交偏光；（f）碳酸钠钙石、氯碳钠镁石及硅硼钠石共生，扫描电镜，F26 井，3302 m；（g）碳酸钠钙石、碳氢钠石、硅硼钠石及丝硅镁石共生，扫描电镜，FN5 井，4066 m；（h）菱水碳铁镁石与氯碳钠镁石共生，后者茜素红 + 铁氰化钾染色呈浅粉色，F26 井，3302 m，单偏光钠钙石共生，并可见明显生成顺序，即硅硼钠石→天然碱→碳酸钠钙石→氯碳钠镁石（图6-12c—h）。一些盐类吸收水分后，甚至沉淀出其他盐类，这可能也是在微观条件下观察到石盐和芒硝等盐类的原因。

含碱性矿物岩相主要分布于风二段，多位于玛湖凹陷中央。大量碱性矿物的发现证实风城组为碱湖沉积。从FN7井取心看，该类岩石与泥质白云岩互层，厚约8m。

含碱性矿物岩相测井响应显示：电阻率RT、RI曲线表现为尖峰状高值，电阻率RXO值急剧下降，自然伽马曲线呈漏斗状低值特征，井径扩大现象明显，含泥质较多的区域自然电位曲线靠近基线（图6-13）。

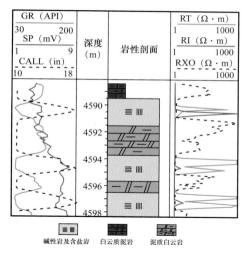

图6-13 玛湖凹陷风城组含碱性矿物岩相岩电特征

5.陆源碎屑岩相

陆源碎屑岩相多分布于扎伊尔山前，发育于风三段，岩性为粉砂岩—细砂岩（图6-14a、b）、含砾粗砂岩—砾岩（图6-14c、d）。岩心上多见陆源碎屑岩夹有火山碎屑

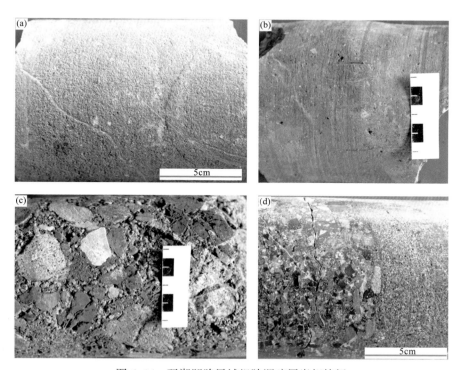

图6-14 玛湖凹陷风城组陆源碎屑岩相特征

（a）、（b）粉砂—中砂岩，FN1 井，4449m；（c）、（d）粗砂—砂砾岩，BQ2 井，4294 m

（图 6-14b、c）。当火山碎屑含量小于 25%，将其归为陆源碎屑岩相，火山碎屑通常有一定的搬运距离。而火山碎屑岩—沉火山碎屑岩相中火山碎屑含量大于 25%，火山碎屑物质来自火山岩原地或近距离搬运。

相对于火山碎屑岩—沉火山碎屑岩相，该类岩相 RT、RI、RXO 值明显降低，粒度变粗，电阻率值相对较高，其他测井曲线无明显特征（图 6-14a）。

6. 富硅硼钠石岩类岩相

该类岩石以富含硅硼钠石为特征，硅硼钠石是玛湖凹陷风城组常见矿物类型之一，在岩心上呈条带状、斑状和角砾状（图 6-15a、b），在显微镜下可见较好的晶形，如楔状、菱板状或花状（图 6-15c—e）。其分布极广泛，既可与碱性矿物共生（图 6-14），也可与方解石和白云石共生（图 6-11e、g），还可呈胶结物充填于砂岩、粉砂岩和泥页岩（图 6-15d、e），或与其中的微晶石英共生（图 6-15f）。

通常认为硅硼钠石的形成与热液有关，风城组中的硅硼钠石实测包裹体均一温度较高，最高为 154℃，110℃以上占到了 24%（图 6-16）。据邱楠生等（2001）研究，准噶尔盆地西北部 4300m 地层以浅正常埋深地温不会超过 110℃，所以推测硅硼钠石形成与早二叠世活跃的热液作用密切相关。结合风城组大量发育的自生钠长石类矿物及分布广泛的微晶石英，说明风城组热液作用活跃，从而促进碱湖的形成。但岩心观察可见硅硼钠石有水流搬运迹象，显微镜下可见硅硼钠石充填粒间，说明硅硼钠石的形成可能既有同生期的，也有成岩期的；有热液影响的，也有特殊催化作用形成的。综合分析推测硅硼钠石最早形成于准同生期，早于碳氢钠石与碳酸钠钙石，最晚与铁白云石同期或略晚（图 6-11g）。

富硅硼钠石岩类常与碱性矿物共生，或呈条带状夹于白云岩及泥岩中，故测井特征表现不一。从现有取心井岩心资料可知，富硅硼钠石岩类广泛发育于断裂带附近，如在距乌夏断裂带较近的 F26、FN5、FN7 井等取心可见该岩类，而距断裂带较远的 FN4 井等取心则未发现该类岩石。但因水流搬运，在距离断裂带较远的 FN1 井也可见经过搬运再沉积的该类岩石。

三、岩相展布特征

玛湖凹陷钻穿风城组的井较少，且大多数井取心不连续，只依靠岩心观察难以判定岩性横向和纵向分布。因此，在岩心识别基础上，根据不同岩性的测井响应，利用测井资料明确风城组各岩相展布情况。

选取了玛湖凹陷陡坡带的扎伊尔山前（MH7、B22、BQ1）、凹陷洼陷（FN7、AK1）及哈拉阿拉特山前（X202、FN4）的钻井绘制了平行于湖盆长轴方向的连井剖面（图 6-17）。

从连井剖面看，风城组沉积最大厚度位于扎伊尔山前 BQ1 井附近，与通常沉积最大厚度位于湖盆中心不一致。

MH7、B22 井位于玛湖凹陷西部，其中，MH7 井未钻穿风城组。MH7 井风一段电阻

图 6-15　玛湖凹陷风城组富硅硼钠石岩类岩相特征

（a）硅硼钠石呈条带状分布，FN1 井，4230 m；（b）角砾状硅硼钠石，FN1 井，4070 m；（c）呈楔状及菱板状孤立分布的硅硼钠石，
FN3 井，4230 m，单偏光；（d）硅硼钠石晶体相互交织，正交偏光，FN1 井，4230m；（e）呈放射状的硅硼钠石晶体，FN1 井，4192 m，
正交偏光；（f）硅硼钠石与微晶石英共生，扫描电镜，F26 井，3298 m

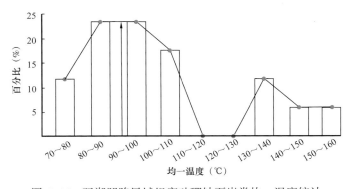

图 6-16　玛湖凹陷风城组富硅硼钠石岩类均一温度统计

率为中低值，表现为陆源碎屑岩。与风一段电阻率曲线相比，风二段底部电阻率曲线变化不大，为第二期的陆源碎屑岩；向上，电阻率明显增大，RXO 曲线与 RT、RI 曲线分离，SP 曲线负偏移，表现为玄武岩特征。风三段底部电阻率明显降低，且越往上电阻率越低，推测为凝灰质碎屑岩过渡为陆源碎屑岩。西侧的 B22 井，风一段电阻率较 MH7 井风一段电阻率值高，RXO 曲线与 RT、RI 曲线分离，GR 为箱状低值，为玄武岩的典型特征。B22 井风二段测井表现与 MH7 井相似，为陆源碎屑沉积过渡到玄武岩，向上电阻率降低，与 MH7 井风三段顶部测井表现相似，发育陆源碎屑岩。

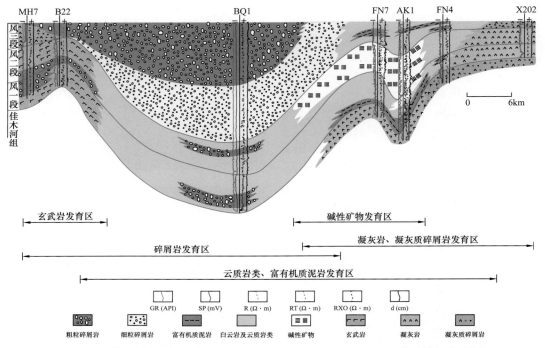

图 6-17　玛湖凹陷过 MH7—B22—BQ1—FN7—AK1—FN4—X202 井风城组连井剖面

　　BQ1 井位于玛湖凹陷西部斜坡带上，毗邻扎伊尔山。风一段—风二段测井曲线差异不大，GR 呈现微齿状，幅度变化不明显，推测为湖相泥质岩类、云质岩类沉积。偶见部分层段电阻率明显降低，可能是因陆源碎屑的供给。风一段电阻率有逐渐减少的趋势，为细粒碎屑向粗粒碎屑过渡的特征。

　　FN7、AK1 井位于玛湖凹陷处，均钻遇佳木河组。佳木河组电阻率为箱状高值，GR 为中高值，为典型的凝灰岩特征。FN7 井风一段底部电阻率降低，向上 RXO 表现为尖峰状高值，推测早期为泥质岩类沉积，后期为云质岩类沉积。风二段井径扩大明显，RXO 急剧下降，GR 为漏斗状低值，说明该时期沉积了碱性矿物。风三段，电阻率急剧下降，中—低值反复震荡，井径正常，表现为云质岩类与泥质岩类互层的特征。AK1 井与 FN7 井测井响应表现不同的是，AK1 井自风一段沉积后期开始就一直表现为碱性矿物沉积的测井特征，直到风二段沉积末期结束。AK1 井相对于 FN7 井更靠近湖盆中央，这说明在风一段沉积期，湖盆中心的盐度、碱性离子浓度等就足以满足碱性矿物的沉积。

FN4 井位于玛湖凹陷东北部斜坡带上，钻遇佳木河组，佳木河组与风一段电性差异表现为：佳木河组 GR 为低值，电阻率为齿状中低值；风一段底部 GR、电阻率都明显增大。表明在佳木河组为凝灰质碎屑岩，风一段底部为凝灰岩。风一段顶部电阻率降低，SP 曲线基本处于基线附近，为典型的泥质岩类沉积。风二段电阻率较风一段顶部有所抬升，SP 曲线在基线附近来回摆动，表现为泥质岩类与云质岩类互层式发育。向上电阻率、GR 都略微降低，但各曲线在风三段幅度变化不明显，猜测为稳定的泥质岩类沉积。

　　X202 井位于玛湖凹陷东北的夏子街地区，整体上，各测井曲线变化幅度不大。风一段与风二段电阻率差异不明显，但界限处有明显的槽状低值，推测为两期的凝灰岩。向上电阻率降低，结合夏子街地区火山活动较活跃这一大的地质背景，风三段应发育凝灰质碎屑岩。

　　利用上述将测井响应与岩性相对应的方法，通过 6 条剖面的建立，初步明确了玛湖凹陷风城组 3 个层段岩性展布规律。风一段凹陷中央发育富有机质泥页岩，向外发育白云岩及云质岩类，凝灰岩和凝灰质碎屑岩发育于凹陷东北部，玄武岩发育于凹陷西部，扎伊尔山前主要沉积陆源碎屑岩类。风二段凹陷中央发育碱性矿物及含盐岩，向外过渡为白云岩及云质岩类，越往中部泥质含量越高。凹陷东北部以凝灰岩、凝灰质碎屑岩为主，但规模较风一段明显减小。断裂带附近可见富硅硼钠石岩类分布。风三段陆源碎屑岩规模增大，尤其是玛湖凹陷乌夏断裂带附近。东北部火山碎屑岩—沉火山碎屑岩分布范围继续缩小，以凝灰质碎屑岩为主。碱性矿物及含盐沉积范围减小至消失，凹陷内富有机质泥页岩、白云岩及云质岩类互层。

　　从钻井取心来看，钻遇碱性矿物的井多位于玛湖凹陷西部。测井曲线亦显示，玛湖凹陷西部碱性矿物发育面积大。这可能与不同性质的火山岩分布有关，东北部主要是凝灰质岩（以长英质为主，偏酸性），西部以玄武质岩（安山质岩）为主，此类岩石水解或为湖盆提供了 Na^+、Ca^{2+} 碱性离子，Ca^{2+} 先于 Na^+ 沉淀为白云石，随着气候偏干，淡水注入减少，湖盆逐渐碱化。

第三节　玛湖凹陷风城组碱湖古环境恢复与沉积演化

　　已有研究表明风城组沉积期湖盆总体上为闭塞环境，气候以干旱为主，水体浅，盐度高（冯有良等，2011；匡立春等，2012，秦志军等，2016），但尚未明确风城组沉积期古环境变化过程。当湖盆面积较小时，古环境对其影响能反映在元素变化上，弥补古生物化石有时难以准确鉴定的难题（袁选俊等，2015）。

一、古环境恢复

　　本节采用元素地球化学特征指示盆地古环境演化规律，主要由于沉积物的元素丰度及元素间的比值变化比古生物化石更能反映气候、盐度、水深等的细微变化，且湖盆面积较小，古环境对其影响更能反映在元素变化上。

1. 样品选取

在准噶尔盆地玛湖凹陷 FN1 井共选取 81 处具代表性的样品，层位为风城组风一段—风三段。取样标准为岩性变化较大井段密集取样，岩心均一处适当加大取样间隔，所选择的样品有机质非均质性强（表 6-4），可用于沉积环境研究。

表 6-4　玛湖凹陷风城组岩石有机地球化学参数列表

井号	深度（m）	岩性	Si（%）	Fe（%）	烧失量（%）	TOC（%）
FN1	4193.10	泥质白云岩	58.97	3.38	9.26	1.16
	4195.20	泥质白云岩	73.42	1.15	4.01	1.09
	4213.92	黑色泥岩	57	4.62	9.81	1.97
	4231.85	泥质白云岩	41.13	2.81	19.62	1.01
	4232.95	泥质白云岩	34.11	3.32	22.39	0.948
	4235.45	白云质泥岩	61.38	2.73	5.93	0.181
	4238.57	泥质白云岩	47.01	5.80	11.19	1.69
	4255.50	泥质白云岩	26.92	2.22	27.95	0.868
	4322.65	白云质泥岩	46.10	3.42	12.88	1.12
	4328.93	泥质白云岩	45.51	2.95	15.69	0.926
	4339.31	黑色泥岩	56.80	4.37	9.66	1.67
	4342.41	泥质白云岩	50.76	4.18	9.95	1.19
	4363.20	泥质白云岩	47.35	3.82	12.64	1.16
	4364.52	白云质泥岩	52.05	4.48	10.08	1.54
	4365.52	泥质白云岩	51.03	3.56	9.12	1.09
	4422.78	白云质泥岩	59.28	2.36	11.53	1.3
	4422.98	白云岩	44.26	2.07	18.64	0.968

注：表中所列数据由中国石油勘探开发研究院石油地质实验研究中心完成。

2. 测试方法

本书采用 Niton XL2 800 手持式 X 射线矿石元素分析仪（手持式 XRF 分析仪），可以测量 40 多种主、微量元素，测试时使用模式以矿石模式和土壤模式为主。矿石模式主要是测量含量高于 1% 的主量元素，一般以 % 为单位；土壤模式则主要是针对含量低于 1% 的微量元素，一般以 μg/g 为单位。本次测试共获得 81 组数据，每组包括 Mg、Al、Si 等常量元素，Zr、V、Cr 等微量元素。本书仅选用误差小于 10% 的元素进行分析，包括 Ba、Sb、Sn、Zr、Sr、Rb、As、Zn、Ni、Fe、Mn、Ca、K、Al、Si、Cl、S、Mg 共 18 种元素。

为验证该仪器测试结果的准确性，在测试点处选取了 35 块样品，进行了元素分析，测试仪器为 ELEMENT XR 等离子体质谱仪。将测试结果与 X 衍射测试结果进行对比，虽然绝对值上存在一定差异，但是整体趋势一致，故可用于进行玛湖凹陷风城组古环境分析。

3. 古环境演化

根据元素丰度及其比值分析，古气候与古水深对应关系较好（图 6-18）。一般而言，Mg/Ca 与 Mg/Sr 比值越大反映气候越干热，含碱层段 Mg/Ca 会出现低值甚至是极低值（汪凯明等，2009）。通过测定 Mg/Ca、Mg/Sr 数据，自风城组沉积早期开始，表现为较低值→低值→较高值→持续低值的变化特征。结合岩性变化，在风二段后期沉积了较薄层的碱层，可能在即使干旱环境下也会出现 Mg/Ca、Mg/Sr 比值为低值的异常现象。因此，对应着古气候由半干旱→较潮湿→半干旱→干旱→半干旱。Mn/Fe、Rb/K 比值越高表明水体越浅（郑一丁等，2015）。Mn/Fe 与 Rb/K 比值随深度变化的表现特征一致，经历较高值→高值→中低值→低值→较高值，相对应着古水深由较深→深→较浅→浅→较深。古水深的变化几乎和古气候的变化完全吻合。

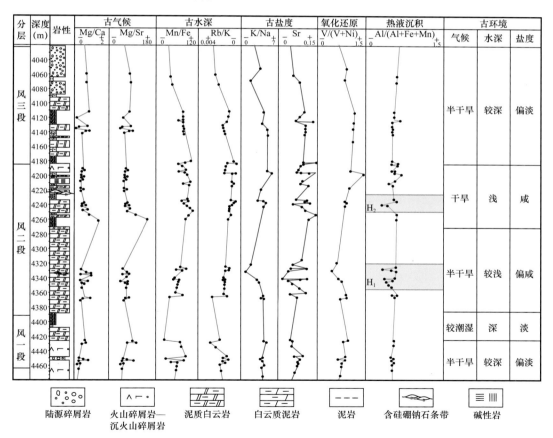

图 6-18 玛湖凹陷风城组古环境演化综合柱状图

K/Na 和 Sr 值越大反映水体盐度越高（王敏芳等，2006），风二段—风三段沉积早期古盐度元素比值偏高，表现为高盐度的环境。Sr 值大致表现为中低值→低值→中高值→

高值→中低值，盐度由偏淡→淡→偏咸→咸→偏淡。包裹体冰点温度测定及硼（B）、黏土含量定量计算（潘晓添，2013）数据表明，风城组整体上为高盐度的咸化湖沉积（表6-3）。风城组钒（V）、镍（Ni）含量低，便携式XRF仪器未检测出二者含量，V、Ni含量是通过全岩分析获得，样本点间隔较大，测定结果显示 V/（V+Ni）值大致经历减小→增大→减小的过程，反映古氧化还原过程为氧化→还原→氧化（范玉海等，2012）。另外已测定的27个V/（V+Ni）数据中，仅有3个数值小于0.6（图6-18），说明风城组整体以静水还原环境为主。从原油地球化学性质来看，风城组早期原油具植烷优势，伽马蜡烷含量较高；中后期表现为高伽马蜡烷，反映中后期水体分层更明显。

风城组稀土元素测定结果显示，轻稀土元素（LREE）含量高于重稀土元素（HREE）含量，铈（Ce）正异常、铕（Eu）负异常，表明风城组整体上以正常水体沉积为主（梁钰等，2014）。断裂附近样品分析显示，LREE明显低于HREE（表6-5），结合包裹体分析（见图6-16），均一温度最大可达154℃，说明在断裂附近经历热液作用，同时也证实硅硼钠石的形成确实与热液作用密切相关。在热液沉积区Fe、Mn含量相当高，且二者紧密伴生，而正常沉积岩中，Fe、Mn非伴生出现。Al、Ti的相对集中则多与陆源物质介入有关，其含量与细陆源物质的含量正相关，因此常用 Al/（Al+Fe+Mn）值来判断是否为热液沉积，比值异常小，表明为热液沉积（Yamamoto，1987）。风城组 Al/（Al+Fe+Mn）值出现了两次异常小，表明经历两期热液作用（图6-18）。第一期热液活动发生于风二段沉积早期，第二期热液活动发生在风二段沉积中后期。通常热液作用能促进碱性矿物及含盐岩类的沉积，根据碱性矿物及含盐岩类发育时间分析：第一期热液活动之后并未促进该岩类发育，可能与当时气候较湿冷、水体较深、盐度较低有关；随着气候变干热，水体变浅，盐度更高，第二期热液活动以后，沉积碱性矿物及含盐岩类。

表6-5　玛湖凹陷风城组断裂附近稀土元素含量分析

井名	深度（m）	岩性	LREE/HREE
F26	3300	含硅硼钠石盐岩	0.12
F26	3304		0.10
FN5	4072		0.10
FN1	4194	含硅硼钠石白云质泥岩	0.12
FN1	4212		0.10

综合风城组古气候、古水深、古盐度、氧化还原程度、古物源、热液沉积等古环境分析，认为风城组古环境主要受火山活动、古气候控制。风城组沉积早期碱性—亚碱性火山碎屑岩风化水解为水体提供 Na^+，使湖盆朝着 $Na^+—CO_3^{2-}—Cl^-$ 水体发展，促进湖盆碱化；同时火山活动控制两期热液活动，决定富硅硼钠石岩类岩相的空间展布，在古气候干旱、古盐度高、古水深浅时，第二期热液活动促进了碱性矿物发育。古气候频繁变化控制湖平面的深浅波动，风城组的干旱气候促进淡水咸化，最终形成碱湖；风二段沉积后期古气候干旱、水体浅、水体咸度高，为碱性水体，以沉积碱性矿物及含盐岩相为标志。

二、纵向沉积演化模式

在对准噶尔盆地玛湖凹陷风城组岩相展布及古环境演变研究基础上，综合考虑风城组与古环境演化之间的对应关系，建立玛湖凹陷风城组沉积演化模式。风城组沉积演化分为5个阶段（图6-19），受火山活动、古气候影响大，湖平面波动频繁，碱性矿物及含盐岩、富硅硼钠石岩类沉积范围局限，富有机质泥页岩沉积厚度相对较小、纯度低，常与云质岩类互层，在垂向上可见一定的沉积序列，因火山活动影响，火山碎屑岩—沉火山碎屑岩与陆源碎屑岩呈现相互消长的关系。

第一阶段对应于风一段沉积早期（图6-19a），湖平面较高，气候半干旱，陆源碎屑物供给较少，火山碎屑岩—沉火山碎屑岩相发育，以碱性—亚碱性火山岩为主，靠近哈拉阿拉特山麓，沉火山碎屑岩含量增高，远离物源区可见火山灰夹层。玛湖凹陷西部以玄武岩为主，东北部主要是火山岩、凝灰质碎屑岩。水体为静水环境，玛湖凹陷中央沉积较薄较局限的富有机质泥页岩。

第二阶段对应于风一段沉积晚期（图6-19b），湖平面升高，气候较湿润，火山活动减弱，但此时缓坡带仍有火山物质供给，火山碎屑岩—沉火山碎屑岩相沉积厚度增大，丰富的火山物质为水生生物提供养料，有机质丰度高，水体为还原环境，此阶段有利于湖盆中央富有机质泥页岩的堆积与保存。

第三阶段为风二段沉积早期（图6-19c），湖盆萎缩，气候变干旱，陆源碎屑物供给依旧很少，钙镁离子过饱和，方解石、白云石等先析出，盐度升高，水体开始分层。第二阶段形成的有机质得到很好的保存。同时藻类大量堆积腐烂形成的疏松构造，使得碳酸盐矿物得以在此大面积发育。此时在风城组可见白云岩及云质岩类岩相与富有机质泥页岩相交替出现，或见白云岩及云质岩类岩相上覆于富有机质泥页岩相。同时由于热液作用，在断裂附近沉积了富硅硼钠石岩类岩相。

第四阶段为风二段沉积中后期（图6-19d），第三阶段钙镁碳酸盐沉积之后，水体Ca^{2+}、Mg^{2+}消耗殆尽，pH值达到风城组演化阶段最高值，由于水体早期分层，生物呼吸作用和有机质分解作用产生的CO_2，增大了湖水CO_2分压。同时，由于此时湖盆进一步萎缩，气候十分干热，盐度高，热液作用明显，在该阶段沉积碱性矿物及含盐岩相，断裂附近可见富硅硼钠石岩类沉积。原油地球化学特征研究表明，此阶段伽马蜡烷值高，水体分层更明显，更有利于有机质的保存。

第五阶段为风三段沉积期（图6-19e），风三段沉积早期湖平面再次升高，气候变湿冷，盐度逐渐降低，再次沉积泥质岩、云质岩类。随着湖平面继续降低，气候继续变湿冷，陆源碎屑物输入增多，有机质丰度降低，在风三段沉积后期以陆源碎屑物质为主。

风城组沉积演化模式的前4个阶段为湖盆咸化、碱化过程，即使在第二阶段存在异常波动，整体上仍呈现为湖平面下降、气候变干热、盐度升高的变化趋势，此过程以沉积碱性矿物及含盐岩为碱化完成的标志。随后第五阶段经历湖进，湖盆向脱咸化、脱碱化过程发展，此阶段以陆源碎屑物质沉积增多、重新沉积钙镁碳酸盐岩为特征。

研究发现，风城组沉积主要受频繁变化的古气候、火山活动控制。古气候决定湖平面波动，湖平面波动控制碱性矿物及含盐岩、富有机质泥页岩、白云岩及云质岩类、陆源碎屑岩；火山活动影响火山碎屑岩—沉火山碎屑岩展布，与陆源碎屑岩呈现相互消长关系；热液作用则控制着富硅硼钠石岩类的沉积时间与沉积范围。

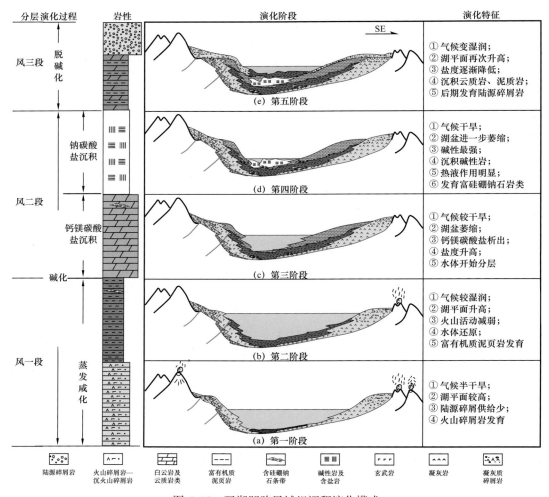

图 6-19　玛湖凹陷风城组沉积演化模式

三、岩相组合空间分布与成因

全球古今碱湖纵向沉积调研发现，现代碱湖沉积中，碱性矿物发育于淤泥之上；古代碱湖沉积，碱性矿物发育于油页岩之上（图 6-20），这表明碱性矿物的发现对碱湖油页岩的发育位置具有重要的指示意义。

风城组碱化过程中（第一阶段—第四阶段）主要发育火山碎屑岩—沉火山碎屑岩相（以下简称 A）、富有机质泥页岩相（以下简称 B）、白云岩及云质岩类岩相（以下简称 C）、碱性岩及含盐岩相（以下简称 D）、富硅硼钠石岩类岩相（以下简称 E）。岩心、钻录井资料揭示 A 受火山口控制，广泛发育于玛湖凹陷风一段底部，河流—冲积平原主要发育凝灰质砂砾岩、火山岩，在湖盆区以凝灰质砂泥岩为主；B 多分布于半深湖—深湖等低能环境；C 主要受水体高 Mg^{2+}/Ca^{2+} 比值控制，多沉积于滨浅湖，常与 B 交互沉积；D 沉积于湖盆中心，如 FN7、FN5 井风二段上部；E 类在断裂带附近广泛发育，如距乌夏断裂带较近的 FN5、FN7、F26 井等，距断裂带较远的 FN4 井等未发育 E。但因水流搬运，在距离断裂带较远的 FN1 井也可见搬运再沉积的 E，E 或以薄层出现于 B、C 及 D 中，或以厚层下伏于 B 或 D 之下。

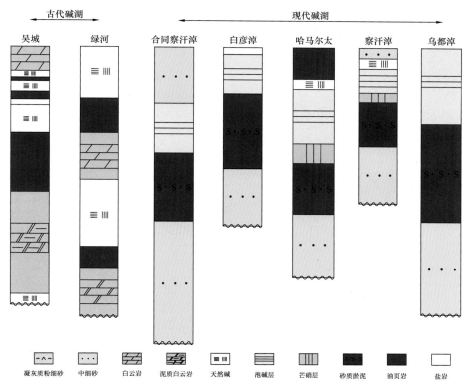

图 6-20　全球古现代碱湖岩性柱状图

受沉积时物源、沉积环境及湖盆演化过程控制，从物源区到湖盆中心常见 5 类由上述 5 种岩相组成的岩相组合，如图 6-21 所示：类型 Ⅰ 为 A—B—C—D；类型 Ⅱ 为 A—E—B—C—E—D；类型 Ⅲ 为 A—B 与 C 互层；类型 Ⅳ 为 A—E—B 与 C 互层—E；类型 Ⅴ 为凝灰质砂砾岩—凝灰质砂岩。

远离物源、水动力较弱的深湖—半深湖区，以岩相组合类型 Ⅰ、Ⅱ 为主；靠近火山发育的滨浅湖区，主要发育岩相组合类型 Ⅲ、Ⅳ；靠近物源区的河流—冲积平原，则见以 A 为主的岩相组合类型 Ⅴ，向上岩石粒度明显变细，越靠近哈拉阿拉特山麓，火山岩含量越高，钻井资料表明河流—冲积平原基本没有 B 和 C 沉积。其中岩相组合类型 Ⅱ 与类型 Ⅳ 毗邻断裂带，因受深部热液的影响，在 B 或 D 底部发育 E。

上述岩相组合类型与碱湖水体、古环境变化密切相关。碱湖形成早期火山物质溶解，形成富碱水体，故 A 常位于纵向剖面底部。早期火山活动为水体提供养料，促进有机质的形成；水体较深，以还原环境为主，有利于有机质保存，导致 A 之后常发育 B。水体进一步浓缩，钙镁离子过饱和，按照化学分异顺序，方解石、白云石等常见碳酸盐先析出，从而在 B 之后形成 C。同时由于有机质中细菌的还原作用生成大量气体，这些气体能够改变沉积物的层理形成网格状结构；大量藻类堆积腐烂形成疏松的构造，碳酸盐矿物得以在此大面积发育，造成 B 与 C 交替出现。常见碳酸盐析出之后，水体 pH 值达到最高，湖水 CO_2 分压增高，促进天然碱等的沉淀，形成 D，该岩相是在水体 CO_2 浓度、碱度达到一定值时才能析出，浅湖区一般难以具备这样的条件。故风城组可见一般碱湖普遍发育的岩相组合类型 I 与类型 III。

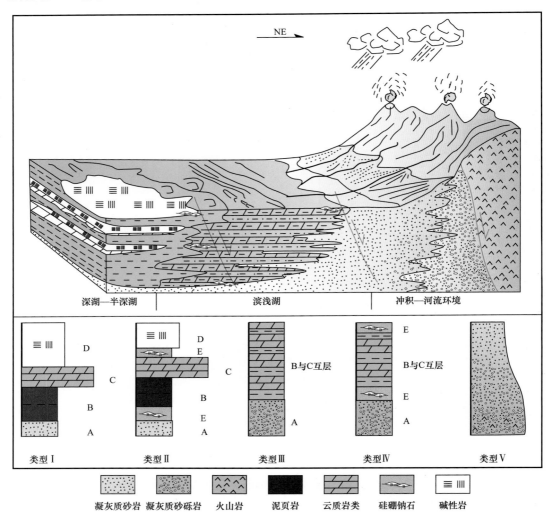

图 6-21　玛湖凹陷风城组碱湖岩相组合类型与沉积模式

A—火山碎屑岩—沉火山碎屑岩相；B—富有机质泥页岩相；C—白云岩及云质岩类岩相；D—碱性岩及含盐岩相；E—富硅硼钠石岩类岩相

E 与火山热液作用密切相关，通常发育于火山口或断裂附近，最常出现在 B 或 D 之前，形成岩相组合类型 II 与类型 IV。一方面是由于深部热液在上涌过程中会发生水岩反应，为湖盆带入碱性成分，促进碱性矿物的析出；另一方面，热液的注入为水体提供高矿化度流体、N、P 等重要养料、热量以及大量过渡金属元素（催化剂），加速了有机质生烃。

上述讨论也说明风城组的碱性矿物发育于泥页岩之上，表明碱性矿物的发现对油页岩的发育位置具有重要的指示意义。同时，世界上具有工业性开采价值的含油气盆地中，约

55%的盆地内含有层状或透镜状蒸发盐类。其中，约46%的盆地含油层系位于盐系地层之下，41%的盆地含油层系位于盐系地层之上，剩下的13%介于盐系地层之间。这说明盐层的发现对油气的生成、储集具有重要作用。

第四节 吉木萨尔凹陷芦草沟组岩相特征

吉木萨尔凹陷芦草沟组整体为咸化湖盆的细粒沉积，岩性复杂多变，矿物成分多样。详细而实用的岩石学分类，对开展凹陷内致密油和页岩油的资源评价具有重要意义。

一、岩石类型划分及其岩矿特征

1.岩石类型划分

本书详细描述吉木萨尔凹陷内18口井的岩心，累计厚度为580m。基于近500块样品的镜下观察沉积组构特征以及岩石XRD数据，可初步将凹陷内岩石划分为碎屑岩和碳酸盐岩2个大类，细分泥（页）岩类、粉（细）砂岩类、白云岩类、石灰岩类4个亚类和18个小类（表6-6）。

表6-6 吉木萨尔凹陷芦草沟组岩石类型分布概况

大类	亚类	小类	岩心井数（总计18口）
碎屑岩	泥（页）岩	页岩	14
		白云质页岩	5
		灰质页岩	4
		泥岩	11
		白云质泥岩	8
		灰质泥岩	3
		粉砂质泥岩	8
	粉（细）砂岩	泥质粉砂岩	7
		细砂岩	2
		白云质粉砂岩	7
		白云质细砂岩	5
		灰质粉（细）砂岩	4
碳酸盐岩	白云岩	泥晶白云岩（纹层）	7
		粉砂质白云岩	4
		砂屑白云岩	5
	石灰岩	泥质灰岩	2
		介壳灰岩	1
		鲕粒灰岩	1

2. 碎屑岩类岩矿特征

碎屑岩类包括泥（页）岩亚类和粉（细）砂岩亚类。泥（页）岩亚类包括页岩（图 6-22a）、白云质页岩（图 6-22b）、灰质页岩（图 6-22c）、泥岩（图 6-22d）、白云质泥岩（图 6-22e）、灰质泥岩（图 6-22f）和粉砂质泥岩（图 6-22a），其中前三类主要发育纹层层理和有机质条带，后三类均不发育。泥页岩类均可见不规则黄铁矿。

页岩主要由石英（平均含量为 32.3%）和斜长石（平均含量为 30.2%）组成，黏土（平均含量为 17.4%）、白云石（平均含量为 6.7%）、方解石（平均含量为 5.6%）含量偏低。白云质页岩的矿物组成中石英和斜长石（平均含量为 25% 和 25.6%）仍占主体，白云石含量较高，平均可达 32%，但黏土和方解石含量仍然偏低，平均含量为 9.8% 和 4.4%。与白云质页岩相比，灰质页岩中的石英（平均含量为 20.9%）、斜长石（平均含量为 17.1%）、黏土（平均含量为 8.7%）等矿物含量相差不多，但其方解石含量平均可达 41.6%，而白云石平均含量为 9%。

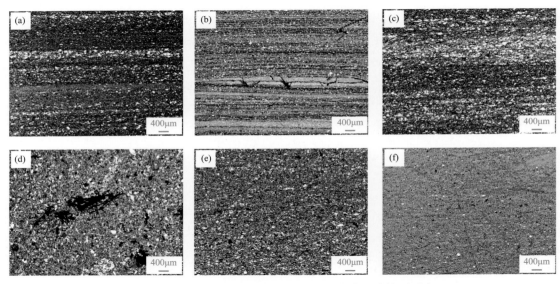

图 6-22　吉木萨尔凹陷芦草沟组泥（页）岩亚类镜下照片

（a）页岩，发育有机质纹层；（b）白云质页岩，发育有机质纹层、泥晶白云石纹层，局部见不规则黄铁矿；
（c）灰质页岩，发育有机质纹层及泥晶方解石纹层；（d）泥岩，局部见不规则黄铁矿；（e）白云质泥岩，
泥晶白云石零散分布；（f）灰质泥岩，泥晶方解石零散分布

与页岩亚类（页岩、白云质页岩、灰质页岩）相比（图 6-23），泥岩、粉砂质泥岩具有相似矿物组成，白云质泥岩与白云质页岩具有相似的矿物组成，灰质泥岩与灰质页岩具有相似矿物组成。值得注意的是，泥（页）岩中，粉砂质泥岩的石英、长石等颗粒含量为 25%～45%，粒径一般为 20～50μm；其余各类岩石中的石英、长石等颗粒含量一般低于 15%，粒径一般小于 10μm，且所含的白云石和方解石矿物均为泥晶级别（图 6-23）。

粉（细）砂岩亚类包括泥质粉砂岩（图 6-24b）、细砂岩（图 6-24c）、白云质粉砂岩（图 6-24d）、白云质细砂岩（图 6-24e）和灰质细砂岩（图 6-24f）。泥质粉砂岩中粉砂级颗粒含量一般为 50%～80%，粒径一般为 25～75μm，成分主要为石英和长石；细砂岩颗

粒粒径一般在100～150μm，部分可达250μm以上，以具有一定圆度的石英及长石为主，偶见火山碎屑；白云质粉砂岩和白云质细砂岩分布与泥质粉砂岩和细砂岩在粒级方面类似，不同之处在于它们含有少量泥晶白云石及泥晶白云石岩屑；而灰质细砂岩则含有少量泥晶方解石和钙质生屑。

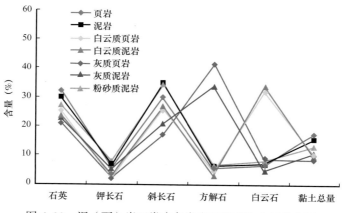

图6-23　泥（页）岩亚类中各类岩石的矿物含量分布图

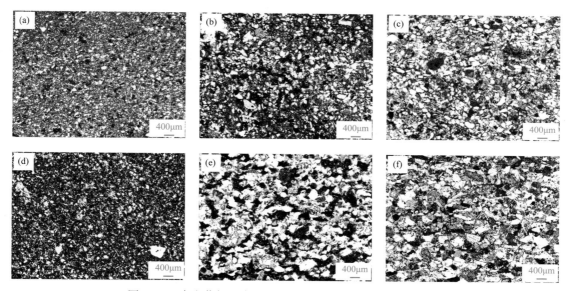

图6-24　吉木萨尔凹陷芦草沟组粉（细）砂岩亚类镜下照片

（a）粉砂质泥岩，石英、长石等颗粒含量为25%～45%，粒径一般为20～50μm；（b）泥质粉砂岩，粒径一般为25～75μm；
（c）细砂岩，石英等颗粒具有一定圆度，粒径一般为100～150μm，部分可达250μm以上；（d）白云质粉砂岩，含泥晶白云石；
（e）白云质细砂岩，含少量泥晶白云岩屑；（f）灰质细砂岩，含少量泥屑及钙质生屑

　　泥质粉砂岩和细砂岩主要矿物成分为石英（平均含量为28.5%）和斜长石（平均含量为37.0%），黏土（平均含量为10.6%）、白云石（平均含量为11.4%）、方解石（平均含量为5.3%）含量较低（图6-26）。白云质粉砂岩和白云质细砂岩的矿物成分相似：以石英和斜长石为主（石英平均含量为22.2%、20.5%；斜长石平均含量为30.5%、38.2%），白云石平均含量较高（平均含量为31.0%、30.6%），黏土和方解石含量较低（黏土含量平均为

7.7%、5.1%，方解石含量平均为 6.1%、3.7%）。与白云质粉砂岩和白云质细砂岩相比，灰质细砂岩中的石英（平均含量为 17.9%）、斜长石（平均含量为 38.1%）、黏土（平均含量为 6.0%）等矿物含量相差不多，但其方解石含量高，平均可达 27.7%，而白云石平均含量为 7.7%（图 6-25）。

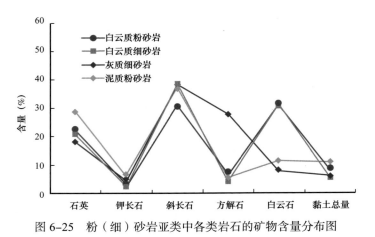

图 6-25　粉（细）砂岩亚类中各类岩石的矿物含量分布图

3. 碳酸盐岩类岩矿特征

碳酸盐岩类包括白云岩亚类和石灰岩亚类。白云岩亚类包括泥晶白云岩（图 6-26a）、砂屑白云岩（图 6-26b）和粉砂质白云岩（图 6-26c）。泥晶白云岩主要由泥晶白云石（平均含量为 60%）组成，粒径小于 10μm，石英与斜长石含量较低（平均含量分别为 16.9%、16.4%），黏土和方解石含量极低（平均含量分别为 5.0%、0.7%；图 6-27）。砂屑白云岩成分以泥晶白云岩屑为主，分选及圆度好，粒径一般为 100～250μm，为细砂级别。砂屑白云岩矿物组成与泥晶白云岩整体上类似（图 6-27），白云石平均含量达 62.4%。粉砂质白云岩主要由泥晶白云石、泥晶白云岩屑、石英及长石组成，与砂屑白云岩类似；其中白云石平均含量为 54%，石英和斜长石等碎屑含量一般为 18.1% 和 21.4%，粒径一般为 25～50μm；该类岩石中可见泥晶白云岩屑，含量一般为 10%～20%，粒径一般为 50～200μm。

石灰岩亚类包括泥质灰岩（图 6-26d）、介壳灰岩（图 6-26e）和鲕粒灰岩（图 6-26f）。泥质灰岩主要由泥晶方解石及钙质生屑组成，其中方解石含量平均为 57.5%（图 6-27）。与白云岩亚类相比较，泥质灰岩的石英与斜长石含量（平均为 13.7% 和 10.4%）相对偏低，而钾长石含量明显增高，平均为 10.7%（图 6-27）。介壳灰岩主要由小壳类组成，内部可见重结晶方解石颗粒。鲕粒灰岩中鲕粒主要为真鲕，粒径一般为 500～1000μm，其内核由泥晶白云岩屑、植物碎片等组成，含少量泥晶白云岩屑。需要指出的是，介壳灰岩和鲕粒灰岩单层厚度一般几厘米，且在凹陷内相对少见，但对沉积环境具有重要指示意义。

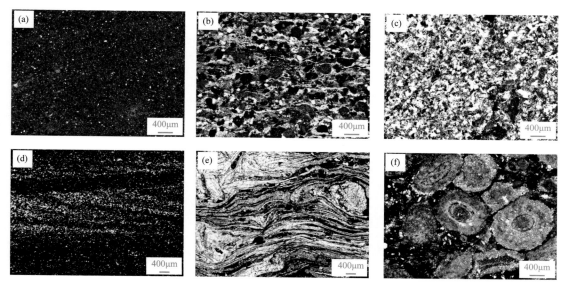

图 6-26　吉木萨尔凹陷芦草沟组白云岩亚类镜下照片

（a）泥晶白云岩，主要为泥晶白云石；（b）砂屑白云岩，为泥晶白云岩屑，粒径一般为 100～250μm；（c）粉砂质白云岩，石英、长石粒径为 25～50μm，含少量泥晶白云岩屑；（d）泥质灰岩，含钙质生屑；（e）介壳灰岩，主要为小壳类，吉 174 井；（f）鲕粒灰岩，吉 174 井

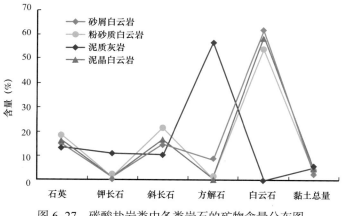

图 6-27　碳酸盐岩类中各类岩石的矿物含量分布图

4. 主要岩石类型

在吉木萨尔凹陷芦草沟组岩石类型分布统计基础上，考虑到各岩石类型在纵向的分布情况，将沉积特征及矿物组成相近的小类进行合并，以便开展后期研究。由上所述，在吉174 井芦草沟组中，灰质页岩、灰质泥岩及泥晶白云岩（纹层）累计厚度在烃源岩类中所占比例均小于 10%，且它们与白云质页岩、白云质泥岩具有相似的沉积特征和矿物组成，故依据纹层发育程度，分别可划分为纹层发育程度高的细纹层岩类，即碳酸盐质页岩（包括白云质页岩、灰质页岩和纹层泥晶白云岩），和纹层发育程度低的粗纹层岩类，即碳酸盐质泥岩（包括白云质泥岩、灰质泥岩和泥晶白云岩）。而对于储集岩，同理，将原先的

5 小类合并为 3 小类：泥质粉（细）砂岩（包括细砂岩）、白云质粉（细）砂岩和砂屑白云岩（包括粉砂质白云岩）。

因此，吉木萨尔凹陷芦草沟组的主要岩石类型可以细分为 8 类，其中包括页岩、碳酸盐质页岩、碳酸盐质泥岩、泥岩和粉砂质泥岩共 5 类烃源岩类岩石；储集岩类分为 3 类，分别为泥质粉（细）砂岩、白云质粉（细）砂岩和砂屑白云岩，它们均见有油气富集。这8 类岩石在矿物组成上具有一定差异（图 6-28）。

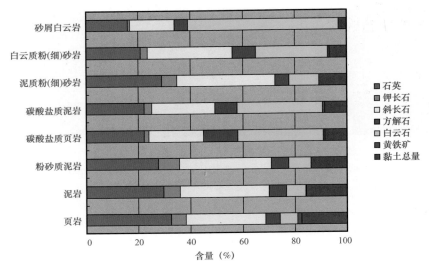

图 6-28　吉木萨尔凹陷芦草沟组 8 种主要岩石类型矿物组成分布图

二、岩性与电性特征

在常规油气地质研究中，特别是岩性地层油气地质，常重视储层"四性关系"即电性、岩性、物性和含油（气）性的研究，即通过测井方法评价储层的岩性、物性和含油（气）性，其目标就是确定储层的储集（油气）能力，强调"地质甜点"的研究。随着近些年来，水平井及体积压裂技术进步，致密油、页岩油等非常规油气勘探开发取得重要进展。由于非常规油气富集成藏对烃源岩具有特定要求，这需要开展烃源岩品质的研究，即烃源岩特性。而同时非常规油气开发对储层的可压裂性提出较高要求，需开展储层脆性、地应力各向异性等方面研究，即"工程甜点"的研究。因此，利用测井技术开展非常规油气致密油岩性、物性、含油性、烃源岩特性、脆性和地应力各向异性即"六性关系"评价，不仅加强了"地质甜点"研究，也兼顾了"工程甜点"预测，最终能够评价出非常规油气"甜点"。

1. 烃源岩特性

烃源岩特性评价，即评价烃源岩的生油能力，主要是以有机质丰度 TOC 评价为主（赵政璋和杜金虎，2012）。根据烃源岩 TOC 在测井曲线上具有一定的特征响应，借助零散、有限的岩心分析 TOC 数据，建立总有机碳含量与这些特征响应的定量关系式，可以获得纵向上连续分布的总有机碳含量。该方法消弱了岩心分析样品的随机性取样等因素所带来的统计误差，为有效评价目的层段烃源岩提供了可靠的基础。

目前常用的方法为 Passey 等（1990）提出的 $\Delta\lg R$ 方法，该方法在第二章第四节有所介绍，这里不再赘述。该方法中所用参数 K、LOM 和 $\mathrm{TOC_0}$ 较难准确地确定，影响了该方法应用。赵彦超（1990）采用线性回归方法，建立了 Δt、ΔGR 和总有机碳的线性关系。朱光有等（2003）考虑到优质烃源岩具有相对高声波时差、高电阻率和低密度特征，把密度曲线考虑进来，并直接建立了 TOC 与 $\Delta\lg R$、Δt 和 D（密度）之间的线性公式。

考虑到芦草沟组中声波时差和电阻率测井在不同烃源岩层段（A+B+C 段、D+E+F 段）具有差异响应特征，这里采用最小二乘法拟合（TOC=$a\lg RT+b$AC+c），分别建立了相应关系式：

$$\mathrm{TOC}=2.07\lg RT+0.34AC-24.77 \qquad （A+B+C 段） \qquad （6-1）$$

$$\mathrm{TOC}=4.45\lg RT+0.39AC-30.46 \qquad （D+E+F 段） \qquad （6-2）$$

以上述公式计算吉 174、吉 251 井等 TOC，其实测 TOC 与计算 TOC 具有较好相关性（R^2=0.77）。基于上述公式，对吉木萨尔凹陷内钻遇芦草沟组 16 口井逐井开展了 TOC 预测（图 6-29）。

2. 岩性

岩性评价是油气评价的重要组成部分之一。致密储层主要发育在相对深水的沉积环境，颗粒较细，岩性复杂，矿物成分多样。它们的孔隙度和渗透率偏低，主要受岩性控制。因此，定量评价储层岩性对评价其物性具有重要意义。

常规测井评价岩性方法主要是以自然伽马测井计算泥质含量（自然伽马能谱测井确定黏土类型），以密度、中子和声波测井确定岩性骨架类别及比例大小，通过岩心实验分析刻度测井计算结果。目前元素俘获测井 ECS 等大大提高了岩性组分计算的精度，它依据所测定岩石各元素的质量百分比并通过储层优势岩性选用氧闭合分析对应的岩性模型确定矿物组分，达到定量评价岩性目的。

3. 物性

新疆油田开展了大量的核磁共振测井不同 T_2 起算值计算孔隙度与实验分析有效孔隙度比较研究，T_2 起算值 1.7ms 作为有效孔隙度计算时它们之间均方差最小，可有效地表征芦草沟组测井有效孔隙度（图 6-30）。另外，新疆油田通过岩心刻度测井，建立了芦草沟组核磁测井的渗透率计算模型，能有效计算其渗透率。以此，开展了吉木萨尔凹陷内钻遇芦草沟组 16 口井的物性评价（图 6-30）。

4. 含油性

吉木萨尔凹陷内储集岩中含油饱和度高，主要分布在 50%～95% 之间，平均为 77%，且其物性与含油性具有明显的相关性。新疆油田也开展了大量的核磁共振测井不同 T_2 起算值计算饱和度与实验分析饱和度比较，建立了芦草沟组核磁测井的饱和度计算模型。以此，开展了吉木萨尔凹陷内钻遇芦草沟组 16 口井的饱和度评价（图 6-29）。

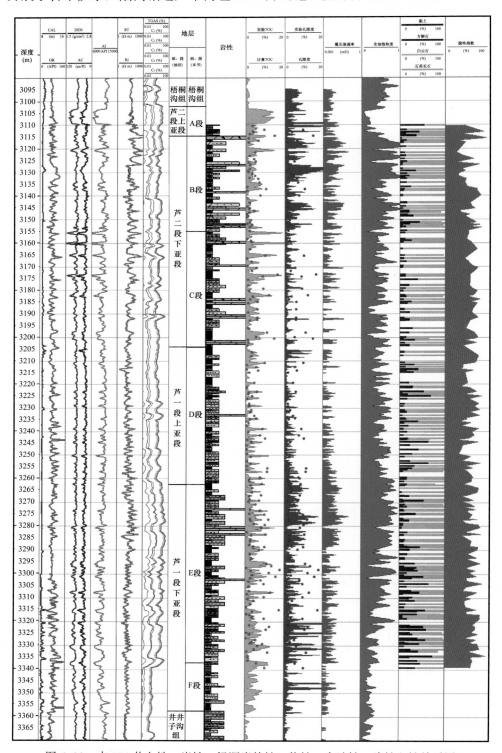

图 6-29　吉 174 井电性、岩性、烃源岩特性、物性、含油性、脆性六性关系图

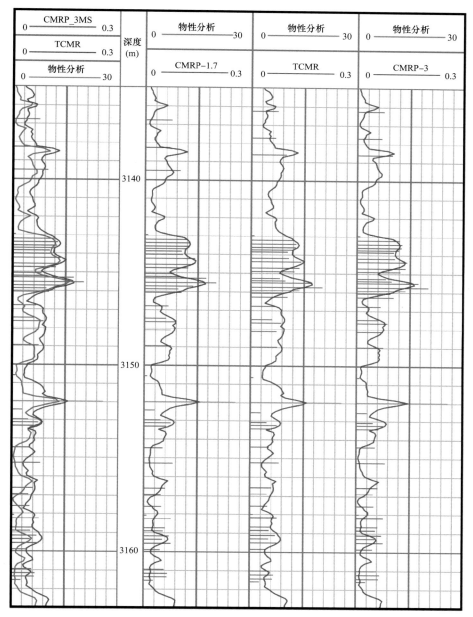

图 6-30　芦草沟组不同 T_2 起算值计算的有效孔隙度与实验孔隙度对比图

5. 脆性

岩石脆性是指其在破裂前未觉察到的塑性变形的性质，即岩石在外力作用下容易破碎的性质（赵政璋和杜金虎，2012）。岩石脆性影响致密储层体积压裂重要因素之一。目前计算岩石脆性的方法有岩石矿物组分计算法和岩石弹性参数计算法两种。基于已开展的实验及取得数据，本书主要是通过岩石矿物组分来计算岩石脆性（脆性指数 *BI*）。该方法由威德福公司提出，主要用于泥页岩的脆性评价，计算方法如下：

$$BI = V_{石英} / (V_{石英} + V_{碳酸盐矿物} + V_{黏土}) \times 100\% \qquad (6-3)$$

该方法简单易操作，主要考虑到泥页岩中石英脆性最强，碳酸盐矿物中等，黏土最差。由于吉木萨尔凹陷芦草沟组碳酸盐矿物方解石和白云石含量较高，黏土含量普遍偏低，而仅靠这 3 种矿物组分含量来表征脆性显得精确性不够。故本书对上述公式略加改动如下：

$$BI = (V_{石英} + V_{方解石} + V_{白云石}) / (V_{石英} + V_{长石} + V_{方解石} + V_{白云石} + V_{黏土}) \times 100\% \qquad (6-4)$$

通过上述公式所计算芦草沟组 BI 指数范围一般为 40%～80%，普遍高于 50%（图 6-29）。

6. 地应力各向异性

在水平井轨迹优选和压裂方案设计中，地应力方位、大小及其各向异性是非常重要的参考参数，是非常规储层评价的重点内容之一，也是非常规油气评价今后重点发展的领域之一（赵政璋和杜金虎，2012）。地应力包括垂直应力、最大水平应力和最小水平应力 3 种，而地应力评价主要是指水平地应力的评价，其内容包括方位确定、大小计算以及地应力纵横各向异性、地应力平面展布特征等，这些可通过电成像测井和阵列声波测井进行研究。新疆油田采用诱导缝走向、椭圆井眼长轴方向、快横波方位等资料，综合得出吉木萨尔凹陷芦草沟组最小主应力方向为北东 45°～65°，凹陷内具有较好的一致性。据吉 174、吉 30 井主应力的计算结果，最大、最小水平主应力的差异小（一般小于 6MPa），有利于体积压裂。

基于上述吉木萨尔凹陷内芦草沟组烃源岩特性、岩性、物性、含油性、脆性和地应力各向异性分析，可以得出：

（1）烃源岩特性评价方法（TOC 预测）实用有效，能够客观地评价烃源岩的生油能力；岩性、物性和含油性评价，能够有效地评价储层的储集（油气）能力，确定"地质甜点"；脆性和地应力各向异性评价，明确了储层的可压裂程度，整体上为岩石脆性高，最大、最小水平主应力的差异小，有利于体积压裂。

（2）芦草沟组"六性"研究表明芦草沟组中致密油或页岩油"地质甜点"与"工程甜点"具有较好一致性。

第五节　吉木萨尔凹陷芦草沟组沉积演化

一、沉积演化特征

本书选取吉木萨尔凹陷芦草沟组 5 口长取心井，即吉 174 井（芦草沟组取心约为 250m）、吉 251 井（约 96m）、吉 30 井（约 32m）、吉 31 井（约 33m）和吉 32 井（约 26m），开展沉积特征详细描述，并结合测井、露头、地震等资料建立了芦草沟组沉积层序格架。

1. 沉积特征

芦草沟组总体表现为深水沉积特征，虽岩性复杂多变，但总体以泥（页）岩类为主。以吉174井为例，其泥（页）岩累计厚度约为211m，占总厚度的84%。而泥质粉（细）砂岩、白云质粉（细）砂岩和砂屑白云岩（储集岩）累计厚度约为39m，占总厚度的16%。储集岩单层厚度普遍较薄，一般为50～100cm，最厚约为200cm，并以夹层形式赋存于泥（页）岩之中，整体上为深水沉积特征。

根据岩心和测井资料，芦草沟组可划分为5小段，即上部泥（页）岩段（A段）、上部致密储层段（图6-31B段）、中部泥（页）岩段（图6-31C段+D段）、下部致密储层段（图6-31E段）和下部泥（页）岩段（图6-31F段）。

1）下部泥（页）岩段（F段）

该段位于芦草沟组底部。据已钻井及测井解释，吉木萨尔凹陷内F段厚度一般为12～79m，其中吉30、吉34、吉251和吉36等井区较厚，为64～79m。目前该段仅吉174井有取心。F段主要由灰黑色泥页岩、深灰色粉砂质泥岩夹灰色泥质粉砂岩（图6-32a），即泥页岩夹粉砂岩组成。其中泥页岩类单层厚度一般为40～230cm，局部见变形构造（图6-32b）及水平层理（图6-32c）；泥质粉砂岩单层厚度为50～100cm，见正粒序层理（图6-32d）。

2）下部致密储层段（E段）

据已钻井及测井解释，吉木萨尔凹陷内E段厚度一般为31～74m，其中吉32、吉251和吉174等井区较厚，为50～74m。目前该段取心井有吉174、吉251、吉31、吉32等井，其中吉174井和吉251井取心相对完整。该段可细分为上、下两个亚段E_1和E_2，E_1亚段为泥页岩与粉砂岩互层，E_2亚段为粉砂岩夹泥页岩，具体描述为。

E_1亚段：主要为灰色、灰黑色白云质泥（页）岩、泥（页）岩与灰色、青灰色泥质粉砂岩、白云质粉砂岩互层。其中泥（页）岩类单层厚度为30～200cm，水平层理发育，见大量石膏假晶（图6-32f），局部见变形构造；而在吉251井中，页岩类不发育。粉砂岩类单层厚度为50～130cm，局部发育波状层理（图6-32g）。

E_2亚段：由灰色白云质粉砂岩、泥质粉砂岩夹灰色、灰黑色白云质泥（页）岩及少量泥（页）岩、粉砂质泥岩组成（图6-32e）。其中泥（页）岩类单层厚度为30～210cm，水平层理发育，局部见鱼类化石（图6-32h）；粉砂岩单层厚度为100～200cm，见波状层理，局部灰色砂屑白云岩薄层。

此外，在吉251井E段底部见厚约为3m的灰色生屑灰岩、灰色白云质粉砂岩夹灰黑色白云质泥岩、页岩。生屑灰岩底部见正粒序层理，白云质粉砂岩中见波状层理。

3）中部泥（页）岩段（C+D段）

该段位于芦草沟组中部。据已钻井及测井解释，吉木萨尔凹陷内C+D段厚度一般为44～117m，其中吉32、吉251和吉174等井区较厚，均大于100m。目前该段取心井有吉174、吉31、吉30等井。D段主要由深灰色、灰黑色白云质泥（页）岩、灰质页岩、泥岩、粉砂质泥岩夹青灰色、灰色泥质粉砂岩、白云质粉砂岩组成（图6-33a），其中泥

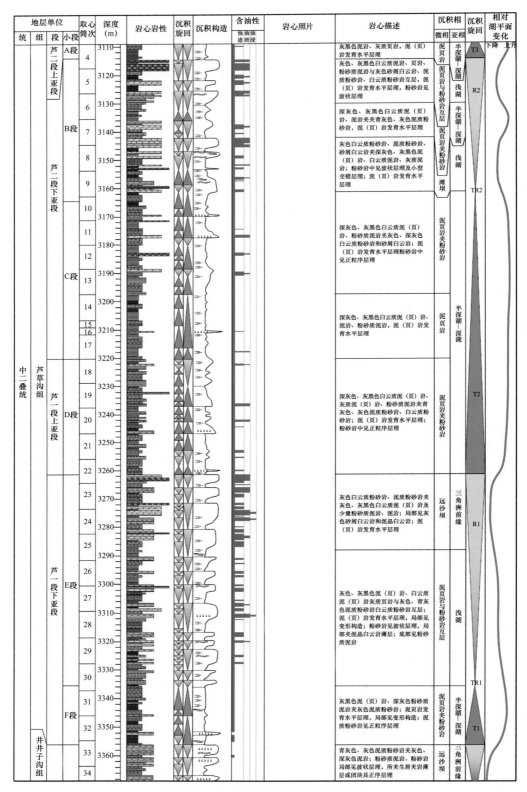

图 6-31　吉 174 井芦草沟组综合柱状图

（页）岩类单层厚度一般为 50～210cm，厚者达 300cm，水平层理发育（图 6-33b）；粉砂岩类单层厚度一般小于 100cm，见正粒序层理（图 6-33c）。C 段可细分上、下两个亚段 C_1 和 C_2：C_1 为深灰色、灰黑色白云质泥（页）岩、泥岩和粉砂质泥岩；C_2 与 D 段岩石组合相似，局部夹少量砂屑白云岩薄层，见正粒序层理（图 6-33d）。该段泥（页）岩类单层厚度一般为 40～250cm，最厚可达 300cm 以上，水平层理发育。

4）上部致密储层段（B 段）

据已钻井及测井解释，吉木萨尔凹陷内 B 段厚度一般为 18～70m，其中吉 32、吉 251 和吉 174 等井区较厚，为 50～74m。目前该段取心井有吉 174、吉 251、吉 30、吉 31、吉 32 等井。该段可细分为上、中、下 3 个亚段 B_1、B_2 和 B_3，具体为。

B_1 亚段：由灰色白云质粉砂岩、泥质粉砂岩、砂屑白云岩夹深灰色、灰黑色泥（页）岩、白云质泥岩、灰质泥岩组成（图 6-33e）。粉砂岩类单层厚度为 40～130cm，见波状层理及小型交错层理（图 6-33f）；泥（页）岩类单层厚度为 50～130cm，水平层理发育。

B_2 亚段：由深灰色、灰黑色白云质泥（页）岩、泥岩夹青灰色、灰色泥质粉砂岩组成，其中泥（页）岩类单层厚度为 50～170cm，水平层理发育，局部见小壳化石层；粉砂岩类单层厚度为 70～100cm，见正粒序层理。而吉 30 井泥（页）岩和粉砂岩类单层厚度分别可达 220cm 和 150cm。

B_3 亚段：由深灰色、灰黑色白云质泥岩、灰质泥（页）岩、页岩夹灰色砂屑白云岩、白云质粉砂岩、泥质粉砂岩组成。其中泥（页）岩类单层厚度为 60～210cm，水平层理发育；粉砂岩类单层厚度为 40～140cm，见波状层理（图 6-33g），局部见小壳化石层（图 6-33h）。其中吉 251 井的 B_3 亚段夹 3～4m 厚泥质灰岩及生屑灰岩，并发育波状层理。

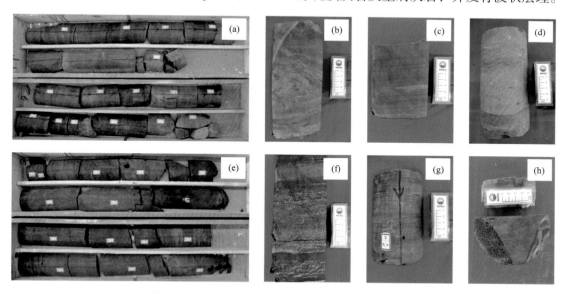

图 6-32 吉木萨尔凹陷芦草沟组 F、E 段岩心照片

（a）下部泥（页）岩段；（b）泥岩中变形构造；（c）水平层理；（d）正粒序层理；（e）下部致密储层段；
（f）泥（页）岩中的石膏假晶，方解石充填；（g）波状层理；（h）鱼类化石（鳞）

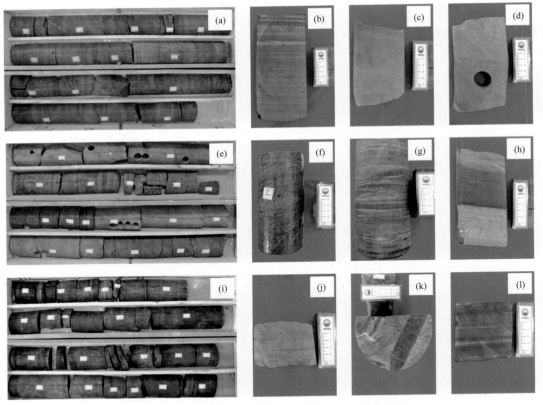

图 6-33 吉木萨尔凹陷芦草沟组 D—A 段岩心照片

（a）中部泥（页）岩段；（b）水平层理；（c）和（d）正粒序层理；（e）上部致密储层段；（f）生屑灰岩中发育小型交错层理；
（g）波状层理；（h）小壳化石层；（i）上部泥（页）岩段；（j）砂屑白云岩薄层；（k）泥岩中植物碎片；（l）水平层理

5）上部泥（页）岩段（A 段）

该段位于芦草沟组顶部。据已钻井及测井解释，吉木萨尔凹陷内 A 段厚度一般为
10～50m，其中吉 30、吉 251 和吉 36 等井区较厚，为 38～50m。目前该段取心井仅为
吉 174 井。主要由灰黑色泥岩、灰质页岩组成（图 6-33i），夹薄层或透镜状砂屑白云
岩（图 6-33j），局部见植物碎片（图 6-33k），单层厚度为 40～170cm，水平层理发育
（图 6-33l）。

2. 沉积层序格架

根据上述主要岩石类型和沉积特征，结合测井曲线分析，对吉木萨尔凹陷芦草沟组重
点取心井（吉 174 井）开展沉积学和层序地层学研究（图 6-31）。吉 174 井位于吉木萨尔
凹陷的东部，芦草沟组总厚度约为 250m，是区内取心最全的井，共划分出 3 个亚相，分
别为半深湖—深湖、浅湖和三角洲前缘。

在综合分析岩心、露头、测井、地震等方面资料及前人研究基础之上，将芦草沟组
划分为两个完整的三级湖侵—湖退层序（图 6-31）。其划分原理类似海侵—海退层序，海
（湖）进体系域（T）由代表水体向上变深的沉积相组合（退积）为特征的沉积序列组成；
而海（湖）退体系域（R）由代表水体向上变浅的沉积相组合（进积）为特征的沉积序列

组成（Johnson 等，1985）。最大湖退面常作为湖侵—湖退层序的层序界面，而最大湖泛面常作为层序内湖侵层序与湖退层序的界面（Embry，2002；Mancini 和 Puckett，2002）。基于前人层序界面定义基础之上，本书以所代表水体向上变浅的沉积相组合与所代表水体向上变深的沉积相组合之间的界面作为湖侵—湖退层序的层序界面；反之，所代表水体向上变深的沉积相组合与所代表水体向上变浅的沉积相组合之间的界面作为层序内湖侵层序与湖退层序的界面。

在岩石学和沉积特征研究基础之上，依据上述层序划分原则，芦草沟组上、下致密储层段主要发育在浅湖和三角洲前缘沉积环境，分别对应于湖退体系域 R1 和 R2（图 6-31），上、中、下 3 个泥页岩段均发育在半深湖—深湖沉积环境，分别对应于湖侵体系域 T1、T2 和 T3（图 6-31）。

二、沉积相演化与环境变迁

在第二章第三节中介绍了吉木萨尔凹陷芦草沟组古环境恢复，结果显示芦草沟组形成于大面积持续沉积的咸化湖盆沉积环境。芦草沟组沉积期总体处于干热气候下，晚期逐渐为温暖潮湿气候，古水深高频变化，总体呈不断加深的趋势。

芦草沟组在沉积期内，湖盆发育总体上呈现南厚北薄的特点，沉积中心位于吉木萨尔凹陷南部，凹陷内沉积厚度一般为 100~400m。在首次湖侵时期（T1），湖平面快速上升，主要由浅湖至半深湖沉积环境。此时对应发育的是下部泥页岩段（F 段）主要由灰黑色泥（页）岩、深灰色粉砂质泥岩夹灰色泥质粉砂岩，其中泥（页）岩类单层厚一般为 0.4~2.3m。在吉 36 和吉 174 井处 F 段沉积厚度大，向北东逐渐减薄（图 6-34）。之后进入首次湖退期（R1），湖泊面积逐渐缩小，该期对应发育的是下部储层段（E 段），该段下部发育泥（页）岩与粉砂岩互层，上部发育粉砂岩夹泥（页）岩。E 段在凹陷内均有发育，在南部吉 36 和吉 174 井处厚度稳定，向北至吉 28 井，有变薄趋势（图 6-34）。首次湖侵和湖退期，E 段和 F 段在整个凹陷内均有发育，且沉积厚度较稳定，向北沉积厚度略微减薄，表明芦草沟组沉积早期，湖盆面积很大。

在首次湖退期后，湖盆开始第二次湖侵期（T2），该期对应发育的层段是 C+D 段，以深色泥（页）岩为主，夹泥质粉砂岩。该层段在整个湖盆内均有发育，并且连续性好，区内厚度大而稳定（图 6-34），表明该次湖侵范围大，持续时间长。此后又进入二次湖退期（R2），发育了 B 段，以粉砂岩为主，局部夹深色的泥（页）岩。该储层段在区内也均有发育，层厚东西向较稳定，向北至吉 28 井处，层厚减薄很明显（图 6-34）。此外二期湖退期形成的 B 段较早期 E 段厚度变薄，向北有尖灭趋势。最后是三期湖侵期，发育了 A 段，以深色泥（页）岩为主。在吉 174 井处沉积厚度较薄，向两翼厚度变大（图 6-34）。二次湖侵和湖退期，芦草沟组沉积层段在吉木萨尔凹陷内厚度稳定，连续性好，相较于早期，后期湖盆面积是扩大的。

在二叠纪，新疆准噶尔盆地东部到哈密一带还有残留海区，早二叠世晚期，新疆地壳全面抬升，海水全部退出，全区基本成为陆地。晚二叠世早期，准噶尔盆地南缘上升为陆地，乌鲁木齐至吉木萨尔县大龙口一带海水退出，成为湖滨三角洲相过渡到深水湖泊相，

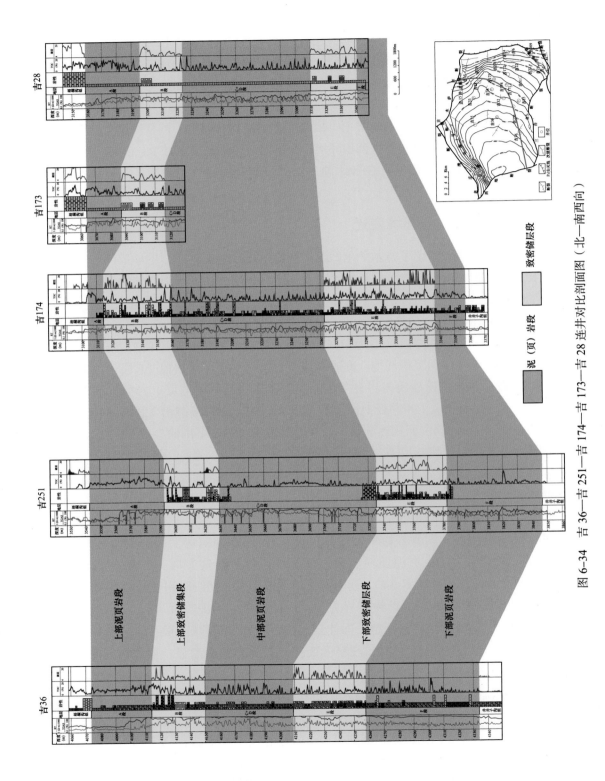

图 6-34　吉 36—吉 251—吉 174—吉 173—吉 28 连井对比剖面图（北—南西向）

沉积物为砂岩、泥岩、粉砂岩及油页岩、石灰岩、凝灰岩等。此外，方世虎等（2006）指出，二叠纪准噶尔盆地是处于拉张环境下的断陷盆地，中二叠世晚期为断陷盆地的扩张期，使得早二叠世隆坳分割的局面逐渐转变为统一的内陆湖盆，因为此时吐哈盆地和准噶尔盆地均以泥页岩发育为特征，表明两者的水体是相通的，同时也是湖侵范围最大时期。这一时期芦草沟组对应发育了中、下部的粉砂岩、泥（页）岩层段。张妍等（2015）通过对物源和古水流的研究，表明在晚二叠世，博格达山的再次隆起成为准噶尔盆地南缘主要物源区。晚二叠世，由于博格达山洋盆闭合，区域再次隆升，导致湖盆开始萎缩，沉积水体变浅。此时在吉木萨尔凹陷发育浅湖沉积，芦草沟组对应发育的是上部粉砂岩层段，而此时湖盆沉积范围较早期明显缩小。

根据重点井剖面沉积特征和层序对比分析，结合凹陷内其他测井、地震等资料，绘制了芦草沟组上部 B 段和下部 E 段的等厚图（图 6-35），两段地层等厚图分布范围也指示了芦草沟组沉积早期到晚期湖盆范围的萎缩趋势。此外，邵雨等（2015）根据对白云岩碳氧同位素的研究，指出芦草沟组沉积早期到晚期的湖盆环境是由敞流湖盆逐渐转变为闭流湖盆，使得水体逐渐呈现出咸化的特点，这种咸化特点是湖盆萎缩的结果。同时，彭雪峰等（2012）对芦草沟组油页岩元素地球化学特征研究，指出芦草沟组沉积期的环境为半咸水状态的弱还原—还原环境，表明此时吉木萨尔凹陷是一局限湖盆。

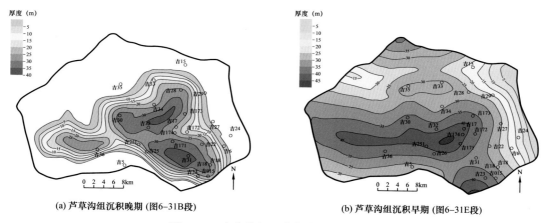

(a) 芦草沟组沉积晚期（图6-31B段）　　(b) 芦草沟组沉积早期（图6-31E段）

图 6-35　吉木萨尔凹陷芦草沟组等厚图

三、咸化湖盆细粒沉积模式

二叠纪海水依次从西准噶尔海槽—北天山海槽向东南方向海退，吉木萨尔凹陷芦草沟组沉积期比玛湖凹陷风城组沉积期晚 20Ma，演化过程具有连续性。海退形成近海封闭咸化湖盆，基于沉积环境与沉积组分特征，重构了水位高频变化的陆相咸湖沉积环境，明确有机—无机多组分混合沉积作用类型、过程及控制因素。吉木萨尔凹陷芦草沟组致密油"甜点"段沉积期为咸化湖盆环境，受周期气候影响，水位高频变化，深水环境和浅水环境不断更替变换。受沉积环境、物源等影响，芦草沟组岩石为多种组分不同程度的混合沉积（图 6-36）。

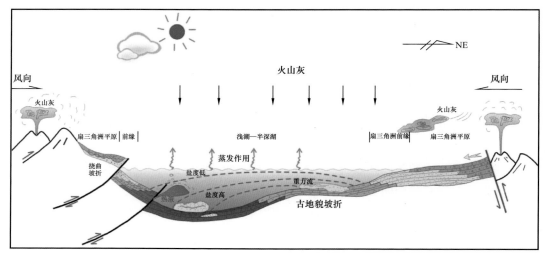

图 6-36　吉木萨尔凹陷芦草沟组混合沉积模式

　　混合沉积特征可分为层内混积和层系混积两类，识别出 10 种层内混积岩类型，9 种层系混积类型（图 6-37），混合沉积类型以渐变式混合沉积和突变式混合沉积为主。在半深湖—深湖沉积环境，水动力较弱，湖泊底部水体安静，以还原环境为主，碎屑颗粒粒径细小，发育水平纹层、微波状纹层，有机组分主要为藻类体、无定形体，含少量镜质体和惰质体细小碎屑。富氢有机组分与细小矿物结合成有机—无机矿物复合体形式沉降，呈层状、似层状藻纹层富集。当湖泊水体逐渐变浅时，水动力能量增强，沉积物发育波状纹层、薄层状、块状层理。湖泊水底环境由缺氧环境向氧化环境转变，藻类等富氢有机质组分易遭到氧化破坏，镜质体和惰质体含量增多、体积增大，陆源碎屑与有机碎屑在重力作用下快速沉积，富氢有机质组分赋存状态向顺层富集型、局部富集型和零星分散型变化。芦草沟组致密油"甜点"段混积特征、类型复杂，古气候、构造运动、湖平面升降、物源供给等对混合沉积发生及分布起着重要的控制作用。

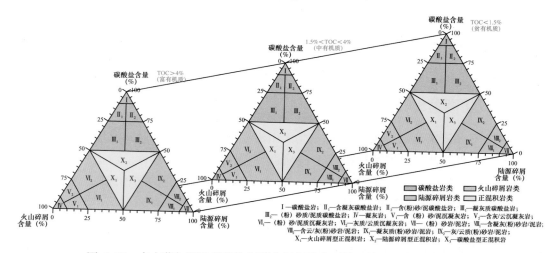

图 6-37　吉木萨尔凹陷芦草沟组混合沉积的岩石学三单元四组分分类方案

1. 有机相

在沉积相带、沉积环境研究的基础上，依据有机岩石学、矿物岩石学、地球化学特征，提出了吉木萨尔凹陷芦草沟组致密油"甜点"段富有机质混积岩沉积有机相类型划分方案（表6-7），划分出5类沉积有机相类型，其中沉积有机相A、B、C为有利相类型，分布在深湖、半深湖以及浅湖—半深湖过渡带，以水平层理、纹层状层理为主，有机组分以腐泥组为主，富氢组分在岩石中呈层状、似层状和顺层富集状等形式赋存。

表6-7　吉木萨尔凹陷芦草沟咸化湖盆有机沉积相类型划分

相标志		A	B	C	D	E
沉积环境		深湖—半深湖	半深湖	半深湖—浅湖	浅湖	滨浅湖
构造特征		水平纹层	断续薄纹层	浪成沙纹层理块状构造	块状构造	块状构造
氧化还原		强还原—还原	还原	还原—弱氧化	弱氧化—氧化	氧化
有机质特征	来源	藻类为主	藻类、少量陆生植物碎屑	陆源植物碎屑，少量藻类	少量陆源植物碎屑、藻类	陆源碎屑
	组分	藻类、无定型为主	藻类、无定型为主，少量惰质组	镜质组、惰质组为主，少量无定型	次生组分含量高，含镜质组、惰质组、无定型	次生组分、惰质组为主，少量无定型
	含量（%）	3.7~16.4	2~4	2~3	<1	<0.5
	类型	$I \sim II_1$型	II_1-II_2型	II_2型	$II_2 \sim III$型	III型

不同的沉积环境下沉积有机相发育类型存在差异，芦草沟组下"甜点"段以沉积有机相A、B、C为主，上"甜点"段以沉积有机相C、D、E为主。芦草沟组"甜点"段沉积期气候干旱炎热，湖盆水体咸化程度较高。地层中普遍发育火山物质，火山物质快速水解释放出磷、铁等营养元素和钙、镁离子，能够促使藻类等浮游植物快速繁盛，为有机质富集提供了物质来源。水生藻类大量繁殖促进碳酸盐矿物的沉淀。气候干旱炎热时以碳酸盐型混合沉积为主，高盐度的缺氧环境有利于有机质的保存。陆源供给强烈以陆源碎屑型混合沉积为主，地表水携带的陆源植物碎屑在湖盆中快速沉积。细小的火山物质、泥晶白云石、藻类有机质絮凝成颗粒体沉积在安静的半深湖—深湖环境中，以碳酸盐型和火山碎屑型混合沉积为主。由此，建立了吉木萨尔凹陷芦草沟组陆相咸化湖泊多组分混杂、高有机质富集的混积岩沉积模式。

2. 有机质富集要素

咸化湖盆有机质以菌藻类为主，干酪根类型以 I—II_1型为主，其中早期火山碎屑物质为生物繁盛提供养料，促进有机质富集。火山灰表面盐膜快速水解，促进水体中磷等营养元素富集，有助于藻类勃发，火山物质与藻类发生絮凝作用有助于快速沉降（图6-38）。同时，咸化湖盆可促进水体的分层，进一步保持水体的还原环境，有利于有机质的保存。以吉32井"甜点"段研究为例，根据V/Cr、Mo、（Cu+Mo）/Zn元素与TOC的关系，高TOC含量的层段主体水体还原性较强，保存条件好（图6-38、图6-39）。这一认识可有效指导盆地致密油或页岩油的勘探开发工作。

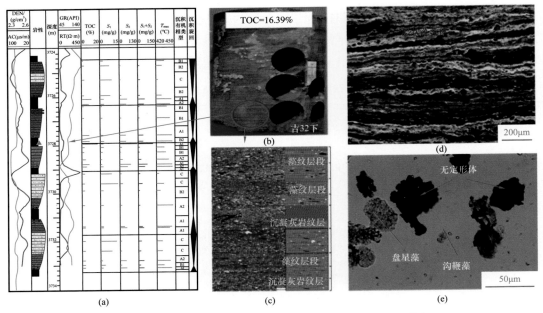

图6-38　准噶尔盆地二叠系芦草沟组烃源岩有机岩石学特征

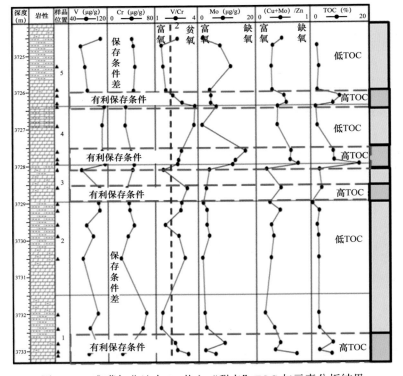

图6-39　准噶尔盆地吉32井上"甜点"TOC与元素分析结果

参考文献

阿弗杜辛.1956.粘土沉积岩［M］.北京：地质出版社.

白桦，庞雄奇，匡立春，等.2016.准噶尔盆地深层油气藏形成条件分析［J］.石油实验地质，38（6）：803-810.

拜文华，吴彦斌，高智梁，等.2010.浅湖—半深湖相湖湾环境油页岩成矿富集机理研究［J］.地质调查与研究，33（3）：207-214.

布拉特，米德顿，穆雷.1978.沉积岩成因［M］.北京：科学出版社.

蔡忠贤，陈发景，贾振远.2000.准噶尔盆地的类型和构造演化［J］.地学前缘，6（4）：431-440.

曹怀仁，胡建芳，彭平安，等.2017.松辽盆地青山口组二段下部湖泊水体环境变化［J］.地学前缘，24（1）：205-215.

曹剑，雷德文，李玉文，等.2015.古老碱湖优质烃源岩：准噶尔盆地下二叠统风城组［J］.石油学报，36（7）：781-790.

曹军骥，张小曳，程燕，等.2001.晚新生代红黏土的粒度分布及其指示的冬季风演变［J］.海洋地质与第四纪地质，21（3）：99-106.

曹文心，席党鹏，黄清华，等.2016.松辽盆地海侵事件——松科1井钙质超微化石新证据［J］.地质通报，35（6）：866-871.

常海亮.2016.准噶尔盆地西北缘乌尔禾地区下二叠统风城组喷流岩成因机理研究［D］.成都：成都理工大学.

陈安宁，耿国仓，秦仲碧，等.1987.煤成气地质研究［M］.北京：石油工业出版社.

陈登辉，巩恩普，梁俊红，等.2012.辽西下白垩统义县组湖相碳酸盐岩中的燧石成因［J］.地质学报，84（8）：1208-1214.

陈发景，汪新文，汪新伟.2005.准噶尔盆地的原型和构造演化［J］.地学前缘，5（3）：77-89.

陈骥.2016.青海湖现代沉积体系研究［D］.北京：中国地质大学（北京）.

陈建芳.2002.古海洋研究中的地球化学新指标［J］.地球科学进展，2（3）：402-410.

陈建文，魏武，李长山，等.2000.火山岩岩性的测井识别［J］.地学前缘，7（4）：458.

陈敬安，万国江.1999.云南洱海沉积物粒度组成及其环境意义辨识［J］.矿物学报，19（2）：175-182.

陈敬安，万国江，汪福顺，等.2002.湖泊现代沉积物碳环境记录研究［J］.中国科学（D辑：地球科学），32（1）：73-80.

陈敬安，万国江，张峰，等.2003.不同时间尺度下的湖泊沉积物环境记录——以沉积物粒度为例［J］.中国科学（D辑：地球科学），33（6）：563-568.

陈骏，安芷生，汪勇进，等.1998.最近800ka洛川黄土剖面中Rb/Sr分布和古季风变迁［J］.中国科学（D辑：地球科学），28（6）：498-504.

陈克照，Bowler J M.1985.柴达木盆地察尔汗盐湖沉积特征及其古气候演化的初步研究［J］.中国科学（B辑 化学 生物学 农学 医学 地学），5：463-473.

陈绍勇，田正隆，龙爱民.2005.南沙群岛海域以钡为指标的古生产力研究［J］.海洋学报，27（4）：53-58.

陈诗越，王苏民，沈吉．2003.青藏高原中部错鄂湖晚新生代以来的沉积环境演变及其构造隆升意义［J］. 湖泊科学，15（1）：21–27.

陈世悦，张顺，刘惠民，等．2017.湖相深水细粒物质的混合沉积作用探讨［J］.古地理学报，19（2）： 271–284.

陈世悦，张顺，王永诗，等．2016.渤海湾盆地东营凹陷古近系细粒沉积岩岩相类型及储集层特征［J］. 石油勘探与开发，43（2）：198–208.

陈书平，张一伟，汤良杰．2001.准噶尔晚石炭世—二叠纪前陆盆地的演化［J］.石油大学学报：自然科 学版，25（5）：11–15，23，9.

陈小军，罗顺社，张建坤，等．2009.安棚地区天然碱矿沉积特征及成因研究［J］.沉积与特提斯地质， 29（3）：42–46.

陈新，卢华复，舒良树，等．2002.准噶尔盆地构造演化分析新进展［J］.高校地质学报，8（3）：257– 267.

陈钰，刘兴起，何利，等．2016.青藏高原北部可可西里库赛湖年纹层微区分析及形成机理［J］.地质学 报，90（5）：1006–1015.

储国强，刘嘉麒，Mingram J，等．2004.东北玛珥湖硅藻纹层形成机制及气候变化［C］.高分辨记录与 同位素技术在环境变化研究中的应用全国学术讨论会论文摘要集．

党淑青，韩志勇，李徐生，等．2013.鄱阳湖湖滨沙山线性风蚀地貌的发育模式［J］.第四纪研究，33 （2）：388–397.

邓宏文，钱凯．1990.深湖相泥岩的成因类型和组合演化［J］.沉积学报，8（3）：1–21.

邓宏文，王洪亮，李小孟．1997.高分辨率层序地层对比在河流相中的应用［J］.石油与天然气地质，18 （2）：90–95.

邓秀琴，蔺昉晓，刘显阳，等．2008.鄂尔多斯盆地三叠系延长组沉积演化及其与早印支运动关系的探讨 ［J］.古地理学报，10（2）：159–166.

翟光明．1993.中国石油地质志（卷2）［M］.北京：石油工业出版社．

丁薇，陈敬安，杨海全，等．2016.云南抚仙湖主要入湖河流有机碳来源辨识［J］.地球与环境，44（3）： 290–296.

董桂玉，陈洪德，何幼斌，等．2007.陆源碎屑与碳酸盐混合沉积研究中的几点思考［J］.地球科学进展， 22（9）：931–939.

董旭辉，羊向东．2012.湖泊生态修复基准环境的制定：古生态学面临的机遇［J］.湖泊科学，24（6）： 974–984.

杜晨，张兵，张世涛，等．2012.浅谈湖泊沉积环境演变中元素地球化学的应用及原理［J］.地质与资源， 21（5）：487–492.

段东平，侯加根，刘钰铭，等．2014.河控三角洲前缘沉积体系定量研究——以鄱阳湖三角洲为例［J］. 沉积学报，32（2）：270–277.

段丽萍，王兰生，董孝璧．2002.湖泊记录中的古气候和古环境指标及其地质灾害信息［J］.沉积与特提 斯地质，22（1）：40–45.

段毅，姚泾利，吴应忠，等．2017.低纬度淡水湖沉积物中正构烷烃氢同位素组成特征及其有机质源和环境指示意义［J］.地质学报，91（8）：1894-1904.

范训礼，戴航，张新家.1999.神经网络在岩性识别中的应用［J］.测井技术，23（1）：50-52.

范玉海，屈红军，王辉，等.2012.微量元素分析在判别沉积介质环境中的应用——以鄂尔多斯盆地西部中区晚三叠世为例［J］.中国地质，39（2）：382-389.

方世虎，贾承造，郭召杰，等.2006.准噶尔盆地二叠纪盆地属性的再认识及其构造意义［J］.地学前缘，13（3）：108-121.

方邺森，任磊夫.1987.沉积岩石学教程［M］.北京：地质出版社.

冯宝华.1989.细粒沉积岩显微镜鉴定的重要性［J］.岩石矿物学杂志，8（2）：139-143.

冯翠菊，王敬岩，冯庆付.2004.利用测井资料识别火成岩岩性的方法［J］.大庆石油学院学报，28（4）：9-11.

冯慕华，潘继征，柯凡.2008.云南抚仙湖流域废弃磷矿区水污染现状［J］.湖泊科学，20（6）：766-772.

冯有良，张义杰，王瑞菊，等.2011.准噶尔盆地西北缘风城组白云岩成因及油气富集因素［J］.石油勘探与开发，38（6）：685-692.

冯玉辉，边伟华，顾国忠，等.2016.中基性火山岩井约束地震岩相刻画方法［J］.石油勘探与开发，43（2）：228-236.

冯增昭.2013.中国沉积学（第2版）［M］.北京：石油工业出版社.

冯增昭，王英华，刘焕杰，等.1994.中国沉积学［M］.北京：石油工业出版社.

伏美燕，张哨楠，赵秀，等.2012.塔里木盆地巴楚—麦盖提地区石炭系混合沉积研究［J］.古地理学报，14（2）：155-164.

付金华，郭正权，邓秀芹，等.2005.鄂尔多斯盆地西南地区上三叠统延长组沉积相及石油地质意义［J］.古地理学报，7（1）：34-44.

付金华，李士祥，徐黎明，等.2018.鄂尔多斯盆地三叠系延长组长7段古沉积环境恢复及意义［J］.石油勘探与开发，45（6）：936-946.

高斌.2013.乌夏地区二叠系风城组火山岩储层特征及预测［D］.青岛：中国石油大学（华东）.

高福红，高红梅，赵磊.2009.火山喷发活动对烃源岩的影响：以拉布达林盆地上库力组为例［J］.岩石学报，25（10）：2671-2678.

高瑞琪，赵传本，乔秀云，等.1999.松辽盆地白垩纪石油地层孢粉学［M］.北京：地质出版社.

高瑞棋，蔡希源.1997.松辽盆地油气田形成条件与分布规律［M］.北京：石油工业出版社.

高衍武，赵延静，李国利，等.2014.基于核磁和密度测井评价准噶尔盆地致密油烃源岩有机碳含量［J］.油气藏评价与开发，2：5-14.

葛晓雯，王萌，李耀翔.2013.近红外技术在土壤化学组分预测中的应用研究综述［J］.森林工程，29（6）：72-76.

宫博识，文华国，李丛林，等.2014.准噶尔盆地乌尔禾地区风城组沉积环境分析［J］.岩性油气藏，26（2）：59-66.

古立峰，刘永，占玄.2012.湖泊沉积物粒度分析方法在古气候环境研究中的应用［J］.化工矿业地质，34（3）：169-174.

顾家裕.1994.沉积相与油气［M］.北京：石油工业出版社.

顾家裕,张兴阳.2003.油气沉积学发展回顾和应用现状［J］.沉积学报,21（1）：137-141.

顾兆炎,刘荣谟,安川克己,等.1993.12000年来青藏高原季风变化——色林错沉积物地球化学的证据
［J］.科学通报,38（1）：61-64.

郭成贤.2000.我国深水异地沉积研究三十年［J］.古地理学报,2（1）：1-10.

郭巍,刘招君,宋玉勤,等.2009.青海—甘肃民和盆地油页岩的成因类型及特征［J］.地质通报,28
（6）：780-786.

韩琳,张建民,邢艳娟,等.2010.元素俘获谱测井（ECS）结合QAPF法识别火成岩岩性［J］.测井技
术,34（1）：48-51.

韩淑媞,董光荣.1990.巴里坤湖全新世环境演变的初步研究［J］.海洋地质与第四纪地质,10（3）：91-
98.

韩祥磊,吴倩倩,林会喜,等.2016.准噶尔盆地北缘哈拉阿拉特山构造带油气输导系统类型及运聚模式
［J］.天然气地球科学,27（4）：609-618.

郝芳,陈建渝.1993.沉积盆地中的有机相研究及其在油气资源评价中的应用.矿物岩石学论丛（9）［M］.
北京：地质出版社.

郝芳,陈建渝,孙永传,等.1994.有机相研究及其在盆地分析中的应用［J］.沉积学报,12（4）：77-
87.

何登发,董大忠,吕修祥,等.1996.克拉通盆地分析［M］.北京：石油工业出版社.

何登发,李德生,童晓光,等.2008.多期叠加盆地古隆起控油规律［J］.石油学报,29（4）：475-488.

何登发,吕修祥,林永汉,等.1996.前陆盆地分析［M］.北京：石油工业出版社.

何登发,张磊吴,松涛,等.2018.准噶尔盆地构造演化阶段及其特征［J］.石油与天然气地质,39（5）：
845-861.

何登发,周路,吴晓智.2012.准噶尔盆地古隆起形成演化与油气聚集［M］.北京：石油工业出版社.

何苗.2015.准噶尔盆地西北缘三叠系沉积演化及地质背景研究［D］.北京：中国地质科学院.

何起祥.2003.沉积地球科学的历史回顾与展望［J］.沉积学报,21（1）：10-18.

何幼斌,高振中,罗顺社,等.2007.陕西陇县地区平凉组三段发现内潮汐沉积［J］.石油天然气学报,
29（4）：28-33,164.

何宗玉.2003.云南抚仙湖沉积环境及其对人为扰动的响应［D］.青岛：中国海洋大学.

侯方浩,薛叔浩,李应暹,等.1994.中国油气储层研究图集（卷四）沉积构造［M］.北京：石油工业出
版社.

侯启军,冯志强,冯子辉,等.2009.松辽盆地陆相石油地质学［M］.北京：石油工业出版社.

胡见义,黄第藩,徐树宝,等.1991.中国陆相石油地质理论基础［M］.北京：石油工业出版社.

胡涛,庞雄奇,于飒,等.2017.准噶尔盆地风城地区风城组烃源岩生排烃特征及致密油资源潜力［J］.
中南大学学报（自然科学版）,48（2）：427-439.

胡星,朱立平,汪勇,等.2014.青藏高原西南部湖泊沉积正构烷烃及其单体δD的气候意义［J］.科学
通报,59（19）：1892-1903.

黄保家,黄合庭,吴国瑄,等.2012.北部湾盆地始新统湖相富有机质页岩特征及成因机制［J］.石油学

报，33（1）：25-31.

黄保仁，杨留法，范云琦.1985.西藏现代湖泊表层沉积物中的介形类［J］.微体生物学报，2（4）：369-376.

黄布宙，潘保芝.2001.松辽盆地北部深层火成岩测井响应特征及岩性划分［J］.石油物探，40（3）：42-47.

黄第藩，李晋超，周翥虹.1984.陆相有机质演化和成烃机理［M］.北京：石油工业出版社.

黄第藩，王捷，范成龙，等.1979.中国中—新生代陆相油气生成的地质和地球化学［M］.北京：石油工业部石油勘探开发研究院.

黄清华，郑玉龙，杨明杰，等.1996.松辽盆地白垩纪古气候研究［J］.微体古生物学报，16（1）：95.

黄杏珍，闫存凤，王随继，等.1999.苏打湖型的湖相碳酸盐岩特征及沉积模式［J］.沉积学报，17（S1）：728-733.

霍坎松.1992.湖泊沉积学原理［M］.北京：科学出版社.

吉利明，李林涛，吴涛，等.2007.陇东西峰地区延长组烃源岩热演化程度研究［J］.西南石油大学学报（3）：28-31+16+15.

吉利明，宋之光，李剑峰，等.2008b.鄂尔多斯盆地三叠系原油葡萄藻母质输入的生物标志物特征［J］.微体古生物学报，8（3）：281-290.

吉利明，吴涛，李林涛.2006.陇东三叠系延长组主要油源岩发育时期的古气候特征［J］.沉积学报，24（3）：723-734.

吉利明，祝幼华，王少飞，等.2008a.鄂尔多斯盆地三叠系延长组葡萄藻形态特征［J］.古生物学报，5（2）：185-194.

贾承造.2005.中国中西部前陆冲断带构造特征与天然气富集规律［J］.石油勘探与开发，32（4）：9-15.

贾承造，郑民，张永峰.2012.中国非常规油气资源与勘探开发前景［J］.石油勘探与开发，39（2）：129-136.

贾承造，郑民，张永峰.2014.非常规油气地质学重要理论问题［J］.石油学报，35（1）：1-10.

姜加虎，黄群.1997.东太湖风生流套网格模式模拟［J］.海洋与湖沼，28（4）：426-432.

姜加虎，王苏民.1998.中国湖泊分类系统研究［J］.水科学进展，9（2）：170-175.

姜在兴，梁超，吴靖，等.2013.含油气细粒沉积岩研究的几个问题［J］.石油学报，34（6）：1031-1039.

姜在兴，鲜本忠，初宝杰，等.2003.黄河三角洲冰携泥现象及冰成沉积构造［J］.古地理学报，5（3）：343-354.

蒋复初，吴锡浩.2015.中国大陆阶梯地貌的基本特征［J］.海洋地质与第四纪地质，3：17-26.

蒋宜勤.2012.准噶尔盆地乌夏地区二叠系风城组云质岩类特征与成因及储层控制因素［D］.西安：西北大学.

蒋宜勤，文华国，祁利祺，等.2012.准噶尔盆地乌尔禾地区二叠系风城组盐类矿物和成因分析［J］.矿物岩石，32（2）：105-114.

金奎励，李荣西.1998.烃源岩组分组合规律及其意义［J］.天然气地球科学，9（1）：23-30.

金强，翟庆龙.2003.裂谷盆地的火山热液活动和油气生成［J］.地质科学，38（3）：342-349.

靳久强.1997.中国中西部前陆盆地的油气勘探[J].石油勘探与开发,24(5):11-14.

康玉柱.2012.中国非常规泥页岩油气藏特征及勘探前景展望[J].天然气工业,32(4):1-5.

康玉柱.2016.中国致密岩油气资源潜力及勘探方向[J].天然气工业,36(10):10-18.

康志宏.2011.准噶尔盆地古生代沉积演化特征[J].地质力学学报,8(2):158-174.

柯林森,卢恩.1991.网状河流体系:加拿大西部现代实例,现代和古代河流沉积体系[M].北京:石
　　油工业出版社.

匡立春,唐勇,雷德文,等.2012.准噶尔盆地二叠系咸化湖相云质岩致密油形成条件与勘探潜力[J].
　　石油勘探与开发,39(6):657-667.

匡立春,唐勇,雷德文,等.2014.准噶尔盆地玛湖凹陷斜坡区三叠系百口泉组扇控大面积岩性油藏勘探
　　实践[J].中国石油勘探,19(6):14-23.

莱尔曼.1989.湖泊的化学地质学和物理学[M].北京:地质出版社.

雷德文,阿布力米提,唐勇,等.2014.准噶尔盆地玛湖凹陷百口泉组油气高产区控制因素与分布预测
　　[J].新疆石油地质,35(5):495-499.

雷德文,陈刚强,刘海磊,等.2017.准噶尔盆地玛湖凹陷大油(气)区形成条件与勘探方向研究[J].
　　地质学报,91(7):1604-1619.

李安春,秦蕴珊.2004.中国近海细粒沉积体系及其环境响应[C].第三届全国沉积学大会论文摘要汇编.

李成凤,肖继风.1988.用微量元素研究胜利油田东营盆地沙河街组的古盐度[J].沉积学报,6(4):
　　100-107.

李国胜.1993.艾比湖冰消期以来的$\delta^{13}C$记录与突变气候事件研究[J].科学通报,38(22):2069-2072.

李红,柳益群,张丽霞,等.2017.准噶尔盆地东部中二叠统平地泉组具"斑状"结构热水喷流沉积岩的
　　成因及地质意义[J].古地理学报,19(2):211-226.

李华东,王荣福,吴心一,等.1993.有机相在油气源岩与油气评价中的作用[J].石油实验地质,15
　　(2):201-221.

李杰森,宋学良.2002.用环境磁学磁化率方法研究历史地震[J].地震研究,23(4):444-450.

李军,余俊清.2001.介形类壳体地球化学在环境变化研究中的应用与进展[J].湖泊科学,13(4):
　　367-375.

李凯,游海涛,刘兴起.2017.中国湖泊沉积物纹层年代学研究进展[J].湖泊科学,29(2):266-275.

李林,曲永强,孟庆任,等.2011.重力流沉积:理论研究与野外识别[J].沉积学报,29(4):677-
　　688.

李苗苗,马素萍,夏燕青,等.2014.泌阳凹陷核桃园组湖相烃源岩微观形态特征与形成机制[J].岩性
　　油气藏,26(3):45-50.

李民赞,郑立华,安晓飞,等.2013.土壤成分特征与特性参数光谱快速检测方法及传感技术[J].农业
　　机械学报,44(3):73-87.

李丕龙,冯建辉,陆永潮,等.2010.准噶尔盆地构造沉积与成藏[M].北京:地质出版社.

李荣西,段立志,陈宝赟,等.2012.鄂尔多斯盆地三叠系延长组砂岩钠长石化与热液成岩作用研究[J].
　　岩石矿物学杂志,31(2):173-180.

李蕊,陈光杰,康文刚,等.2018.抚仙湖硅藻群落的时空变化特征及其与水环境的关系[J].环境科学,

7: 3168-3178.

李邵杰, 何生, 朱伟林, 等. 2014. 基于珠一坳陷旋回地层分析的烃源岩沉积速率研究 [J]. 天然气地球
科学, 25 (9): 1328-1340.

李守军, 王纪存, 郑德顺, 等. 2004. 东营凹陷沙河街组一段沉积时期的湖泊古生产力 [J]. 石油与天然
气地质 (6): 3.

李守军, 郑德顺, 耿福兰. 2002. 定量再造湖泊古生产力的尝试 [J]. 高校地质学报, 8 (2): 215-219.

李万春, 李世杰, 濮培民, 等. 1994. 高分辨率古环境指示器——湖泊纹泥研究综述 [J]. 地质科学进展,
14 (2): 172-176.

李雁玲, 李杰森. 2003. 云南抚仙湖近千年地震事件记录 [J]. 地球科学进展, 18 (6): 906-911.

李永安, 孙东江, 郑洁. 1999. 新疆及周边古地磁研究与构造演化 [J]. 新疆地质, 17 (3): 2-44.

梁超, 姜在兴, 杨镱婷, 等. 2012. 四川盆地五峰组—龙马溪组页岩岩相及储集空间特征 [J]. 石油勘探
与开发, 39 (6): 691-698.

梁钰, 侯读杰, 张金川, 等. 2014. 缺氧环境下热液活动对页岩有机质丰度的影响 [J]. 大庆石油地质与
开发, 33 (4): 158-165.

林培贤, 林春明, 姚悦, 等. 2017. 渤海湾盆地北塘凹陷古近系沙河街组三段白云岩中方沸石的特征及成
因 [J]. 古地理学报, 19 (2): 241-256.

林瑞芬, 卫克勤. 1998. 新疆玛纳斯湖沉积物氧同位素记录的古气候信息探讨——与青海湖和色林错比较
[J]. 第四纪研究 (4): 308-316.

林森虎. 2012. 鄂尔多斯盆地长 7 段细粒沉积物特征与致密油分布 [D]. 北京: 中国石油勘探开发研究院.

刘宝珺. 2001. 中国沉积学的回顾和展望 [J]. 矿物岩石, 5 (3): 1-7.

刘宝珺, 韩作振, 杨仁超. 2006. 当代沉积研究进展、前瞻与思考 [J]. 特种油气藏, 13 (5): 1-3, 9,
103.

刘传联. 2005. 追溯北大西洋气候的千年周期——记综合大洋钻探 303 航次 [J]. 地球科学 (1): 30-128.

刘传联, 成鑫荣, 张拭颖. 2005. 南海表层沉积钙质超微化石氧碳同位素研究 [J]. 海洋地质与第四纪地
质, 25 (4): 67-71.

刘春慧, 金振奎, 朱桂芳, 等. 2007. 准噶尔盆地东部吉木萨尔凹陷二叠系梧桐沟组储层物性特征及控制
因素 [J]. 天然气地球科学, 18 (3): 375-379.

刘昊年, 黄思静, 胡作维, 等. 2007. 锶同位素在沉积学中的研究与进展 [J]. 岩性油气藏, 19 (3): 59-
65.

刘惠民, 李守军, 郑德顺, 等. 2003. 东营凹陷沙三段沉积期湖泊古生产力研究 [J]. 石油勘探与开发,
30 (3): 65-67.

刘嘉麒, Negendank J F W, 王文远, 等. 2000. 中国玛珥湖的时空分布与地质特征 [J]. 第四纪研究, 20
(1): 78-86.

刘魁梧. 1991. 古气候的影响因素及恢复标志 [J]. 国外地质, 1: 5-10.

刘敏, 张顺存, 孔玉华, 等. 2013. 准噶尔盆地西北缘风城地区二叠系风城组沉积相研究 [J]. 新疆地质,
31 (3): 236-242.

刘青松, 邓成龙. 2009. 磁化率及其环境意义 [J]. 地球物理学报, 52 (4): 1041-1048.

刘群，袁选俊，林森虎，等.2014.鄂尔多斯盆地延长组湖相黏土岩分类和沉积环境探讨［J］.沉积学报，32（6）：1016-1025.

刘文彬.1989.准噶尔盆地西北缘风城组沉积环境探讨［J］.沉积学报，7（1）：61-70.

刘洋，吴怀春，张世红，等.2012.珠江口盆地珠一坳陷韩江组—万山组旋回地层学［J］.地球科学：中国地质大学学报，37（3）：411-423.

刘一兰，张恩楼，刘恩峰，等.2017.人类活动影响下的云南阳宗海近百年有机碳与黑炭或沉积记录［J］.湖泊科学，29（4）：1018-1028.

刘颖，孙惠玲，周晓娟，等.2017.过去5000a以来抚仙湖沉积物有机质碳同位素的古环境指示意义［J］.湖泊科学，29（3）：722-729.

刘招君，孟庆涛，柳蓉.2009.中国陆相油页岩特征及成因类型［J］.古地理学报，11（1）：105-114.

刘忠保，罗顺社，何幼斌，等.2011.缓坡浅水辫状河三角洲沉积模拟实验研究［J］.水利与建筑工程学报，9（6）：9-14.

楼章华，袁笛，金爱民.2004.松辽盆地北部浅水三角洲前缘砂体类型、特征与沉积动力学过程分析［J］.浙江大学学报（理学版），31（2）：211-215.

卢慧斌，陈光杰，陈小林，等.2015.上行与下行效应对浮游动物的长期影响评价——以滇池与抚仙湖沉积物象鼻溞（Bosmina）为例［J］.湖泊科学，27（1）：67-75.

卢新卫，金章东.1999.前馈神经网络的岩性识别方法［J］.石油与天然气地质，20（1）：82-84，93.

鲁欣.1964.沉积岩石学手册（下册）［M］.北京：中国工业出版社.

鲁新川，孔玉华，常娟，等.2012.准噶尔盆地西北缘克百地区二叠系风城组砂砾岩储层特征及主控因素分析［J］.天然气地球科学，23（3）：474-481.

鹿化煜，安芷生.1997.前处理方法对黄土沉积物粒度测量影响的实验研究［J］.科学通报，42（23）：2535-2538.

鹿化煜，王先彦，Jef V.2014.青藏高原东北部地貌演化与隆升［J］.自然杂志，36（3）：176-181.

马丽芳.2002.中国地质图集［M］.北京：地质出版社.

马素萍，夏燕青，田春桃，等.2013.南襄盆地泌阳凹陷湖相碳酸盐岩烃源岩沉积环境的元素地球化学标志［J］.矿物岩石地球化学通报，32（4）：456-462.

毛明陆，李元昊，刘联群，等.2006.鄂尔多斯盆地晚三叠世湖盆沉积演化与层序地层特征［J］.西北大学学报（自然科学版），36：48-54.

毛小妮.2012.准噶尔盆地北部石炭纪—早二叠世构造岩相古地理面貌与烃源岩特征研究［D］.西安：西北大学.

梅博文，刘希江.1980.我国原油中异戊二烯烷烃的分布及其与地质环境的关系［J］.石油与天然气地质，1（2）：99-115.

梅水泉.1988.岩石化学在湖南前震旦系沉积环境及铀来源研究中的应用［J］.国土资源导刊，7（3）：25-31，49.

孟家峰，郭召杰，方世虎.2009.准噶尔盆地西北缘冲断构造新解［J］.地学前缘，16（3）：171-180.

孟庆涛，刘招君，胡菲，等.2012.桦甸盆地始新世古湖泊生产力与有机质富集机制［J］.中国石油大学学报：自然科学版，36（5）：38-44.

莫绍周，侯长定 . 2004. 抚仙湖污染防治与对策措施［J］. 云南环境科学，23（S1）：106-109.

年泽辉，朱德元，卿崇文 . 1992. 准噶尔盆地石炭、二叠系沉积相和模式［J］. 新疆石油地质，13（1）：14.

倪建宇，张美，周怀阳 . 2006. 赤道东北太平洋沉积物中生物钡的分布特征［J］. 海洋地质与第四纪地质，26（2）：49-54.

聂海宽，何发岐，包书景 . 2011. 中国页岩气地质特殊性及其勘探对策［J］. 天然气工业，31（11）：111-116.

宁维坤，付丽，霍秋立 . 2010. 松辽盆地松科 1 井晚白垩世沉积时期古湖泊生产力［J］. 吉林大学学报：地球科学版，40（5）：1020-1026，1034.

潘树新，陈彬滔，刘华清，等 . 2014. 陆相湖盆深水底流改造砂：沉积特征、成因及其非常规油气勘探意义［J］. 天然气地球科学，25（10）：1577-1585.

潘晓添，郑荣才，文华国，等 . 2013. 准噶尔盆地乌尔禾地区风城组云质致密油储层特征［J］. 成都理工大学学报：自然科学版，40（3）：315-325.

庞宏，尤新才，胡涛，等 . 2015. 准噶尔盆地深部致密油藏形成条件与分布预测——以玛湖凹陷西斜坡风城组致密油为例［J］. 石油学报，36（S2）：176-183.

佩蒂庄 . 1981. 沉积岩［M］. 北京：石油工业出版社 .

彭金兰 . 2002. 云南鹤庆晚第四纪介形类生态特征初探［J］. 微体生物学报，19（2）：144-156.

彭望璟 . 2002. 遥感概论［M］. 北京：高等教育出版社 .

彭雪峰，汪立今，姜丽萍 . 2012. 准噶尔盆地东南缘芦草沟组油页岩元素地球化学特征及沉积环境指示意义［J］. 矿物岩石地球化学通报，31（2）：121-127，151.

奇林格 . 1978. 沉积岩的进展（碳酸盐岩）［M］. 北京：石油工业出版社 .

钱凯，邓宏文 . 1990. 西太平洋含油带的湖相沉积与烃类聚集［J］. 石油与天然气地质，11（3）：260-274.

强明锐，陈发虎，周爱峰，等 . 2006. 苏干湖沉积物粒度组成记录尘暴事件的初步研究［J］. 第四纪研究，26（6）：915-922.

乔树梁，杜金曼 . 1996. 湖泊风浪特性及风浪要素的计算［J］. 水利水运工程学报（3）：189-197.

秦俊，杨浩，张明礼，等 . 2015. 滇池流域宝象河水库沉积物中有机碳的来源［J］. 地理研究，34（1）：53-64.

秦艳，张文正，彭平安，等 . 2009. 鄂尔多斯盆地延长组长 7 段富铀烃源岩的铀赋存状态与富集机理［J］. 岩石学报，25（10）：2469-2476.

秦志军，陈丽华，李玉文，等 . 2016. 准噶尔盆地玛湖凹陷下二叠统风城组碱湖古沉积背景［J］. 新疆石油地质，37（1）：1-6.

邱隆伟，姜在兴，操应长，等 . 2001. 泌阳凹陷碱性成岩作用及其对储层的影响［J］. 中国科学（D 辑：地球科学），31（9）：752-759.

邱楠生，王绪龙，杨海波，等 . 2001. 准噶尔盆地地温分布特征［J］. 地质科学，36（3）：350-358.

邱荣华，林社卿，涂阳发 . 2005. 泌阳凹陷油气成藏特征及勘探潜力分析［J］. 石油天然气学报（江汉石油学院学报），27（2）：158-161.

裘怿楠 . 1992. 中国陆相碎屑岩储层沉积学进展［J］. 沉积学报，10：16-24.

裘怿楠，薛叔浩，应凤祥 . 1997. 中国陆相油气储集层［M］. 北京：石油工业出版社 .

冉敬，杜谷，潘忠习 . 2011. 沉积物粒度分析方法的比较［J］. 岩矿测试，30（6）：669-676.

任明达，王乃梁 . 1981. 现代沉积环境概论［M］. 北京：科学出版社 .

任战利，赵重远，张军，等 . 1994. 鄂尔多斯盆地古地温研究［J］. 沉积学报，12（1）：56-65.

塞利 R C. 1985. 沉积学导论［M］. 北京：煤炭工业出版社 .

邵雨，杨勇强，万敏，等 . 2015. 吉木萨尔凹陷二叠系芦草沟组沉积特征及沉积相演化［J］. 新疆石油地质，36（6）：635-641.

申家年，王庆红，何江林，等 . 2008. 松辽盆地白垩纪湖泊水体温度与古气候温度估算［J］. 吉林大学学报，38（6）：946-952.

沈吉，王苏民，羊向东 . 1996. 湖泊沉积物中有机碳稳定同位素测定及其古气候环境意义［J］. 海洋与湖沼，27（4）：400-404.

沈吉，薛滨，吴敬禄，等 . 2010. 湖泊沉积与环境演化［M］. 北京：科学出版社 .

沈扬，李晓剑，贾凡建，等 . 2015. 准噶尔西北缘风城期构造沉积格局及源岩分布［J］. 特种油气藏，22（4）：16-19.

施成熙 . 1989. 中国湖泊概论［M］. 北京：科学出版社 .

施春华，颜佳新，韩欣 . 2001. 早期成岩作用过程中硫酸盐还原反应研究进展［J］. 广西地质，14（1）：21-26.

施祺，王建明，陈发虎 . 1999. 石羊河古终端湖泊沉积物粒度特征与沉积环境初探［J］. 兰州大学学报（自然科学版），35（1）：194-198.

施雅风，李吉均，李炳元 . 1998. 青藏高原晚新生代隆升与环境变化［M］. 广州：广东科学技术出版社，52-189.

史忠生，何胡军，陈少平，等 . 2003. 黏土矿物在石油初次运移中的作用研究［J］. 西安石油学院学报（自然科学版），18（4）：26-29，2-3.

宋长青，孙湘君 . 1997. 花粉——气候因子转换函数建立及其对气候因子定量重建［J］. 植物学报，39（6）：554-560.

宋学良，李百福，Brenner M，等 . 1994. 云南中部石灰岩地区高原湖泊古湖沼学研究［M］. 昆明：云南科技出版社 .

宋以龙，陈敬安，杨海全，等 . 2016. 云南抚仙湖沉积物有机质来源与时空分布特征［J］. 矿物岩石地球化学通报，35（4）：618-624.

宋媛媛，冯慕华，苏争光，等 . 2013. 抚仙湖不同来源沉积物磷形态垂向分布特征［J］. 环境科学学报，33（9）：2579-2589.

隋风贵 . 2015. 准噶尔盆地西北缘构造演化及其与油气成藏的关系［J］. 地质学报，4：779-793.

孙大鹏 . 1990. 内蒙高原的天然碱湖［J］. 海洋与湖沼，21（1）：44-54.

孙国强，姚卫江，张顺存 . 2011. 准噶尔盆地中拐地区石炭——二叠系火山岩地球化学特征［J］. 新疆石油地质，32（6）：580-582.

孙龙德，李峰，朱如凯，等 . 2015. 油气勘探开发中的沉积学创新与挑战［J］. 石油勘探与开发，42（2）：

129–136.

孙龙德，李峰，朱如凯，等 . 2010. 中国沉积盆地油气勘探开发实践与沉积学研究进展［J］. 石油勘探与
开发，37（4）：385–396.

孙千里，周杰，肖举乐 . 2001. 岱海沉积物粒度特征及其古环境意义［J］. 海洋地质与第四纪地质，21
（1）：93–95.

孙枢 . 2005. 中国沉积学的今后发展：若干思考与建议［J］. 地学前缘，12（2）：3–10.

孙顺才，张立仁 . 1981. 云南抚仙湖现代浊流沉积特征的初步研究［J］. 科学通报（11）：678–681.

孙永传，李蕙生 . 1986. 碎屑岩沉积相和沉积环境［M］. 北京：地质出版社 .

孙永传，李蕙生，邓新华，等 . 1991. 泌阳断陷盐湖盆地的沉积体系及演化［J］. 地球科学，16（4）：
419–428.

孙玉善，白新民，桑洪，等 . 2011. 沉积盆地火山岩油气生储系统分析：以新疆准噶尔盆地乌夏地区早二
叠世风城组为例［J］. 地学前缘，18（4）：212–218.

唐勇，郭文建，王霞田，等 . 2019. 玛湖凹陷砾岩大油区勘探新突破及启示［J］. 新疆石油地质，40（2）：
127–137.

田洪均 . 1985. 成岩温度的判别标志［J］. 矿物岩石，5（3）：128–140.

田淑芳 . 2013. 遥感地质学［M］. 北京：地质出版社 .

田新玉 . 1994. 嗜碱微生物多样性及其应用［J］. 生物多样性，2（1）：49–53.

童晓光，牛嘉玉 . 1989. 区域盖层在油气聚集中的作用［J］. 石油勘探与开发，16（4）：1–8.

汪凯明，罗顺社 . 2009. 海相碳酸盐岩锶同位素及微量元素特征与海平面变化［J］. 海洋地质与第四纪
地质，29（6）：51–58.

汪梦诗，张志杰，周川闽，等 . 2018. 准噶尔盆地玛湖凹陷下二叠统风城组碱湖岩石特征与成因［J］. 古
地理学报，20（1）：147–162.

汪品先，陈嘉树，刘传联，等 . 1991. 古湖泊学译文集［M］. 北京：海洋出版社 .

汪新文，林建平，程捷，等 . 2013. 地球科学概论［M］. 北京：地质出版社 .

汪洋 . 2001. PLS 回归应用实例［J］. 安徽大学学报（自然科学版），25（3）：18–23.

王多云 . 1993. 沼泽环境中的河流类型及其侧向演化模式［J］. 沉积学报，11（3）：1–6.

王冠民 . 2012. 济阳坳陷古近系页岩的纹层组合及成因分类［J］. 吉林大学学报（地学版），42（3）：
666–671.

王冠民，钟建华 . 2004. 湖泊纹层的沉积机理研究评述与展望［J］. 岩石矿物学杂志，23（1）：43–48.

王贵文，朱振宇，朱广宇 . 2002. 烃源岩测井识别与评价方法研究［J］. 石油勘探与开发，29（4）：50–
52.

王国安，韩家懋 . 2001. 中国西北 C_3 植物的碳同位素组成与年降水量关系初探［J］. 地质科学，36（4）：
494–499.

王洪亮，邓宏文 . 1997. 地层基准面原理在湖相储层预测中的应用［J］. 石油与天然气地质，18（2）：96–
102.

王厚坤，王斌，杨和山，等 . 2010. 准噶尔吉木萨尔四陷二叠系梧桐沟组沉积相［J］. 天然气技术，4（3）：
20–22，78.

王惠文.1999.偏最小二乘回归及应用［M］.北京：国防工业出版社.

王吉平，张幼勋，杨清堂，等.1991.论河南安棚碱矿地质特征及其成因［J］.地质论评，37（1）：42-50.

王建功，王天琦，卫平生，等.2007.大型坳陷湖盆浅水三角洲沉积模式——以松辽盆地北部葡萄花油层为例［J］.岩性油气藏，19（2）：28-34.

王岚，曾雯婷，夏晓敏，等.2019.松辽盆地齐家—古龙凹陷青山口组黑色页岩岩相类型与沉积环境［J］.天然气地球科学，30（8）：1125-1133.

王良忱，张金亮.1996.沉积环境和沉积相［M］.北京：石油工业出版社.

王敏芳，黄传炎，徐志诚，等.2006.综述沉积环境中古盐度的恢复［J］.新疆石油天然气，2（1）：9-12，5.

王璞珺，Schneider Werner，Mattern Frank，等.2002.陆相盆地中的海侵层序特征：中欧盆地三叠系与松辽盆地白垩系对比研究［J］.矿物岩石，22（2）：47-53.

王启军，高品文，朱水安，等.1983.泌阳凹陷的沉积环境与生储油性［J］.地球科学，20（2）：135-146.

王起琮.2009.天文周期与地层基准面旋回及其识别技术［J］.西南石油大学学报（自然科学版），31（4）：24-30，198.

王秋良，谢远云，梅惠.2003.湖泊沉积物中有机碳同位素特征及其古气候环境意义［J］.安全与环境工程，10（4）：17-21.

王圣柱，张奎华，金强.2014.准噶尔盆地哈拉阿拉特山地区原油成因类型及风城组烃源岩的发现意义［J］.天然气地球科学，25（4）：595-602.

王苏民，窦鸿身.1998.中国湖泊志［M］.北京：科学出版社.

王苏民，吉磊，羊向东，等.1994.内蒙古扎赉诺尔湖泊沉积物中的新仙女木事件记录［J］.科学通报，39（4）：348-351.

王苏民，李健仁.1993.中国新生代湖泊沉积及其反映的环境概貌［J］.湖泊科学，5（1）：1-8.

王苏民，吴瑞金，蒋新禾.1990.内蒙古岱海末次冰期以来的环境变迁与古气候［J］.第四纪研究（3）：223-232.

王苏民，羊向东，马燕，等.1996.江苏固城湖15 ka来的环境变迁与古季风关系探讨［J］.中国科学（D辑：地球科学），26（2）：137-141.

王随继，黄杏珍，妥进才，等.1997.泌阳凹陷核桃园组微量元素演化特征及其古气候意义［J］.沉积学报，12（1）：66-71.

王文富.1990.云南土壤［M］.昆明：云南科技出版社.

王小雷，杨浩，丁兆运，等.2011.云南抚仙湖近现代沉积速率变化研究［J］.地理学报，66（11）：1551-1561.

王小雷，杨浩，顾祝军，等.2014.抚仙湖沉积物中营养盐和粒度垂向分布及相关性研究［J］.环境工程技术学报，4（5）：353-360.

王小雷，杨浩，顾祝军，等.2014.抚仙湖沉积物重金属垂向分布及潜在生态风险评价［J］.地球与环境，42（6）：764-772.

王益友，郭文莹，张国栋．1979．几种地球化学标志在金湖凹陷阜宁群沉积环境中的应用［J］．同济大学学报（2）：51-60．

王拥军，冉启全，童敏，等．2006．ECS测井在火山岩岩性识别中的应用［J］．国外测井技术，21（1）：13-16．

王云飞，张秀珠．1989．云南湖泊的碳酸盐沉积［J］．海洋与湖沼，20（2）：122-130．

王志峰，张元福，梁雪莉，等．2014．四川盆地五峰组—龙马溪组不同水动力成因页岩岩相特征［J］．石油学报，35（4）623-632．

吴朝东，陈其英，雷家锦．1999．湘西震旦—寒武纪黑色岩系的有机岩石学特征及其形成条件［J］．岩石学报，15（3）：453-461．

吴崇筠．1983．构造湖盆三角洲与油气分布［J］．沉积学报，1（1）：5-26．

吴崇筠．1986．沉积学进展［J］．石油实验地质，8（1）：1-7．

吴崇筠．1992．中国含油气盆地沉积学［M］．北京：石油工业出版社．

吴崇筠，薛叔浩．1993．中国含油气盆地沉积学［M］．北京：石油工业出版社．

吴丰昌，孟伟，宋永会．2008．中国湖泊水环境基准的研究进展［J］．环境科学学报，28（12）：2385-2393．

吴怀春，张世红，冯庆来，等．2011．中国华南早三叠世大冶组米兰科维奇和亚米兰科维奇旋回地层学研究及其年代学和古气候学意义［C］//中国古生物学会学术年会．

吴敬禄，王苏民，沈吉．1996．湖泊沉积物有机质$\delta^{13}C$所揭示的环境气候信息［J］．湖泊科学，8（2）：113-118．

吴孔友，查明，王绪龙，等．2005．准噶尔盆地构造演化与动力学背景再认识［J］．地球学报，26（3）：217-222．

吴庆福，董广华．1986．准噶尔盆地油气资源评价方法及其应用［J］．新疆地质，2（4）：13-32．

吴绍祖．1996．新疆早二叠世古气候［J］．新疆地质，14（3）：270-277．

吴艳宏，刘恩峰，邴海建，等．2010．人类活动影响下的长江中游龙感湖近代湖泊沉积年代记录［J］．中国科学：地球科学，40（6）：751-757．

夏刘文，曹剑，徐田武，等．2017．盐湖生物发育特征及其烃源意义［J］．地质论评，63（6）：1549-1562．

肖序常，汤耀庆，冯益民，等．1992．新疆北部及邻区大地构造［M］．北京：地质出版社．

晓闻．1988．酸性和非酸性湖泊的沉积物中微生物的活动与贡献［J］．环境科学研究，3：28．

新疆油田石油地质志编写组．1993．中国石油地质志（卷十五）［M］．北京：石油工业出版社．

熊飞，李朝文，潘继征，等．2006．云南抚仙湖沉水植物分布及群落结构特征［J］．植物分类与资源学报，28（3）：277-282．

徐道一，张海峰，韩延本，等．2007．天文地层在陆相沉积时间确定研究中的作用［C］//．中国石油学会．

徐伟，陈开远，曹正林，等．2014．咸化湖盆混积岩成因机理研究［J］．岩石学报，30（6）：1804-1816．

徐祖新．2014．基于CT扫描图像的页岩储层非均质性研究［J］．岩性油气藏，26（6）：46-49．

薛良清．1990．层序地层学在湖相盆地中的应用探讨［J］．石油勘探与开发，17（6）：29-34．

薛良清．2000．成因层序地层学的回顾与展望［J］．沉积学报，18（3）：484-488．

薛书浩，刘雯林，薛良清，等.2002.湖盆沉积地质与油气勘探［M］.北京：石油工业出版社.

薛叔浩.1989.中国中新生代陆相盆地类型特征及其含油气潜力——含油气盆地沉积相与油气分布［M］.北京：石油工业出版社.

薛叔浩，顾家裕.1988.早第三纪东濮断陷——盐湖盆地沉积体系与油气分布，碎屑岩沉积相研究［M］.北京：石油工业出版社.

薛叔浩，刘雯林，薛良清，等.2002.湖盆沉积地质与油气勘探［M］.北京：石油工业出版社.

薛叔浩，应凤祥.1991.陆相盆地沉积相和储层，陆相盆地石油地质理论与实践［M］.北京：石油工业出版社.

燕婷，刘恩峰，张恩楼，等.2016.抚仙湖沉积物重金属时空变化与人为污染评价［J］.湖泊科学，28（1）：50-58.

羊向东，沈吉，董旭辉，等.2005.长江中下游浅水湖泊历史时期营养态演化及湖泊生态响应——以龙感湖和太白湖为例［J］.中国科学（D辑：地球科学），35（S2）：45-54.

杨波，刘兴起，王永波.2014.湖泊沉积物碳酸盐含量的 XRD 半定量分析［J］.湖泊科学，26（4）：637-640.

杨海波，陈磊，孔玉华.2004.准噶尔盆地构造单元划分新方案［J］.新疆石油地质，25（6）：686-688.

杨华，窦伟坦，刘显阳，等.2010.鄂尔多斯盆地三叠系延长组长7沉积相分析［J］.沉积学报，28（2）：254-263.

杨华，付金华，何海清，等.2012.鄂尔多斯华庆地区低渗透岩性大油区形成与分布［J］.石油勘探与开发，39（6）：641-648.

杨华，张文正.2005.论鄂尔多斯盆地长7优质油源岩在低渗透油气成藏富集中的主导作用：地球化学特征［J］.地球化学，34（2）：147-154.

杨华，张文正，昝川莉，等.2009.鄂尔多斯盆地东部奥陶系盐下天然气地球化学特征及其对靖边气田气源再认识［J］.天然气地球科学，20（1）：8-14.

杨俊杰.2002.鄂尔多斯盆地构造演化与油气分布规律［M］.北京：石油工业出版社.

杨明慧，刘池阳，唐玄.2006.鄂尔多斯盆地上三叠统延长组长7油层组分散有机南碳同位素及其古气候意义［C］//.第九届全国古地理学及沉积学学术会议论文集：132-134.

杨清堂.1996.内蒙古伊盟地区现代碱湖地质特征和形成条件分析［J］.化工矿产地质，18（1）：31-38.

杨世蓉，吉磊.1994.古湖沼学中的化石硅藻——80年代以来研究进展［J］.湖泊科学，6（2）：177-184.

杨万里.1985.松辽陆相盆地石油地质［M］.北京：石油工业出版社.

姚素平，金奎励.1995.用显微组分的双重属性研究沉积有机相［J］.地质论评，41（5）：525-532.

叶连俊，孙枢，李继亮.1988.中国的沉积学进展与展望［J］.矿物岩石地球化学通讯，7（2）：77-80.

叶莺，陈崇恒，林熙.2005.偏最小二乘回归的原理及应用［J］.海峡预防医学杂志，11（3）：3-6.

尹金双，向伟东，欧光习，等.2005.微生物、有机质、油气与砂岩型铀矿［J］.铀矿地质，5（5）：287-295，274.

尹太举，李宣玥，张昌民，等.2012.现代浅水湖盆三角洲沉积砂体形态特征——以洞庭湖和鄱阳湖为例［J］.石油天然气学报，34（10）：1-7.

尹秀珍.2008.松辽盆地中部晚白垩世早期古湖泊生产力研究［D］.北京：中国地质大学（北京）.

应凤祥，王衍琦，王克玉，等.1994.中国油气储层研究图集（卷一）碎屑岩［M］.北京：石油工业出版社.

尤兴弟.1986.准噶尔盆地西北缘风城组沉积相探讨［J］.新疆石油地质，7（1）：47-52.

于代国，孙建孟，王焕增，等.2005.测井识别岩性新方法——支持向量机方法［J］.大庆石油地质与开发，24（5）：93-95.

于文芹，邓葆玲，周小鹰.2006.岩性指示曲线重构在储层预测中的应用［J］.石油物探，45（5）：482-486.

于兴河，李胜利.2009.碎屑岩系油气储层沉积学的发展历程与热点问题思考［J］.沉积学报，27（5）：880-895.

于兴河，郑秀娟.2004.沉积学的发展历程与未来展望［J］.地球科学进展，19（2）：173-182.

余朝丰，李玉文，徐洋，等.2015.准噶尔盆地西北缘二叠系风城组沉积背景分析［C］.中国地质学会沉积地质专业委员会、中国矿物岩石地球化学学会沉积专业委员会2015年全国沉积学大会沉积学与非常规资源论文摘要集.

余宽宏，操应长，邱隆伟，等.2016a.准噶尔盆地玛湖凹陷下二叠统风城组含碱层段韵律特征及成因［J］.古地理学报，18（6）：1012-1029.

余宽宏，操应长，邱隆伟，等.2016b.准噶尔盆地玛湖凹陷早二叠世风城组沉积时期古湖盆卤水演化及碳酸盐矿物形成机理［J］.天然气地球科学，27（7）：1248-1263.

袁伟.2018.鄂尔多斯盆地延长组长7段富有机质页岩形成机理［D］.北京：中国石油大学（北京）.

袁伟，柳广弟，徐黎明，等.2019.鄂尔多斯盆地延长组7段有机质富集主控因素［J］.石油与天然气地质，40（2）：326-334.

袁选俊，林森虎，刘群，等.2015.湖盆细粒沉积特征与富有机质页岩分布模式——以鄂尔多斯盆地延长组长7油层组为例［J］.石油勘探与开发，42（1）：34-43.

曾海鳌，吴敬禄.2007.近50年来抚仙湖重金属污染的沉积记录［J］.第四纪研究，27（1）：128-132.

张爱云.1987.海相黑色页岩中一种动物型的有机显微组分［J］.现代地质，2（2）：230-237，312-313.

张才利，高阿龙，刘哲，等.2011.鄂尔多斯盆地长7油层组沉积水体及古气候特征研究［J］.天然气地球科学，22（4）：582-587.

张昌民，尹太举，米永进，等.2010.浅水三角洲沉积模式［J］.沉积学报，28（5）：933-944.

张朝军，何登发，吴晓智，等.2006.准噶尔多旋回叠合盆地的形成与演化［J］.中国石油勘探，6（1）：47-58.

张春生，刘忠保.1997.现代河湖沉积与模拟实验［M］.北京：地质出版社.

张春生，杨亚洲.1994.洱海西岸辫状三角洲沉积［J］.江汉石油学院学报，16（4）：28-34.

张恩楼，陈建徽，曹艳敏，等.2016.摇蚊亚化石记录及其在中国湖泊沉积与全球变化研究中的应用［J］.第四纪研究，36（3）：646-655.

张光伟，马向贤.2015.镁同位素分析——白云岩成因问题研究的一种可能方法［C］//.2015年全国沉积学大会沉积学与非常规资源论文摘要集：525-526.

张国印，王志章，郭旭光，等.2015.准噶尔盆地乌夏地区风城组云质岩致密油特征及"甜点"预测［J］.石油与天然气地质，36（2）：219-229.

张洪，邹乐军，沈晓华．2002．BP 神经网络在测井岩性识别中的应用［J］．天然气工业，38（2）：63-65.

张佳华，孔昭宸，杜乃秋．1997．北京房山东甘池 15000 年以来碳屑分析及对火发生可能性的探讨［J］．植物生态学报，21（2）：161-168.

张家武，金明，陈发虎，等．2004．青海湖沉积岩心记录的青藏高原东北部过去 800 年以来的降水变化［J］．科学通报，1：10-14.

张金川，林腊梅，李玉喜，等．2012．页岩油分类与评价［J］．地学前缘，2012，19（5）：322-331.

张锦泉，叶红专．1989．论碳酸盐与陆源碎屑的混合沉积［J］．成都地质学院学报，16（2）：87-92.

张立平，黄第藩．1999．伽马蜡烷—水体分层的地球化学标志［J］．沉积学报，17（1）：136-140.

张立平，王东坡．1994．松辽盆地白垩纪古气候特征及其变化机制［J］．岩相古地理，14（1）：11-16.

张丽华，潘保芝，刘思慧，等．2012．梨树断陷东南斜坡带砂砾岩岩性识别方法研究［J］．测井技术，36（4）：370-372.

张彭熹，张保珍，杨文博．1989．青海湖冰后期以来古气候波动模式的研究［J］．第四纪研究（1）：66-77.

张善文．2013．准噶尔盆地哈拉阿拉特山地区风城组烃源岩的发现及石油地质意义［J］．石油与天然气地质，34（2）：145-152.

张世涛，冯明刚，李荫玺．2007．近现代星云湖的环境变化与生态对策［M］．北京：地质出版社．

张文昭．1997．中国陆相大油田［M］．北京：石油工业出版社．

张文正，杨华，傅锁堂，等．2007．鄂尔多斯盆地长 9$_1$湖相优质烃源岩的发育机制探讨［J］．中国科学（D 辑：地球科学），37（S1）：33-38.

张文正，杨华，彭平安，等．2009．晚三叠世火山活动对鄂尔多斯盆地长 7 优质烃源岩发育的影响［J］．地球化学，38（6）：573-582.

张文正，杨华，杨奕华，等．2008．鄂尔多斯盆地长 7 优质烃源岩的岩石学、元素地球化学特征及发育环境［J］．地质化学，37（1）：59-64.

张雄华．2000．混积岩的分类和成因［J］．地质科技情报，19（4）：31-34.

张亚丽，席北斗，许秋瑾．2011．盐度作为咸水湖富营养化基准指标的可能性初探［J］．环境工程技术学报，1（3）：260-263.

张义杰，曹剑，胡文瑄．2010．准噶尔盆地油气成藏期次确定与成藏组合划分［J］．石油勘探与开发，37（3）：257-262.

张莹，潘保芝，印长海，等．2007．成像测井图像在火山岩岩性识别中的应用［J］．石油物探，46（3）：288-293.

张永东，苏雅玲，刘正文，等．2014．抚仙湖近现代沉积物中长链支链烷烃和环烷烃的检出及可能的环境意义［J］．科学通报，59（8）：656-667.

张永生，杨玉卿，漆智先，等．2003．江汉盆地潜江凹陷古近系潜江组含盐岩系沉积特征与沉积环境［J］．古地理学报，5（1）：29-35.

张幼勖．1980．河南吴城天然碱矿床地质特征及成因探讨［J］．化工地质，3：66-80.

张振克，吴瑞金，朱育新，等．2000．云南洱海流域人类活动的湖相沉积记录分析［J］．地理学报，55（1）：66-74.

张志杰，袁选俊，汪梦诗，等.2018.准噶尔盆地玛湖凹陷二叠系风城组碱湖沉积特征环境演化［J］.石油勘探与开发，45（6）：972-984.

赵白.1992.准噶尔盆地的形成与演化［J］.新疆石油地质，1（3）：191-196.

赵澄林.2001.沉积学原理［M］.北京：石油工业出版社.

赵澄林，朱筱敏.2001.沉积岩石学（第3版）［M］.北京：石油工业出版社.

赵建，高福红.2003.测井资料交会图法在火山岩岩性识别中的应用［J］.世界地质，22（2）：136-140.

赵霞飞.1992.动力沉积学与陆相沉积［M］.北京：科学出版社.

赵贤正，蒲秀刚，韩文中，等.2017.细粒沉积岩岩性识别新方法与储集层甜点分析——以渤海湾盆地沧东凹陷孔店组二段为例［J］.石油勘探与开发，44（4）：492-502.

赵彦超.1990.生油岩测井评价的理论和实践——以南阳、泌阳凹陷为例［J］.地球科学，15（1）：65-74.

赵英时.2003.遥感应用分析原理与方法［M］.北京：科学出版社.

郑大中，郑若锋.2002.天然碱矿床及其盐湖形成机理初探［J］.盐湖研究，10（2）：1-8.

郑和荣，林会喜，王永诗.2000.埕岛油田勘探实践与认识［J］.石油勘探与开发，27（6）：1-8.

郑浚茂，庞明.1989.碎屑储集岩的成岩作用研究［M］.北京：中国地质大学出版社.

郑绵平.2001.论中国盐湖［J］.矿床地质，20（2）：181-189.

郑荣才，文华国，李云，等.2018.甘肃酒西盆地青西凹陷下白垩统下沟组湖相喷流岩物质组分与结构构造［J］.古地理学报，20（1）：1-18.

郑一丁，雷裕红，张立强，等.2015.鄂尔多斯盆地东南部张家滩页岩元素地球化学、古沉积环境演化特征及油气地质意义［J］.天然气地球科学，26（7）：1395-1404.

郑卓，黄康有，邓韫，等.1999.中国东部大陆尺度南北样带尘土花粉散布规律与现状植被的关系［J］.中国科学，37（4）：534-543.

支东明，曹剑，向宝力，等.2016.玛湖凹陷风城组碱湖烃源岩生烃机理及资源量新认识［J］.新疆石油地质，37（5）：499-506.

支东明，宋永，何文军，等.2019.准噶尔盆地中—下二叠统页岩油地质特征、资源潜力及勘探方向［J］.新疆石油地质，40（4）：389-401.

支东明，唐勇，郑孟林，等.2018.玛湖凹陷源上砾岩大油区形成分布与勘探实践［J］.新疆石油地质，39（1）：1-8，22.

中国科学院兰州地质研究所.1979.青海湖综合考察报告［R］.北京：科学出版社.

中国科学院兰州分院，西部资源环境科学研究中心.1994.青海湖近代环境的演化和预测［M］.北京：科学出版社.

中国科学院南京地理与湖泊研究所.1989.云南断陷湖泊环境与沉积［M］.北京：科学出版社.

中国科学院南京地理与湖泊研究所.1989.中国湖泊概论［M］.北京：科学出版社.

中国科学院南京地理与湖泊研究所.1990.抚仙湖［M］.上海：海洋出版社.

中国科学院南京地理与湖泊研究所.2010.湖泊沉积与环境演化［M］.北京：科学出版社.

中国科学院中澳第四纪合作研究组.1987.中国—澳大利亚第四纪学术讨论会论文集［C］.北京：科学出版社.

钟大康，姜振昌，郭强，等．2015. 热水沉积作用的研究历史、现状及展望［J］.古地理学报，17（3）：285-296.

钟巍．1999. 南疆博斯腾湖末次冰消期新仙女木事件的记录［J］.湖泊科学，11（1）：28-32.

周爱锋，陈发虎，强明瑞，等．2007. 内陆干旱区柴达木盆地苏干湖年纹层的发现及其意义［J］.中国科学，37（7）：941-948.

周杰，邱振，王红岩，等．2017. 草莓状黄铁矿形成机制及其研究意义［J］.地质科学，52（1）：242-253.

周启星，黄国宏．2001. 环境生物地球化学及全球环境变化［M］.北京：科学出版社．

周张健．1994. 蒙脱石伊利石化的控制因素、转化机制及其转化模型的研究综述［J］.地质科技情报，13（4）：41-46.

周珍琦，董清水，厚刚福，等．2006. 与盐碱矿共生的油页岩形成环境及沉积演化——以桐柏吴城盆地油页岩矿床为例［J］.吉林大学学报（地球科学版），36（6）：1001-1005.

朱创业．2000. 海相碳酸盐岩沉积有机相研究及其在油气资源评价中的应用［J］.成都大学学报（自然科学版），19（1）：1-6.

朱光有，金强，张林晔．2003. 用测井信息获取烃源岩的地球化学参数研究［J］.测井技术，27（2）：104-109，146.

朱海虹，郑长苏，王云飞，等．1981. 鄱阳湖现代三角洲沉积相研究［J］.石油与天然气地质，2（2）：89-102.

朱立平，郭允．2017. 青藏高原湖泊沉积记录与环境变化研究［J］.科技导报，35（6）：65-70.

朱世发，刘欣，马勋，等．2015. 准噶尔盆地下二叠统风城组致密碎屑岩储层发育特征［J］.高校地质学报，21（3）：461-470.

朱世发，朱筱敏，刘继山，等．2012. 富孔熔结凝灰岩成因及油气意义——以准噶尔盆地乌—夏地区风城组为例［J］.石油勘探与开发，39（2）：162-171.

朱筱敏，刘媛，方庆，等．2012. 大型坳陷湖盆浅水三角洲形成条件和沉积模式：以松辽盆地三肇凹陷扶余油层为例［J］.地学前缘，19（1）：89-99.

朱筱敏，钟大康，袁选俊，等．2016. 中国含油气盆地沉积地质学进展［J］.石油勘探与开发，43（5）：820-829.

朱友光，金强，张林晔．2003. 用测井信息获取烃源岩的地球化学参数研究［J］.测井技术，20（2）：104-109，146.

邹才能，陶士振，侯连华，等．2013. 非常规油气地质［M］，北京：地质出版社．

邹才能，杨智，崔景伟，等．2013. 页岩油形成机制、地质特征及发展对策［J］.石油勘探与开发，40（1）：14-26.

邹才能，杨智，张国生，等．2014. 常规—非常规油气"有序聚集"理论认识及实践意义［J］.石油勘探与开发，41（1）：14-27.

邹才能，杨智，朱如凯，等．2015. 中国非常规油气勘探开发与理论技术进展［J］.地质学报，89（6）：979-1007.

邹才能，赵文智，张兴阳，等．2008. 大型敞流坳陷湖盆浅水三角洲与湖盆中心砂体的形成与分布［J］.

地质学报, 82（6）: 813-825.

邹才能, 赵政璋, 杨华, 等. 2009. 陆相湖盆深水砂质碎屑流成因机制与分布特征: 以鄂尔多斯盆地为例 [J]. 沉积学报, 27（6）: 1065-1075.

Abdelsalam M G, Youssef A M, Arafat S M, et al. 2008. Rise and demise of the New Lakes of Sahara [J]. Geosphere, 4（2）: 375-386.

Abels H A, Abdul Aziz H, Krijgsman W, et al. 2010. Long-period eccentricity control on sedimentary sequences in the continental Madrid Basin（middle Miocene, Spain）[J]. Earth Planetary Science Letter, 289: 220-231.

Aichner B, Herzschuh U, Wilkes H, et al. 2010. δD values of alkanes in Tibetan lake sediments and aquatic macrophytes — A surface sediment study and application to a 16 ka record from Lake Koucha [J]. Organic Geochemistry, 41（8）: 779-790.

Algeo T J, Heckel P H, Maynard J B, et al. 2008. Modern and ancient epicratonic seas and the superestuarine circulat ion model of marine anoxia. In Dynamics of Epeiric Seas : Sedimentological, Paleontological and Geochemical Perspectives [J]. Geological Association of Canada Special Publications, 48: 7-38.

Allen J R L. 1965. Fining-upwards cycles in alluvial successions [J]. Geological Journal, 4（2）: 229-246.

Allen J R L. 1976. Bed forms and unsteady processes : some concepts of classification and response illustrated by common one-way types [J]. Earth Surface Processes, 1: 361-374.

An Z, Clemens S C, Shen J, et al. 2011. Glacial-interglacial Indian summer monsoon dynamics [J]. Science, 333（6043）: 719.

Anderson N J, D'Andrea W, Fritz S C. 2010. Holocene carbon burial by lakes in SW Greenland [J]. Global Change Biology, 15（11）: 2590-2598.

Andreozzi M, Dinelli E, Tateo F. 1997. Geochemical and mineralogical criteria for the identification of ash layers in the stratigraphic framework of a foredeep ; the early Miocene Mt. Cervarola sandstones, northern Italy [J]. Chemical Geology, 137: 23-39.

Ashley G M, Southard J B, Boothroyd J C. 1982. Deposition of climbing-ripple beds : a flume simulation [J]. Sedimentology, 29（1）: 13.

Aslan A, White W A, Warne A G, et al. 2003. Holocene evolution of the western Orinoco Delta, Venezuela [J]. Geological Society of America Bulletin, 115（4）: 479-498.

Bachmann R W, Hoyer M V, Canfield D E. 2000. The potential for wave disturbance in shallow Florida lakes [J]. Lake and Reservoir Management, 16（4）: 281-291.

Baker A J, Fallick A E. 1989. Evidence from Lewisian limestones for isotopically heavy carbon in two-thousand-million-year-old sea water [J]. Nature, 337: 352-354.

Balázs Törő, Brian R P. 2006. Sedimentary record of seismic events in the Eocene Green River Formation and their implications for regional tectonics on lake evolution（Bridger Basin, Wyoming）[J]. Sedimentary Geology, 2（3）: 1-30.

Barnes M A, Barnes W C. 1978. Organic compounds in lake sediments [M]. In : Lerman A ed. Lakes. NewYork : Springer, 127-152.

Begg S H. 1996. characterization of a complex fluvial deltaic reservoir for simulation [J]. SPE Formation Evaluation, 11 (3): 147–154.

Berger, André, Loutre M F, et al. 1993. Insolation and Earths Orbital Periods [J]. Journal of Geophysical Research Atmospheres, 98 (D6): 10341–10362.

Berner R A. 1967. Comparative dissolution characteristics of carbonate minerals in the presence and absence of aqueous magnesium ion [J]. American Journal of Science, 265 (1): 45–70.

Bian W H, Hornung J, Liu Z H, et al. 2010. Sedimentary and palaeoenvironmental evolution of the Junngar Basin, Xinjiang, northwest China [J]. Palaeoenvironments, 90 (3): 175–186.

Birks H H, Birks H J B. 2003. Reconstructing Holocene climate from pollen and plant macrofossils [M] // Mackay A, Battarbee R, Briks J. Global Change in the Holocene. London: Arnold.

Birks H H, Birks H J B, Last W M. 2001. Tracking environmental change using lake sediments. Volume3: Terrestial, algal, and siliceous indicators [M]. Dordrecht: Kluwer Academic Publishers.

Bishop J K B. 1988. The barite–opal–organic carbon association in oceanic particulate matter [J]. Nature, 332: 341–343.

Bluth G J S, Kump L R. 1994. Lithologic and climatologic controls of river chemistry [J]. Geochimica et Cosmochimica Acta, 58(10): 2341–2359.

Boucherle M M, Züllig H. 1983. Cladoceran remains as evidence of change in trophic state in three Swiss lakes [J]. Hydrobiologia, 103 (1): 141–146.

Bourbonniere R A, Meyers P A. 1996. Sedimentary geolipid records of historical changes in the watersheds and productivities of Lakes Ontario and Erie [J]. Limnology and Oceanography, 41 (2): 352–359.

Bowen H. 1979. Environmental chemistry of the elements [M]. Academic Press.

Boyer Bruce W. 1982. Green River laminites: Does the playa–lake model really invalidate the stratified–lake model? [J]. Geology, 10 (6): 321–342.

Bradley W H, Eugster H P. 1971. Geochemistry and paleolimnology of the trona deposits and Associated Authigenic Minerals of the Green River Formation of Wyoming: physical chemistry that determined formation of thick and extensive trona and trona–halite beds and accomp [J]. Erkenntnis, 29 (3): 369–393.

Bralower T J. 1984. Low productivity and slow deep–water circulation in mid–Cretaceous oceans [J]. Geology, 12 (10): 614–618.

Bridge J S. 1981. Hydraulic inter pretation of grain sized distributions using a physical model for bedload transport [J]. Journal of Sedimentary petrology, 51: 1109–1124.

Brooks J L, Dodson S I. 1965. Predation, body size, and composition of plankton [J]. Science, 150 (3692): 28–35.

Brummer G J A, A J M. 1992. van Ejiden "Blue–ocean" paleoproductivity estimates from pelagic carbonate mass accumulation rates [J]. Mar. Micropaleontol, 19: 99–117.

Brumsack H J. 2006. The trace metal content of recent organic carbon–rich sediments: Implications for Cretaceous black shale formation [J]. Palaeogeography, Palaeoclimatology, Palaeoecology, 232 (2):

334–361.

Buehler H A, Weissmann G S, Scuderi L A, et al. 2011. Spatial and Temporal Evolution of an Avulsion on the Taquari River Distributive Fluvial System from Satellite Image Analysis [J] . Journal of Sedimentary Research, 81 (8): 630–640.

C M A Choux, J H Baas, W D McCaffrey, et al. 2005. Comparison of spatio–temporal evolution of experimental particulate gravity flows at two different initial concentrations, based on velocity, grain size and density data [J] . Sedimentary Geology, 179 (1–2): 49–69.

Cabestrero Ó, Sanz–Montero M E, Arregui L, et al. 2018. Seasonal Variability of Mineral Formation in Microbial Mats Subjected to Drying and Wetting Cycles in Alkaline and Hypersaline Sedimentary Environments [J] . Aquatic Geochemistry : 1–27.

Calvert S E. 1987. Oceanographic controls on the accumulation of organic matter in marine sediments [J] . Geological Society, London, Special Publications, 26 (1): 137–151.

Calvert S E. 2004. Beware intercepts : interpreting compositional rations in multi–component sediments and sedimentary rocks [J] . Organic Geochemistry, 35 (8): 981–987.

Calvert S E, Pedersen T F. 1993. Geochemistry of Recent oxic and anoxic marine sediments : Implications for the geological record [J] . Marine Geology, 113 (1–2): 67–88.

Cangemi M, Censi P, Reimer A, et al. 2016. Carbonate precipitation in the alkaline lake Specchio di Venere (Pantelleria Island, Italy) and the possible role of microbial mats [J] . Applied Geochemistry, 67: 168–176.

Cangemi M, Madonia P, Bellomo S, et al. 2016. Geochemical and Isotopic Characterisation of Actual Lacustrine Sediments from the Hydrothermal Lake Specchio di Venere, Pantelleria Island (Italy) [J] . Journal of Chemistry : 840–852.

Cardinal D, Savoye N, Trull T W. 2005. Variations of carbon remineralization in the Southern Ocean illustrated by the Baxs proxy [J] . Deep–Sea Research, Part 1, 52: 355–370.

Carroll A R, Bohacs K M. 2001. Lake–type controls on petroleum source rock potential in non–marine basins [J] . American Association of Petroleum Geologists Bulletin, 85 (6): 1033–1053.

Cartigny M J B, Ventra D, Postma G, et al. 2014. Morphodynamics and sedimentary structures of bedforms under supercritical–flow conditions : New insights from flume experiments [J] . Sedimentology, 61: 712–748.

Censi P, Cangemi M, Brusca L, et al. 2015. The behavior of rare–earth elements, Zr and Hf during biologically–mediated deposition of silica–stromatolites and carbonate–rich microbial mats [J] . Gondwana Research, 27: 209–215.

Chase Z. 2001. Trace elements as regulators (iron) and recorders (uranium, protactinium, thorium, beryllium) of biological productivity in the ocean. [D] . Columbia University.

Chu G, Sun Q, Yang K, et al. 2011. Evidence for decreasing South Asian summer monsoon in the past 160 years from varved sediment in Lake Xinluhai, Tibetan Plateau [J] . Journal of Geophysical Research Atmospheres, 116 (D2): 347–360.

Chu G, Sun Q, Zhaoyan G, et al. 2009. Dust records from varved lacustrine sediments of two neighboring lakes in northeastern China over the last 1400 years [J] . Quaternary International, 194: 108–118.

Cole J J, Carpenter S R, Kitchell J F, et al. 2007. Plumbingthe global carbon cycle : integrating inland waters into the terrestrial carbon budget [J] . Ecosystems, 10 (1): 172–185.

Condie K C. 1991. Another look at rare earth elements in shales [J] . Geochim. Cosmochim. Acta, 55: 2527–2531.

Cornel O, Janok P B. 2006. Terminal distributary channels and delta front architecture of river–dominated delta systems [J] . Journal of Sedimentary Research, 76: 212–233.

Coussot P, Meunier M. 1996. Recognition, classification and mechanical description of debris flows [J] . Earth–Science Reviews (40): 209–227.

Curcio D, Ciraolo G, Dasaro F, et al. 2013. Prediction of soil texture distributions using VNIR–SWIR reflection spectroscopy [J] . Procedia Environmental Sciences, 19: 494–503.

Cutter G A, Velinsky D J. 1988. Temporal variations of sedimentary sulfur in a Delaware salt marsh [J] . Marine Chemistry, 23: 311–327.

D Gallego–Torres, F Martinez–Ruiz, A Paytan, et al. 2007. Pliocene–Holocene evolution of depositional conditions in the eastern Mediterranean : Role of anoxia vs. productivity at time of sapropel deposition [J] . Palaeogeography, Palaeoclimatology, Palaeoecology, 246 (2–4): 424–439.

Das K, Ray S. 2008. Effect of delay on nutrient cycling in phytoplankton–zooplankton interactions in estuarine system [J] . Ecological Modelling, 215 (1–3): 69–76.

Dean W E, Leinen M, Stow D A V. 1985. Classification of deep–sea fine–grained sediments [J] . Journal of Sedimentary Research, 55: 250–256.

Dearing J A, Elner J K, Happey–Wood C M. 1981. Recent sediment flux and erosional processes in a Welsh upland lake catchment based on magnetic susceptibility measurements [J] . Quaternary Research, 16 (3): 356–372.

Dehairs F, Stoobants N, Goeyens L. 1991. Suspended barite as a tracer of biological activity in the Southern Ocean [J] . Marine Chemistry, 35: 399–410.

Dekkers M J, Schoonen M A A. 1994. An electrokinetic study of synthetic greigite and pyrrhotite [J] . Geochimica et Cosmochimica Acta, 58: 4147–4153.

Demaison G J , Moore G T . 1980. Anoxic environments and oil source bed genesis [J] . Organic Geochemistry, 2 (1): 1–31.

Deocampo D M, Renaut R W. 2016. Geochemistry of African Soda Lakes [M] // Schagerl M. Soda Lakes of East Africa. New York : Springer, 77–95.

Desborough G A. 1978. A biogenic–chemical stratified lake model for the origin of oil shale of the Green River Formation : an alternative to the playa–lake model [J] . Geological Society of America Bulletin, 89: 961–971.

Dimberline A J, Bell A, Woodcock N H. 1990. A laminated hemipelagic facies from the Wenlock and Ludlow of the Welsh Basin [J] . Journal of Sedimentary Research, 147 (4): 693–701.

Ding X J, Liu G D, Zha M, et al. 2015. Relationship between total organic carbon content and sedimentation rate in ancient lacustrine sediments, a case study of Erlian basin, northern China [J]. Journal of Geochemical Exploration, 149: 22–29.

Domagalski J L, Eugster H P. 1990. Trace metal geochemistry of Walker, Mono, and Great Salt Lakes [J]. The Geochemical Society, 2: 315–353.

Donaldon AC. 1974. Pennsylvanian sedimentation of central Appalachians [J]. Geological Society of America Special Paper, 148: 47–48.

Dorsey R J, Kidwell S M. 1999. Mixed carbonate–siliciclastic sedimentation on a tectonically active margin: Example from the Pliocene of Baja California Sur, Mexico [J]. Geology, 27 (10): 935–938.

Dott R H J. 1963. Dynamics of subaqueous gravity depostional processes [J]. AAPG Bulletin, 47 (1): 104–128.

Douglas W, Kirkland, Robert Evans. 1981. Source–rock potential of evaporitic environment [J]. AAPG Bulletin, 65: 181–190.

Downing J A. 2009. Plenary lecture global limnology: up–scaling aquatic services and processes to planet Earth [J]. Verh Internat Verein Limnol, 30 (8): 1149–1166.

Duan Y, Wu B X. 2009. Hydrogen isotopic compositions and their environmental significance for individual n–alkanes in typical plants from land in China [J]. Chinese Science Bulletin, 54 (3): 461–467.

Duddy I. 1980. Redistribution and fractionation of rare–earth and other elements in a weathering profile [J]. Chemical Geology, 30: 363–381.

Dymond J, Suess E, Lyle M. 1992. Barium in deep–sea sediments: a geochemical proxy for paleoproductivity [J]. Paleoceanography, 7: 163–181.

Dyni J R. 1996. Sodium carbonate resources of the Green River Formation in Utah, Colorado, and Wyoming [J]. Geological Survey Open–File Report: 96–729.

Dyni J R. 2003. Geology and Resources of Some World Oil–Shale Deposits [J]. Estonian Academy Publishers, 20 (3): 193–252.

EIA. 2013. Annual Energy Outlook 2013 with Projections to 2040 [R].

Englund J O, Jorgensen P. 1973. A chemical classification system for argillaceous sediments and factors affecting their composition [J]. Chemical analyses of clays, shales and slates from ODP.

Eugster H P. 1969. Inorganic bedded cherts from the Magadi area, Kenya [J]. Contributions to Mineralogy & Petrology, 22 (1): 1–31.

Eugster H P. 1970. Chemistry and origin of the brines of lake Magadi, Kenya [J]. Mineral Soc Amer, Spec Pap (United States), 1 (3): 213–235.

Eugster H P. 1971. Origin and Deposition of Trona [J]. Contributions to Geology, 10 (1), 57–63.

Eugster H P. 1980. Geochemistry of evaporitic lacustrine deposits [J]. Annual Review of Earth & Planetary Sciences, 8 (1): 35–63.

Eugster H P. 1986. Lake Magadi, Kenya: a model for rift valley hydrochemistry and sedimentation? Sedimentation in the African Rifts [J]. Geological Society of London Special Publication, 25: 177–189.

Eugster H P, Hardie L A. 1975. Sedimentation in an ancient playa–lake complex : the Wilkins Peak Member of the Green River Formation of Wyoming [J]. Geological Society of America Bulletin, 86: 319–334.

Eugster H P, Surdam R C. 1973. Depositional environment of the Green River Formation of Wyoming : a preliminary study [J]. Geological Society of American Bulletin, 84: 1115–1120.

Fetter C W. 2000. Applied Hydrogeology [J]. Pearson : 357–358.

Ficken K, Li B, Swain D L, et al. 2000. An *n*–alkanes proxy for the sedimentary input of submerged/floating freshwater aquatic macrophytes [J]. Organic Geochemistry, 31 (7): 745–749.

Fisher W L, McGowen J H. 1967. Depositional systems in the Wilcox Group of Texas and their relationship to occurrence of oil and gas [J]. Gulf Coast Association of Geological Societies Transactions, 17: 105–125.

Fisk HN, Kolb CR, Mcfarlan EJ, et al. 1954. Sedimentary framework of the modern Mississippi delta [J]. Journal of Sedimentary Petrology, 24 (2): 76–99.

Forester R M. 1986. Determination of the dissolved anion composition of ancient lakes from fossil ostracodes [J]. Geology, 14: 796–798.

Fowler M G, Abolins P, Douglas A G. 1986. Monocyclic alkanes in Ordovician organic matter [J]. Organic Geochemistry, 10 (4): 815–823.

Frazier D E. 1974. Depositional episodes : Their relationship to the Quaternary framework inthe northwestern portion of the Gulf Basin [J]. Texas Bureau of Economic Geology, Geological Circular, 74: 1–28.

Friedrich L. 1973. Minerals, rocks [M]. Berlin : Springer–Verlag : 93–95.

G Shanmugam, R J Moiola, J G McPherson, et al. 2000. Comparison of turbidite facies associations in modern passive–margin Mississippi fan with ancient active–margin fans [J]. Sedimentary Geology, 58 (1): 63–77.

Gallowary W E. 1975. Process framework for describing the morphologic and stratigraphic evolution of deltaic depositional systems. [J] //. Broussard M L. Deltas. Houston Geological Society, 87–98.

Galloway W E. 1989. Genetic stratigraphic sequences in basin analysis II : application to northwest Gulf of Mexico Cenozoic basin [J]. AAPG Bulletin, 73 (2): 143–154.

Galloway W E. 1989. Genetic stratigraphic sequences in basin analysis I : architecture and genesis of flooding–surface bounded depositional units [J]. AAPG Bulletin, 73 (2): 125–142.

Ganthy F, Soissons LM, Sauriau P–G, et al. 2015. Effects of short flexible seagrass Zostera noltei on flow, erosion and deposition processes determined using flume experiments [J]. Sedimentology, 62: 997–1023.

Gatellier J P L A, De Leeuw J W, Damsté J S S, et al. 1993. A comparative study of macromolecular substances of a Coorongite and cell walls of the extant alga Botryococcus braunii [J]. Geochimica et Cosmochimica Acta, 57 (9): 2053–2068.

Geer G D. 2003. Geochronology of the last 12000 years. Milestones in Geosciences [M]. Berlin : springer–Verlag.

Gena K. 2013. Deep sea mining of submarine hydrothermal deposits and its possible environmental impact in Manus Basin, Papua New Guinea [J]. Procedia Earth and Planetary Science, 6: 226–233.

Gireeshkumar T R, Deepulal P M, Chandramohanakumar N. 2013. Distribution and sources of sedimentary organic matter in a tropical estuary, south west coast of India (Cochin estuary): A baseline study [J] . Marine Pollution Bulletin, 66 (1/2): 239–245.

Gomez C, Lagacherie P, Coulouma G. 2012. Regional predictions of eight common soil properties and their spatial structures from hyperspectral Vis–NIR data [J] . Geoderma, 189–190 (6): 176–185.

Gong Y M, Xu R, Tang Z D, et al. 2004. Cyclostratigraphy and digital dating of conodont zone in Upper Devonian in Guangxi [J] . Science in China (Series D), 34 (7): 635–643.

Grabowski G J, Bohacs K M. 1996. Controls on composition and distribution of lacustrine organic–rich rocks of the Green River Formation, Wyoming : American [J] . Association of Petroleum Geologists and Society of Economic Paleontologists and Mineralogists : 5–55.

Granina L, Muller B, Wehrli B. 2004. Origin and dynamics of Fe and Mn sedimentary layers in Lake Baikal [J] . Chemical Geology, 205 (1–2): 55–72.

Ha H K, Maa J P–Y. 2009. Evaluation of two conflicting paradigms for cohesive sediment deposition [J] . Marine Geology, 265: 120–129.

Hagadorn J W, Mcdowell C. 2011. Microbial influence on erosion, grain transport and bedform genesis in sandy substrates under unidirectional flow [J] . Sedimentology, 59: 795–808.

Hakanson L. 1981. Determination of characteristic values for physical and chemical lake sediment parameters [J] . Water Resource Reseach, 17: 1625–1640.

Halfar J, Ingle J C Jr, Godinez–Orta L. 2004. Modern non–tropical mixed carbonate–siliciclastic sediments and environments of the southwestern Gulf of California, Mexico [J] . Sedimentary Geology, 165 (1/2): 93–115.

Hanselmann K W. 1986. Microbially mediated processes in environmental chemistry : lake sediments as model systems [J] . Chimia, 40: 146–159.

Haven H L, Leeuw J W, Sinninghe Damsté, et al. 1988. Application of biological markers in the recognition of palaeohypersaline environments [J] . Geological Society Special Publication, 1 (40): 123–130.

Hay B J, Honjo S, Kempe S, et al. 1990. Interannual variability in particle flux in the southwestern Black Sea. Deep Sea Research Part A [J] . O–ceanographic Research Papers, 37 (6): 911–928.

Haynes H, Vignaga E, Holmes WM. 2009. Using magnetic resonance imaging for experimental analysis of fine–sediment infiltration into gravel beds [J] . Sedimentology 56: 1961–1975.

He Y, Zhao C, Wang Z, et al. 2013. Late Holocene coupled moisture and temperature changes on the northern Tibetan Plateau [J] . Quaternary Science Reviews, 80: 47–57.

Helvaci C. 1998. The Beypazari trona deposit, Ankara Province, Turkey [C] . Proceedings of the First International Soda Ash Conference, Wyoming State Geological Survey, Laramie, W Y, Public Information Circular, 40: 67–103.

Henry M, Pantin Mark C. 2011. Franklin, Improved experimental evidence for autosuspension, Sedimentary Geology, 10. 1016/j. sedgeo. 2011. 02. 002, 237, 1–2, (46–54) .

Hernández P A, Melián G, Giammanco S, et al. 2015. Contribution of CO_2 and H_2S emitted to the atmosphere by plume and diffuse degassing from volcanoes : the Etna volcano case study [J] . Surveys in Geophysics,

36（3）: 327–349.

Herron M M. 1986. Mineralogy from geochemical well logging［J］. Clay and Clay Minerals, 34（2）: 204–213.

Hillary K, John B K, Matthäus U B, et al. 2014. Characterization of brines and evaporites of Lake Katwe, Uganda［J］. Journal of African Earth Sciences, 91: 55–65.

Hillman A L, Yu J Q, Abbott M B, et al. 2014. Rapid environmental change during dynastic transitions in Yunnan Province, China［J］. Quaternary Science Reviews, 98（15）: 24–32.

Hinnov L A, Ogg J G. 2007. Cyclostratigraphy and the astronomical time scale［J］. Stratigraphy, 4: 239–251.

Hiroko Okazaki, Hiroomi Nakazato, Youngjoo Kwak. 2013. Application of high–frequency ground penetrating radar to the reconstruction of 3D sedimentary architecture in a flume model of a fluvial system［J］. Sedimentary Geology, 293: 21–29.

Holmes J A. 1996. Trace–element and stable–isotope geochemistry of non–marine ostracod shells in Quaternary palaeoenviromental reconstruction［J］. Journal of Paleolimnology, 15: 223–235.

Hoogendoorn R M, Boels J F, Kroonenberg S B, et al. 2005. Development of the Kura delta, Azerbaijan; a record of Holocene Caspian sea–level changes［J］. Marine Geology, 222–223: 359–380.

Horiuchi S, Wada H, Moori T. 1974. Morphology and imperfection of hydrothermally synthesized greigite（Fe3S4）［J］. Journal of Crystal Growth, 24: 624–626.

Horsfield B, Curry D J, Bohacs K, et al. 1990. Organic geochemical and biological marker characterization of source rocks and oils derived from lacustrine environments in the Brazilian continental margin［J］. AAPG: 77–97.

Hu W R, He Z X. 2001. What is learnt from great progress in oil and gas exploration in Ordos basin（in China）［J］. China Petroleum Exploration, 6（4）: 1–4.

Hudson J D. 1977. Stable isotopes and limestone lithification［J］. J. geol. soc. london, 133（6）: 637–660.

Hutchinson G E. 1957. A Treatise on Limnology［J］. New York, 59（2）: 169–176.

Ibach L E J. 1982. Relationship between sedimentation rate and total organic carbon content in ancient marine sediments［J］. AAPG Bulletin, 66（2）: 170–188.

Iwashita F, Friedel M J, Ribeiro G F, et al. 2012. Intelligent estimation of spatially distributed soil physical properties［J］. Geoderma, 170: 1–10.

Jagniecki E A, Lowenstein T K, Jenkins D M, et al. 2015. Eocene atmospheric CO_2 from the nahcolite proxy ［J］. Geology, 43: 1075–1078.

Javier GarcíaVeigas, İbrahim Gündoğan, Cahit Helvacı, et al. 2013. A genetic model for Na–carbonate mineral precipitation in the Miocene Beypazarı trona deposit, Ankara province, Turkey［J］. Sedimentary Geology, 294（3）: 315–327.

Jeppesen E, Leacitt P, Meester L D. 2001. Functional ecology and palaeolimnology: using caldoceran remains to reconstruct anthropogenic impact［J］. Trends in Ecology & Evolution, 16: 15–30.

John R D, Denver C. Sodium carbonate resources of the Green River Formation［R］. Open–File Report: 96–

729.

Johnson D A, King L S. 1985. A mathematically simple turbulence closure model for attached and separated turbulent boundary layers [J]. AIAA Journal, 23 (11): 1684–1692.

Johnson R C, Brownfield M E. 2015. Development, evolution, and destruction of the saline mineral area of Eocene Lake Uinta, Piceance basin, western Colorado [R]. Geological Survey Scientific Investigations Report, 2013–5176.

Jones R W. 1987. Organic facies. Advances in Petmletma Geochemistry [M]. London: Acadenaic Press, 2: 1–90.

Juergen Schieber. 2011. Reverse engineering mother nature–shale sedimentology from an experimental perspective [J]. Sedimentology, 238: 1–22.

Katz B J. 1995. Factors controlling the development of lacustrine petroleum source rock–an update [J]. AAPG Studies in Geology, 40: 61–79.

Kelts K. 1988. Environments of deposition of lacustrine petroleum source rocks: an introduction [J]. Geological Society, London, Special Publications, 40 (1): 3–26.

Kelts K, Hsü K J. 1978. Freshwater Carbonate Sedimentation [M]. In: Lakes. New York: Springer, 295–323.

Kilbride C, Poole J, Hutchings T R. 2006. A comparison of Cu, Pb, As, Cd, Zn, Fe, Ni and Mn determined by acid extraction/ICPOES and ex situ field portable X–ray fluorescence analyses [J]. Environmental Pollution, 143 (1): 16–23.

Kodama K P, Hinnov L A. 2014. Rock Magnetic Cyclostratigraphy [M]. Wiley–Blackwell.

Koli V K, Ranga M M. 2011. Physicochemical status and primary productivity of Ana Sagar Lake, Ajmer (Rajasthan), India [J]. Universal Journal of Environmental Research & Technology, 1 (3): 286–292.

Krishnaswamy S, D La, J M Martin et al. 1971. Geochronology of lake sediments [J]. Earth & Planetary Science Letters, 11 (1–5): 1–414.

Krumbein W C. 1932. The dispersion of fine–grained sediments for mechanical analysis [J]. Journal of Sedimentary Research, 2 (3): 140–149.

Kryc K A, Murray D W, Murray D W. 2003. Elemental fractionation of Si, Al, Ti, Fe, Ca, Mn, P and Ba in five marine sedimentary reference materials: results from sequential extractions [J]. Anal Chim Acta, 487 (1): 117–128.

Kutzbach J E. 1980. Estimates of past climate at Paleo lake Chad, North Africa [J]. Quaternary Research, 14: 210–223.

Lamb M P, Finnegan N J, Scheingross J S. 2015, New insight into the mechanics of fluvial bedrock erosion through flume experiments and theory, Geomorphology, Special issue 46th Annual Binghamton Geomorphology Symposium: Laboratory Experiments in Geomorphology, doi: 10. 1016/j. geomorph. 2015. 03. 003.

Largeau C, Derenne S, Casadevall E, et al. 1986. Pyrolysis of immature Torbanite and of the resistant biopolymer (PRBA) isolated from extant alga Botryococcus braunii. Mechanism of formation and structure of torbanite [J] . Organic Geochemistry, 10 (4/5/6): 1023–1032.

Lemons D R, Chan M A. 1999. Facies architecture and sequence stratigraph of fine–grained lacustrine deltas along the eastern margin of late Pleistocene Lake Bonnevill, northern Utah and southern Idaho [J] . AAPG Bulletin, 83 (4): 635–665.

Li J, Dodson J, Yan H, et al. 2017. Quantifying climatic variability in monsoonal northern China over the last 2200 years and its role in driving Chinese dynastic changes [J] . Quaternary Science Reviews, 159: 35–46.

Li K, Guo A L, Gao C L, et al. 2015. A tentative discussion on the source area of the Late Triassic Liuyehe basin in North Qin–ling Mountains and its relationship with the Ordos basin : evidence from LA–ICP–MS U–Pb dating of detrital zircons [J] . Geol. Bull. China, 34 (8): 1426–1437.

Li Y L, Gong Z J, Shen J. 2012 Effects of eutrophication and temperature on Cyclotella rhomboideo–elliptica Skuja, endemic diatom to China [J] . Phycological Research, 60 (4): 288–296.

Liu G, Liu Z, Li Y, et al. 2009. Effects of fish introduction and eutrophication on the cladoceran community in Lake Fuxian, a deep oligotrophic lake in southwest China [J] . Journal of Paleolimnology, 42 (3): 427–435.

Liu G, Liu Z, Smoak J M. 2015. The dynamics of cladoceran assemblages in response to eutrophication and planktivorous fish introduction in Lake Chenghai, a plateau saline lake [J] . Quaternary International, 355 (1): 188–193.

Liu X, Yu Z, Dong H, et al. 2014. A less or more dusty future in the Northern Qinghai–Tibetan Plateau ? [J] . Scientific Reports, 4 (4): 6672.

Loucks R G, Reed R M, Ruppel S C, et al. 2009. Morphology, genesis, and distribution of nanometer–scale pores in siliceous mudstones of the Mississippian Barnett shale [J] . Journal of Sedimentary Research, 79 (12): 848–861.

Lowe D R. 1979. Sediment gravity flows : their classification and some problems of application to natural flows and deposits [M] // Doyle L J, Pilkey O H. Geology of Continental Slopes. Tulsa : Society of Economic Paleontologists and Mineralogists Special Publication, 75–82.

Lowenstein T K, Jagniecki E A, Carroll A R, et al. 2017. The Green River salt mystery : What was the source of the hyperalkaline lake waters [J] . Earth–Science reviews, 173: 295–306.

Lyons T W, Werne J P, Hollander D J, et al. 2003. Contrasting sulfur geochemistry and Fe/Al and Mo/Al ratios across the last oxic–to–anoxic transition in the Cariaco Basin, Venezuela [J] . Chemical Geology, 195 (1).

Ma L, Ge T, Zhao X, et al. 1982. Oil basins and subtle traps in the eastern part of China [J] . In : Ma L (eds) . The deliberate search for the subtle trap. AAPG Memoir 32: 287–315.

MacDonald D D, Ingersoll C G, Berger T A. 2009. Development and evaluation of consensus–based sediment quality guidelines for freshwater ecosystems [J] . Archives of Environmental Contamination and Toxicology, 39 (1): 20–31.

Macquaker J H S , Bentley S J , Bohacs K M . 2010. Wave-enhanced sediment–gravity flows and mud dispersal across continental shelves : Reappraising sediment transport processes operating in ancient mudstone successions [J] . Geology, 38（10）: 947–950.

Macquaker J H S, Adams A E. 2003. Maximizing information from fine-grained sedimentary rocks : An inclusive nomenclature for mudstones [J] . Journal of Sedimentary Research, 73（5）: 735–744.

Macquaker J H S, Keller M A. 2005. Mudstone sedimentation at high latitudes : Ice as a transport medium for mud and supplier of nutrients [J] . Journal of Sedimentary Research, 75（4）: 696–709.

Mainsant G, Chambon G, Jongmans D, et al. 2015. Shear-wave-velocity drop prior to clayey mass movement in laboratory flume experiments [J] . Engineering Geology, 192: 26–32.

Manega P C, Bieda S. 1987. Modern sediments of Lake Natron, Tanzania [J] . Sciences Géologiques Bulletin, Université Louis Pasteur de Strasbourg. 40: 83–95.

Mann U, Muller P J. 1988. Relation between source rock properties and wireline log parameters. An example from Lower Jurassic Posidonia Shale, NW Germany : Advances in Organic [J] . Geochemistry, 10: 1105–1112.

Marianna C, Paolo M, Sergio S. 2018. Geochemistry and mineralogy of a complex sedimentary deposit in the alkaline volcanic Lake Specchio di Venere（Pantelleria Island, south Mediterranean）[J] . Journal of Limnology, 1722.

Matthews J , Berrisford M , Dresser P , et al. 2005. Holocene glacier history of Bjørnbreen and climatic reconstruction in central Jotunheimen, Norway, based on proximal glaciofluvial stream-bank mires [J] . Quaternary Science Reviews, 24（1）: 67–90.

Mayer L M. 1994. Surface area control of organic carbon accumulation in continental shelf sediments [J] . Geochimica et Cosmochimica Acta, 58（4）: 1271–1284.

McManus J, Berelson W M, Hammond D E, et al. 1999. Barium cycling in the North Pacific : implication for the utility of Ba as a paleoproductivity and paleoalkalinity proxy [J] . Paleoceanography, 14: 62–73.

Melack J M, Peter Kilham. 1974. Photosynthetic rates of phytoplankton in East African alkaline, saline lakes [J] . Limnology and Oceanography, 19（5）: 743–755.

Meyer B L, Nederlof M H. 1984. Identification of source rocks on wireline logs by density/resistivity and sonic transit time/resistivity crossplots [J] . AAPG Bulletin, 68: 121–129.

Meyers P A. 2003. Applications of organic geochemistry to paleolimnological reconstructions : a summary of examples from the Laurentian Great Lakes [J] . Organic Geochemistry, 34（2）: 261–289.

Meyers P A, Ishiwatari R. 1993. Lacustrine organic geochemistry-an overview of indicators of organic matter sources and diagenesis in lake sediments [J] . Organic Geochemistry, 20（7）: 867–900.

Meyers P A, Lallier-Vergés E. 1999. Lacustrine Sedimentary Organic Matter Records of Late Quaternary Paleoclimates [J] . Journal of Paleolimnology, 21（3）: 345–372.

Miall A D. 1981. Sedimentation and tectonics in alluvial basins [C] . Gedogicod Association of Canada, Dept of Earth Science, University of Waterloo, 23: 1–33.

Middleton G V. 1966. Experiments on density and turbidity currents : II. Uniformflow of density currents [J] . Canadian Journal of Earth Sciences 3: 627–637.

Middleton G V. 1967. Experimental studies of density and turbidity currents III, deposition ofsediment : Can

［J］．J. Earth Sci., 4: 475–505.

Middleton G V, Hampton M A. 1973. Sediment gravity flows: Mechanics of flow and deposition ［J］. Turbidites and deep–water sedimentation: 1–38.

Middleton G V, Hampton M A. 1976. Subaqueous sediment transport and deposition by sediment gravity flows ［M］// Stanley D J, Swift D J P. Marine sediment transport and environmental management. New York: John Wiley & Sons: 197–218.

Mingram J, Allen J R M, Brüchmann C, et al. 2004. Maar– and crater lakes of the Long Gang Volcanic Field (NE China) –overview, laminated sediments, and vegetation history of the last 900 years ［J］. Quaternary International, 123 (1): 135–147.

Mitchell R N, Bice D M, Montanari A, et al. 2008. Ocean anoxic cycles? Prelude to the Livello Bonarelli (OAE 2) ［J］. Earth Planetary Science Letters, 267: 1–16.

Mount J F. 1985. Mixed siliciclastic and carbonate sediments: A proposed first–order textural and compositional classification ［J］. Sedimentology, 32 (3): 435–442.

Mulder T, Alexander J. 2001. The physical character of subaqueous sedimentary density flows and their deposits ［J］. Sedimentology, 48: 269–299.

Muller G. 1979. Schwermetalle in den sedimenten des Rheins–Vernderungen seit ［J］. Umschav.

Müller P J, Suess E. 1979. Productivity, sedimentation rate, and sedimentary organic matter in the oceans–I. Organic carbon preservation. Deep Sea Research Part A ［J］. Oceanographic Research Papers, 26 (12): 1347–1362.

Nelson B W. 1967. Sedimentary Phosphate Method for Estimating Paleosalinities ［J］. Science, 158 (3803): 917–920.

Nickolai S, Zheng M, Aharon O. 2015. Past, present and future of saline lakes: research for global sustainable development ［J］. Chinese Journal of Oceanology and Limnology, 33 (6): 1349–1353.

Nicolas T, Thomas J A, Timothy L, et al. 2006. Trace metals as paleoredox and paleoproductivity proxies: An update ［J］. Chemical Geology, 232 (1): 12–32.

Nissenbaum A, Kaplan I R. 1972. Chemical and isotopic evidence for the in situ origin of marine humic substances ［J］. Limnology and Oceanography, 17 (4): 570–582.

O'Sullivan P E. 1983. Annually–laminated lake sediments and the study of Quaternary environmental changes–a review ［J］. Quaternary Science Reviews, 1 (4): 245–313.

Olariu C, Bhattacharya J P. 2006. Terminal Distributary Channels and Delta Front Architecture of River–Dominated Delta Systems ［J］. Journal of Sedimentary Research, 76 (2): 212–233.

Paola Di Leo, Enrico Dinelli, Giovanni Mongelli, et al. 2002. Geology and geochemistry of Jurassic pelagic sediments, Scisti silicei Formation, southern Apennines, Italy ［J］. Sedimentary Geology, 150 (3–4): 229–246.

Passey Q R, Creaney S, Kulla J B, et al. 1990. A practical model for organic richness from porosity and resistivity logs ［J］. AAPG Bulletin, 74: 1777–1794.

Passier H F, Bosch H J, Nijenhuis I A, et al. 1999. Sulphidic Mediterranean surface waters during Pliocene sapropel formation. [J] . Nature.

Paul W. 1990. Sequence stratigraphy, Facies Geometries, and Depositional history of the mississippi fan, Gulf of mexico [J] . AAPG, 74 (4): 425–453.

Payton C E. 1977. Seismic stratigraphy–application of hydrocarbon exploration [J] . AAPG Memoir 26.

Pecoraino G D, Alessandro W. 2015. The other side of the coin : geochemistry of alkaline lakes in volcanic areas [M] . Berlin : Springer–Verlag : 219–237.

Pedersen G K. 1985. Thin, fine–grained storm layers in a muddy shelf sequence : an example from the Lower Jurassic in the Stenlille 1 well, Denmark [J] . Journal of the Geological Society, 142 (2): 357–374.

Pedersen T F, Calvert S E. 1990. Anoxia vs. productivity : what controls the formation of organic–carbon–rich sediments and sedimentary rocks ? [J] . AAPG Bulleton, 74: 454–466.

Peng X F, Feng Q L, Li Z B, et al. 2007. The geochemistry and cyclostrigraphy research at P–T boundary in Dongpan, Guangxi [J] . Science in China (Series D), 37 (12): 1565–1570.

Picard M D. 1971. Classification of fine–grained sedimentary rocks [J] . Journal of Sedimentary Research, 41 (1): 179–195.

Pienitz R, Smol J P, Lean D R S. 1997. Physical and chemical limnology of 59 lakes located between the Scuthern Yukon and the Tuktoyaktuk Peninsula, Northwest Territories (Canada) [J] . Canadian Journal of Fisheries and Aquatic Sciences, 54: 330–346.

Piper D Z, Perkins R B. 2004. A modern vs. Permian black shale—the hydrography, primary productivity, and water–column chemistry of deposition [J] . Chemical Geology, 206 (3–4): 177–197.

Pirajno F, Seltmann R, Yang Y Q. 2011. A review of mineral systems and associated tectonic settings of northern Xinjiang, NW China [J] . Geoscience Frontiers, 2 (2): 157–185.

Pollastro R M, Jarvie D M, Hill R J. 2007. Geologic framework of the Mississippian Barnett Shale, Barnett–Paleozoic total petroleum system, Bend arch–Fort Worth Basin, Texas [J] . AAPG Bulletin, 91 (4): 405–436.

Posamentier H W, Jervey M T, Vail P R. 1988. Eustatic controls on clastic deposition I–Conceptual framowork [J] . SEPM Special Publication, 42: 109–124.

Posamentier H W, Vail P R. 1988. Eustatic controls on clastic deposition II –sequence and systems tract models [J] //. Wilgus C K. Sea–level changes : an integrated approach. SEPM Special Publication, 42: 125–154.

Postma G. 1990. An analysis of the cariation in delta architecture [J] . Terra Nova, 2 (2): 124–130.

Potter P E, Maynard J B, Pryor W A. 1980 Sedimentology of shale : Study guide and reference source [M] . Berlin : Springer–Verlag.

Raiswell R, Berner R A. 1986. Pyrite and organic matter in Phanerozoic normal marine shales [J] . Geochimica et Cosmochimica Acta, 50 (9): 1967–1976.

Raiswell R, Buckley F, Berner R A, et al. 1986. Degree of pyritization of iron as a paleoenvironmentall indicator of bottom–water oxygenation [J] . Journal of sedimentary Petrology, 1988, 58 (5): 812–819

Raiswell R, Buckley F, Berner R A, et al. 1988. Degree of pyritization of iron as a paleoenvironmentall indicator of bottom–water oxygenation [J] . Journal of sedimentary Petrology, 58 (5): 812–819.

Rawlins B G, Kemp S J, Milodowski A E. 2011. Relationships between particle size and VNIR reflectance spectra are weaker for soils formed from bedrock compared to transported parent materials [J]. Geoderma, 166: 84–91.

Renaut R W, Tiercelin J J, Owen R B. 1986. Mineral precipitation and diagenesis in the sediments of the Lake Bogoria basin, Kenya Rift Valley. Sedimentation in the African Rifts [J]. Geology Society of London Special Publication, 25: 159–175.

Richard T Wilkin, Michael A Arthur, Walter E Dean. 1997. History of water–column anoxia in the Black Sea indicated by pyrite framboid size distributions [J]. Earth and Planetary Science Letters, 148 (3–4): 1–525.

Riddell J F. 1969. A laboratory study of suspension effect density currents Canadian J [J]. Earth Sci., 6 (2): 231–246.

Roehler H W. 1992. Correlation, composition, areal distribution, and thickness of Eocene stratigraphic units, greater GreenRiver basin, Wyoming, Utah, and Colorado [J]. U S Geological Survey Professional Paper: 1–49.

Rostad C E, Leenheer J A, Daniel S R. 1997. Organic carbon and nitrogen content associated with colloids and suspended particulates from the Mississippi River and some of its tributaries [J]. Environmental Science& Technology, 31 (11): 3218–3225.

Rouse L J J, Roberts H H, Cunningham R H W. 1978. Satellite observation of the subaerial growth of the Atchafalaya Delta, Louisiana [J]. Geology, 6 (7): 405–408.

Rutsch H J, Mangini A, Bonani G. 1995. 10Be and Ba concentrations in western African sediments trace productivity in the past [J]. Earth and Planetary Science Letters, 133: 129–143.

Sageman B B, Murphy A E, Werne J P, et al. 2003. A tale of shales: the relative roles of production, decomposition, and dilution in the accumulation of organic–rich strata, Middle–Upper Devonian, Appalachian basin [J]. Chemical Geology, 195 (1): 229–273.

Sageman B B, Murphy A E, Werne J P, et al. 2003. A tale of shales: the relative roles of production, decomposition, and dilution in the accumulation of organic–rich strata, Middle–Upper Devonian, Appalachian basin [J]. Chemical Geology, 195 (1): 229–273.

Samer G G, Joe H S M. 2011. Sediment transport processes in an ancient mud–dominiated sucession: a comparison of processes operating in marine offshore settings and anoxic basinal environments [J]. Journal of the Geological Society, 168: 1121–1132.

Santvoort P J M, de Lange G J, Thomson J. 1996. Active post depositional oxidation of the most recent sapropel (S1) in sediments of the eastern Mediterranean Sea [J]. Geochim. Cosmochim. Acta, 60: 4007–4024.

Schieber J. 2011. Reverse engineering mother nature – shale sedimentology from an experimental perspective [J]. Sedimentary Geology, 238 (1): 1–22.

Schieber J. 2016. Experimental testing of the transport–durability of shale lithics and its implications for interpreting the rock record [J]. Sedimentary Geology, 311 (1): 162–169.

Schieber J, Zimmerle W. 1998. The histore and promise of shale research [M]//. Schieber J, Zimmerle W, Sthi P.

Shales and mudstones (Vol. 1): Basin studies, sedimentology and paleonotology. Stuttgart : Schweizerbart Science Publishers, 1–10.

Schindler D W. 1976. Biogeochemical evolution of phosphorus limitation in nutrient–enriched lakes of the Precambrian shield [M] //. Nriagu J O. Environmental Biogeochemistry, Metals Transfer and Ecological Mass Balances. Ann Arbor, Mich : Ann Arbor Science Publishers, 2: 647–664.

Schmoker J W. 1979. Determination of organic content of Appalachian Devonian shales from formation–density logs [J] . AAPG Bulletin. 63: 1504–1537.

Schoell M, Hwaug R J, Carlson R M K, et al. 1994. Carbon isotopic composition of individual biomarkers in gilsonites (Utah) [J] //. Seboell M, Hayes J M. In Compound Specific Analysis in Biogeochemistry and Petroleum Research Org. Geochem. 21: 673–683.

Schoepfer S D, Shen J, Wei H Y, et al. 2015. Total organic carbon, organic phosphorus, and biogenic barium fluxes as proxies for paleomarine productivity [J] . Earth–Science Reviews, 149: 23–52.

Schwans P. 1995. Controls on sequence stacking and fluvial to shallow–marine architecture in a foreland basin [J] //. Van Wagoner J C, Bertram G T. Sequence stratigraphy of foreland basin deposits. AAPG Memoir 64, 55–102.

Selley R C. 1968. A Classification of Paleocurrent Models [J] . Journal of Geology, 76 (1): 99–110.

Shanahan T M, McKay N, Overpeck J T, et al. 2013. Spatial and temporal variability in sedimentological and geochemical properties of sediments from an anoxic crater lake in West Africa : Implications for paleoenvironmental reconstructions [J] . Palaeogeography, Palaeoclimatology, Paleoecology, 374: 96–109.

Shanmugam G, Zimbrick G. 1996. Core–based evidence for sandy slump and sandy debris flow facies in the Pliocene and Pleistocene of the Gulf of Mexico : Implications for submarine fan models [C] //. AAPG Annual Convention San Diego, CA, 5: 129.

Shen J, Matsumoto R, Wang S, et al. 2011. Quantitative reconstruction of the paleosalinity in the Daihai Lake, Inner Mongolia, China [J] . Chinese Science Bulletin, 46 (1): 73–76.

Shen J, Xingqi L, Sumin W, et al. 2005. Palaeoclimatic changes in the Qinghai Lake area during the last 18000 years [J] . Quaternary International, 136: 131–140.

Simon A, Poulicek M, Velimirov B, et al. 1994. Comparison of anaerobic and aerobic biodegradation of mineralized skeletal structures in marine and estuarine conditions [J] . Biogeochemistry, 25 (3): 167–195.

Sinninghe Damsté J S, Kenig F, Koopmans M P, et al. 1995. Evidence for gammacerane as an indicator of water column stratification [J] . Geochimica et Cosmochimica Acta, 59 (9): 1895–1900.

Sirocko F, Sarnthein M, Erlenkeuser H, et al. 1993. Century–scale events in monsoonal climate over the past 24000 years [J] . Nature, 364 (22): 322–324.

Sloss L L. 1963. Sequence in the cratonic interior of North America [J] . GSA Bulletin, 74: 93–113.

Sly P G. 1978. Sedimentary Processes in Lakes. In : Lakes [M] . New York : Springer, 65–89.

Smith A J. 1993. Lacustrine ostracodes as hydrochemical indicators in lakes of the north–central United States

［J］. Journal of Paleolimnology, 8: 121–134.

Smith B N, Epstein S. 1971. Two categories of $^{13}C/^{12}C$ ratios for higher plants ［J］. Plant Physiology, 47（3）: 380–384.

Smith G I. 1979. Subsurface stratigraphy and geochemistry of late Quaternary evaporites, Searles Lake, California ［R］. Geological Survey Professional: 1043–1173.

Smith G I, Barczak V J, Moulton G F, et al. 1983. Core KM–3, a surface–to bedrock record of late Cenozoic sedimentation in Searles Valley, California ［R］. Geological Survey Professional: 1256–1280.

Smol J P. 2002. Pollution of lakes and rivers: A Paleoenvironmental perspective ［M］. New York: Oxford University Press.

Smol John P, Pienitz Reinhard. 2004. Developments in Paleoenvironmental Research（Vol. 8）: Long–term Environmental Change in Arctic and Antarctic Lakes ［J］. Dordrecht: Springer: 419–474.

Song M S. 2005. Sedimentary environment geochemistry in the Shasi section of Southern ramp, Dongying depression ［J］. Journal of Mineralogy and Petrology（1）: 67–73.

Soreghan M J, Cohen A S. 1996. Textural and compositional variability across littoral segments of Lake Tanganyika: The effect of asymmetric basin structure on sedimentation in large rift lakes ［J］. American Association of Petroleum Geologists Bulletin, 80: 382–409.

Stakes D S, O'Neil J R. 1982. Mineralogy and stable isotope geochemistry of hydrothermally altered oceanic rocks ［J］. Earth Planetary Science Letters, 57: 285–304.

Stankiewicz B A, Briggs D E G, Michels R, et al. 2000. Alternative origin of aliphatic polymer in kerogen ［J］. Geology, 28（6）: 559–562.

Stine A D. 1986. Sedimentology of the early cretaceous lower sandstone member of the Thermopolis Shale, southwestern Montana ［J］. Geology Stratigraphic Cretaceous.

Stow D A V, Huc A Y, Bertrand P. 2001. Depositional processes of black shales in deep water ［J］. Marine and Petroleum Geology, 18（4）: 1–498.

Sukumar R, Ramesh R, Pant R K, et al. 1993. A $\delta^{13}C$ record of Late Quaternary climate change from tropical peats in Southern India ［J］. Nature, 364: 703–706.

Sun Z C, Xie Q Y, Yang J J. 1989. The Ordos Basin–A typical example of an unstable cratonic interior superimposed basin Ordos basin—A typical example of an unstable cratonic interior superimposed basin ［M］//. Zhu X, Xu W. Chinese sedimentary basins. Amsterdam: Elsevier, 148–168.

Surdam R C, Stanley K O. 1979. Lacustrine sedimentation during the culminating phase of Eocene Lake Gosiute, Wyoming（Green River Formation）［J］. Geological Society of America Bulletin, 90（1）: 93–106.

Swan B. 1985. Measurement and interpretation of sedimentary pigments ［J］. Freshwater Biology, 15（1）: 53–75.

Talbot M R. 1988. The origins of lacustrine oil source rocks: evidence from the lakes of tropical Africa ［J］. Geological Society, 40: 29–43.

Taylor H P Jr. 1978. Oxygen and hydrogen isotope systematics of plutonic granitic rocks ［J］. Earth and

Planetary Science Letters 38: 177–210.

Taylor H P, Jr. 1977. Water/rock interactions and the origin of H 2 O in granitic batholiths [J]. J. Geol. Soc. London, 133: 509–558.

Tegelaar E W, De Leeuw J W, Derenne S, et al. 1989. A reappraisal of kerogen formation [J]. Geochimica et Cosmochimica Acta, 53（11）: 3103–3106.

Thomas J G, Roy H W. 2002. Sedimentation rates off SW Africa since the late Miocene deciphered from spectral analyses of borehole and GRA bulk density profiles ODP Sites 1081–1084 [J]. Marine Geology, 180: 29–47.

Timothy J, Bralower, Hans R. 1984. Thierstein. Low produativity and slow deep–water circulation in mid–Cretaceous oceans [J]. Geology, 12: 614–618.

Tissot B P, Welte D H. 1984. Petroleum Formation and Occurrence [M]. Berlin : Springer.

Tribovillard N, Algeo T J, Baudin F, et al. 2012. Analysis of marine environmental conditions based on molybdenum–uranium corvatiation : applications to Mesozoic Paleoceanography [J]. Chemical Geology, 324–325: 46–58.

Tribovillard N, Algeo T J, Lyons T W, et al. 2006. Trace metals as paleoredox and paleoproductivity proxies : an update [J]. Chemical Geology, 232: 12–32.

Tribovillard Nicolas, Hatem E, Averbuch O, et al. 2015. Iron availability as a dominant control on the primary composition and diagenetic overprint of organic–matter–rich rocks [J]. Chemical Geology, 401（1）: 67–82.

Tyson R V. 1995. Sedimentary Organic Matter : Organic Facies and Palynofacies [M]. Netherlands : Chapman and Hall.

Tyson R V. 2001. Sedimentation rate, dilution, preservation and total organic carbon : some results of a modeling study [J]. Organic Geochemistry, 32（2）: 333–339.

Tyson R V, Pearson T H. 1991. Modern and ancient continental shelf anoxia : an overview [J] //. Tyson R V, Pearson T H. Modern and Ancient Continental Shelf Anoxia. Geological Society special publication, 58（1）: 1–24.

Vail P R, Mitchum R M, Thompson S Ⅲ. 1977. Seismic stratigraphy and global changes of sea level, part 3: relative changes of sea level from coastal onlap [J] //. Payton C E. Seismic stratigraphy. AAPG Memoir, 26: 63–97.

Van Os B J H, Middelburg J J, de Lange G J. 1991. Possible diagenetic mobilization of barium in sapropelic sediments from the eastern Mediterranean [J]. Marine Geology, 100: 125–136.

Van Wagoner J C. 1995. Overview of Sequence stratigraphy of foreland basin deposits : terminology, summary of papers, and glossary of sequence stratigraphy [J] //. Van Wagoner J C, Bertram G T. Sequence stratigraphy of foreland basin deposits. AAPG Memoir 64.

Van Wagoner J C, Posamentier H W, Mitchum R M, et al. 1988. An overview of the fundamentals of sequence stratigraphy and key definition. In Sea–level Changes : An integrated approach [J]. SEPM Special Publication, 42: 39–45.

Vanhoof C, Holschbach K A, Bussian B M, et al. 2013. Applicability of portable XRF systems for screening waste loads on hazardous substances as incoming inspection at waste handling plants [J]. X-Ray Spectrometry, 42 (4): 224–231.

Vreca P, Muri G. 2006. Changes in accumulation of organic matter and stable carbon and nitrogen isotopes in sediments of two Slovenian mountain lakes (Lake Ledvica and Lake Planina), induced by eutrophication changes [J]. Limnol Oceanogr, 51: 781–790.

Wada H. 1977. The synthesis of greigite from a polysulfide solution at about 100℃ [J]. Bulletin of the Chemical Society of Japan, 50: 2615–2617.

Walker R G. 1978. Deep water sandstone facies and ancient submarine fans models for exploration for stratigraphic traps [J]. American Association of Petroleum Geologists Bulletin, 62: 932–966.

Wang P K, Huang Y J, Wang C S, et al. 2013. Pyrite morphology in the first member of the Late Cretaceous Qingshankou Formation, Songliao Basin, Northeast China [J]. Palaeogeography, Palaeoclimatology, Palaeoecology, 385: 125–136.

Wang Y, Zhu L P, Wang J B, et al. 2012. The spatial distribution and sedimentary processes of organic matter in surface sediments of Nam Co, Central Tibetan Plateau [J]. Chinese Science Bulletin, 57 (36): 4753–4764.

Wang Z, Li H, Cai X. 2018. Remotely Sensed Analysis of Channel Bar Morphodynamics in the Middle Yangtze River in Response to a Major Monsoon Flood in 2002 [J]. Remote Sensing, 10 (8): 1165.

Welte D H, D W Waples. 1973. Über die Bevorzugung geradzahliger n-Alkane in Sedimentgesteinen [J]. Naturwissenschaften, 60: 516–517.

Wen R, Xiao J, Chang Z, et al. 2010. Holocene climate changes in the mid-high-latitude-monsoon margin reflected by the pollen record from Hulun Lake, northeastern Inner Mongolia [J]. Quaternary Research, 73 (2): 293–303.

Werne J P, Sageman B B, Lyons T W, et al. 2002. An integrated assessment of a "type euxinic" deposit: Evidence for multiple controls on black shale deposition in the middle Devonian Oatka Creek formation [J]. American Journal of Science, 302 (2): 110–143.

Wignall P B. 1994. Black Shales [M]. Oxford: Clarendon Press.

Wilkin R T, Barnes H L. 1996. Pyrite formation by reactions of iron monosulfides with dissolved inorganic and organic sulfur species [J]. Geochimica et Cosmochimica Acta, 60 (21): 4167–4179.

Wilkin R T, Barnes H L. 1997. Formation processes of framboidal pyrite [J]. Geochimica et Cosmochimica Acta, 61 (2): 323–339

Williams M A, Dunkerley D L, De Decke P. 1993. Quaternary Environments [M]. London: Edward Arnold.

Woodruff L G, Shanks W C. 1988. Sulfur isotope study of chimney minerals and vent fluids from 21°N, East Pacific Rise: Hydrothermal sulfur sources and disequilibrium sulfate reduction [J]. J. Geophys. Res., 93: 4562–4572.

Woszczyk M, Bechtel A, Gratzer R, et al. 2011. Composition and origin of organic matter in surface sediments of Lake Sarbsk: A highly eutrophic and shallow coastal lake (northern Poland) [J]. Organic

Geochemistry, 42（9）: 1025–1038.

Wright A E. 1957. Three–dimensional shape analysis of fine–grained sediments［J］. Journal of Sedimentary Research, 27（3）: 306–312.

Wright J, Schrader H, Holser W T. 1987. Paleoredox variations in ancient oceans recorded by rare earth elements in fossil apatite［J］. Geochimica et Cosmochimica Acta, 51: 631–644.

Wu H C, Zhang S H, Hinnov Linda A, et al. 2014. Cyclostratigraphy and orbital tuning of the terrestrial upper Santonian–Lower Danian in Songliao Basin, northeastern China［J］. Earth Planetary Science Letter, 407: 82–95.

Wu H C, Zhang S H, Jiang G Q, et al. 2009. The floating astronomical time scale for the terrestrial Late Cretaceous Qingshankou Formation from the Songliao Basin of Northeast China and its stratigraphic and paleoclimate implications［J］. Earth Planetary Science Letter, 278: 308–323.

Wunder B, Stefanski J, Wirth R, et al. 2013. Al—B substitution in the system albite（NaAlSi$_3$O$_8$）–reedmergnerite（NaBSi$_3$O$_8$）［J］. European Joural of Mineralogy, 25（4）: 499–508.

Xie S, Nott C J, Avsejs L A, et al. 2000. Palaeoclimate records in compound–specific δD values of a lipid biomarker in ombrotrophic peat［J］. Organic Geochemistry, 31（10）: 1053–1057.

Xue Liangqing, Galloway W E. 1993. Genetic sequence stratigraphic framework, depositional style, and hydrocarbon occurrence of the Upper Cretaceous QYN formations in the Songliao lacustrine basin, northeastern China［J］. AAPG Bulletin, 77（10）: 1792–1808.

Yamaguchi N, Sekiguchi T. 2015. Effects of tsunami magnitude and terrestrial topography on sedimentary processes and distribution of tsunami deposits in flume experiments［J］. Sedimentary Geology, 328: 115–121.

Yamamoto K. 1987. Geochemical characteristics and deposition environment of cherts and associated rocks in the Franciscan and Shimanto terranes［J］. Sedimentary Geology, 52: 65–108.

Yu L Z, Oldfield F, Wu Y, et al. 1990. Paleoenvironmental implications of magnetic measurements on sediment core from Kunming Basin, Southwest China［J］. Journal of Paleolimnology, 3: 95–111.

Zeng H, Wu J. 2009. Sedimentary records of heavy metal pollution in Fuxian Lake, Yunnan province, China: Intensity, history, and sources［J］. Pedosphere, 19（5）: 562–569.

Zhang E L, Liu E F, Shen J, et al. 2012. One century sedimentary record of Lead and Zinc pollution in Yangzong Lake, a highland lake in southwestern China［J］. Journal of Environmental Sciences, 24（7）: 1189–1196.

Zhang E, Chang J, Cao Y, et al. 2017. Holocene high–resolution quantitative summer temperature reconstruction based on subfossil chironomids from the southeast margin of the Qinghai–Tibetan Plateau［J］. Quaternary Science Reviews, 165: 1–12.

Zhang E, Zhao C, Xue B, et al. 2017. Millennial–scale hydroclimate variations in southwest China linked to tropical Indian Ocean since the Last Glacial Maximum［J］. Geology, 45（5）: 435–438.

Zhao C, Yu Z, Zhao Y, et al. 2009. Possible orographic and solar controls of Late Holocene centennial–scale moisture oscillations in the northeastern Tibetan Plateau［J］. Geophysical Research Letters, 36（21）: 705.

Zhao M W, Behr H J, Ahrendt H, et al. 1996. Thermal and tectonic history of the Ordos Basin, China：Evidence from apatite fission track analysis, vitrinite reflectance, and K–Ar dating［J］. AAPG Bulletin, 80 （7）：1110–1134.

Zheng X P, Luo P. 2004. Analysis and application of Milankovitch cycles on Feixianguan formation, northeast sichuan basin, China［J］. Natural gas exploration and development, 3：16–19.

Zou C, Tao S, Hou L, et al. 2011. Unconventional petroleum geology［M］. Beijing：Geological Publishing House.

Zuffa G G. 1984. A model for carbonate to terrigenous clastic sequences：Discussion and reply［J］. Geological Society of America Bulletin, 95（6）：753.